改訂新版 C言語による 標準アルゴリズム事典

奥村晴彦 著

技術評論社

本文中に記載されている会社名，製品名等は，一般に，関係各社／団体の商標または登録商標です。本文中では ®，©，™ などのマークは特に明記していません。

改訂新版　序

　本書は『C 言語による最新アルゴリズム事典』（1991 年初版）の組版・装丁を新しくし，若干の修正をしたものである。項目に増減はない。

　本書初版の「序」では次のように書いた：

> 本書は，たとえば
>
> - 数の列を大きさの順にできるだけ速く並べ替えたい
> - 行列の固有値・固有ベクトルを求めたい
> - "SEND + MORE = MONEY" のようなパズルを解きたい
>
> といったような，さまざまな種類の問題について，コンピュータ向きの解法（アルゴリズム）を集めたものである。
>
> 　たとえば大きさの順に整列する方法について調べるには，「整列」（巻末の索引から「並べ替え」や「ソーティング」でも探せる）を引くと，整列の概要と個々の方法の名前がわかる。その中からたとえば「クイックソート」を引き直すと，クイックソートの説明と C 言語のプログラム（再帰版，非再帰版）が見つかる。
>
> 　また，たとえば「番人」の項目を読んで具体例をさらに調べたければ，巻末の索引で「番人」を引くと，番人を使ったプログラムのページがすべてわかる。

　幸い，評判は良く，石田晴久先生の『コンピュータの名著・古典 100 冊』（インプレス，2003 年）の百選にも選んでいただいた。また，その後の『Java によるアルゴリズム事典』（奥村ほか，技術評論社，2003 年）の基となった。

　おかげさまで，27 年を経た今に至るまで，刷を重ねることができた。支えてくださった読者に感謝したい。

　しかし，グラフィックス関連の項目が PC-9800 シリーズ（初版当時の日本での標準パソコン）を仮定したコードになっていたことについては，さすがにまずい状態であった。この改訂新版ではまず，これらの部分を，機種依存しないコードで置き換えた。機種依存しないグラフィックスというのは，C 言語では難しいと思われるかもしれないが，ビットマップは BMP 形式，ベクトルグラフィックは SVG 形式や EPS 形式で書き出すだけなら，簡単にできる。BMP，SVG は，Windows，Mac，Linux のどれでも，標準の画像ビューアまたは Web ブラウザで開くことができる。

iv 改訂新版 序

　これ以外の部分は触らないつもりであったが，読み返してみると，さすがに時代の流れを感じる記述がいくつか目についたので，若干の加筆を行った。

　あとは，現在の習慣に従って，int main() を int main(void) にしたり，EXIT_SUCCESS を 0 にしたりした。

　本書掲載ソースコードおよびサポート情報は https://github.com/okumuralab/algo-c から得られる。

　本書初版は TEX から写研の写植機に出力して印刷した。その際，東京書籍印刷株式会社（現：株式会社リーブルテック）の小林 肇 さんにたいへんお世話になった。もうその写植機は動いていないので，改訂新版は現在の標準技術を使って TEX から PDF 出力（電子版），および PDF 経由で CTP 出力（紙版）した。フォントは，石井中明朝・中ゴシックがヒラギノに，Computer Modern が Palatino や Inconsolata になった。改訂にあたって，技術評論社の須藤真己さんには始終お世話になった。

2018 年 3 月 28 日
奥村 晴彦

凡　例

- 項目は「あ」―「ん」「A」―「Z」の順に並べた。「バブルソート」は「はふるそおと」の位置にある。海外の固有名詞は英字で綴り，代表的な読みをかっこ書きした。
- 本文中で † を冠した語は項目語である。
- 「⇒ 何々」は「「何々」を参照せよ」の意である。
- a[0..n-1] は a[0] から a[n-1] までの意である。
- "\\"（バックスラッシュ）はフォントによっては "¥" と表示される場合がある。
- "␣" は（半角）空白を見やすく書いたものである。
- $(1101)_2$ は 2 進法で 1101 と表される数である（⇒ 基数の変換）。
- たとえば実行時間が $O(n^2)$ であるとは，実行時間がたかだか n^2 に比例する程度であることを意味する（⇒ O 記法）。
- $\lfloor x \rfloor$ は x を小さい方に丸めた整数（C 言語の floor(x)）である。また，$\lceil x \rceil$ は x を大きい方に丸めた整数（C 言語の ceil(x)）である（⇒ 床・天井）。
  例: $\lfloor 3.14 \rfloor = 3$, $\lceil 3.14 \rceil = 4$。
- "$x \bmod y$" は「x を y で割った余り」の意である（⇒ 整数の除算）。
  例: 8 を 3 で割ると 2 余るので，$8 \bmod 3 = 2$。
- $\max(\dots)$ は最大値，$\min(\dots)$ は最小値である。
  例: $\max(35, 97, 12) = 97$, $\min(35, 97, 12) = 12$。
- 行列についての記法は ⇒ 行列。

あ

値の交換　exchange of values

変数 a，b の値を交換するには，

```
a = b;   b = a;   /* 駄目! */
```

では駄目である。余分な変数 temp を使って

```
temp = a;   a = b;   b = temp;
```

とする。あるいは †ビットごとの排他的論理和を使って

```
b ^= a;   a ^= b;   b ^= a;
```

としてもよい。これでよい理由はビットごとの排他的論理和の性質 $a \oplus a = 0$ および結合法則 $(a \oplus b) \oplus c = a \oplus (b \oplus c)$ から導ける。

余分な変数を使わない値交換のアルゴリズムは，ほかにも

```
b = a - b;   a -= b;   b += a;
```

や，実数で $b \neq 0$ ならさらに素直でない方法

```
b = a / b;   a /= b;   b *= a;
```

が考えられる。

Ruby，Python，Julia など一部の言語では a,b = b,a のような書き方ができる。

 swap.c

swap(&x, &y); のように変数名に & を付けて呼び出すと int 型の変数 x, y の値を交換する。

```
1  void swap(int *x, int *y)
2  {
3      int temp;
4
5      temp = *x;   *x = *y;   *y = temp;
6  }
```

誤り検出符号　error detecting code

クレジットカードの番号のような数字の列を扱うとき，誤記・誤読を防ぐ一つの方法は，もともとたとえば素数 97 で割って 1 余る数だけを番号に使うことである。こうすれ

2 誤り検出符号

ば，誤記・誤読は 96/97 の確率で検出できる（97 の倍数だけ使う方式では末位の 0 の欠落が検出できない [4]）。

実際のクレジット番号で使われている Luhn（ルーン）のアルゴリズムは，最下位桁から数えて偶数番目（10 の位，1000 の位，…）の桁だけ 2 倍し，すべての桁の値の合計が 10 の倍数になるように，最下位桁（チェックディジット）を調整する。例えば偶数番目の桁が 9 であれば，2 倍して 18 になるが，$1+8=9$ として扱う（あるいは同じことであるが 9 を超えたら 9 を引いて $18-9=9$ にする）。より好ましい性質を持つものに Damm（ダム）のアルゴリズム [5] がある。

その他の誤り検出の方法については ⇒ †ISBN，†チェックサム，†CRC。ファイルの改竄防止には暗号学的ハッシュ関数（⇒ †ハッシュ法）を使う。

luhn.c

クレジットカード番号をチェックする Luhn のアルゴリズム。

```c
#include <stdio.h>
#include <string.h>

int main(void)
{
    char *s = "5555555555554444";                    /* カード番号（例）*/
    int i, d, w = 1, t = 0;

    for (i = strlen(s) - 1; i >= 0; i--) {
        d = w * (s[i] - '0');
        if (d > 9) d -= 9;
        t += d;
        w = 3 - w;
    }
    if (t % 10 == 0) printf("有効\n"); else printf("無効\n");
    return 0;
}
```

[1] Benjamin Arazi. *A Commonsense Approach to the Theory of Error Correcting Codes*. MIT Press, 1988. 数学的な本ではないが非常に読みやすい．

[2] Richard W. Hamming. *Coding and Information Theory*. Prentice Hall, second edition 1986. 初等的な数学だけを使い，誤り訂正を含めた符号化の理論全般をやさしく解説した名著．

[3] W. Wesley Peterson and E. J. Weldon, Jr. *Error-Correcting Codes*. MIT Press, second edition 1972. 本格的な教科書．巻末に原始多項式の表がある．

[4] W. Wesley Peterson. *Communications of the ACM*, 34(12): 110–113, December 1991.

[5] H. Michael Damm. *Discrete Mathematics*, 307(6): 715–729 (2007).

アルゴリズム algorithm

　一般に，問題を解くための処方。特に，コンピュータ向きの解法。算法と訳す。アルゴリズムを特定のプログラム言語で書いたものがプログラムである。9世紀アラビアの数学者の名前 al-Khwārizmī（アル・フワリズミ，アル・コワリズミ）が語源。

暗号 cryptosystem

　通信文が漏れても第三者には意味が分からないようにする仕組み。

　送り手は平文（plaintext）を暗号化（動詞 encrypt, 名詞 encryption）して暗号文（ciphertext）にする。受け手は暗号文を復号（動詞 decrypt, 名詞 decryption）して平文に戻す。第三者が暗号の仕組みを解析することを解読（動詞 cryptanalyze, 名詞 cryptanalysis）という。

　アルファベットを順繰りにずらすだけの暗号を Caesar（シーザー）暗号（Caesar cipher）という。たとえば IBM を −1 文字ずらせば HAL に，+7 文字ずらせば PIT になる。Caesar は 3 文字ずらした。復号には何文字ずらしたかの情報が必要である。このような情報を暗号の鍵（key）という。

　Caesar 暗号と似たものに，次のような †ビットごとの排他的論理和による暗号化がある。k はあらかじめ定めた鍵である。

```
while ((c = getchar()) != EOF) putchar(c ^ k);
```

これで文書は一見でたらめなバイト列と化する。ビットごとの排他的論理和は 2 回行うと元に戻る（$c \oplus k \oplus k = c$）。したがって，暗号文を同じプログラムにもう一度通せば平文に戻る。残念ながら，これでは 256 通りの鍵をすべて試すだけで解読できる。鍵を数バイト長にして順繰りに使っても，解読はあまり難しくならない。解読をもう少し難しくするには，1 文字ごとに k を †乱数で変え，本当の鍵は乱数の初期化だけに使うことが考えられる。

　ちなみに，引き算も $k - (k - c) = c$ のように 2 回すると元に戻る。この方が，文字コードがたとえば 0x20 から 0x7E までに限られている場合にも

```
while ((c = getchar()) != EOF)
    putchar((k + 0x7E - c) % 0x5F + 0x20);
```

とできるので便利かもしれない。

　残念ながら，このような簡単な暗号では，解読は容易である。本格的な暗号として，本書初版では DES（Data Encryption Standard）や FEAL [4] を紹介したが，現在の推奨は，AES（Advanced Encryption Standard）や，NTT と三菱電機が共同開発した Camellia などである。ただ，これらとて永久に安全というわけではない。また，これらの暗号はす

べて，暗号化の鍵と復号の鍵が共通な共通鍵暗号である．これに対して，暗号化の鍵と復号の鍵が異なる公開鍵暗号は，暗号化の鍵だけ公開しておけば，だれでも暗号化できるが，復号できるのは復号の鍵を持っている者だけである．

文献 [1–4] は初版時のものである．追加した文献 [5–7] を参照されたい．オープンソースの暗号ツールとしては GnuPG（コマンド gpg）が有名である．

crypt.c

簡単な暗号化・復号プログラム．たとえば

    crypt foo bar 12345

とすれば foo というファイルを bar というファイルに鍵 12345 で変換する．鍵は整数値で，省略すると 1 になる．こうしてできたファイル bar を同じ鍵 12345 で再度このプログラムにかけると元の foo が復元できる．

0 以上 255 以下の乱数と各文字とのビットごとの排他的論理和を出力しているだけである．RAND_MAX + 1 が 256 の倍数なら行 16 と行 18 は不要である．

再度注意するが，この程度の暗号では，十分な強度は期待できない．アルゴリズムを秘密にするのではなく，評価の定まったアルゴリズムと複雑で長い鍵を使い，鍵の管理をしっかりすることが大切である．

```
 1  #include <stdio.h>
 2  #include <stdlib.h>
 3  int main(int argc, char *argv[])
 4  {
 5      int c, r;
 6      FILE *infile, *outfile;
 7  
 8      if (argc < 3 || argc > 4 ||
 9       (infile  = fopen(argv[1], "rb")) == NULL ||
10       (outfile = fopen(argv[2], "wb")) == NULL) {
11          fputs("使用法: crypt infile outfile [key]\n", stderr);
12          return 1;
13      }
14      if (argc == 4) srand(atoi(argv[3]));
15      while ((c = getc(infile)) != EOF) {
16          do {
17              r = rand() / ((RAND_MAX + 1U) / 256);
18          } while (r >= 256);
19          putc(c ^ r, outfile);
20      }
21      return 0;
22  }
```

[1] Jennifer Seberry and Josef Pieprzyk. *Cryptography: An Introduction to Computer Security*. Prentice Hall, 1989.

[2] William H. Press, Brian P. Flannery, Saul A. Teukolsky, and William T. Vetterling. *Numerical Recipes in C: The Art of Scientific Computing.* Cambridge University Press, 1988. 228–236 ページ．第 2 版（1992 年）の邦訳：丹慶 勝市，佐藤 俊郎，奥村 晴彦，小林 誠 訳．『Numerical Recipes in C 日本語版』．技術評論社，1993.

[3] Al Stevens. DES Revisited and the Shaft. *Dr. Dobb's Journal*, November 1990, 149–153, 164–166.

[4] 辻井 重男，笠原 正雄 編．『暗号と情報セキュリティ』．昭晃堂，1990．DES の仕様概要，FEAL の仕様が載っている．

[5] Bruce Schneier. *Applied Cryptography.* Wiley, 1993. 名著だがやや古くなった．2015 年に再刊されたが内容は同じ．

[6] 結城 浩．『暗号技術入門 第 3 版』．SB クリエイティブ，2015.

[7] 光成 滋生．『クラウドを支えるこれからの暗号技術』．秀和システム，2015. https://herumi.github.io/ango/

安定な結婚の問題　stable marriage problem

　N 人の男性と N 人の女性が集団見合いをし，おのおの異性を好みの順に順位づけした。この順位表をもとにして安定な縁結びの仕方を決めるのがこの問題である。仮に男性 M_1 と女性 F_1 が結婚し，男性 M_2 と女性 F_2 が結婚したのに，じつは M_1 は F_1 より F_2 を好み，F_2 は M_2 より M_1 を好んだならば，将来問題が起こりかねない。このようなことがないのがここでいう安定な結婚である。

　この問題には次のような非常に簡単な解法がある。まず男性 1 が彼のリストでトップの女性に申し込む（実際にではなく，アルゴリズム上での話である）。彼女はまだ誰からも声がかかっていないので，とりあえずオーケーする。次に，男性 2 が彼のリストでトップの女性に求婚するが，彼女がすでにほかの男性にオーケーを出していた場合，もし彼女が新しい求婚者の方を好めば，古い男性を振って新しい求婚者にオーケーを出す。振られた男性はすぐさま彼のリストで次のランクの女性に申し込む。以下同様に続ける。全員が納得できる縁結びが $O(N^2)$ ステップで完成する。

　このアルゴリズム（Gale–Shapley のアルゴリズム）で知られる Shapley は 2012 年のノーベル経済学賞を受賞した。

　実際の見合いでこの種のアルゴリズムが使われたことがあるかどうかは寡聞にして知らないが，人と職場を結びつけるなどの状況では実際に使われているようである。

　大学の選抜をこの種のアルゴリズムで行えばどうであろうか。各受験生は大学名を入りたい順に並べた表を入試センターに提出する。各大学も受験生を採りたい順に並べてセンターに提出する。センターは大型計算機を使って安定な大学・受験生の組合せを決める。こうすれば，読みを誤って定員割れを起こす大学や，高望みしすぎて悔やむ受験生が減るのではなかろうか。

6 安定な結婚の問題

marriage.c

女 N 人，男 N 人がそれぞれ異性 N 人を好みの順に列挙した $2N \times N$ の表を入力すると，安定な結婚の解を一つ出力する．男女とも $1, \ldots, N$ の番号（整数）で表す．$N = 3$ ならたとえば次の縦線の左側のように入力する．右側はその意味である．

2 3 1	女$_1$ にとって 男$_2$ > 男$_3$ > 男$_1$
2 1 3	女$_2$ にとって 男$_2$ > 男$_1$ > 男$_3$
3 2 1	女$_3$ にとって 男$_3$ > 男$_2$ > 男$_1$
1 3 2	男$_1$ にとって 女$_1$ > 女$_3$ > 女$_2$
2 3 1	男$_2$ にとって 女$_2$ > 女$_3$ > 女$_1$
3 1 2	男$_3$ にとって 女$_3$ > 女$_1$ > 女$_2$

```c
#include <stdio.h>
#include <stdlib.h>
#define N  3                                              /* 各性の人数 */
int boy[N+1], girl[N+1][N+1], position[N+1], rank[N+1][N+1];

int main(void)
{
    int b, g, r, s, t;

    for (g = 1; g <= N; g++) {                            /* 各女性の好み */
        for (r = 1; r <= N; r++) {
            scanf("%d", &b);   rank[g][b] = r;
        }
        boy[g] = 0;  rank[g][0] = N + 1;                  /* †番人 */
    }
    for (b = 1; b <= N; b++) {                            /* 各男性の好み */
        for (r = 1; r <= N; r++) scanf("%d", &girl[b][r]);
        position[b] = 0;
    }
    for (b = 1; b <= N; b++) {
        s = b;
        while (s != 0) {
            g = girl[s][++position[s]];
            if (rank[g][s] < rank[g][boy[g]]) {
                t = boy[g];  boy[g] = s;   s = t;
            }
        }
    }
    for (g = 1; g <= N; g++) printf("女 %d - 男 %d\n", g, boy[g]);
    return 0;
}
```

[1] Dan Gusfield and Robert W. Irving. *The Stable Marriage Problem: Structure and Algorithms*. MIT Press, 1989.

[2] Donald E. Knuth. *Mariages stables et leurs relations avec d'autres problèmes combinatoires: Introduction à l'analyse mathématique des algorithmes*. Les Presses de l'Université de Montréal, 1976.

[3] Robert Sedgewick. *Algorithms*. Addison–Wesley, second edition 1988. 499–504 ページ. 元は Pascal 版であったが，その後 C 版，C++ 版，Java 版も出た. 邦訳あり. 原著最新版（fourth edition 2011）は Kevin Wayne との共著.

[4] Niklaus Wirth. 片山 卓也 訳. 『アルゴリズム＋データ構造＝プログラム』. マイクロソフトウェア／日本コンピュータ協会，1979. 168–176 ページ.

い

石取りゲーム1

　一山の石から交互に石を取る。最後に石を取ったものが負けである。1回に取れる最大数はあらかじめ決めておく。パスはできない。

　コンピュータ側は次のように考える。たとえば1回に取れる最大数を3個とする。相手が1，2，3個取れば自分はそれぞれ3，2，1個取ることにすれば，石は毎回4個減る。したがって，残り石の数を $4k+1$（k は整数）の形にできれば，必ず最後に相手に1個残すことができる。このような形にできなければ1個だけ取って相手の敗着を待つ。

📄 ishi1.c

```c
 1  #include <stdio.h>
 2  #include <stdlib.h>
 3  int main(void)
 4  {
 5      int n, m, x, r, my_turn;
 6
 7      printf("石の数?_");   scanf("%d", &n);
 8      printf("1回に取れる最大の石の数?_");   scanf("%d", &m);
 9      if (n < 1 || m < 1) return 1;
10      for (my_turn = 1; n != 0; my_turn ^= 1) {
11          if (my_turn) {
12              x = (n - 1) % (m + 1);   if (x == 0) x = 1;
13              printf("私は_%d_個の石を取ります。\n", x);
14          } else do {
15              printf("何個取りますか?_");
16              r = scanf("%d", &x);   scanf("%*[^\n]");
17          } while (r != 1 || x <= 0 || x > m || x > n);
18          n -= x;   printf("残りは_%d_個です。\n", n);
19      }
20      if (my_turn) printf("あなたの負けです!\n");
21      else         printf("私の負けです!\n");
22      return 0;
23  }
```

石取りゲーム2

　一山の石から交互に石を取る。取る石の数は，相手が直前に取った石の数の2倍を超えてはならない。最後に石を取ったものが勝ちである。ただし最初に全部の石を取ってはならない。パスはできない。

石取りゲーム 2　**9**

たとえば最初 32 個の石があったならば，先手は最初 1 個から 31 個まで取れる。仮に 3 個取ったとすると，次に取る側はその 2 倍の 6 個まで取れる。

コンピュータの手は †Fibonacci（フィボナッチ）数列 1, 1, 2, 3, 5, 8, 13, 21, 34, … を使って決めている（R. E. Gaskell and M. J. Whinihan, *Fibonacci Quarterly*, 1:9–12, December 1963）[1]。この数列に含まれる数を Fibonacci 数という。コンピュータは次のようにして石の数を Fibonacci 数の和で表す。たとえば石が 32 個なら，32 以下の最大の Fibonacci 数は 21 であり，$32 - 21 = 11$ 以下の最大の Fibonacci 数は 8 であり，$32 - 21 - 8 = 3$ は Fibonacci 数であるので，$32 = 21 + 8 + 3$ と表せる。このようにすれば，隣り合う Fibonacci 数（たとえば 21 と 13）が和の中に現れることはありえない。なぜならば，$21 + 13 = 34$ も Fibonacci 数であるから，先に 34 を使えば 21 と 13 を同時に使うことはありえないからである。このことから，和 $21 + 8 + 3$ の各項はその右隣の項の 2 倍より大きいことがわかる。つまり，21 は 8 の 2 倍より大きく，8 は 3 の 2 倍より大きい。したがって，石の数が $21 + 8 + 3$ 個なら，コンピュータが 3 個れば，相手方は 8 個取ることができないので和の中の Fibonacci 数の個数を減らすことはできない。したがって，最後に石を取るのはコンピュータである。この戦略が使えないのは，最初の石の数がたまたま Fibonacci 数であったときで，このときは仕方がないから 1 個取って，相手の敗着を待つ。

ishi2.c

```c
 1  #include <stdio.h>
 2  #include <stdlib.h>
 3  int main(void)
 4  {
 5      int i, max, n, x, f[21], r, my_turn;
 6
 7      f[1] = f[2] = 1;
 8      for (i = 3; i <= 20; i++) f[i] = f[i - 1] + f[i - 2];
 9      printf("石の数 (2..10000)? "); scanf("%d", &n);
10      if (n < 2 || n > 10000) return 1;
11      max = n - 1;
12      for (my_turn = 1; n != 0; my_turn ^= 1) {
13          printf("%d 個まで取れます。\n", max);
14          if (my_turn) {
15              x = n;
16              for (i = 20; x != f[i]; i--) if (x > f[i]) x -= f[i];
17              if (x > max) x = 1;
18              printf("私は %d 個の石をとります。\n", x);
19          } else do {
20              printf("何個とりますか? ");
21              r = scanf("%d", &x); scanf("%*[^\n]");
22          } while (r != 1 || x < 1 || x > max);
23          n -= x; max = 2 * x; if (max > n) max = n;
24          printf("残りは %d 個です。\n", n);
25      }
```

```
26      if (my_turn) printf("あなたの勝ちです!\n");
27      else         printf("私の勝ちです!\n");
28      return 0;
29  }
```

 [1] Donald E. Knuth. *The Art of Computer Programming*. Volume 1: *Fundamental Algorithms*. Addison-Wesley, second edition 1973. 85 ページ，493 ページ．

異性体の問題　counting isomers

飽和鎖式炭化水素 C_nH_{2n+2} の構造異性体の数を数える問題である．水素原子 H の位置は自然に決まるので，以下では炭素原子だけ考える．

炭素原子 C は 1 個以上 4 個以下の別の炭素原子と結合できる．ただし結合がループ（閉じた輪）を作ってはならない．たとえば C が 5 個のものは次の 3 通りだけである．

C–C–C–C–C　　C–C–C–C　　C–C–C
　　　　　　　　　　|　　　　　　|
　　　　　　　　　　C　　　　　　C
　　　　　　　　　　　　　　　　|
　　　　　　　　　　　　　　　　C

以下のアルゴリズムは清水宏一氏による [1]．

補助的に，結合の手が 1 本余った"基"を考える．たとえば C– や C–C– や C–C– は
　　　　　　　　　　　　　　　　　　　　　　　　　　　　　　　　　　　　　|
　　　　　　　　　　　　　　　　　　　　　　　　　　　　　　　　　　　　　C
基である．基はこの余った手によってだけほかの炭素原子と結合することができる．特別な場合として炭素原子が 0 個の"空の基"も考える[*1]．

基（空の基でもよい）をちょうど 3 個持ってきて，別に用意した 1 個の炭素原子の 4 本の手のうち 3 本と結合させると，新しい基ができる．たとえば上に挙げた三つの基を
–C– につなげば新しい基 C–C–C–C–C ができる．
　|　　　　　　　　　　　　　|　|
　　　　　　　　　　　　　　　C　C
　　　　　　　　　　　　　　　　　|
　　　　　　　　　　　　　　　　　C

空の基を 0 番の基とし，空でない基には以下のようにして番号 1, 2, 3, . . . を振る．すると，新しい基は，それを作るのに使った 3 個の基の番号 (i,j,k) を指定すれば定まる．ただし，あいまいさをなくすため，$i \geq j \geq k$ とする．このような三つ組 (i,j,k) の可能な値を [†]辞書式順序に並べると，

$$(0,0,0), (1,0,0), (1,1,0), (1,1,1), (2,0,0), (2,1,0), (2,1,1), (2,2,0), \ldots$$

となる．これらの基にそれぞれ 1, 2, 3, . . . と番号を振る．つまり，番号の振り方は再帰的である．

n 番の基の炭素原子の数を $size[n]$ とし，n 番の基の最も長い鎖の炭素原子の数を

[*1] 水素原子を含めて考えれば"空の基"は H– である．

$length[n]$ とする。n 番の基が三つ組 (i, j, k) で表されるならば，

$$size[n] = size[i] + size[j] + size[k] + 1, \qquad length[n] = length[i] + 1$$

となるのは明らかであろう。

　基が生成できたら，これをつなげば求める構造（飽和鎖式炭化水素）ができる。このような構造は，その最も長い鎖の炭素原子の数が偶数の場合は単に同じ $length$ の基を 2 個つないでできる。最も長い鎖の炭素原子の数が奇数の場合は，炭素原子をもう 1 個用意し，これに同じ $length$ の基を 2 個と，そのどちらよりも番号の若い基をさらに 2 個つないで作る。

　この方法は，膨大な数の基を生成しなければならないので，調べたい異性体の炭素原子の数の上限から考えて不要であるはずの基は最初から省く。

 isomer.c

定数 C は炭素原子の個数の上限である。L は生成する基の個数の上限で，大きめにとっておく。もし L が小さすぎたなら実行を停止する。

```c
 1  #include <stdio.h>
 2  #include <stdlib.h>
 3  #define C    17                          /* 炭素原子の数の上限 */
 4  #define L  2558                          /* 生成する基の個数の上限 */
 5
 6  int size[L], length[L], count[C + 1];
 7
 8  int main(void)
 9  {
10      int i, j, k, h, len, n, si, sj, sk, sh;
11
12      n = size[0] = length[0] = 0;
13      for (i = 0; i < L; i++) {
14          len = length[i] + 1;  if (len > C / 2) break;
15          si = size[i] + 1;     if (si + len > C) continue;
16          for (j = 0; j <= i; j++) {
17              sj = si + size[j];  if (sj + len > C) continue;
18              for (k = 0; k <= j; k++) {
19                  sk = sj + size[k];  if (sk + len > C) continue;
20                  if (++n >= L) return 1;
21                  size[n] = sk;  length[n] = len;
22              }
23          }
24      }
25      if (len <= C / 2) return 1;
26      for (i = 0; i <= n; i++) {
27          si = size[i];
28          for (j = 0; j <= i; j++) {
29              if (length[i] != length[j]) continue;
30              sj = si + size[j];  if (sj > C) continue;
31              count[sj]++;                                  /* 偶数 */
32              for (k = 0; k <= j; k++) {
```

```
33                sk = sj + size[k] + 1;   if (sk > C) continue;
34                for (h = 0; h <= k; h++) {
35                    sh = sk + size[h];
36                    if (sh <= C) count[sh]++;                          /* 奇数 */
37                }
38            }
39        }
40    }
41    for (i = 1; i <= C; i++)
42        printf("炭素原子が %2d 個のものは %5d 種類\n", i, count[i]);
43    return 0;
44 }
```

 [1] 異性体さがし．*RAM*，1983 年 3 月号．177 ページ．

因子分析　factor analysis

いくつかの種類があるが，ここでは主因子法について説明する。

m 個の変数（⇒ †多変量データ）がある。第 j 変数と第 k 変数の相関係数を r_{jk} とする。m より小さい正の整数 n_{fac}（共通因子数という）を定め，n_{fac} 次元空間の m 個のベクトル $\vec{w}_1, \ldots, \vec{w}_m$ を求めて，

$$r_{jk} \doteqdot \vec{w}_j \cdot \vec{w}_k, \qquad j \neq k$$

のように，相関係数がこれらのベクトルの内積で（最小 2 乗法の意味でできるだけ正確に）近似できるようにしたい。これがここでいう因子分析の目的である [1]。上で "$j \neq k$" という条件がミソである。自分自身との内積 $\vec{w}_j \cdot \vec{w}_j$（共通性という）は任意の値でよい。この共通性が 1 以下になるように解を制限するのが通常の流儀であるが，ここではこれが 1 を超える場合（Heywood の場合という）を許すことにする。$n_{\text{fac}} = 2$ としても誤差 $r_{jk} - \vec{w}_j \cdot \vec{w}_k$ の 2 乗平均があまり大きくないようなら，平面上に各 $\vec{w}_j$ をプロットすれば，変数間の関係が一目で分かる図ができる。

ここでは次の反復法を用いた。まず相関係数の行列 $R = (r_{jk})$ を $Q^T R Q = \text{diag}(\lambda_1, \ldots, \lambda_m)$，$\lambda_1 \geq \cdots \geq \lambda_n$ と対角化する（⇒ †行列，†固有値・固有ベクトル・対角化）。この右辺は，対角成分に固有値 λ_j が大きい順に並ぶ対角行列である。この固有値の最初の n_{fac} 個以外を強制的に 0 に直してできる対角行列を Λ とし，$Q \Lambda Q^T$ の対角成分を R の対角成分に上書きし，最初に戻って繰り返す。誤差の 2 乗和 $\lambda_{n_{\text{fac}}+1}^2 + \cdots + \lambda_m^2$ が収束するまで続ける。ここでは収束の様子を見ながら繰返し数を対話的に指定するようにした。

factanal.c

因子分析（主因子法，ただし共通性が1を超える場合を許す）のプログラム。†多変量データ入力ルーチン statutil.c と実対称行列の対角化ルーチン eigen()（⇒ †QR法）を用いている。

main() 部はコマンド行で指定した†多変量データのファイルを読んで相関係数の行列を求め，factor() を呼び出す。ここで用いた平均値，標準偏差，相関係数の求め方については ⇒ †平均値・標準偏差，†相関係数。

```
 1  #include "statutil.c"                    /* データ入力ルーチン。⇒ †多変量データ */
 2
```

▷ r[0..m-1][0..m-1] に入った相関係数の行列に対して因子分析を行い，nfac (≦ m) 個の共通因子を抽出する。r の対角成分は共通性の推定値で上書きされる。q[k][j] には第 $j+1$ 変数の第 $k+1$ 因子負荷量 ($0 \leq k <$ nfac, $0 \leq j < m$) が入る。

```
 3  void factor(int m, int nfac, matrix r, matrix q,
 4              vector lambda, vector work)
 5  {
 6      int i, j, k, iter, maxiter;
 7      double s, t, percent;
 8
 9      iter = maxiter = 0;
10      for ( ; ; ) {
11          if (++iter > maxiter) {
12              printf("繰り返し数 (0:繰り返し終了) ? ");
13              scanf("%d", &i);  if (i <= 0) break;
14              maxiter += i;
15          }
16          for (j = 0; j < m; j++) for (k = 0; k < m; k++)
17              q[j][k] = r[j][k];
18          if (eigen(m, q, lambda, work)) error("収束しません");
19          s = innerproduct(m - nfac, &lambda[nfac], &lambda[nfac]);
20          printf("%3d: 非対角成分の RMS 誤差 %.3g\n",
21              iter, sqrt(s / (m * (m - 1))));
                                  /* RMS: root mean square（2乗の平均の平方根）*/
22          for (j = 0; j < m; j++) {
23              s = 0;
24              for (k = 0; k < nfac; k++)
25                  s += lambda[k] * q[k][j] * q[k][j];
26              r[j][j] = s;                                        /* 共通性 */
27          }
28      }
29      t = 0;                                                      /* 跡 (trace) */
30      for (k = 0; k < m; k++) t += lambda[k];
31      printf("因子    固有値    %    累積%\n");
32      s = 0;
33      for (k = 0; k < m; k++) {
34          printf((k < nfac) ? " %3d : (%3d)", k, k + 1);
35          percent = 100 * lambda[k] / t;  s += percent;
36          printf(" %8.4f  %5.1f  %5.1f\n", lambda[k], percent, s);
37      }
38      printf("合計  %8.4f  %5.1f\n", t, s);
```

14 因子分析

```
39      for (k = 0; k < nfac; k++)
40          work[k] = sqrt(fabs(lambda[k]));              /* lambda[k] は負かも */
41      printf("変数␣␣共通性␣␣␣因子負荷量\n");
42      for (j = 0; j < m; j++) {
43          printf("%4d␣␣%6.3f␣", j + 1, r[j][j]);
44          for (k = 0; k < nfac; k++) {
45              q[k][j] *= work[k];
46              if (k < 9) printf("%7.3f", q[k][j]);
47          }
48          printf("\n");
49      }
50  }
```

▷ 因子分析のメインルーチン．単に相関係数を求めるだけであるが，データを主記憶に一度に読み込むのでなく，漸化式を使って平均，分散，相関係数を更新する方法を用いている．

```
51  int main(int argc, char *argv[])
52  {
53      int i, j, k, n, m, nfac;
54      double t;
55      vector mean, lambda, work;               /* 平均，固有値，作業用 */
56      matrix r, q;                             /* 相関係数，固有ベクトル */
57      FILE *datafile;
58
59      if (argc != 2) error("使用法:␣factanal␣filename");
60      datafile = open_data(argv[1], &n, &m);
61      if (datafile == NULL) error("データ不良");
62      r = new_matrix(m, m);  q = new_matrix(m, m);
63      mean = new_vector(m);  lambda = new_vector(m);
64      work = new_vector(m);
65      for (j = 0; j < m; j++) {
66          mean[j] = 0;
67          for (k = 0; k <= j; k++) r[j][k] = 0;
68      }
69      for (i = 0; i < n; i++) for (j = 0; j < m; j++) {
70          t = getnum(datafile);                        /* 数値入力 */
71          if (missing(t)) error("データ不良");          /* 欠測値かエラー */
72          work[j] = t - mean[j];  mean[j] += work[j] / (i + 1);
73          for (k = 0; k <= j; k++)
74              r[j][k] += i * work[j] * work[k] / (i + 1);
75      }
76      for (j = 0; j < m; j++) {
77          work[j] = sqrt(r[j][j]);  r[j][j] = 1;
78          for (k = 0; k < j; k++) {
79              r[j][k] /= work[j] * work[k];  r[k][j] = r[j][k];
80          }
81      }
82      t = 1 / sqrt(n - 1.0);
83      printf("変数␣␣平均値␣␣␣␣␣␣標準偏差\n");
84      for (j = 0; j < m; j++)
85          printf("%4d␣␣%␣-12.5g␣␣%␣-12.5g\n",
86              j + 1, mean[j], t * work[j]);
87      printf("相関係数\n");                             /* 左下半分だけ表示 */
88      for (j = 0; j < m; j++) {
89          for (k = 0; k <= j; k++) printf("%8.4f", r[j][k]);
90          printf("\n");
91      }
```

```
 92      for ( ; ; ) {
 93          printf("\n 共通因子の数 (0:実行終了) ? ");
 94          scanf("%d", &nfac);
 95          if (nfac > m) nfac = m;
 96          if (nfac < 1) break;
 97          factor(m, nfac, r, q, lambda, work);
 98      }
 99      return 0;
100  }
```

[1] 奥村 晴彦. 『パソコンによるデータ解析入門』. 技術評論社, 1986.
[2] 奥村 晴彦. 『R で楽しむ統計』. 共立出版, 2016.

え

エジプトの分数　Egyptian fractions

古代エジプトでは，たとえば $\frac{2}{5} = \frac{1}{3} + \frac{1}{15}$ のように，分数を分子が 1 の分数（単位分数）の和で表す習慣があった．紀元前 1650 年ごろ書写された『リンド・パピルス』には $\frac{2}{5}$, $\frac{2}{7}, \frac{2}{9}, \ldots, \frac{2}{101}$ を単位分数の和に直すための表が載っている．

与えられた分数 $0 < m/n < 1$ を単位分数の和で表す方法は無数にある．ここでは Fibonacci によるアルゴリズムを挙げる．このアルゴリズムは，分子 1 の分数のうち，できるだけ値の大きいものを m/n から取り去ることを繰り返す．この種のアルゴリズムを"貪欲なアルゴリズム"（greedy algorithm）という．まず，整数の商 $q = \lfloor n/m \rfloor$ を求める．これが割り切れれば $m/n = 1/q$ となり，完成である．割り切れなければ $m'/n' = m/n - 1/(q+1)$ を新たに m/n と置いて最初に戻る．分母，分子はそれぞれ $n' = n(q+1)$, $m' = m(q+1) - n = m - (n - mq) = m - n \bmod m < m$ となり，分子は必ず減るので，上のアルゴリズムは必ず終了する．

egypfrac.c

分子・分母を入力すると単位分数の和の形にして出力する．

```
1    int m, n, q;
2
3    printf(" 分子 m = "); scanf("%d", &m);
4    printf(" 分母 n = "); scanf("%d", &n);
5    printf("%d/%d = ", m, n);
6    while (n % m != 0) {
7        q = n / m + 1;
8        printf("1/%d + ", q);
9        m = m * q - n;  n *= q;
10   }
11   printf("1/%d\n", n / m);
```

[1] Carl B. Boyer. *A History of Mathematics*. John Wiley & Sons, 1968. Reprinted by Princeton University Press, 1985.

円周率　pi

円周と直径との比の値．記号 π．小数第 50 位までは

$$\pi \doteqdot 3.14159265358979323846264338327950288419716939937510$$

である（この後 582… と続くので四捨五入すると末位が変わる）。逆正接関数 arctan （⇒ [†]逆三角関数）を使って $\pi = 4\arctan 1$ と書ける。求め方は，arctan の級数展開

$$\arctan x = x - x^3/3 + x^5/5 - x^7/7 + \cdots$$

を使えばよいが，この展開は x が 0 に近いほど収束が速いので，arctan(1) を 0 に近い引数の arctan の組合せで表す工夫がいろいろ考えられている。その古典的なものが J. Machin（マチン，1680–1752）の公式

$$\frac{\pi}{4} = 4\arctan\frac{1}{5} - \arctan\frac{1}{239}$$

である。彼は 1706 年にこの公式で π を 100 桁求めた。同じ公式で，1949 年には ENIAC により 2037 桁が約 70 時間で，1958 年には IBM704 により 1 万桁が約 100 分で求められている。

arctan を使って π を求める公式は，Machin の公式以外にも，C. F. Gauss（ガウス）の 1863 年の公式

$$\frac{\pi}{4} = 12\arctan\frac{1}{18} + 8\arctan\frac{1}{57} - 5\arctan\frac{1}{239},$$

C. Störmer（シュテルマー）の 1896 年の公式

$$\frac{\pi}{4} = 44\arctan\frac{1}{57} + 7\arctan\frac{1}{239} - 12\arctan\frac{1}{682} + 24\arctan\frac{1}{12943}$$

などがある [1, 2]。

これらと全く異なる次のような求め方もある。$a_0 = 1$, $b_0 = 1/\sqrt{2}$ から始めて，相加平均 $a_{n+1} = (a_n + b_n)/2$，相乗平均 $b_{n+1} = \sqrt{a_n b_n}$ を繰り返し求めると，数列 $\{a_n\}$, $\{b_n\}$ は共通の極限値に収束し，

$$\pi_n = \frac{2a_{n+1}^2}{1 - \sum_{k=0}^{n} 2^k(a_k^2 - b_k^2)} = \frac{2a_{n+1}^2}{1 - \sum_{k=0}^{n} 2^k(a_k - a_{k-1})^2}$$

は $n \to \infty$ で π に収束する（この第 3 辺の和で $k = 0$ については第 2 辺と同じにする）。これは Gauss の発見した相加相乗平均と楕円積分との関係に基づいて R. P. Brent（*J. ACM*, 23: 242–251, 1976），E. Salamin（*Math. Comput.*, 30: 565–570, 1976）が独立に考案した方法である [3]。収束は非常に速く，各繰返しで精度は 3, 8, 19, 41, 84, 171, 344, … 桁となる。通常の倍精度なら 3 回の繰返しで十分である。

[†]乱数を使って π の近似値を求める方法については ⇒ [†]モンテカルロ法。

π を高精度で（たとえば 1000 桁）求める方法については ⇒ [†]多倍長演算。

 pi1.c

上記 Machin の公式により円周率を p に求める。

```
 1    int k;
 2    long double p, t, last;
 3
 4    p = 0;  k = 1;   t = 16.0L / 5.0L;
 5    do {
 6        last = p;   p += t / k;   t /= -5.0L*5.0L;    k += 2;
 7    } while (p != last);
 8    k = 1;  t = 4.0L / 239.0L;
 9    do {
10        last = p;   p -= t / k;   t /= -239.0L*239.0L;  k += 2;
11    } while (p != last);
```

 `pi2.c`

相加相乗平均を使って円周率を求める。

```
1    int i;
2    double a, b, s, t, last;
3
4    a = 1;   b = 1 / sqrt(2.0);   s = 1;   t = 4;
5    for (i = 0; i < 3; i++) {
6        last = a;   a = (a + b) / 2;   b = sqrt(last * b);
7        s -= t * (a - last) * (a - last);   t *= 2;
8        printf("%16.14f\n", (a + b) * (a + b) / s);
9    }
```

[1] 高野 喜久雄．π の arctangent relations を求めて．bit 1983 年 4 月号，83–91．
[2] 駒木 悠二，有澤 誠，編．『ナノピコ教室：プログラム問題集』．共立出版，1990．
[3] Jonathan M. Borwein and Peter B. Borwein. *Pi and the AGM: A Study in Analytic Number Theory and Computational Complexity*. John Wiley & Sons, 1987.

エンディアンネス　endianness

　上位バイト・下位バイトの順序を俗にこのようにいう。メモリの若い番地が下位バイトであるのが little-endian，その逆が big-endian である。インテル 8086 とその後継は前者，モトローラ 68000 とその後継は後者である。

　Jonathan Swift（スウィフト）の小説 *Gulliver's Travels*（ガリバー旅行記）の小人国で卵は太い方から割るべきだとする Big-endian と細い方から割るべきだとする Little-endian とが対立する話に由来する。

 `endian.c`

int 型のエンディアンネスを調べる。

```c
1  #include <stdio.h>
2  #include <stdlib.h>
3  int main(void)
4  {
5      int i = 1;
6      if (*((char *)&i))
7          printf("little-endian\n");
8      else if (*((char *)&i + (sizeof(int) - 1)))
9          printf("big-endian\n");
10     else
11         printf("不明\n");
12     return 0;
13 }
```

黄金分割法　golden section search

区間 $a < x < b$ で $f(x)$ を最小にする x の値 $x_{\min}$ を求める簡単な方法。$f(x)$ は連続関数でなくてもかまわないが，$a < x < x_{\min}$ で減少し $x_{\min} < x < b$ で増加すると仮定する（単峰性，unimodality）。

まず，区間内で点 c, d を

のようにとり（具体的なとり方は後述），関数値 $f(c), f(d)$ を比べる。仮に $f(c) > f(d)$ であったならば，単峰性の仮定より $c < x_{\min} < b$ のはずであるから，さらに $d < e < b$ を満たす点 e を

のようにとって $f(e)$ を求め，$f(d)$ と比べる。このとき $f(d) > f(e)$ なら $d < x_{\min} < b$，$f(d) < f(e)$ なら $c < x_{\min} < e$ となるはずである。以下同様にして，次第に区間を狭めていく。

関数値を求める点 c, d, e などのとり方については，

で $s : t = t : u$ とする。こうすれば区間が小さくなっても区間の両端と中央の 2 点との距離の比が一定に保たれる。$u = s - t$ であるから $s : t = t : (s - t)$ となり，これを解けば

$$\frac{s}{t} = \frac{1 + \sqrt{5}}{2} \doteqdot 1.618$$

となる。この比を黄金分割比（golden section ratio）という。

goldsect.c

goldsect(a, b, tolerance, f) は，区間の下限 a，上限 b，許容誤差 tolerance，関数 f を与えると，その関数を最小にする x の値を返す。

黄金分割法　**21**

```c
1   #include <math.h>
2
3   double goldsect(double a, double b,
4                   double tolerance, double (*f)(double x))
5   {
6       const double r = 2 / (3 + sqrt(5));
7       double c, d, fc, fd, t;
8
9       if (a > b) {  t = a;  a = b;  b = t;  }
10      t = r * (b - a);  c = a + t;  d = b - t;
11      fc = f(c);  fd = f(d);
12      for ( ; ; ) {
13          if (fc > fd) {
14              a = c;  c = d;  fc = fd;  d = b - r * (b - a);
15              if (d - c <= tolerance) return c;
16              fd = f(d);
17          } else {
18              b = d;  d = c;  fd = fc;  c = a + r * (b - a);
19              if (d - c <= tolerance) return d;
20              fc = f(c);
21          }
22      }
23  }
```

か

回帰分析　regression analysis

$n \times (p+1)$ 個の値 $x_{i1}, x_{i2}, \ldots, x_{ip}, y_i$ $(i = 1, 2, \ldots, n)$ が与えられたとき，近似式 $y_i \doteqdot f(x_{i1}, \ldots, x_{ip})$ を満たす関数 f を求めたりその妥当性を調べたりすることを回帰分析という．特に $p > 1$ のとき重回帰分析ともいう．y_i を基準変数，$x_{i1}, x_{i2}, \ldots, x_{ip}$ を説明変数という．

特によく用いられるのが，以下に述べる最小 2 乗法による線形回帰分析である．これは，

$$y_i = b_1 x_{i1} + b_2 x_{i2} + \cdots + b_p x_{ip} + e_i, \qquad i = 1, 2, \ldots, n$$

と置き，e_i（残差）の 2 乗和 $e_1^2 + e_2^2 + \cdots + e_n^2$ が最小になるような $b_1, b_2, \ldots, b_p$（回帰係数）を求める．

線形という意味は，回帰係数 $b_1, \ldots, b_p$ について 1 次式であるということであり，観測値の間に 1 次式の関係を仮定するということではない．たとえばデータ (t_i, y_i) $(i = 1, \ldots, n)$ に多項式 $y = b_1 + b_2 t + b_3 t^2 + \cdots$ をあてはめる問題は，$1 = x_{i1}$，$t_i = x_{i2}$，$t_i^2 = x_{i3}, \ldots$ と置けば線形回帰分析に帰着する．また，三角関数 $y = a\sin(t + \delta)$ をあてはめる問題は，右辺を $a\sin t \cos\delta + a\cos t \sin\delta$ と変形し，$\sin t_i = x_{i1}$，$\cos t_i = x_{i2}$，$a = \sqrt{b_1^2 + b_2^2}$，$\delta = \arctan(b_2/b_1)$ と置けばやはり線形回帰分析になる．

最小 2 乗法はアルゴリズムが簡単であり，下に述べるように，ある仮定のもとに b_j の誤差の分布が容易に求められる．これに対して，残差の絶対値の和 $|e_1| + \cdots + |e_n|$ を最小にする解（l_1 解）は，外れ値（他とかけはなれた観測値）に影響されにくいという利点がある．また，残差の絶対値の最大値を最小にする解（l_∞ 解）も場合によっては便利である．l_1, l_∞ 問題は †線形計画法で解ける．

最小 2 乗法による線形回帰分析の仮定は，行列を使えば

$$y = Xb + e, \qquad X^T e = 0$$

と書ける．ここで y と e は $n \times 1$ 型，b は $p \times 1$ 型，X は $n \times p$ 型の行列で，X^T は X の転置である．b は原理的には連立方程式 $X^T X b = X^T y$（正規方程式）を解いて求められる．すなわち，$b = (X^T X)^{-1} X^T y$ である．

X, β, ε をそれぞれ $n \times p$，$p \times 1$，$n \times 1$ 型の行列とし，X, β の成分は定数で，ε の成分は平均 0，分散 σ^2 の独立な確率変数（乱数）とすると，$y = X\beta + \varepsilon$ も確率変数になり，この X, y から最小 2 乗法で求めた回帰係数 b，残差 e も確率変数である．このとき，

- $s^2 = e^T e / (n - p)$ の期待値は σ^2，

- b の期待値は β,
- $(b-\beta)(b-\beta)^T$ の期待値（すなわち b の分散共分散行列）は $\sigma^2(X^TX)^{-1}$

である．さらに，もし ε_i の分布が †正規分布なら，次のことがいえる．

- $(b_j - \beta_j) / \sqrt{s^2[(X^TX)^{-1}]_{jj}}$ の分布（周辺分布）は自由度 $n-p$ の t 分布である．
- もし $\beta_1, \ldots, \beta_p$ のうち r 個が 0 ならば，これらに対応する X の列を除いた $n \times (p-r)$ 型の行列 X' を X の代わりに使って最小 2 乗法で求めた残差を e' とすると，$(e'^T e' - e^T e)/rs^2$ は自由度 $(r, n-p)$ の F 分布に従う．

このことを使って，各 b_j の区間推定や，いくつかの回帰係数が 0 であるという帰無仮説の検定ができる．

最小 2 乗法による線形回帰分析のアルゴリズムとしては，以下に挙げる †QR 分解によるものが数値的に安定なのでよく使われる．これは $X = QR$（Q は Q^TQ が単位行列となる $n \times p$ 行列，R は $p \times p$ 型の上三角行列）と分解し，上三角な連立方程式 $Q^Ty = Rb$ を後退代入により解いて b を求める．

より簡単な方法については ⇒ †SWEEP 演算子法．

 regress.c

最小 2 乗法による線形回帰分析のプログラムである．データファイルの作り方は ⇒ †多変量データ．

以下のものを出力する．

- 回帰係数 b_j
- b_j の標準誤差 $SE_j = \sqrt{s^2[(X^TX)^{-1}]_{jj}}$
- b_j の t 比 $|b_j|/SE_j$
- 残差 2 乗和 $SS = e_1^2 + e_2^2 + \cdots + e_n^2$（演算誤差のため，元のデータと b_j とから再計算した残差 2 乗和と一致しないことがある）
- 自由度 $n-p$
- 平均 2 乗残差 $\sqrt{SS/(n-p)}$

1 次従属な変数は出力しない．"定数項を含めますか (y/n)?" に "y" と答えると，X に新しい列 $x_{10} = x_{20} = \cdots = x_{n0} = 1$ を追加するので，0 番の変数の回帰係数が定数項になる．

col[0..p-1] は列番号，x[0..p][0..n-1] はデータ，b[0..p-1] は回帰係数，normsq[0..p-1] は各列の 2 乗和である．データ中 x[0..p-1][0..n-1] が X^T，x[p][0..n-1] は y^T に当たる．

24 回帰分析

lsq() が †QR 分解を行う。X を左から 1 列ずつ調べ，1 次従属な列は捨て，1 次独立な列だけ左詰めにする。戻り値は X の階数（1 次独立な列の数）である。X は QR 分解され，R^T が x[0..r-1][0..r-1] に，元の列番号（0 以上 $p-1$ 以下）が col[0..r-1] に，元の X の各列の 2 乗和が normsq[0..p-1] に入る。定数 VERBOSE が 0 でないなら途中経過を出力する。

invr(r, x) は x[0..r-1][0..r-1] に入った R^T（R は上三角行列）を R^{-1} で上書きする（$\Rightarrow$ †逆行列）。これは $(X^TX)^{-1} = R^{-1}(R^{-1})^T$ により b_j の標準誤差を求めるのに使う。

説明変数を "2 乗和 $\div$ 初期 2 乗和" の大きい順に処理（ピボット選択）するには定数 PIVOTING を 0 以外にする。一般にピボット選択を行う方が精度が良くなる。

```c
 1  #include "statutil.c"
 2
 3  #define PIVOTING 0                              /* ピボット選択を行うか */
 4  #define VERBOSE  0                              /* 途中経過を出力するか */
 5  #define EPS    1e-6                                  /* 許容誤差 */
 6
 7  #if ! PIVOTING                            /* ピボット選択を行わない場合 */
 8
 9  int lsq(int n, int m, matrix x, vector b,
10          int *col, vector normsq)                     /* 最小 2 乗法 */
11  {
12      int i, j, k, r;
13      double s, t, u;
14      vector v, w;
15
16      for (j = 0; j < m; j++)
17          normsq[j] = innerproduct(n, x[j], x[j]);
18      r = 0;
19      for (k = 0; k < m; k++) {
20          if (normsq[k] == 0) continue;
21          v = x[k];  u = innerproduct(n - r, &v[r], &v[r]);
22          #if VERBOSE
23              printf("\n%4d: 2 乗和÷初期 2 乗和 = %-14g",
24                  k + 1, u / normsq[k]);
25          #endif
26          if (u / normsq[k] < EPS * EPS) continue;
27          x[r] = v;  col[r] = k;
28          u = sqrt(u);  if (v[r] < 0) u = -u;
29          v[r] += u;  t = 1 / (v[r] * u);
30          for (j = k + 1; j <= m; j++) {
31              w = x[j];
32              s = t * innerproduct(n - r, &v[r], &w[r]);
33              for (i = r; i < n; i++) w[i] -= s * v[i];
34          }
35          v[r] = -u;
36          #if VERBOSE
37              printf(" 残差 2 乗和 = %g",
38                  innerproduct(n-r-1, &x[m][r+1], &x[m][r+1]));
39          #endif
```

回帰分析　**25**

```c
40        r++;
41      }
42      for (j = r - 1; j >= 0; j--) {
43          s = x[m][j];
44          for (i = j + 1; i < r; i++) s -= x[i][j] * b[i];
45          b[j] = s / x[j][j];
46      }
47  #if VERBOSE
48      printf("\n\n");
49  #endif
50      return r;                                    /* 階数（rank）*/
51  }
52
53  #else                                        /* ピボット選択を行う場合 */
54
55  #define swap(a, i, j, t)  t = a[i];  a[i] = a[j];  a[j] = t
56
57  int lsq(int n, int m, matrix x, vector b,
58          int *col, vector initnormsq, vector normsq)
59  {
60      int i, j, r;
61      double s, t, u;
62      vector v, w;
63
64      for (j = 0; j < m; j++) {
65          col[j] = j;
66          normsq[j] = innerproduct(n, x[j], x[j]);
67          initnormsq[j] = (normsq[j] != 0) ? normsq[j] : -1;
68      }
69      for (r = 0; r < m; r++) {
70          if (r != 0) {
71              j = r;  u = 0;
72              for (i = r; i < m; i++) {
73                  t = normsq[i] / initnormsq[i];
74                  if (t > u) {  u = t;  j = i;  }
75              }
76              swap(col, j, r, i);
77              swap(normsq, j, r, t);
78              swap(initnormsq, j, r, t);
79              swap(x, j, r, v);
80          }
81          v = x[r];  u = innerproduct(n - r, &v[r], &v[r]);
82          if (u / initnormsq[r] < EPS * EPS) break;
83          u = sqrt(u);  if (v[r] < 0) u = -u;
84          v[r] += u;  t = 1 / (v[r] * u);
85          for (j = r + 1; j <= m; j++) {
86              w = x[j];
87              s = t * innerproduct(n - r, &v[r], &w[r]);
88              for (i = r; i < n; i++) w[i] -= s * v[i];
89              if (j < m) normsq[j] -= w[r] * w[r];
90          }
91          v[r] = -u;
92      }
93      for (j = r - 1; j >= 0; j--) {
94          s = x[m][j];
95          for (i = j + 1; i < r; i++) s -= x[i][j] * b[i];
```

26 回帰分析

```c
 96         b[j] = s / x[j][j];
 97     }
 98     return r;                                          /* 階数（rank）*/
 99 }
100
101 #endif   /* PIVOTING */
102
103 void invr(int r, matrix x)                             /* 上三角行列の逆行列 */
104 {
105     int i, j, k;
106     double s;
107
108     for (k = 0; k < r; k++) {
109         x[k][k] = 1 / x[k][k];
110         for (j = k - 1; j >= 0; j--) {
111             s = 0;
112             for (i = j + 1; i <= k; i++)
113                 s -= x[i][j] * x[i][k];
114             x[j][k] = s * x[j][j];
115         }
116     }
117 }
118
119 int main(int argc, char *argv[])
120 {
121     int i, j, n, m, p, r, con, *col;                   /* col は列番号の表 */
122     double s, t, rss;
123     matrix x;
124     vector b, normsq;                                  /* 回帰係数, ノルム 2 乗 */
125     FILE *datafile;
126 #if PIVOTING
127     vector initnormsq;                                 /* 初期ノルム 2 乗 */
128 #endif   /* PIVOTING */
129
130     if (argc != 2) error("使用法:_regress_filename");
131     datafile = open_data(argv[1], &n, &m);
132     if (datafile == NULL) error("データ不良");
133     printf("定数項を含めますか (y/n)?_");
134     con = (i = getchar()) == 'y' || i == 'Y';  p = m + con - 1;
135     col = malloc(p * sizeof(int));
136     x = new_matrix(p + 1, n);                           /* 記憶領域を獲得 */
137     b = new_vector(p);  normsq = new_vector(p);
138 #if PIVOTING
139     initnormsq = new_vector(p);                        /* 最初のノルム 2 乗 */
140 #endif   /* PIVOTING */
141     if (read_data(datafile, n, m, &x[con])) error("データ不良");
142     if (con) for (i = 0; i < n; i++) x[0][i] = 1;       /* 定数項 */
143 #if ! PIVOTING
144     r = lsq(n, p, x, b, col, normsq);                  /* 最小 2 乗法（ピボット選択なし）*/
145 #else   /* PIVOTING */
146     r = lsq(n, p, x, b, col, initnormsq, normsq);      /* 最小 2 乗法（ピボット選択あり）*/
147 #endif   /* PIVOTING */
148     rss = innerproduct(n - r, &x[p][r], &x[p][r]);     /* 残差 2 乗和 */
149     invr(r, x);                                        /* r を逆行列に */
150     printf("変数__回帰係数_____標準誤差_____t\n");
151     for (j = 0; j < r; j++) {
```

階乗進法　**27**

```
152        t = innerproduct(r - j, &x[j][j], &x[j][j]);          /* 内積 */
153        s = sqrt(t * rss / (n - r));
154        printf("%4d_.%_#-14g_%_#-14g", col[j] + 1 - con, b[j], s);
155        if (s > 0) printf("__%_#-11.3g", fabs(b[j] / s));
156        printf("\n");
157    }
158    printf("残差 2 乗和_/_自由度_=_%g_/_%d_=_%g\n",
159        rss, n - r, rss / (n - r));
160    return 0;
161 }
```

階乗進法　_factorial representation_

階乗進法で n 桁の数 $c_n c_{n-1} \ldots c_3 c_2 c_1$ とは

$$n!\, c_n + (n-1)!\, c_{n-1} + \cdots + 3!\, c_3 + 2!\, c_2 + 1!\, c_1$$

のことである。各桁は $0 \leq c_j \leq j$ の範囲の整数である。n 桁の階乗進数で表せる最大の数は

$$n!\, n + (n-1)!\, (n-1) + \cdots + 3!\, 3 + 2!\, 2 + 1!\, 1 = (n+1)! - 1$$

である。

📄 factrep.c

階乗進法の数え方を示すプログラムである。0 から $(N+1)! - 1$ までの整数を階乗進法で書き出す。行 9–11 が階乗進法の数に 1 を加える部分である。

```
 1     int i, k, c[N + 2];
 2
 3     for (k = 1; k <= N + 1; k++) c[k] = 0;
 4     i = 0;
 5     do {
 6         printf("%3d:", i++);
 7         for (k = N; k >= 1; k--) printf("_%d", c[k]);
 8         printf("\n");
 9         k = 1;
10         while (c[k] == k) {  c[k] = 0;  k++;  }
11         c[k]++;
12     } while (k <= N);
```

カイ 2 乗分布　_chi-square distribution_

確率変数 $z_1, z_2, \ldots, z_\nu$ が独立に標準 [†]正規分布に従うとき，$\chi^2 = z_1^2 + z_2^2 + \cdots + z_\nu^2$ の分布を自由度 ν のカイ 2 乗 (χ^2) 分布という。密度関数は

$$f(x) = \frac{1}{2^{\nu/2}\Gamma(\nu/2)} x^{\nu/2-1} e^{-x/2}, \qquad x \geqq 0, \quad \nu = 1, 2, 3, \ldots$$

28 カイ 2 乗分布

である。

この分布の乱数がある値 χ^2 以上になる確率 $\int_{\chi^2}^{\infty} f(t)\,dt$ は，t の指数を減らす部分積分を繰り返せば，ν が奇数のときは

$$2Q(\chi) + 2Z(\chi) \sum_{k=1}^{(\nu-1)/2} \frac{\chi^{2k-1}}{1 \cdot 3 \cdot 5 \ldots (2k-1)}$$

ν が偶数のときは

$$\sqrt{2\pi} Z(\chi) \left(1 + \sum_{k=1}^{(\nu-2)/2} \frac{\chi^{2k}}{2 \cdot 4 \cdot 6 \ldots (2k)}\right)$$

となる。ここで $\chi = \sqrt{\chi^2}$ で，$Z(z) = e^{-z^2/2}/\sqrt{2\pi}$ は標準正規分布の密度関数，$Q(z)$ はその上側確率である。この方法は簡単であるが，自由度 ν が大きいと遅い。別の方法については ⇒ †不完全ガンマ関数。

カイ 2 乗分布の乱数を生成するには，定義通りに標準正規分布の乱数の 2 乗を ν 個加えてもできるが，自由度 ν が大きいときは †ガンマ分布の乱数を使う方法が速い。

📄 chi2.c

q_chi2(df, chi2) は，自由度 df のカイ 2 乗分布に従う確率変数が chi2 ($\geqq 0$) 以上になる確率（上側累積確率）を求める。p_chi2(df, chi2) は chi2 以下になる確率（下側累積確率，分布関数）を求める。標準正規分布の上側累積確率を求める関数 q_nor(z) を使っている（⇒ †正規分布）。

```
 1  #include <math.h>
 2  #define PI 3.14159265358979323846264
 3  double q_chi2(int df, double chi2)              /* 上側累積確率 */
 4  {
 5      int k;
 6      double s, t, chi;
 7
 8      if (df & 1) {                               /* 自由度が奇数 */
 9          chi = sqrt(chi2);
10          if (df == 1) return 2 * q_nor(chi);
11          s = t = chi * exp(-0.5 * chi2) / sqrt(2 * PI);
12          for (k = 3; k < df; k += 2) {
13              t *= chi2 / k;  s += t;
14          }
15          return 2 * (q_nor(chi) + s);
16      } else {                                    /* 自由度が偶数 */
17          s = t = exp(-0.5 * chi2);
18          for (k = 2; k < df; k += 2) {
19              t *= chi2 / k;  s += t;
20          }
21          return s;
22      }
23  }
24
```

```
25  double p_chi2(int df, double chi2)                          /* 下側累積確率 */
26  {
27      return 1 - q_chi2(df, chi2);
28  }
```

📄 random.c

自由度 n のカイ 2 乗分布の乱数を生成する簡単な方法である。標準正規分布の乱数 nrnd() を使っている（⇒ [†]正規分布）。

```
1  double chisq_rnd1(int n)
2  {
3      int i;
4      double s, t;
5
6      s = 0;
7      for (i = 0; i < n; i++) {  t = nrnd();  s += t * t;  }
8      return s;
9  }
```

次のものはガンマ分布の乱数 gamma_rnd() を使う（⇒ [†]ガンマ分布）。自由度 n は整数でなくてもよい。

```
1  double chisq_rnd(double n)
2  {
3      return 2 * gamma_rnd(0.5 * n);
4  }
```

カオスとアトラクタ　chaos and attractor

　古典力学によれば，初期条件と運動方程式さえわかれば無限の未来まで予言できるはずであった。ところが実際には初期条件のどんな小さな違いも無限に増幅されて，まったく予測不能な混沌状態に陥ることが少なくない。このような無秩序な振舞いをカオスという。

　平易な具体例で説明しよう。

　西暦 1990 + n 年の人口密度を p_n とする。その後 1 年間の人口密度の増加 $p_{n+1} - p_n$ は，現人口密度 p_n に比例すると同時に，最適人口密度 p_{opt} との差 $p_{opt} - p_n$ にも比例すると仮定しよう。以下では $p_{opt} = 1$ となるように単位をとる。比例定数を $k\,(\geqq 0)$ とすると，上述のことは漸化式

$$p_{n+1} = p_n + kp_n(1 - p_n)$$

で表される。この仮定によれば，人口密度が 1 を超えれば人口は減少に転じることになる。この種の式をロジスティック方程式という。

初期人口密度 p_0 を $0 < p_0 < 1$ の範囲で適当に選び，先の漸化式から $p_1, p_2, \ldots$ を順に求めてみよう．たとえば $k = 1$ とすれば，初期値 p_0 にかかわらず $n \to \infty$ で $p_n \to 1$ に収束する．この場合の p_n の極限値 1 のように $n \to \infty$ で周囲の値を引きずりこむ値の集合をアトラクタ（attractor）という．

ところが，$k = 2.3$ になると，$n \to \infty$ でも p_n は収束せず，二つの値 1.182, 0.688 を交互にとる．つまり，アトラクタの要素は 2 個になった．

$k = 2.5$ になると，今度は四つの値 1.225, 0.536, 1.158, 0.701 を順にとるようになる．

さらに k を少しずつ増していくと，$n \to \infty$ での p_n の値はどんどん分岐し，ついには規則性が見えなくなる．このような無秩序な振舞いがカオスである．また，アトラクタはぼやけて広がりをもつようになる．このような広がったアトラクタを奇妙なアトラクタ（strange attractor）という．

chaos.c

上のことを試してみるためのプログラムである．

```
1    int i;
2    double p, k;
3
4    printf("比例定数: ");   scanf("%lf", &k);
5    printf("初期値　 : ");   scanf("%lf", &p);
6    for (i = 1; i <= 100; i++) {
7        printf("%10.3f", p);
8        if (i % 4 == 0) printf("\n");
9        p += k * p * (1 - p);
10   }
```

bifur.c

上の振舞いを画面に図示するプログラムである．横軸に係数 k をとり，縦軸に p_{50} から p_{99} までの 50 個の点を描く．k が小さいうちは 1 本の線であるが，次第に分岐し，カオスに転ずる．k と p の最小値・最大値 $k_{\min}$, $k_{\max}$, $p_{\min}$,

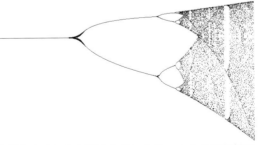

$p_{\max}$ としてそれぞれ 1.5, 3, 0, 1.5 を指定すると右の図のようになる．カオスに移行するところで自分自身とほぼ相似なパターンが次々に現れるのがわかる．

基本グラフィックスルーチン window.c （⇒ †グラフィックス）を使っている．

```c
1   #include "window.c"                                /* ⇒ †グラフィックス */
2
3   int main(void)
4   {
5       int i;
6       double k, p, dk, kmin = 1.5, kmax = 3, pmin = 0, pmax = 1.5;
7
8       gr_clear(WHITE);
9       gr_window(kmin, pmin, kmax, pmax, 0);
10      dk = (kmax - kmin) / (XMAX - 1);
11      for (k = kmin; k <= kmax; k += dk) {
12          p = 0.3;
13          for (i = 1; i <= 50; i++) p += k * p * (1 - p);
14          for (i = 51; i <= 100; i++) {
15              if (p >= pmin && p <= pmax)
16                  gr_wdot(k, p, BLACK);
17              p += k * p * (1 - p);
18          }
19      }
20      gr_BMP("bifur.bmp");
21      return 0;
22  }
```

ガンマ関数　gamma function

ガンマ関数 $\Gamma(x) = \int_0^\infty e^{-t} t^{x-1} \, dt$ は漸化式 $\Gamma(x+1) = x\Gamma(x)$ を満たし，x が正の整数のとき $\Gamma(x) = (x-1)!$ となる。また，$\Gamma(\frac{1}{2}) = \sqrt{\pi}$ である。

対数 $\log \Gamma(x)$ は漸近展開

$$\left(x - \frac{1}{2}\right) \log x - x + \frac{1}{2} \log 2\pi + \sum_{n=1}^{\infty} \frac{B_{2n}}{2n(2n-1)x^{2n-1}}$$

で求められる。ここで B_n は †Bernoulli（ベルヌーイ）数で，次のプログラムでは #define で与えてある。この展開式は $x \to \infty$ で成り立つ（真値との比の値 $\to 1$）。x が小さいときは漸化式 $\Gamma(x+1) = x\Gamma(x)$ を逆に使って x の大きいところまでもっていってから上の展開式を使う。

$\Gamma(x)$ は $x = 0, -1, -2, -3, \ldots$ のとき定義されない。これ以外の負の x のときは，上記の漸化式でも求められるが，下のプログラムでは

$$\Gamma(x)\Gamma(1-x) = \pi / \sin \pi x$$

を使って $x > 1$ にもっていっている。

別の求め方については ⇒ 文献 [1]。

gamma.c

ガンマ関数とその対数を求める。

32　ガンマ分布

```c
#include <math.h>
#define PI        3.14159265358979324        /* π */
#define LOG_2PI   1.83787706640934548        /* log 2π */
#define N         8
#define B0  1                                /* 以下は †Bernoulli（ベルヌーイ）数 */
#define B1  (-1.0 / 2.0)
#define B2  ( 1.0 / 6.0)
#define B4  (-1.0 / 30.0)
#define B6  ( 1.0 / 42.0)
#define B8  (-1.0 / 30.0)
#define B10 ( 5.0 / 66.0)
#define B12 (-691.0 / 2730.0)
#define B14 ( 7.0 / 6.0)
#define B16 (-3617.0 / 510.0)

double loggamma(double x)                    /* ガンマ関数の対数 */
{
    double v, w;

    v = 1;
    while (x < N) {  v *= x;   x++;  }
    w = 1 / (x * x);
    return ((((((((B16 / (16 * 15))  * w + (B14 / (14 * 13))) * w
            + (B12 / (12 * 11))) * w + (B10 / (10 *  9))) * w
            + (B8  / ( 8 *  7))) * w + (B6  / ( 6 *  5))) * w
            + (B4  / ( 4 *  3))) * w + (B2  / ( 2 *  1))) / x
            + 0.5 * LOG_2PI - log(v) - x + (x - 0.5) * log(x);
}

double gamma(double x)                       /* ガンマ関数 */
{
    if (x < 0)
        return PI / (sin(PI * x) * exp(loggamma(1 - x)));
    return exp(loggamma(x));
}
```

[1] Allan J. Macleod. A robust and reliable algorithm for the logarithm of the gamma function. *Applied Statistics*, 38: 397–423, 1989.

ガンマ分布　gamma distribution

　平均して単位時間に 1 回起こる独立な事象をある時刻から観測したとき，ちょうど a 個目の事象が起きるまでの時間は，密度関数 $f(x) = x^{a-1} e^{-x} / \Gamma(a)$, $x > 0$ の分布に従う。この分布をガンマ分布という。$\Gamma(a)$ は †ガンマ関数である。パラメータ a は正の実数に拡張できる。

　ガンマ分布の乱数を発生する比較的簡単な方法を 2 通り挙げる。やや複雑であるがもっと速い方法が文献 [1] にある。

ガンマ分布   33

 random.c

パラメータ a が 0.5 の正の整数倍（0.5, 1.0, 1.5, 2.0, ...）のときは次のような簡単な方法がある。引数 two_a は $2a$（整数）である。a が大きいと遅い。

```
 1  double gamma_rnd1(int two_a)
 2  {
 3      int i;
 4      double x, r;
 5
 6      x = 1;
 7      for (i = two_a / 2; i > 0; i--) x *= rnd();
 8      x = -log(x);
 9      if ((two_a & 1) != 0) {                        /* two_a が奇数 */
10          r = nrnd();   x += 0.5 * r * r;
11      }
12      return x;
13  }
```

a が一般の正の実数のときは次のようにする。a が整数でも大きな値ならこの方が速い。

```
 1  #define E   2.718281828459045235                   /* †自然対数の底 */
 2  double gamma_rnd(double a)                         /* ガンマ分布の乱数, a > 0 */
 3  {
 4      double t, u, x, y;
 5
 6      if (a > 1) {
 7          t = sqrt(2 * a - 1);
 8          do {
 9              do {
10                  do {                               /* この 4 行は y ← tan(π × rnd()) に同じ */
11                      x = 1 - rnd();   y = 2 * rnd() - 1;
12                  } while (x * x + y * y > 1);
13                  y /= x;
14                  x = t * y + a - 1;
15              } while (x <= 0);
16              u = (a - 1) * log(x / (a - 1)) - t * y;
17          } while (u < -50 || rnd() > (1 + y * y) * exp(u));
18      } else {
19          t = E / (a + E);
20          do {
21              if (rnd() < t) {
22                  x = pow(rnd(), 1 / a);   y = exp(-x);
23              } else {
24                  x = 1 - log(rnd());   y = pow(x, a - 1);
25              }
26          } while (rnd() >= y);
27      }
28      return x;
29  }
```

 [1] J. H. Ahrens and U. Dieter. Generating gamma variates by a modified rejection technique. *Communications of the ACM*, 25: 47–54, 1982.

き

木 tree

コンピュータ関係で「木」というと ∧∧∧ のようなものを思い浮かべる（†グラフ理論でいう有向木，根付き木）。この図で 11 個ある ● を節点，節，ノード（node），頂点（vertex）などといい，節点をつなぐ線を枝（branch），辺（edge）などという。一番上のノードが根（root）である。この図の根は 2 本の枝を出して 2 個の子ノードにつながる。左の子はさらに 3 個の子ノードをもつが，この 3 個の子ノードは子をもたない。子をもたないノードを葉（leaf）という。この木には全部で 7 個の葉がある。

各ノードがたかだか 2 個の子をもつ木を †2 分木という。

†探索では，†2 分探索木や †B 木など，木の形のデータ構造をよく用いる。

機械エプシロン machine epsilon

1 より大きい最小の †浮動小数点数と 1 との差。計算機エプシロンともいう。b 進 p 桁精度の浮動小数点数の機械エプシロンは b^{1-p} である。日本ではエプシロンをイプシロンと読む人も多い。

上の定義では機械エプシロンはその機械の浮動小数点数の仕組みだけに依存する。これに対して，"1 に加えたとき 1 より大となる最小の数" と定義すれば，加算での丸め方にも依存することになる（下のプログラムの実験結果参照）。

C 言語では <float.h> に float, double, long double 型の（本書の意味での）機械エプシロン FLT_EPSILON, DBL_EPSILON, LDBL_EPSILON が与えられている。ANSI/ISO/IEC 規格によれば，これらはそれぞれ 10^{-5}, 10^{-9}, 10^{-9} 以下でなければならない。

maceps.c

機械エプシロンの実験をするプログラムである。$e = 1, \frac{1}{2}, \frac{1}{4}, \frac{1}{8}, \ldots$ と減らしていき，$1 + e = 1$ となったら止める。

```
1    float e, w;
2
3    e = 1;  w = 1 + e;
4    while (w > 1) {
5        printf("%_-14g_%_-14g_%_-14g\n", e, w, w - 1);
6        e /= 2;  w = 1 + e;
7    }
```

処理系 A では次のような実行結果を得た：

e	$1+e$	$(1+e)-1$
1	2	1
0.5	1.5	0.5
0.25	1.25	0.25
⋮	⋮	⋮
$4.768372 \cdot 10^{-7}$	1	$4.768372 \cdot 10^{-7}$
$2.384186 \cdot 10^{-7}$	1	$2.384186 \cdot 10^{-7}$
$1.192093 \cdot 10^{-7}$	1	$1.192093 \cdot 10^{-7}$

したがって，処理系 A の単精度の機械エプシロンは $\varepsilon = 1.192093 \cdot 10^{-7}$ である。

一方，処理系 B では次のようになった：

e	$1+e$	$(1+e)-1$
⋮	⋮	⋮
$4.768372 \cdot 10^{-7}$	1	$4.768372 \cdot 10^{-7}$
$2.384186 \cdot 10^{-7}$	1	$2.384186 \cdot 10^{-7}$
$1.192093 \cdot 10^{-7}$	1	$1.192093 \cdot 10^{-7}$
$5.960464 \cdot 10^{-8}$	1	$1.192093 \cdot 10^{-7}$

この処理系 B でも，0 でない最小の $(1+\varepsilon)-1$ の値は処理系 A と同じであり，これが機械エプシロンである。ところが，今度は $(1+\varepsilon/2)-1 = \varepsilon$ となってしまった。これは，処理系 A では計算結果で単精度に収まらない部分を切り捨てたが，処理系 B では四捨五入し，$1+\varepsilon/2$ が $1+\varepsilon$ と等しくなったのである。ただし，これだけの実験で処理系 A がいつも切捨てをするとは判断できない。実際，"偶数に丸める"方式の四捨五入では，$1+\varepsilon/2$ なら切り捨て，それより少しでも大きければ（たとえば $1+1.01\times\varepsilon/2$ なら）切り上げる（⇒ †四捨五入）。

幾何分布　geometric distribution

確率 p で当たる懸賞に n 回目の応募でやっと当たる確率は $P_n = p(1-p)^{n-1}$ である。この分布を幾何分布という。

 irandom.c

幾何分布の †乱数は，一様分布の乱数 $0 \leqq \text{rnd}() < 1$ を使って次のようにして生成できる。

```
1  int geometric_rnd(double p)
2  {
3      int n;
4
5      n = 1;
6      while (rnd() > p) n++;
7      return n;
8  }
```

p が小さいときは次のようにする方が速い。

```
1  int geometric_rnd(double p)
2  {
3      return ceil(log(1 - rnd()) / log(1 - p));
4  }
```

rnd() が 0 にならなければ上の 1 - rnd() は単に rnd() でよい。

騎士巡歴の問題　Knight's Tour

チェスのナイト（騎士）という駒は右図のように将棋の桂馬と同様な動きを前後左右にとることができる。つまり，横方向，縦方向に $(\pm1, \pm2)$ または $(\pm2, \pm1)$ の合わせて 8 通りの動きができる。このナイトが $N \times N$ の盤面のどの目にもちょうど 1 回ずつ訪れるような巡回を求めるのがこの問題である。

📄 knight.c

騎士巡歴の問題の解を（時間さえあれば）すべて出力するプログラムである。

盤面 board[0..N+3][0..N+3] は，駒が行けない縁の 2 列分は 0 でない値に，駒が行ける中央の $N \times N$ の領域は 0 に初期化しておく。隅 board[2][2] から始めてどんどん進み，出発点からの歩数（1, 2, 3, ...）を書き残していく。進めなくなったら来た道を戻り，新たな経路を探す。N^2 歩進んだら，巡回が完成したので，盤面を出力する。

```
1   #include <stdio.h>
2   #include <stdlib.h>
3
4   #define N  5                                          /* N×Nの盤面 */
5
6   int board[N + 4][N + 4],                              /* 盤面 */
7       dx[8] = { 2, 1,-1,-2,-2,-1, 1, 2 },               /* 横変位 */
8       dy[8] = { 1, 2, 2, 1,-1,-2,-2,-1 };               /* 縦変位 */
9
10  void printboard(void)                                 /* 盤面を出力 */
11  {
12      int i, j;
13      static solution = 0;
14
```

```
 15        printf("\n 解_%d\n", ++solution);
 16        for (i = 2; i <= N + 1; i++) {
 17            for (j = 2; j <= N + 1; j++) printf("%4d", board[i][j]);
 18            printf("\n");
 19        }
 20    }
 21
 22    void try(int x, int y)                                    /* 再帰的に試みる */
 23    {
 24        int i;
 25        static int count = 0;
 26
 27        if (board[x][y] != 0) return;                          /* すでに訪れた */
 28        board[x][y] = ++count;
 29        if (count == N * N) printboard();                      /* 完成 */
 30        else for (i = 0; i < 8; i++) try(x + dx[i], y + dy[i]);
 31        board[x][y] = 0;   count--;
 32    }
 33
 34    int main(void)
 35    {
 36        int i, j;
 37
 38        for (i = 0; i <= N + 3; i++)
 39            for (j = 0; j <= N + 3; j++) board[i][j] = 1;
 40        for (i = 2; i <= N + 1; i++)
 41            for (j = 2; j <= N + 1; j++) board[i][j] = 0;
 42        try(2, 2);
 43        return 0;
 44    }
```

[1] Niklaus Wirth. 片山 卓也 訳. 『アルゴリズム＋データ構造＝プログラム』. マイクロソフトウェア／日本コンピュータ協会, 1979. 156–162 ページ.

[2] Wayne Sewell. *Weaving a Program: Literate Programming in WEB*. Van Nostrand Reinhold, 1989. 462–471 ページに文献 [1] のプログラムの WEB 版がある. WEB とは Knuth の"文芸的プログラミング"支援ツール.

基数の変換　radix conversion

たとえば 6 進法は 0, 1, 2, 3, 4, 5 を並べて数を表す. 6 進法で 52314 という数は

$$5 \times 6^4 + 2 \times 6^3 + 3 \times 6^2 + 1 \times 6 + 4$$

のことである. 6 進法であることをはっきりさせるために $(52314)_6$ のように書くことがある. 一般に d 進法も同様に定義する. d 進法の d のことを基数 (radix) という（基底 base ということもある）.

与えられた数 x を d 進 m 桁の形

$$x = c_{m-1}d^{m-1} + c_{m-2}d^{m-2} + \cdots + c_1 d + c_0$$

に表すには $c_k = \lfloor x/d^k \rfloor \bmod d$ とする。

 radconv.c

conv1() は，x を d 進にしたときの各桁 c[i-1], c[i-2], ..., c[0] を求めて，桁数 i を返す。m 桁以下で表せなければ −1 を返す。

```c
 1  int conv1(int x, int d, int m, int c[])
 2  {
 3      int i;
 4
 5      for (i = 0; x != 0 && i < m; i++) {
 6          c[i] = x % d;   x /= d;
 7      }
 8      if (x == 0) return i;                           /* 桁数 */
 9      else        return -1;                          /* エラー */
10  }
```

conv2() は，d1 進 m1 桁の数 x1[ ] を，d2 進たかだか m2 桁の数 x2[ ] に変換し，変換後の桁数を返す。変換後の桁数が m2 を超えれば −1 を返す。

```c
 1  int conv2(int d1, int m1, int x1[], int d2, int m2, int x2[])
 2  {
 3      int i, j, r, t;
 4
 5      for (i = 0; m1 > 0 && i < m2; i++) {
 6          r = 0;
 7          for (j = m1 - 1; j >= 0; j--) {
 8              t = d1 * r + x1[j];   x1[j] = t / d2;   r = t % d2;
 9          }
10          x2[i] = r;
11          while (m1 > 0 && x1[m1 - 1] == 0) m1--;
12      }
13      if (m1 == 0) return i;                          /* 桁数 */
14      else         return -1;                         /* エラー */
15  }
```

逆行列　inverse matrix

†行列 A の逆行列 A^{-1} とは，$AA^{-1} = I$，$A^{-1}A = I$ を満たす行列のことである（I は単位行列）。

最初に，†Gauss（ガウス）–Jordan（ジョルダン）法に基づいて逆行列を求める簡単な方法を説明する。たとえば

$$A = \begin{pmatrix} -6 & 9 & -1 \\ 7 & -9 & 3 \\ -5 & 4 & -5 \end{pmatrix}$$

の逆行列を求めたいとしよう。まず

$$\left(\begin{array}{ccc|ccc} -6 & 9 & -1 & 1 & 0 & 0 \\ 7 & -9 & 3 & 0 & 1 & 0 \\ -5 & 4 & -5 & 0 & 0 & 1 \end{array}\right)$$

のように，元の行列と単位行列を並べて書く。第 1 行を，元の行列の左上隅の -6 で割る：

$$\left(\begin{array}{ccc|ccc} 1 & -3/2 & 1/6 & -1/6 & 0 & 0 \\ 7 & -9 & 3 & 0 & 1 & 0 \\ -5 & 4 & -5 & 0 & 0 & 1 \end{array}\right)$$

第 1 行の 7 倍を第 2 行から，-5 倍を第 2 行から引く：

$$\left(\begin{array}{ccc|ccc} 1 & -3/2 & 1/6 & -1/6 & 0 & 0 \\ 0 & 3/2 & 11/6 & 7/6 & 1 & 0 \\ 0 & -7/2 & -25/6 & -5/6 & 0 & 1 \end{array}\right)$$

これで，もとの行列の第 1 列が $(1,0,0)$ になった。次に，第 2 行の 2 番目の数 $3/2$ で第 2 行全体を割る：

$$\left(\begin{array}{ccc|ccc} 1 & -3/2 & 1/6 & -1/6 & 0 & 0 \\ 0 & 1 & 11/9 & 7/9 & 2/3 & 0 \\ 0 & -7/2 & -25/6 & -5/6 & 0 & 1 \end{array}\right)$$

第 2 行の $-3/2$ 倍を第 1 行から，$-7/2$ 倍を第 3 行から引く：

$$\left(\begin{array}{ccc|ccc} 1 & 0 & 2 & 1 & 1 & 0 \\ 0 & 1 & 11/9 & 7/9 & 2/3 & 0 \\ 0 & 0 & 1/9 & 17/9 & 7/3 & 1 \end{array}\right)$$

これで，もとの行列の第 2 列が $(0,1,0)$ になった。次に，第 3 行の 3 番目の数 $1/9$ で第 3 行全体を割る：

$$\left(\begin{array}{ccc|ccc} 1 & 0 & 2 & 1 & 1 & 0 \\ 0 & 1 & 11/9 & 7/9 & 2/3 & 0 \\ 0 & 0 & 1 & 17 & 21 & 9 \end{array}\right)$$

最後に，第 3 行の 2 倍を第 1 行から，$11/9$ 倍を第 2 行から引く：

$$\left(\begin{array}{ccc|ccc} 1 & 0 & 0 & -33 & -41 & -18 \\ 0 & 1 & 0 & -20 & -25 & -11 \\ 0 & 0 & 1 & 17 & 21 & 9 \end{array}\right)$$

これで左半分が単位行列になった。この右半分

$$A^{-1} = \begin{pmatrix} -33 & -41 & -18 \\ -20 & -25 & -11 \\ 17 & 21 & 9 \end{pmatrix}$$

が A の逆行列である。

40 逆行列

先の説明で，"··· で第何行全体を割る"という "···" の部分（3個）を掛け算した値 $(-6)(3/2)(1/9) = -1$ を A の行列式という。

上の計算で単に 0 と 1 が並んだだけの列がいつも 6 列中 3 列ある。この部分を省略すれば上の計算は 3 列だけでできる。この考え方を使って A の逆行列を A に上書きするプログラムが下の gjmatinv.c である。これは回帰分析の †SWEEP 演算子法のアルゴリズムでもある。

また，連立方程式 $Ax = b$ の右辺 b の k 番目の成分だけが 1 で，k 番目以外の b の成分がすべて 0 であるとき，解 x は A の逆行列の k 列目になる。このことを利用したのがその下の matinv.c である。連立方程式を解くために †LU 分解を使っている。

上三角行列 $R = (r_{ij})$，すなわち $i > j$ のとき $r_{ij} = 0$ である行列 R の逆行列 R^{-1} は，対角成分 r_{jj} がどれも 0 でないとき存在し，やはり上三角行列である。R^{-1} の対角成分は元の R の対角成分の逆数である。上三角行列や下三角行列の逆行列は invr.c のように特に簡単に求められる。

📄 gjmatinv.c

a[0..n-1][0..n-1] に入った行列 A を逆行列 A^{-1} で上書きする。変数 det には A の行列式が入る。

```
1    int i, j, k;
2    double t, u, det;
3
4    det = 1;
5    for (k = 0; k < n; k++) {
6        t = a[k][k];   det *= t;
7        for (i = 0; i < n; i++) a[k][i] /= t;
8        a[k][k] = 1 / t;
9        for (j = 0; j < n; j++)
10           if (j != k) {
11               u = a[j][k];
12               for (i = 0; i < n; i++)
13                   if (i != k) a[j][i] -= a[k][i] * u;
14                   else        a[j][i] = -u / t;
15           }
16   }
```

📄 matinv.c

LU 分解を経由して逆行列を求める。a[0..n-1][0..n-1] に行列 A を入れて呼び出すと，a_inv[0..n-1][0..n-1] にその逆行列 A^{-1} を入れて戻る。戻り値は A の行列式である。

LU 分解のルーチン lu()（⇒ †LU 分解）を使っている。

逆行列　41

```
 1  double matinv(int n, matrix a, matrix a_inv)
 2  {
 3      int i, j, k, ii;
 4      double t, det;
 5      int *ip;                                              /* 行交換の情報 */
 6
 7      ip = malloc(sizeof(int) * n);
 8      if (ip == NULL) error("記憶領域不足");
 9      det = lu(n, a, ip);
10      if (det != 0)
11          for (k = 0; k < n; k++) {
12              for (i = 0; i < n; i++) {
13                  ii = ip[i];   t = (ii == k);
14                  for (j = 0; j < i; j++)
15                      t -= a[ii][j] * a_inv[j][k];
16                  a_inv[i][k] = t;
17              }
18              for (i = n - 1; i >= 0; i--) {
19                  t = a_inv[i][k];   ii = ip[i];
20                  for (j = i + 1; j < n; j++)
21                      t -= a[ii][j] * a_inv[j][k];
22                  a_inv[i][k] = t / a[ii][i];
23              }
24          }
25      free(ip);
26      return det;
27  }
```

　invr.c

x[i][j] ($0 \leq i < n, 0 \leq j < n$) の $i \geq j$ の部分に上三角行列 R の転置 R^T を入れて呼び出すと，同じ x[i][j] の $i \leq j$ の部分に R^{-1} を入れて戻る。入口では x[i][j] の $i < j$ の部分には何が入っていてもかまわない。$i > j$ の部分は変化しない。上三角行列の逆行列の対角成分は元の対角成分の逆数であるから，x[i][i] は単に元の逆数になるだけである。

```
 1  void invr(int n, matrix x)
 2  {
 3      int i, j, k;
 4      double s;
 5
 6      for (k = 0; k < n; k++) {
 7          x[k][k] = 1 / x[k][k];
 8          for (j = k - 1; j >= 0; j--) {
 9              s = 0;
10              for (i = j + 1; i <= k; i++)
11                  s -= x[i][j] * x[i][k];
12              x[j][k] = s * x[j][j];
13          }
14      }
15  }
```

42 逆三角関数

逆三角関数 inverse trigonometric functions

　三角関数の逆関数。

　まず，x が与えられたとき $\tan\theta = x$ を満たす角度 θ（単位はラジアン）を求める関数がアークタンジェント（arctangent，逆正接）である。記号は $\arctan x$ または $\tan^{-1} x$。与えられた x について $\tan\theta = x$ を満たす θ は無数に存在するので，本来の $\arctan x$ の値は無数にあるが，通常は 1 価関数にするために範囲を $-\pi/2 < \arctan x < \pi/2$ に限る。このように限った値を主値という。arctan の主値を Arctan と書くこともある。C 言語でアークタンジェントの主値を求めるライブラリ関数は atan(x) である。

　また，x が与えられたとき，$\sin\theta = x$ を満たす角度 θ を求める関数がアークサイン（arcsine，逆正弦）$\arcsin x$ である。主値は $-\pi/2 \leqq \arcsin x \leqq \pi/2$ で，C 言語のライブラリ関数は asin(x) である。

　同様に，$\cos\theta = x$ を満たす角度 θ を求める関数がアークコサイン（arccosine，逆余弦）$\arccos x$ である。主値は $0 \leqq \arccos x \leqq \pi$ で，C 言語のライブラリ関数は acos(x) である。

　C 言語には atan2(y, x) というライブラリ関数もある。これは $-\pi \leqq \theta \leqq \pi$ の範囲で $y = r\sin\theta$, $x = r\cos\theta$ を同時に満たす θ を求める（$r = \sqrt{x^2 + y^2}$）。

　逆三角関数の間には

$$\arcsin x = \arctan(x/\sqrt{1-x^2}), \quad \arccos x = \pi/2 - \arcsin x$$

の関係があるので，以下では $\arctan x$ に限って求め方を述べる。

　$\arctan x$ を求めるには，

$$\arctan x = \frac{\pi}{2} - \arctan\frac{1}{x}, \quad \arctan x = \frac{\pi}{4} - \arctan\frac{1-x}{1+x}$$

を使って $|x| \leqq \sqrt{2} - 1$ に移してから級数展開

$$\arctan x = x - x^3/3 + x^5/5 - x^7/7 + \cdots$$

を使うか，あるいは次のプログラムのように †連分数展開 [1]

$$\frac{x}{1+} \frac{x^2}{3+} \frac{4x^2}{5+} \frac{9x^2}{7+} \frac{16x^2}{9+} \cdots \frac{N^2 x^2}{2N+1}$$

を使う。この連分数展開の誤差は N によって次のように変わる。これは無限精度の計算機で計算したときの $x = 1$ での絶対誤差で，たとえば 1.6_7 は 1.6×10^{-7} を意味する。N が偶数のときだけ挙げたが，奇数でもかまわない。

逆三角関数　43

N	8	10	12	14	16	18	20
誤差	1.6_7	4.9_9	1.4_{10}	4.2_{12}	1.2_{13}	3.7_{15}	1.1_{16}
N	22	24	26	28	30	32	34
誤差	3.2_{18}	9.4_{20}	2.8_{21}	8.1_{23}	2.4_{24}	7.1_{26}	2.1_{27}

この表から 16 桁精度なら $N = 20$ でよいことがわかる.

多倍長計算では相加相乗平均を使った次のアルゴリズム [2] が高速であるが，ループの中に平方根があるので通常の精度ではかえって遅い．ここで ε は[†]機械エプシロン程度の値とする．

1. $a \leftarrow \sqrt{\varepsilon}; b \leftarrow x/(1+\sqrt{1+x^2}); c \leftarrow 1$
2. $c \leftarrow 2c/(1+a); d \leftarrow 2ab/(1+b^2); d \leftarrow d/(1+\sqrt{1-d^2});$
   $d \leftarrow (b+d)/(1-bd); b \leftarrow d/(1+\sqrt{1+d^2}); a \leftarrow 2\sqrt{a}/(1+a)$
3. $1 - a > \varepsilon$ なら **2** に戻る
4. $c \log\bigl((1+b)/(1-b)\bigr)$ を出力する

 atan.c

連分数を使った long double 版のアークタンジェントである．

```
1  #define N   24                                           /* 本文参照 */
2  #define PI  3.14159265358979323846264
3  long double latan(long double x)                         /* アークタンジェント */
4  {
5      int i, sgn;
6      long double a;
7
8      if      (x >  1) { sgn =  1; x = 1 / x; }
9      else if (x < -1) { sgn = -1; x = 1 / x; }
10     else             sgn =  0;
11     a = 0;
12     for (i = N; i >= 1; i--)
13         a = (i * i * x * x) / (2 * i + 1 + a);
14     if (sgn > 0) return  PI / 2 - x / (1 + a);
15     if (sgn < 0) return -PI / 2 - x / (1 + a);
16     /* else */   return           x / (1 + a);
17 }
```

[1] 一松 信. 『初等関数の数値計算』. 教育出版, 1974. 188–190 ページ.
[2] Richard P. Brent. Fast multiple-precision evaluation of elementary functions. *Journal of the ACM*, 23(2): 242–251, April 1976.

逆写像ソート　inverse mapping sort

†整列アルゴリズムの一つ。†分布数えソートと同様に，実行時間は $O(n)$ で，安定である（同順位のものの順序関係が保たれる）。整列のキーは一定の範囲の整数でなければならない。分布数えソートより若干遅いようである。

まず，$x = a[i] \iff i = index[x]$ となる $index[x]$ を求める（$MIN \leqq x \leqq MAX$）。もし $x = a[i]$ となる i がなければ $index[x] = -1$ とでもしておく。次に，$x = MIN, ...,$ MAX について，$index[x] \neq -1$ のときだけ $a[index[x]]$ を書き出せば，元のデータが昇順に並ぶ。等しいキー値が複数あり得るなら，もう一つ配列 $next$ を使って，たとえば $a[i] = a[j] = a[k]$ なら $next[i] = j$, $next[j] = k$, $next[k] = -1$ のように添字をつなげておく。

mapsort.c

a[0..n-1] に整列すべき整数値（MIN 以上 MAX 以下）を入れ，a[ ] と同じ大きさの結果用配列 b[ ]，作業用配列 work[ ] を付けて mapsort(n, a, b, work) を呼び出せば，昇順に整列した値が b[0..n-1] に入る。a[ ] の中身は変わらない。等しいキー値が複数あってもよい。

行 7 は n − 1 から 0 に向かって回しているが，こうしないと安定でなくなる。

なお，行 14 の前半を a[j++] = x + MIN; とすれば，結果は配列 a[ ] に上書きされ，配列 b[ ] が不要になる。しかし，a[i] が整列キー以外の情報も含む場合は，行 8 で参照する a[i] はキー部だけであるが，行 14 ではすべての情報を a[i] から b[j] にコピーしなければならず，a[ ] に上書きする方法ではうまくいかない。

```
 1  void mapsort(int n, int a[], int b[], int next[])
 2  {
 3      int i, j, x;
 4      static int index[MAX - MIN + 1];
 5
 6      for (x = 0; x <= MAX - MIN; x++) index[x] = -1;
 7      for (i = n - 1; i >= 0; i--) {
 8          x = a[i] - MIN;  next[i] = index[x];  index[x] = i;
 9      }
10      j = 0;
11      for (x = 0; x <= MAX - MIN; x++) {
12          i = index[x];
13          while (i >= 0) {
14              b[j++] = a[i];  i = next[i];
15          }
16      }
17  }
```

逆双曲線関数　inverse hyperbolic functions

†双曲線関数 $\sinh x$, $\cosh x$, $\tanh x$ の逆関数。それぞれ $\sinh^{-1} x$, $\cosh^{-1} x$, $\tanh^{-1} x$ または $\text{arcsinh}\, x$, $\text{arccosh}\, x$, $\text{arctanh}\, x$ と書く。次のようにして求められる（右に書いた範囲は定義域）。

$$\begin{aligned}
\text{arcsinh}\, x &= \log(x + \sqrt{x^2 + 1}), & -\infty &< x < \infty, \\
\text{arccosh}\, x &= \log(x + \sqrt{x^2 - 1}), & x &\geq 1, \\
\text{arctanh}\, x &= \frac{1}{2} \log \frac{1+x}{1-x}, & -1 &< x < 1.
\end{aligned}$$

x が負のときは，桁落ちを防ぐため

$$\text{arcsinh}\, x = -\log(\sqrt{x^2 + 1} - x)$$

とするのがよい。また，$x \doteq 0$ のときは級数展開

$$\begin{aligned}
\text{arcsinh}\, x &= x - x^3/6 + 3x^5/40 + \cdots, & (1) \\
\text{arctanh}\, x &= x + x^3/3 + x^5/5 + \cdots & (2)
\end{aligned}$$

に切り替えるとよい。

 hyperb.c

逆双曲線関数を求めるルーチン。

```c
 1  #include <math.h>
 2  #define EPS5 0.001                              /* DBL_EPSILON の 1/5 乗程度 */
 3
 4  double arcsinh(double x)                        /* sinh⁻¹ x */
 5  {
 6      if (x >  EPS5) return  log(sqrt(x * x + 1) + x);
 7      if (x < -EPS5) return -log(sqrt(x * x + 1) - x);
 8      return x * (1 - x * x / 6);
 9  }
10
11  double arccosh(double x)                        /* cosh⁻¹ x, x ≥ 1 */
12  {
13      return log(x + sqrt(x * x - 1));
14  }
15
16  double arctanh(double x)                        /* tanh⁻¹ x */
17  {
18      if (fabs(x) > EPS5)
19          return 0.5 * log((1 + x) / (1 - x));
20      return x * (1 + x * x / 3.0);
21  }
```

46 行列

共通の要素　common elements

たとえば 3 本の配列 a[0..na-1], b[0..nb-1], c[0..nc-1] について，どの配列にも含まれる値を重複なく列挙したい。

要素として可能な値がたとえば 0 から 100 までの整数というように限られていれば，配列 flag[0..100] を 0 に初期化しておき，

```
for (i = 0; i < na; i++) flag[a[i]] |= 1;
for (i = 0; i < nb; i++) flag[b[i]] |= 2;
for (i = 0; i < nc; i++) flag[c[i]] |= 4;
for (i = 0; i <= 100; i++)
    if (flag[i] == 7) printf("_%d", i);
```

とすればよい。

値の範囲が限られていなければ，あらかじめ各配列を小さい順に [†]整列しておき，次のようにするとよい。最後まで調べたかどうかの判定を簡単にするため，各配列の最後の要素の次に，実際に起こりえない大きな値（ここでは INT_MAX）を [†]番人として入れておく。

📄 common.c

```
1    a[na] = b[nb] = c[nc] = INT_MAX;              /* †番人 */
2    i = j = k = 0;  t = a[0];
3    while (t < INT_MAX) {
4        while (b[j] < t) j++;
5        while (c[k] < t) k++;
6        if (t == b[j] && t == c[k]) printf("_%d", t);
7        do { i++; } while (a[i] == t);
8        t = a[i];
9    }
10   printf("\n");
```

行列　matrix

数を長方形状に並べたものを行列という。表計算ソフトの表，あるいは a[i][j] のような 2 次元の配列を思い浮かべればよい。たとえば

$$A = \begin{pmatrix} a_{11} & a_{12} & a_{13} \\ a_{21} & a_{22} & a_{23} \end{pmatrix}$$

のように 6 個の数を並べたものを 2 行 3 列の行列または 2×3 行列という。a_{ij} を A の (i, j) 成分と呼ぶ。上の式は $A = (a_{ij})$ と略記することがある。同じ型の行列（つまり行数，列数ともに同じ行列）の和・差は成分ごとの和・差である。積については ⇒ [†]行列の積。商に相当するものは [†]逆行列との積である。

$(a\ b\ c)$ のような 1 行だけの行列を行ベクトル，$\begin{pmatrix} a \\ b \\ c \end{pmatrix}$ のような 1 列だけの行列を列ベク

行列　**47**

トル, $\begin{pmatrix} a & b & c \\ d & e & f \\ g & h & i \end{pmatrix}$ のような行の数と列の数が等しい行列を正方行列と呼ぶ。$\begin{pmatrix} a & b & c \\ 0 & d & e \\ 0 & 0 & f \end{pmatrix}$ の

ように a_{ij} の $i > j$ の部分がすべて 0 の正方行列を上三角行列, 逆に $\begin{pmatrix} a & 0 & 0 \\ b & c & 0 \\ d & e & f \end{pmatrix}$ のような

ものを下三角行列という。行列 A の行と列を入れ換えたものを A の転置と呼び, 本書で

は A^T と表す。たとえば $\begin{pmatrix} a & b & c \\ d & e & f \end{pmatrix}$ の転置は $\begin{pmatrix} a & d \\ b & e \\ c & f \end{pmatrix}$ である。$A = A^T$ を満たす正方行列

A を対称行列という。行列 $A = (a_{ij})$ の $i = j$ の成分を A の対角成分という。$\begin{pmatrix} a & 0 & 0 \\ 0 & b & 0 \\ 0 & 0 & c \end{pmatrix}$

のように対角成分以外がすべて 0 である正方行列を対角行列という。上の対角行列は
$\mathrm{diag}(a, b, c)$ とも書く。

　慣習的に a_{ij} の i, j は 1 から始めることが多いが, C 言語の添字は 0 から始まる。そこで
本書では多くの場合本文の a_{ij} をプログラムの a[$i-1$][$j-1$] に対応づけた。また本書で
は添字の範囲をたとえば 0..N-1 のように記し, 行列 $A = (a_{ij})$ を a[0..N-1][0..M-1] に
入れるというような言い方をする。ときには添字の前後を逆にして a_{ij} を a[$j-1$][$i-1$]
に対応づけることがあるが, そのときは a[0..M-1][0..N-1] に A の転置 A^T を入れると
いう言い方をする。

　C 言語で N × M 行列を入れるための配列 a[0..N-1][0..M-1] を作るには, たとえば

```
#define N 3                              /* 行の数 */
#define M 4                              /* 列の数 */
typedef double matNM[N][M];              /* 行列の型宣言 */
matNM a;                          /* matNM 型の行列 a を作る */
```

とする (初版では float で例示したが, ここでは double にした)。この行列 a の各成分
を表示する手続きはたとえば次のようにできる。

```
void matNMprint(matNM a)
{
    int i, j;

    for (i = 0; i < N; i++) {
        for (j = 0; j < M; j++) printf("%8.3f", a[i][j]);
        printf("\n");
    }
}
```

これで matNMprint(a); とすれば a が表示される。しかし, これでは一定の大きさの行列
しか扱えない。一般の n × m 行列を表示するには

```
void matprint1(int n, int m, double *a)
{
    int i, j;

    for (i = 0; i < n; i++) {
```

```
            for (j = 0; j < m; j++) printf("%8.3f", *a++);
            printf("\n");
        }
    }
```

とするのが一つの方法である。これは matprint1(N, M, (double *)a); のように (double *) を付けて 1 次元配列化して呼び出す（C や Pascal の 2 次元配列の要素は，FORTRAN とは異なり，内部で行ごとに並んでいる）。

　上の方法では行列の大きさはコンパイル時に決まってしまう。実行時に行列の大きさを決める一つの方法は，ライブラリルーチン malloc() または calloc() を使って，$n \times m$ 行列なら nm 個分の記憶領域を獲得して double 型へのポインタ a に入れておき，a[i][j] と書くべきところを a[i*m+j] とする。

　もう一つの方法は，次の行列操作基本サブルーチン集のように，行ごとに double 型へのポインタ *a[i] を用意する。このサブルーチン集を使うと，行列を作るには，大きさが未定でも単に

```
        matrix a;
```

とすればよい。また，これに大きさ n × m を持たせるためには

```
        a = new_matrix(n, m);
```

とする。引数として渡す際には単に foo(a); のようにすればよいし，受け取る側も

```
        void foo(matrix a)
        {
            ...
        }
```

でよい。不要になれば free_matrix(a); として記憶領域を解放できる。

　動的に領域を割り付ける方法では，行ごとに長さが違う行列も作れるので，下三角行列などでは記憶領域が節約できる。

　なお，添字を 1 から始めるには，0 番の要素を遊ばせておくか，または

```
        #define A(i,j) a[(i)-1][(j)-1]
```

のように定義し直すことが考えられる。Press たち [3] はポインタの値から 1 を引いておくという手を使っているが，こうするとポインタは割り付けられていない番地を指すことになる。ANSI/ISO/IEC C 規格ではこの場合の動作は未定義としている。

 matutil.c

　行列操作の基本サブルーチン集。このファイルは #include "matutil.c" のようにインクルードして使う。初版で float 型になっていたところは，メモリを節約しない現在の趨勢に合わせ，double 型にした。

行列　**49**

```
 1  #ifndef MATUTIL                        /* すでにインクルードされていれば読み飛ばす */
 2                                          /* 対応する #endif はファイルの最後にある */
 3  #define MATUTIL                         /* インクルード済みであることを表すマクロ */
 4
 5  #include <stdio.h>
 6  #include <stdlib.h>
```

▷ 型宣言。ベクトルや行列の成分の型 SCALAR はあらかじめ定義しておく。未定義の場合には double 型にする。

```
 7  #ifndef SCALAR
 8      #define SCALAR double
 9  #endif
```

▷ ベクトル vector は SCALAR へのポインタ，行列 matrix は SCALAR へのポインタへのポインタ（すなわちベクトルへのポインタ）とする。

```
10  typedef SCALAR *vector, **matrix;
```

▷ メッセージを表示し終了する。

```
11  void error(char *message)
12  {
13      fprintf(stderr, "\n%s\n", message);  exit(1);
14  }
```

▷ ベクトルを作る。vector v; のように宣言したベクトル v に対してたとえば v = newvec(10); とすると，v[0] から v[9] までが使えるようになる。記憶領域不足なら NULL を返す。

```
15  vector newvec(int n)
16  {
17      return malloc(sizeof(SCALAR) * n);
18  }
```

▷ 行列を作る。matrix a; のように宣言した行列 a に対してたとえば a = newmat(30,40); とすると，a[0][0] から a[29][39] までが使えるようになる。記憶領域不足なら NULL を返す。

```
19  matrix newmat(int nrow, int ncol)
20  {
21      int i;
22      matrix a;
23
24      a = malloc((nrow + 1) * sizeof(void *));
25      if (a == NULL) return NULL;                          /* 記憶領域不足 */
26      for (i = 0; i < nrow; i++) {
27          a[i] = malloc(sizeof(SCALAR) * ncol);
28          if (a[i] == NULL) {
29              while (--i >= 0) free(a[i]);
30              free(a);  return NULL;                       /* 記憶領域不足 */
31          }
32      }
33      a[nrow] = NULL;                          /* 行の数を自動判断するための工夫 */
34      return a;
35  }
```

▷ 上の newvec(n) に同じ。ただしエラーの場合はメッセージを表示し停止。

```
36  vector new_vector(int n)
37  {
38      vector v;
39
```

50 行列

```
40        v = newvec(n);
41        if (v == NULL) error("記憶領域不足。");
42        return v;
43 }
```

▷ 上の newmat(nrow,ncol) に同じ。ただしエラーの場合はメッセージを表示し停止。

```
44 matrix new_matrix(int nrow, int ncol)
45 {
46        matrix a;
47
48        a = newmat(nrow, ncol);
49        if (a == NULL) error("記憶領域不足。");
50        return a;
51 }
```

▷ ベクトルを捨てる（割り付けた記憶領域を解放する）。

```
52 void free_vector(vector v)
53 {
54        free(v);
55 }
```

▷ 行列を捨てる（割り付けた記憶領域を解放する）。

```
56 void free_matrix(matrix a)
57 {
58        matrix b;
59
60        b = a;
61        while (*b != NULL) free(*b++);
62        free(a);
63 }
```

▷ ベクトルの内積 u[0] × v[0] + ··· + u[n-1] × v[n-1]。5 個ずつまとめて計算することにより高速化を図っている。精度も若干向上する。⇒ †内積。

```
64 double innerproduct(int n, vector u, vector v)
65 {
66        int i, n5;
67        double s;
68
69        s = 0;  n5 = n % 5;
70        for (i = 0; i < n5; i++) s += u[i]*v[i];
71        for (i = n5; i < n; i += 5)
72            s += u[i]*v[i] + u[i+1]*v[i+1] + u[i+2]*v[i+2]
73                          + u[i+3]*v[i+3] + u[i+4]*v[i+4];
74        return s;
75 }
```

▷ ベクトル v[0],...,v[n-1] の表示。perline 個出力するごとに改行する。format はたとえば "%8.3f" のような印刷形式。

```
76 void vecprint(vector v, int n, int perline, char *format)
77 {
78        int j, k;
79
80        k = 0;
81        for (j = 0; j < n; j++) {
82            printf(format, v[j]);
```

```
83              if (++k >= perline) { k = 0;  printf("\n"); }
84          }
85          if (k != 0) printf("\n");
86      }
```

▷ 行列 a の表示。ncol は列の数。行の数は自動判断。perline 個出力するごとに改行する。format はたとえば "%8.3f" のような印刷形式。

```
87  void matprint(matrix a, int ncol, int perline, char *format)
88  {
89      int i;
90
91      for (i = 0; a[i] != NULL; i++) {
92          vecprint(a[i], ncol, perline, format);
93          if (ncol > perline) printf("\n");
94      }
95  }
96  #endif                             /* 最初の #ifndef ... に対応する */
```

[1] G. H. Golub and C. E. Van Loan. *Matrix Computations*. The Johns Hopkins University Press, second edition 1989. 行列の数値計算についての標準的な教科書．2012 年に fourth edition が出ている．

[2] J. J. Dongarra, C. B. Moler, J. R. Bunch, and G. W. Stewart. *LINPACK Users' Guide*. Society for Industrial and Applied Mathematics, 1979. FORTRAN で書かれた良質の行列計算プログラム集．

[3] William H. Press, Brian P. Flannery, Saul A. Teukolsky, and William T. Vetterling. *Numerical Recipes in C: The Art of Scientific Computing*. Cambridge University Press, 1988. 元の本（1986 年）はタイトルに "in C" がなく，FORTRAN と Pascal で書かれていたが，好評のためこの C 版も出た．古いスタイルの C で書いてある．第 2 版（1992 年）の邦訳：丹慶 勝市，佐藤 俊郎，奥村 晴彦，小林 誠 訳，『Numerical Recipes in C 日本語版』．技術評論社，1993．

行列の積　product of matrices

行列の積 AB は A の列の数と B の行の数が等しいときだけ存在する。$n \times l$ 型の行列 $A = (a_{ij})$，$l \times m$ 型の行列 $B = (b_{ij})$ の積 $C = AB$ は $n \times m$ 型で，その (i, j) 成分は

$$c_{ij} = a_{i1}b_{1j} + a_{i2}b_{2j} + \cdots + a_{il}b_{lj}$$

である。一般に $AB \neq BA$ である．

行列の積 AB を A に上書きする際には一般に作業用の配列が必要である（次の matmult.c 参照）．しかし，上三角行列（⇒ ⁺行列）どうし，あるいは下三角行列どうしの積の場合には，次の utmult.c のようにすれば作業用の配列が不要になる．ちなみに，上三角行列どうしの積は上三角行列，下三角行列どうしの積は下三角行列である．

52　行列の積

　行列の乗算は結合法則 $(AB)C = A(BC)$ を満たすが，計算の手間は一般にかっこの付け方によって異なる。たとえば A, B, C がそれぞれ 10 行 1 列，1 行 10 列，10 行 1 列の行列のとき，$(AB)C$ とすれば先の定義式どおりに計算して実数の乗算が 200 回必要であるが，$A(BC)$ とすれば 20 回で済む。最適なかっこの付け方を求めるプログラム optmult.c を下に挙げておく。

　二つの $n \times n$ 行列の積を上の定義式どおりに計算すると n^3 に比例する時間が必要であるが，V. Strassen (*Numer. Math.* 13: 354–356, 1969) はこれを $n^{\log_2 7} \fallingdotseq n^{2.807}$ に比例する時間で行うアルゴリズムを考えた。これは各行列を 4 個に分割して

$$\begin{pmatrix} A_{11} & A_{12} \\ A_{21} & A_{22} \end{pmatrix} \begin{pmatrix} B_{11} & B_{12} \\ B_{21} & B_{22} \end{pmatrix} = \begin{pmatrix} C_{11} & C_{12} \\ C_{21} & C_{22} \end{pmatrix}$$

とし，

$$P_1 = (A_{11} + A_{22})(B_{11} + B_{22}),\ P_2 = (A_{21} + A_{22})B_{11},\ P_3 = A_{11}(B_{12} - B_{22}),$$
$$P_4 = A_{22}(B_{21} - B_{11}),\ P_5 = (A_{11} + A_{12})B_{22},\ P_6 = (A_{21} - A_{11})(B_{11} + B_{12}),$$
$$P_7 = (A_{12} - A_{22})(B_{21} + B_{22}),\ C_{11} = P_1 + P_4 - P_5 + P_7,\ C_{12} = P_3 + P_5,$$
$$C_{21} = P_2 + P_4,\ C_{22} = P_1 + P_3 - P_2 + P_6$$

のように計算する。上に現れる個々の乗算にも同じアルゴリズムを再帰的に適用する。小さい行列では普通のアルゴリズムの方が速い。Cray-2 上で Strassen のアルゴリズムが有効なのは 128×128 程度以上のときであるという [1]。行列がこれより小さくなれば通常のアルゴリズムに切り替えて計算したところ，2048×2048 行列で 5 割ほど速くなるが，演算誤差（RMS）は 1024×1024 のときライブラリルーチンの 2 倍程度であったという。

　D. Coppersmith and S. Winograd (*SIAM J. Comput.* 11: 472–492, 1982) のアルゴリズムは計算時間が $n^{2.496}$ に比例するが，Strassen よりさらに複雑である。

 matmult.c

行列の積を求めるプログラム。初版で float 型になっていたところは，メモリを節約しない現在の趨勢に合わせ，double 型にした。

▷ $N \times L$ 型の行列 A と $L \times M$ 型の行列 B の積 $C = AB$ を求める。

```
1  typedef double matNL[N][L];
2  typedef double matLM[L][M];
3  typedef double matNM[N][M];
4  void multiply(matNM c, matNL a, matLM b)
5  {
6      int i, j, k;
7      double s;
8  
9      for (i = 0; i < N; i++)
10         for (j = 0; j < M; j++) {
11             s = 0;
```

行列の積　**53**

```
12              for (k = 0; k < L; k++) s += a[i][k] * b[k][j];
13              c[i][j] = s;
14          }
15  }
```

▷ $N \times N$ 型の行列 A, B の積 AB を行列 A に上書きするには，次のように余分な配列 temp[] を使う。

```
16  typedef double matNN[N][N];
17  void mult2(matNN a, matNN b)
18  {
19      int i, j, k;
20      double s, temp[N];
21
22      for (i = 0; i < N; i++) {
23          for (k = 0; k < N; k++) temp[k] = a[i][k];
24          for (j = 0; j < N; j++) {
25              s = 0;
26              for (k = 0; k < N; k++) s += temp[k] * b[k][j];
27              a[i][j] = s;
28          }
29      }
30  }
```

📄 utmult.c

　一般の行列の積 AB を A に上書きするためには余分な配列が必要であったが，上三角行列 A, B の積を A に上書きする場合は，次のようにすれば余分な配列が不要である。下三角行列についても同様にできる。

```
 1  typedef double matrix[N][N];
 2  void utmult(matrix a, matrix b)
 3  {
 4      int i, j, k;
 5      double s;
 6
 7      for (i = N - 1; i >= 0; i--)
 8          for (j = N - 1; j >= i; j--) {
 9              s = 0;
10              for (k = i; k <= j; k++) s += a[i][k] * b[k][j];
11              a[i][j] = s;
12          }
13  }
```

📄 optmult.c

　A_i を nrow[i] $\times$ nrow[$i+1$] 型の行列とする（$i = 0, 1, \ldots, N-1$）。次のプログラムは，nrow[i]（$i = 0, 1, \ldots, N$）を与えると，積 $A_0 A_1 \ldots A_{N-1}$ の計算のための最適なかっこの付け方と，そのときの（成分どうしの）乗算回数を出力する。

　mincost[l][r] は積 $A_l A_{l+1} \ldots A_r$ を計算するのに必要な最小乗算数（コスト），split[l][r] はこの積を二分する際の最適位置である。$(A_l \ldots A_i)(A_{i+1} \ldots A_r)$ と二分

54 行列の積

して計算する際のコストは，左側のコスト，右側のコスト，両側を掛けるためのコストの和である．これを各 i について求めて最小値をとる．自明な $\text{mincost}[i][i] = 0$ から始めて，次第に長い積について最小コストを求めていく．[†]動的計画法の例である [2,3]．

```c
#include <stdio.h>
#include <stdlib.h>
#include <limits.h>

#define N  4                              /* 行列の数 */
int nrow[N + 1] = {4, 2, 6, 3, 5},        /* たとえば */
    mincost[N][N], split[N][N];

void printresult(int left, int right)
{
    if (left == right) printf("A%d", left);
    else {
        printf("(");
        printresult(left, split[left][right]);
        printresult(split[left][right] + 1, right);
        printf(")");
    }
}

int main(void)
{
    int i, left, right, length, cost, min, choice;

    for (i = 0; i < N; i++) mincost[i][i] = 0;
    for (length = 1; length < N; length++) {
        for (left = 0; left < N - length; left++) {
            right = left + length;  min = INT_MAX;
            for (i = left; i < right; i++) {
                cost = mincost[left][i]
                    + mincost[i+1][right]
                    + nrow[left]*nrow[i+1]*nrow[right+1];
                if (cost < min) {
                    min = cost;   choice = i;
                }
            }
            mincost[left][right] = min;
            split[left][right] = choice;
        }
    }
    printf("Minimum cost = %d\n", mincost[0][N - 1]);
    printresult(0, N - 1);
    return 0;
}
```

[1] David H. Bailey. Extra high speed matrix multiplication on the Cray-2. *SIAM Journal on Scientific and Statistical Computing* 9(3): 603–607, 1988.

[2] Robert Sedgewick. *Algorithms*. Addison–Wesley, second edition 1988. 598–602 ページ．元は Pascal 版であったが，その後 C 版，C++ 版，Java 版も出た．邦訳あり．

原著最新版（fourth edition 2011）は Kevin Wayne との共著.

[3] Sara Baase. *Computer Algorithms: Introduction to Design and Analysis*. Addison–Wesley, second edition 1988. 232–237 ページ.

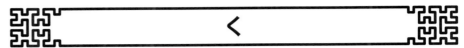

クイックソート quicksort

[†]整列アルゴリズムの一つ。C. A. R. Hoare（ホア）による（*The Computer Journal*, 5: 10–15, 1962）。平均的には最も速いアルゴリズムである（ただし，条件によっては [†]分布数えソート，[†]逆写像ソート，[†]ラディックス・ソートの方が速い）。安定ではない（キーの等しいものどうしの順序関係が崩れる）。実行時間は平均的には $O(n \log n)$ であるが，最悪の場合には $O(n^2)$ になる。

クイックソートのアルゴリズムは，

1. 適当な値 x を選ぶ。その際，配列の x 以下の要素の数と x 以上の要素の数とがなるべく同程度になるようにする。
2. x 以下の要素を配列の前半に，x 以上の要素を配列の後半に集める。
3. 配列の前半が長さ 2 以上なら，配列の前半をクイックソートする。
4. 配列の後半が長さ 2 以上なら，配列の後半をクイックソートする。

のように，配列の大きさを次々に約半分にして，自分自身を再帰的に適用する（[†]分割統治）。配列が次々に二分される様子を図式的に描けば次のようになる。

したがって，実行時間はほぼ $n \log n$ に比例する。

しかし，うまく配列が半々に分かれてくれるとは限らない。最悪の場合には，一方の配列に 1 個，もう一方の配列に残り全部ということもあり得る。このときは，再帰の深さが n の程度になり，実行時間が n^2 に比例する程度に落ちる。システムによってはスタックがあふれてしまう。

どのような入力に対して遅くなるかは，分け目 x の選び方による。これをもし配列の最初の要素 $x = a[first]$ または最後の要素 $x = a[last]$ とすれば，もともとほぼ大きさの順に並んでいるデータに弱くなる。しかし，ほぼ整列しているデータを整列し直すことはよくあるので，以下のプログラムでは中央の要素 $x = a[\lfloor (first + last)/2 \rfloor]$ とした。これでも，たとえば

```
for (i = 0; i < n / 2; i++) a[i] = i;
for (i = n / 2; i < n; i++) a[i] = n - i;
```

のようにして作った人工データには弱い。

このような最悪の事態を避けるためには，

- x を $a[first]$，$a[last]$，$a[\lfloor (first + last)/2 \rfloor]$ の中央値（メディアン）にする
- x を $a[first$ 以上 $last$ 以下の乱数$]$ にする

などの方法が考えられる。

 qsort1.c

上の説明どおりの素朴なクイックソートプログラムである。a[0..n-1]を整列するにはquicksort(a, 0, n-1);と呼び出す。

```
1  void quicksort(keytype a[], int first, int last)
2  {
3      int i, j;
4      keytype x, t;
5  
6      x = a[(first + last) / 2];
7      i = first;  j = last;
8      for ( ; ; ) {
9          while (a[i] < x) i++;
10         while (x < a[j]) j--;
11         if (i >= j) break;
12         t = a[i];  a[i] = a[j];  a[j] = t;          /* 注 */
13         i++;  j--;
14     }
15     if (first < i - 1) quicksort(a, first, i - 1);
16     if (j + 1 < last)  quicksort(a, j + 1, last);
17 }
```

（注）ここでは，たとえ a[i] = a[j] (= x) でも，a[i] と a[j] を交換してしまう。これは一見無駄であるが，a[i] ≠ a[j] であることを確かめてから交換するより速いことが多い。なお，仮に a[i] > a[j] のときだけこの行を実行するようにしても，安定な整列アルゴリズムにはならない。

 qsort2.c

再帰呼出しを用いないクイックソートである。スタックに配列を使う。スタックがあふれるのを防ぐため，広い区間の方をスタックに積んでおき，狭い区間から片づける。

区間がある程度狭くなるとクイックソートはあまり速くないので，適当なところまでクイックソートし，あとは†挿入ソート inssort() に切り替える。挿入ソートは，ほぼ整列している配列を整列するときは非常に速い。

定数 STACKSIZE は $\log_2 n$ つまり配列の大きさのビット数以上にしておく。

58 区間の包含関係

```c
1  #define THRESHOLD 10
2  #define STACKSIZE 32                              /* int のビット数程度以上 */
3
4  void quicksort(int n, keytype a[])
5  {
6      int i, j, left, right, p;
7      int leftstack[STACKSIZE], rightstack[STACKSIZE];
8      keytype x, t;
9
10     left = 0;  right = n - 1;  p = 0;
11     for ( ; ; ) {
12         if (right - left <= THRESHOLD) {
13             if (p == 0) break;
14             p--;
15             left = leftstack[p];
16             right = rightstack[p];
17         }
18         x = a[(left + right) / 2];
19         i = left;  j = right;
20         for ( ; ; ) {
21             while (a[i] < x) i++;
22             while (x < a[j]) j--;
23             if (i >= j) break;
24             t = a[i];  a[i] = a[j];  a[j] = t;
25             i++;  j--;
26         }
27         if (i - left > right - j) {
28             if (i - left > THRESHOLD) {
29                 leftstack[p] = left;
30                 rightstack[p] = i - 1;
31                 p++;
32             }
33             left = j + 1;
34         } else {
35             if (right - j > THRESHOLD) {
36                 leftstack[p] = j + 1;
37                 rightstack[p] = right;
38                 p++;
39             }
40             right = i - 1;
41         }
42     }
43     inssort(n, a);
44 }
```

区間の包含関係　checking intervals for containment

　n 個の区間 $l_i \leqq x \leqq r_i$ $(i = 0, 1, \ldots, n-1)$ が与えられている（$l_i < x < r_i$ でもよい）。これらを，他のどれかの区間に含まれるものとそうでないものとに分類したい。ただし，全く同じ区間がいくつかあるならば，そのうち一つを除いて，他の区間に含まれる方に分類する。

単純にすべての区間を比較すれば $O(n^2)$ の手間がかかるが，次のようにすれば $O(n \log n)$ で済む．

まず区間を左端の小さい順に並べ替える．左端が等しければ，右端の大きい順にする．†クイックソートの類を使えばこれは $O(n \log n)$ の手間でできる．こうして並べ替えた結果を最初から順に見ていって，それまでに出会った右端の最大値より小さい右端をもつものがあれば，それは他の区間に含まれると判断する．これは $O(n)$ の手間でできるので，全体としては $O(n \log n)$ の手間になる．

 contain.c

n 個の区間 a[i].left $\leq x \leq$ a[i].right, $0 \leq i \leq n-1$ を与えると，他の区間に含まれているものだけ contained[i] を TRUE ($= 1$) にする．

```c
 1  #include <stdlib.h>
 2  typedef enum {FALSE, TRUE} boolean;
 3  typedef struct {  int left, right;  } interval;
 4
 5  int cmp(const void *x, const void *y)        /* クイックソートの引数にする比較関数 */
 6  {
 7      if (((interval *)x)->left  > ((interval *)y)->left)  return  1;
 8      if (((interval *)x)->left  < ((interval *)y)->left)  return -1;
 9      if (((interval *)x)->right > ((interval *)y)->right) return  1;
10      if (((interval *)x)->right < ((interval *)y)->right) return -1;
11      return 0;
12  }
13
14  void mark(int n, interval a[], boolean contained[])
15  {
16      int i, maxright;
17
18      qsort(a, n, sizeof(interval), cmp);                  /* ライブラリのクイックソート */
19      maxright = a[0].right;
20      contained[0] = FALSE;
21      for (i = 1; i < n; i++)
22          if (a[i].right <= maxright)
23              contained[i] = TRUE;
24          else {
25              maxright = a[i].right;
26              contained[i] = FALSE;
27          }
28  }
```

 [1] Udi Manber. Using induction to design algorithms. *Communications of the ACM*, 31: 1300–1313, 1988.

組合せの数　number of combinations

たとえば4個のもの a, b, c, d から2個を選ぶ組合せは, ab, ac, ad, bc, bd, cd の6通りある。このことを $\binom{4}{2} = 6$ または $_4C_2 = 6$ と書く。

組合せの数は2項定理 $(a + b)^n = \sum_{r=0}^{n} \binom{n}{r} a^{n-r} b^r$ に現れるので2項係数ともいう。

組合せの個数を求めるには，[†]Pascal（パスカル）の三角形の公式 $_nC_k = {}_{n-1}C_{k-1} + {}_{n-1}C_k$, $_nC_0 = {}_nC_n = 1$ を使えば下の方法1のように簡単に書ける。これは $_nC_k$ を1の和に分解しているわけである。したがって，たとえば $_{16}C_8 = 12870$ を求めるのに少なくとも12870回同じ関数を呼び出すことになる。これでは非常に遅いので，方法2のように表を用いるとよい。32ビットの符号なし整数なら，表の大きさは17より大きくしても桁あふれを起こすので無意味である。

桁あふれを起こさないなら，公式

$$_nC_k = \frac{n(n-1)(n-2)\dots(n-k+1)}{1 \cdot 2 \cdot 3 \cdot \dots \cdot k}$$

を使うとさらに速くできる。この公式を使い，約分して分母を1にしてから分子を掛け算する方法（入山徳夫氏による FORTRAN プログラム）が文献[1]の148ページにある。

combinat.c

方法1：

```c
int comb(int n, int k)
{
    if (k == 0 || k == n) return 1;
    return comb(n - 1, k - 1) + comb(n - 1, k);
}
```

方法2：

```c
unsigned long combination(int n, int k)
{
    int i, j;
    unsigned long a[17];

    if (n - k < k) k = n - k;
    if (k == 0) return 1;
    if (k == 1) return n;
    if (k > 17) return 0;                             /* エラー */
    for (i = 1; i < k; i++) a[i] = i + 2;
    for (i = 3; i <= n - k + 1; i++) {
        a[0] = i;
        for (j = 1; j < k; j++) a[j] += a[j - 1];
    }
    return a[k - 1];
}
```

[1] 駒木 悠二，有澤 誠 編.『ナノピコ教室——プログラミング問題集』. 共立出版, 1990.

組合せの生成　generation of combinations

ここでは n 個の数 $\{1, 2, \ldots, n\}$ から k 個選ぶ $_nC_k$ 通りの組合せをすべて生成する非常に巧妙な方法（M. Beeler, R. W. Gosper, and R. Schroeppel による）を Harbison and Steele [1] に従って解説する。

このような組合せは 2 進法 n 桁の数で表すことができる。右端のビットから順に 1, 2, 3, ... に対応させれば，たとえば $n = 8$ のとき $\{2, 3, 4, 6\}$ は 00101110 で表せる。

このような表し方をすれば，組合せに順序関係を定めることができる。たとえば 00101110 < 00110110 であるから，$\{2, 3, 4, 6\} < \{2, 3, 5, 6\}$ という順序になる。

たとえば 8 個の数 $\{1, 2, \ldots, 8\}$ から 4 個選ぶ組合せを生成するとき，上述の順序関係で最初の組合せは 00001111 である。これは C 言語では (1U << 4) - 1 と書くことができる（下のプログラムの行 6 参照）。

組合せ x の次の組合せを求める手続きが nextset(x) である。かなり技巧的であるが，行 12 の smallest = x & -x は x の '1' のビットを最も右のものだけ残して '0' にしたものである。たとえば 8 ビットの整数では，x が 10011100 なら -x は x の各桁を補数にした 01100011 に 1 を加えた 01100100 になり，x & -x は 00000100 である。符号なし（unsigned）と宣言しておけば，負数の表現法にかかわらず上のようになる。行 13 の ripple は x にこの smallest を加えた値 10100000 である。行 14 ではこの最も右の '1' のビットを残して '0' にする（00100000）。これをさきほどの 00000100 で割ると 00001000 となり，さらに右に 1 桁シフトして 1 を引いた 00000011 を ripple に加えると，x の次の組合せ 10100011 が得られる。

gencomb.c

```c
#include <stdio.h>
#include <stdlib.h>
#define N 8
#define K 4
typedef unsigned int set;
#define first(n) ((set) ((1U << (n)) - 1U))

set nextset(set x)
{
    set smallest, ripple, new_smallest, ones;

    smallest = x & -x;
    ripple = x + smallest;
    new_smallest = ripple & -ripple;
    ones = ((new_smallest / smallest) >> 1) - 1;
    return ripple | ones;
```

```
17  }
18
19  void printset(set s)
20  {
21      int i;
22
23      for (i = 1; i <= N; i++) {
24          if (s & 1) printf(" %d", i);
25          s >>= 1;
26      }
27      printf("\n");
28  }
29
30  int main(void)
31  {
32      int i;
33      set x;
34
35      i = 1;  x = first(K);
36      while (! (x & ~first(N))) {
37          printf("%4d:", i);  printset(x);
38          x = nextset(x);  i++;
39      }
40      return 0;
41  }
```

 [1] Samuel P. Harbison and Guy L. Steele Jr. *C: A Reference Manual*. Prentice-Hall, second edition 1987. 176 ページ.

グラフ　graph

　グラフ理論（graph theory）で扱うグラフとは，いくつかの点とそれらを結ぶ線でできた図形である．ただし，線の長さなどは捨象して点のつながり具合だけを考える．

　点（point）は節点（node），頂点（vertex）ともいい，線（line）は枝（branch），辺（edge），弧（arc）ともいう．線に向きのないグラフは無向グラフ（undirected graph），線に向きのあるものは有向グラフ（directed graph, digraph）という．[†]木も有向グラフの一種である．

　計算機でグラフを表すには隣接行列（adjacency matrix）a_{ij} を用いるのが一つの方法である．点が n 個あれば，隣接行列は $n \times n$ の行列で，点 i から他の点を経ずに点 j に行く線があれば $a_{ij} = 1$，なければ $a_{ij} = 0$ とする．対角成分 a_{ii} の値は，点 i とそれ自身とを結ぶ線の有無によるが，問題によっては $a_{ii} = 1$ と定めることもある．無向グラフの隣接行列は対称（$a_{ij} = a_{ji}$）である．

　グラフの点をもれなくたどる方法については ⇒ [†]縦形探索，[†]横形探索．

グラフィックス graphics

ここでは，ビットマップファイルを作り，点，線分，円，楕円を描くアルゴリズム，およびベクトルグラフィックファイルを作る方法を扱う。初版では当時の事実上の標準機 PC-9800 シリーズの画面（640 × 400 ピクセル）に書き込んだが，ここでは OS に依存しない方法に改めた。

ビットマップファイルには PNG，JPEG，GIF が広く使われているが，ここでは実装が簡単な無圧縮 BMP 形式（BMP には Windows 版と OS/2 版があるが前者）を扱う。以下の grBMP.c では，幅 XMAX ピクセル，縦 YMAX ピクセルの仮想画面に描画する。仮想画面は最初は黒で初期化されているので，必要に応じて gr_clear(WHITE); で白に初期化する。最後に gr_BMP("file.bmp"); で file.bmp に出力する。BMP 形式はサイズが無駄に大きいので，最終的には PNG 形式に変換するとよい。

ベクトルグラフィックファイルとしては，ここでは SVG（Scalable Vector Graphics）および EPS（Encapsulated PostScript）形式を扱う。SVG は一般的な Web ブラウザで閲覧できる。EPS はかつては標準的なベクトル形式であったが，今はあまり使われなくなった。ツールで PDF に変換して使うとよい。具体的な使い方は ⇒ †3 次元グラフ。

📄 grBMP.c

フルカラー（256^3 色）の画像を Windows BMP 形式で出力するルーチン。#include して使う。

XMAX，YMAX はそれぞれ横ピクセル数，縦ピクセル数である。初版にあわせて 640，400 としたが，自由に変えてよい。

色は 24 ビットで表す。例として BLACK，WHITE，RED，GREEN，BLUE（それぞれ黒，白，赤，緑，青）が定義してある。最初はすべてのピクセルが黒である。

void gr_dot(int x, int y, long color) は点 (x, y) に色 color を付ける。$0 \leq x <$ XMAX，$0 \leq y <$ YMAX で，左下隅が原点である。

void gr_BMP(char *filename) はファイル名を与えて画像を BMP 形式で書き出す。

```c
 1 #include <stdio.h>
 2
 3 #define XMAX  640                                    /* 横ピクセル数 */
 4 #define YMAX  400                                    /* 縦ピクセル数 */
 5
 6 #define BLACK 0x000000
 7 #define WHITE 0xffffff
 8 #define RED   0xff0000
 9 #define GREEN 0x00ff00
10 #define BLUE  0x0000ff
11
12 long gr_screen[YMAX][XMAX];
13
```

64 グラフィックス

```c
14  void putbytes(FILE *f, int n, unsigned long x)          /* x の末尾から n バイト出力 */
15  {
16      while (--n >= 0) {
17          fputc(x & 255, f);   x >>= 8;
18      }
19  }
20
21  void gr_dot(int x, int y, long color)                   /* 点 (x,y) を色 color で塗る */
22  {
23      if (x >= 0 && x < XMAX && y >= 0 && y < YMAX)
24          gr_screen[y][x] = color;
25  }
26
27  void gr_clear(long color)                               /* 色 color でクリア */
28  {
29      int x, y;
30
31      for (x = 0; x < XMAX; x++)
32          for (y = 0; y < YMAX; y++)
33              gr_dot(x, y, color);
34  }
35
36  void gr_BMP(char *filename)                             /* BMP ファイル出力 */
37  {
38      int x, y;
39
40      FILE *f = fopen(filename, "wb");
41      fputs("BM", f);                                     /* ファイルタイプ */
42      putbytes(f, 4, XMAX * YMAX * 4 + 54);               /* ファイルサイズ */
43      putbytes(f, 4, 0);                                  /* 予約領域 */
44      putbytes(f, 4, 54);                   /* ファイル先端から画像までのオフセット */
45      putbytes(f, 4, 40);                                 /* 情報ヘッダサイズ */
46      putbytes(f, 4, XMAX);                               /* 画像の幅 */
47      putbytes(f, 4, YMAX);                               /* 画像の高さ */
48      putbytes(f, 2, 1);                                  /* プレーン数 (1) */
49      putbytes(f, 2, 32);                                 /* 色ビット数 */
50      putbytes(f, 4, 0);                                  /* 圧縮形式 (無圧縮) */
51      putbytes(f, 4, XMAX * YMAX * 4);                    /* 画像データサイズ */
52      putbytes(f, 4, 3780);                               /* 水平解像度 (dot/m) */
53      putbytes(f, 4, 3780);                               /* 垂直解像度 (dot/m) */
54      putbytes(f, 4, 0);                                  /* 格納パレット数 */
55      putbytes(f, 4, 0);                                  /* 重要色数 */
56      for (y = 0; y < YMAX; y++)
57          for (x = 0; x < XMAX; x++)
58              putbytes(f, 4, gr_screen[y][x]);            /* 画像データ */
59      fclose(f);
60  }
```

📄 line.c

乗除算を使わずに 2 点 (x1,y1)，(x2,y2) を結ぶ線分を描く。grBMP.c の gr_dot(x, y, color) を使っている。

グラフィックス　65

```c
 1  #include <stdlib.h>
 2
 3  void gr_line(int x1, int y1, int x2, int y2, long color)
 4  {
 5      int dx, dy, s, step;
 6
 7      dx = abs(x2 - x1);   dy = abs(y2 - y1);
 8      if (dx > dy) {
 9          if (x1 > x2) {
10              step = (y1 > y2) ? 1 : -1;
11              s = x1;   x1 = x2;   x2 = s;   y1 = y2;
12          } else step = (y1 < y2) ? 1: -1;
13          gr_dot(x1, y1, color);
14          s = dx >> 1;
15          while (++x1 <= x2) {
16              if ((s -= dy) < 0) {
17                  s += dx;   y1 += step;
18              };
19              gr_dot(x1, y1, color);
20          }
21      } else {
22          if (y1 > y2) {
23              step = (x1 > x2) ? 1 : -1;
24              s = y1;   y1 = y2;   y2 = s;   x1 = x2;
25          } else step = (x1 < x2) ? 1 : -1;
26          gr_dot(x1, y1, color);
27          s = dy >> 1;
28          while (++y1 <= y2) {
29              if ((s -= dx) < 0) {
30                  s += dy;   x1 += step;
31              }
32              gr_dot(x1, y1, color);
33          }
34      }
35  }
```

📄 circle.c

中心 (xc, yc)，半径 r，色 color の円を描く。

```c
 1  void gr_circle(int xc, int yc, int r, long color)
 2  {
 3      int x, y;
 4
 5      x = r;   y = 0;
 6      while (x >= y) {
 7          gr_dot(xc + x, yc + y, color);
 8          gr_dot(xc + x, yc - y, color);
 9          gr_dot(xc - x, yc + y, color);
10          gr_dot(xc - x, yc - y, color);
11          gr_dot(xc + y, yc + x, color);
12          gr_dot(xc + y, yc - x, color);
13          gr_dot(xc - y, yc + x, color);
14          gr_dot(xc - y, yc - x, color);
```

```
15          if ((r -= (y++ << 1) + 1) <= 0)
16              r += --x << 1;
17      }
18  }
```

ellipse.c

楕円を描く。(xc, yc) が中心の座標，rx, ry がそれぞれ x, y 軸方向の半径。

```
 1  void gr_ellipse(int xc, int yc, int rx, int ry, long color)
 2  {
 3      int x, x1, y, y1, r;
 4
 5      if (rx > ry) {
 6          x = r = rx;  y = 0;
 7          while (x >= y) {
 8              x1 = (int)((long)x * ry / rx);
 9              y1 = (int)((long)y * ry / rx);
10              gr_dot(xc + x, yc + y1, color);
11              gr_dot(xc + x, yc - y1, color);
12              gr_dot(xc - x, yc + y1, color);
13              gr_dot(xc - x, yc - y1, color);
14              gr_dot(xc + y, yc + x1, color);
15              gr_dot(xc + y, yc - x1, color);
16              gr_dot(xc - y, yc + x1, color);
17              gr_dot(xc - y, yc - x1, color);
18              if ((r -= (y++ << 1) + 1) <= 0)
19                  r += --x << 1;
20          }
21      } else {
22          x = r = ry;  y = 0;
23          while (x >= y) {
24              x1 = (int)((long)x * rx / ry);
25              y1 = (int)((long)y * rx / ry);
26              gr_dot(xc + x1, yc + y, color);
27              gr_dot(xc + x1, yc - y, color);
28              gr_dot(xc - x1, yc + y, color);
29              gr_dot(xc - x1, yc - y, color);
30              gr_dot(xc + y1, yc + x, color);
31              gr_dot(xc + y1, yc - x, color);
32              gr_dot(xc - y1, yc + x, color);
33              gr_dot(xc - y1, yc - x, color);
34              if ((r -= (y++ << 1) + 1) <= 0)
35                  r += --x << 1;
36          }
37      }
38  }
```

window.c

gr_window(left, bottom, right, top, samescale) は座標の取り方を変える手続きである。たとえば gr_window(1, 2, 5, 4, 0, 0); とすれば，左下隅の座標が (1,2)，右

グラフィックス **67**

上隅の座標が $(5,4)$ になる。この新しい座標で点をプロットする関数は gr_wdot(x, y, color), 線分を描く関数は gr_wline(x1, y1, x2, y2, color) である。使い方はそれぞれ gr_dot(x, y, color), gr_line(x1, y1, x2, y2, color) と同じである。

gr_window() の 5 番目の引数 samescale を 0 以外にすれば, 左右と上下の尺度が等しくなる。ただし, 画面の右または上に空きができる。

必ずしも left < right, bottom < top でなくてよい。

```
 1  #include <math.h>
 2  #include "line.c"
 3
 4  static double gr_xfac = 1, gr_yfac = 1, gr_xconst = 0, gr_yconst = 0;
 5  #define gr_xscr(x) (int)(gr_xfac * (x) + gr_xconst)
 6  #define gr_yscr(y) (int)(gr_yfac * (y) + gr_yconst)
 7
 8  void gr_wdot(double x, double y, long color)
                             /* gr_window() で定めた座標で点 (x,y) に色 color をつける */
 9  {
10      gr_dot(gr_xscr(x), gr_yscr(y), color);
11  }
12
13  void gr_wline(double x1, double y1,
14                double x2, double y2, long color)
15          /* gr_window() で定めた座標で点 (x1,y1),(x2,y2) を結ぶ線分を色 color で描く */
16  {
17      gr_line(gr_xscr(x1), gr_yscr(y1),
18              gr_xscr(x2), gr_yscr(y2), color);
19  }
20
21  void gr_window(double left,  double bottom,
22                 double right, double top, int samescale)
        /* 窓の左・下・右・上端の座標を指定する. samescale ≠ 0 なら上下と左右の尺度を同じにする */
23  {
24      gr_xfac = (XMAX - 1) / (right - left);
25      gr_yfac = (YMAX - 1) / (top - bottom);
26      if (samescale) {
27          if (fabs(gr_xfac) > fabs(gr_yfac))
28                  gr_xfac *= fabs(gr_yfac / gr_xfac);
29          else  gr_yfac *= fabs(gr_xfac / gr_yfac);
30      }
31      gr_xconst = 0.5 - gr_xfac * left;
32      gr_yconst = 0.5 - gr_yfac * bottom;
33  }
```

📄 plotter.c

BMP ファイル出力の簡単なプロッタのシミュレーションルーチン。最初ペンは点 $(0,0)$ にある。move(x, y) はペンを紙から離して点 (x,y) に移動する。draw(x, y) はペンを紙につけて点 (x,y) に移動する（つまり線分を描く）。move_rel(x, y), draw_rel(x, y) の方は現在位置からの増分で座標を指定する。

68　グラフィックス

座標のとり方は上の window.c の gr_window() で指定する。
使い方の例は ⇒ †等高線。

```c
 1  #include "window.c"
 2  static double xpen = 0, ypen = 0;                           /* ペンの現在位置 */
 3
 4  void move(double x, double y)                               /* ペンアップで移動 */
 5  {
 6      xpen = x;   ypen = y;
 7  }
 8
 9  void move_rel(double dx, double dy)                         /* 同上（相対座標）*/
10  {
11      xpen += dx;   ypen += dy;
12  }
13
14  void draw(double x, double y)                               /* ペンダウンで移動 */
15  {
16      gr_wline(xpen, ypen, x, y, BLACK);
17      xpen = x;   ypen = y;
18  }
19
20  void draw_rel(double dx, double dy)                         /* 同上（相対座標）*/
21  {
22      gr_wline(xpen, ypen, xpen + dx, ypen + dy, BLACK);
23      xpen += dx;   ypen += dy;
24  }
```

📄 svgplot.c

リダイレクトにより SVG ファイルを生成する。具体的な使い方は ⇒ †3 次元グラフ。
printf() 中の（半角）スペースをわかりやすいように ␣ と表示した。

```c
 1  #include <stdio.h>
 2  static double ymax;
 3
 4  void plot_start(int x, int y)
 5  {
 6      printf("<svg␣xmlns=\"http://www.w3.org/2000/svg\"␣");
 7      printf("version=\"1.1\"␣width=\"%d\"␣height=\"%d\">\n", x, y);
 8      printf("<path␣d=\"");
 9      ymax = y;
10  }
11
12  void plot_end(int close)
13  {
14      if (close) printf("Z");
15      printf("\"␣fill=\"none\"␣stroke=\"black\"␣/>\n");
16      printf("</svg>\n");
17  }
18
19  void move(double x, double y)                               /* ペンアップで移動 */
20  {
```

```
21      printf("M %g %g ", x, ymax - y);
22  }
23
24  void move_rel(double dx, double dy)                    /* 同上（相対座標）*/
25  {
26      printf("m %g %g ", dx, -dy);
27  }
28
29  void draw(double x, double y)                          /* ペンダウンで移動 */
30  {
31      printf("L %g %g ", x, ymax - y);
32  }
33
34  void draw_rel(double dx, double dy)                    /* 同上（相対座標）*/
35  {
36      printf("l %g %g ", dx, -dy);
37  }
```

 epsplot.c

リダイレクトにより EPS ファイルを生成する。具体的な使い方は ⇒ [†]3次元グラフ。

```
 1  #include <stdio.h>
 2
 3  void plot_start(int x, int y)
 4  {
 5      printf("%%!PS-Adobe-3.0 EPSF-3.0\n");
 6      printf("%%%%BoundingBox: 0 0 %d %d\n", x, y);
 7      printf("newpath\n");
 8  }
 9
10  void plot_end(int close)
11  {
12      if (close) printf("closepath\n");
13      printf("stroke\n");
14  }
15
16  void move(double x, double y)                          /* ペンアップで移動 */
17  {
18      printf("%g %g moveto\n", x, y);
19  }
20
21  void move_rel(double dx, double dy)                    /* 同上（相対座標）*/
22  {
23      printf("%g %g rmoveto\n", dx, dy);
24  }
25
26  void draw(double x, double y)                          /* ペンダウンで移動 */
27  {
28      printf("%g %g lineto\n", x, y);
29  }
30
31  void draw_rel(double dx, double dy)                    /* 同上（相対座標）*/
32  {
```

70 グラフィックス

```
33      printf("%g_%g_rlineto\n", dx, dy);
34  }
```

け

桁落ち cancellation

ほぼ等しい 2 数の引き算をすると有効桁数が減る現象。

たとえば 10 進 4 桁精度（四捨五入）の計算機で [†]2 次方程式 $x^2 - 198x + 1 = 0$ を解の公式で解くと

$$x = 99.00 \pm \sqrt{9801 - 1.000} = 99.00 \pm 98.99 = \begin{cases} 197.99 \rightsquigarrow 198.0, \\ 0.01 \end{cases}$$

となり，一方の解 $x_1 = 198.0$ は正解 $197.9949\cdots$ を 4 桁に丸めたものに一致するが，もう一方の解 $x_2 = 0.01$ は正解 $0.0050506\cdots$ とはかなり違う。これは，同程度の数の引き算

$$\begin{array}{r} 99.00 \cdots \text{有効桁数 } 4 \\ - 98.99 \cdots \text{有効桁数 } 4 \\ \hline 0.01 \cdots \text{有効桁数 } 1 \end{array}$$

で有効桁数が減ってしまったためである。

桁落ちを防ぐには引き算を避ければよい。上の例では，引き算を使わないで得た解 $x_1 = 198.0$ から "解と係数の関係" $x_1 x_2 = 1$ で $x_2 = 1/198.0 = 0.005051$ とすれば，正解を 4 桁に丸めたものに一致する。

なお，計算機は同程度の数の引き算が正確にできないというのは間違いである。むしろ同程度の数の引き算では誤差が生じにくい。上の例でも，足し算 $99.00 + 98.99 = 197.99 \rightsquigarrow 198.0$ には誤差 0.01 があるが，引き算 $99.00 - 98.99 = 0.01$ には全く誤差がない。また，解の公式の計算の誤差は根号の中の加減算による情報落ちであると書いてある本もあるが，必ずしもそれだけでないことは，上の数値例で根号の中の加減算で誤差が生じていないことからわかるであろう。

同程度の数の引き算では誤差が生じにくいと書いたが，たとえば 10 進 4 桁精度で $0.9999 - 1$ を行うと最後の桁が失われる。このため，ガード桁のない機種では，$x \doteqdot 1$ のとき $x - 1$ を $(x - \frac{1}{2}) - \frac{1}{2}$ とするほうがよい。同様に $x - 2$ は $(x - 1) - 1$ とする。

同程度の数の引き算が起こらないような式変形の例をいくつか挙げておく（$h \doteqdot 0$）。

- $\sqrt{1+h} - 1 = \frac{(\sqrt{1+h}-1)(\sqrt{1+h}+1)}{\sqrt{1+h}+1} = h/(\sqrt{1+h}+1)$（分子の有理化）
- $h - \sin h = h^3/3! - h^5/5! + h^7/7! - h^9/9! + \cdots$（級数展開）
- $\cos^2 x - \sin^2 x = \cos 2x$
- $\sin(x+h) - \sin x = 2\cos(x+h/2)\sin(h/2)$

72　原始根

- $\log x - \log y = \log(x/y)$
- $1 - \cos h = 2\sin^2(h/2)$

原始根　　*primitive root*

たとえば $p = 7$, $a = 3$ のとき，a^n を p で割った余り $a^n \bmod p$ $(n = 1, 2, 3, \ldots)$ を列挙すると，

$$3, 2, 6, 4, 5, 1, 3, 2, 6, 4, 5, 1, \ldots$$

となり，1 以上 $7 (= p)$ 未満の整数が周期 $6 (= p - 1)$ で繰り返す。$p = 7$ のときは a をどう選んでもこれ以上周期を長くできない。

与えられた †素数 p について，上述のような数列 $\{a^n \bmod p\}$ の周期が最大 $(= p - 1)$ になるとき，a は $\bmod p$ での原始根であるという。さきほどの $\bmod 7$ の例では 3 が一つの原始根である。

p が素数で，a と p が互いに素なら，必ず $a^{p-1} \bmod p = 1$ である（Fermat（フェルマー）の定理）。したがって，a が $\bmod p$ で原始根であるためには，$p - 1$ のどの素因数 q についても $a^{(p-1)/q} \bmod p \neq 1$ であればよい。

📄 primroot.c

prime[0..N-1] に最初の N 個の †素数 (2, 3, 5, 7, 11, 13, $\ldots$) を入れて primitive_root(k) を呼び出すと，$p = \text{prime}[k]$ について，$\bmod p$ での原始根の一つを求める。具体的には，素数 $a = 2, 3, 5, 7, \ldots$ について a が原始根かどうか調べ，最初に見つかった原始根を返す。これは必ずしも最小の原始根ではない。

```
 1  int prime[N];                          /* あらかじめ最初の N 個の素数を入れておく */
 2
 3  int modpower(int n, int r, int m)                       /* n^r mod m の計算 */
 4  {
 5      int t;
 6
 7      t = 1;
 8      while (r != 0) {
 9          if (r & 1) t = (int)(((long)n * t) % m);
10          n = (int)(((long)n * n) % m);  r /= 2;
11      }
12      return t;
13  }
14
15  int primitive_root(int k)                    /* prime[k] の一つの原始根を返す */
16  {
17      int a, i, j, n, p;
18
19      i = 0;  p = prime[k];  n = p - 1;
```

原始根　73

```
20      for (i = 0; i < k; i++) {
21          a = prime[i];
22          for (j = 0; j < k; j++)
23              if (n % prime[j] == 0 &&
24                  modpower(a, n / prime[j], p) == 1) break;
25          if (j == k) return a;
26      }
27      return 0;                              /* エラー: 見つからない */
28  }
```

こ

後置記法　postfix notation

　式 "$(a + b) \times (c - d)$" を読み上げる際，かっこを省略して "a 足す b 掛ける c 引く d" と読めばあいまいであるが，"a と b の和と c と d の差との積" と読むとあいまいでなくなる。この語順のまま記号で書けば "$a\,b + c\,d - \times$" となる。このような記法を後置記法または逆ポーランド記法という。これに対して通常の "$(a + b) \times (c - d)$" のような記法を挿入記法（infix notation）という。後置記法は，かっこが不要であり，演算ルーチンが簡単になるという利点がある。"$a\,b + c\,d - \times$" の演算で，"a" は "a の値を棚に積む" と解釈し，"+" は "棚から値を 2 個下ろしその和を棚に積む" と解釈すれば，最後に棚に 1 個だけ残る値が答えである。後置記法を使うプログラム言語や電卓もある。

📄 postfix.c

　(a+b)*(c-d) のような通常の記法で入力した式を後置記法に直す。もとの式中の空白は読み飛ばす。数式の間違いがあれば？印を出力する。†再帰的下向き構文解析の簡単な例である。

```c
 1 #include <stdio.h>
 2 #include <stdlib.h>
 3 #include <ctype.h>
 4
 5 int ch;
 6
 7 void readch(void)                          /* 1 文字を読む。空白は読み飛ばす。*/
 8 {
 9     do {
10         if ((ch = getchar()) == EOF) return;
11     } while (ch == ' ' || ch == '\t');
12 }
13
14 void expression(void);                        /* 式。実物は行 37 以降 */
15
16 void factor(void)                                      /* 因子 */
17 {
18     if (ch == '(') {
19         readch();  expression();
20         if (ch == ')') readch();  else putchar('?');
21     } else if (isgraph(ch)) {
22         putchar(ch);  readch();
23     } else putchar('?');
24 }
25
26 void term(void)                                        /* 項 */
27 {
```

合同式　**75**

```
28      factor();
29      for ( ; ; )
30          if (ch == '*') {
31              readch();  factor();  putchar('*');
32          } else if (ch == '/') {
33              readch();  factor();  putchar('/');
34          } else break;
35  }
36
37  void expression(void)                              /* 式 */
38  {
39      term();
40      for ( ; ; )
41          if (ch == '+') {
42              readch();  term();  putchar('+');
43          } else if (ch == '-') {
44              readch();  term();  putchar('-');
45          } else break;
46  }
47
48  int main(void)
49  {
50      do {
51          readch();  expression();
52          while (ch != '\n' && ch != EOF) {
53              putchar('?');  readch();
54          }
55          putchar('\n');
56      } while (ch != EOF);
57      return 0;
58  }
```

合同式　<u>congruence</u>

二つの数 a, b の差が数 m の整数倍であることを

$$a \equiv b \pmod{m}$$

と書き，a と b は m を法^{ほう}として合同である（a is congruent to b modulo m）という。上のような式を合同式という。通常，a, b, m はみな整数である。

x についての方程式 $ax \equiv 1 \pmod{b}$ は，a, b が互いに素（[†]最大公約数が 1）なら必ず解ける。以下はその解法である。

2 数 a, b の [†]最大公約数 $d = \gcd(a, b)$ を求める Euclid（ユークリッド）の互除法は，$a_0 = a$, $b_0 = b$ から出発して，漸化式

$$\begin{pmatrix} a_{k+1} \\ b_{k+1} \end{pmatrix} = \begin{pmatrix} b_k \bmod a_k \\ a_k \end{pmatrix} = \begin{pmatrix} b_k - q_k a_k \\ a_k \end{pmatrix} \tag{1}$$

$$= \begin{pmatrix} -q_k & 1 \\ 1 & 0 \end{pmatrix} \begin{pmatrix} a_k \\ b_k \end{pmatrix}, \qquad q_k = \lfloor b_k / a_k \rfloor \tag{2}$$

76 合同式

を繰り返し適用する．a_n が 0 になれば b_n に $d = \gcd(a,b)$ が得られる．つまり，

$$d = \underbrace{\begin{pmatrix} 0 & 1 \end{pmatrix} \begin{pmatrix} -q_{n-1} & 1 \\ 1 & 0 \end{pmatrix} \cdots \begin{pmatrix} -q_0 & 1 \\ 1 & 0 \end{pmatrix}}_{(x\,y)\text{ と置く}} \begin{pmatrix} a \\ b \end{pmatrix} \tag{3}$$

$$= \begin{pmatrix} x & y \end{pmatrix} \begin{pmatrix} a \\ b \end{pmatrix} = ax + by \tag{4}$$

となるので，x は $ax \equiv d \pmod{b}$ を満たす．この x は

$$x = \begin{pmatrix} x & y \end{pmatrix} \begin{pmatrix} 1 \\ 0 \end{pmatrix} = \begin{pmatrix} 0 & 1 \end{pmatrix} \begin{pmatrix} -q_{n-1} & 1 \\ 1 & 0 \end{pmatrix} \cdots \begin{pmatrix} -q_0 & 1 \\ 1 & 0 \end{pmatrix} \begin{pmatrix} 1 \\ 0 \end{pmatrix}$$

として求められる．特に a, b が互いに素なら $d = 1$ であり，$ax \equiv 1 \pmod{b}$ が解けたことになる．

一般の 1 次合同式 $ax \equiv c \pmod{b}$ は必ずしも解けないが，$c \equiv kd \pmod{b}$，$d = \gcd(a,b)$ を満たすなら，上述の方法でまず $ax' \equiv d \pmod{b}$ を解き，$x = kx'$ とすればよい．

なお，$\gcd(a,n) = 1$ のときは，†Euler（オイラー）の関数 $\phi(n)$ を使えば，$ax \equiv 1 \pmod{n}$ の解は $x \equiv a^{\phi(n)-1}$ と書ける．特に n が素数なら $x = a^{n-2}$ という閉じた形になり，†累乗を求める速いアルゴリズムを使えば $O(\log n)$ の時間で x が求められる（互除法によるアルゴリズムも $O(\log n)$ である）．

 inv.c

inv(a, n, &d); のように呼び出すと，もし d = 1 となった場合は戻り値は $ax \equiv 1 \pmod{n}$ の最小の正の解 x である．もし d $\neq$ 1 となった場合は解はない．詳しくいうと，d には正の整数 a, n の最大公約数が入る．戻り値は $ax \equiv d \pmod{n}$ の最小の正の解 x である．

行 11 までで x $\geq$ −n となるので，行 13 では x に n を加えて非負にしてから剰余を求めている．

```
 1  int inv(int a, int n, int *gcd)
 2  {
 3      int  d, q, r;
 4      long s, t, x;
 5
 6      d = n;  x = 0;  s = 1;
 7      while (a != 0) {
 8          q = d / a;
 9          r = d % a;  d = a;  a = r;
10          t = x - q * s;  x = s;  s = t;
11      }
12      *gcd = d;                              /* gcd(a,n) */
13      return (int)((x + n) % (n / d));
```

```
14  }
```

5 重対角な連立方程式　pentadiagonal system of equations

係数行列が対角成分とその上下各2個を除き0であるような †連立1次方程式。下のプログラムは本質的には †Gauss（ガウス）法であるが，†3重対角な連立方程式の場合と同様に，$n \times n$ の行列が要らないように工夫してある。

 gauss5.c

引数の意味は次のとおりである。

diag[0..n-1]		対角成分
sub1[0..n-2]		対角成分の下
sub2[0..n-3]		対角成分の下の下
sup1[0..n-2]		対角成分の右
sup2[0..n-3]		対角成分の右の右
b [0..n-1]		右辺（出口では解）

sup1，sup2，sub1，sub2 の中身は参照されるだけで値は変わらない。

```
 1      int i;
 2      double t;
 3
 4      for (i = 0; i < n - 2; i++) {                    /* 消去法 */
 5          t = sub1[i] / diag[i];
 6          diag[i + 1] -= t * sup1[i];
 7          sup1[i + 1] -= t * sup2[i];
 8          b   [i + 1] -= t * b   [i];
 9          t = sub2[i] / diag[i];
10          sub1[i + 1] -= t * sup1[i];
11          diag[i + 2] -= t * sup2[i];
12          b   [i + 2] -= t * b   [i];
13      }
14      t = sub1[n - 2] / diag[n - 2];
15      diag[n - 1] -= t * sup1[n - 2];
16      b   [n - 1] -= t * b   [n - 2];
17      b[n - 1] /= diag[n - 1];                         /* 後退代入 */
18      b[n - 2] = (b[n - 2] - sup1[n - 2] * b[n - 1]) / diag[n - 2];
19      for (i = n - 3; i >= 0; i--)
20          b[i] = (b[i] - sup1[i] * b[i + 1]
21                       - sup2[i] * b[i + 2]) / diag[i];
```

五数要約　five-number summary

数値を $x_1 \leqq x_2 \leqq x_3 \leqq \cdots \leqq x_n$ のように大きさの順に並べたとき等間隔に位置する5個の値

$$x_1, \quad x_{1+0.25(n-1)}, \quad x_{1+0.5(n-1)}, \quad x_{1+0.75(n-1)}, \quad x_n$$

をそれぞれ最小値，第1四分位数（下ヒンジ），中央値（メディアン），第3四分位数（上ヒンジ），最大値といい，これらを合わせて五数要約という。

四分位数の求め方は微妙に異なる何通りかの方法がある。下のプログラムでは，添字 $1 + k(n-1)/4$ ($k = 1, 2, 3$) が整数でないときは，その前後の整数を添字とする値から補間する。これは五数要約を流行らせた Tukey（テューキー）[1] の上下ヒンジの計算法と若干異なる。n が偶数のとき，Tukey の下ヒンジは下の $n/2$ 個の中央値，上ヒンジは上の $n/2$ 個の中央値である。日本の高校数学（2009年公示の学習指導要領），中学数学（2017年公示の学習指導要領）で扱う第1・第3四分位数は，n が偶数のときは Tukey のヒンジと一致するが，n が奇数のときは下・上の $(n-1)/2$ 個の中央値とする。

 5num.c

fivenum(n, x) は n 個の値 x[0..n-1] を小さい順に並べ替え，五数要約を出力する。ライブラリ関数の †クイックソートを使っているので $O(n \log n)$ の時間がかかる。$O(n)$ で済ませる方法は ⇒ †選択。

```
 1  #include <stdio.h>
 2  #include <stdlib.h>                              /* qsort() */
 3
 4  int cmp(const void *k1, const void *k2)          /* 比較 */
 5  {
 6      if (*((double *)k1) < *((double *)k2)) return -1;
 7      if (*((double *)k1) > *((double *)k2)) return  1;
 8      /* else */                            return  0;
 9  }
10
11  void fivenum(int n, double x[])                  /* 五数要約 */
12  {
13      int i, j;
14      double t;
15
16      qsort(x, n, sizeof(double), cmp);            /* †クイックソート */
17      for (i = 0; i < 4; i++) {
18          t = (n - 1.0) * i / 4.0;  j = (int)t;
19          printf("%g ", x[j] + (x[j + 1] - x[j]) * (t - j));
20      }
21      printf("%g\n", x[n - 1]);
22  }
```

 [1] John W. Tukey. *Exploratory Data Analysis*. Addison-Wesley, 1977.

[2] 渡部 洋，鈴木 規夫，山田 文康，大塚 雄作．『探索的データ解析入門：データの構造を探る』（統計ライブラリー）．朝倉書店，1985．
[3] 奥村 晴彦．『R で楽しむ統計』．共立出版，2016．

小銭の払い方

たとえば 10 円を払うのに次の 4 通りの方法がある．

- 10 円玉 1 枚
- 5 円玉 2 枚
- 5 円玉 1 枚と 1 円玉 5 枚
- 1 円玉 10 枚

一般に n 円を k 円玉以下で払う方法の数を $c(n,k)$ とする ($n \geq 0$)．まず 1 円玉だけなら $c(n,1) = 1$ 通りの払い方しかない．5 円玉も含めてよいなら

$$c(n,5) = c(n,1) + c(n-5,5) = 1 + \lfloor n/5 \rfloor$$

通りの払い方がある．10 円玉も含めてよいなら

$$c(n,10) = c(n,5) + c(n-10,10) \tag{1}$$

$$= \sum_{k=0}^{\lfloor n/10 \rfloor} \left(1 + \left\lfloor \frac{n-10k}{5} \right\rfloor\right) \tag{2}$$

$$= (1 + \lfloor n/5 \rfloor - \lfloor n/10 \rfloor)(1 + \lfloor n/10 \rfloor) \tag{3}$$

通りの払い方がある．50 円玉も含めてよいなら

$$c(n,50) = c(n,5) + c(n,10) + c(n-50,50)$$

通りの払い方がある．これも閉じた形に変形できるが，長くなるのでこのままにしておく．
⇒ †分割数．

 change.c

change(n, k) は，n 円を k 円以下の小銭で支払う払い方が何通りあるかを求める．change(n, n) のように同じ引数で呼び出せば，n 円を小銭で支払う払い方が何通りかが求められる．

change1(n) は非再帰版である．

```
1  int change(int n, int k)                          /* 再帰版 */
2  {
3      int s;
4
5      if (n < 0) return 0;
6      s = 1 + n / 5 + change(n - 10, 10);
7      if (k >=  50) s += change(n -  50,  50);
```

```
 8        if (k >= 100) s += change(n - 100, 100);
 9        return s;
10   }
11
12   int change1(int n)                                          /* 非再帰版 */
13   {
14        int i, j, s, t, u;
15
16        s = 0;
17        for (i = n / 100; i >= 0; i--) {                       /* 100 円玉 */
18            t = n - 100 * i;
19            for (j = t / 50; j >= 0; j--) {                    /* 50 円玉 */
20                u = t - 50 * j;
21                s += (1 + u / 5 - u / 10) * (1 + u / 10);
22            }
23        }
24        return s;
25   }
```

小町算   Komachi-zan

たとえば
$$123 - 45 - 67 + 89 = 100$$
のように 1 から 9 までの数字を順に並べ +, − を補って 100 を作るパズル．

 komachi.c

小町算のすべての解（12 通り）を求めるプログラムである．

符号を入れる配列 sign[i]（$i = 1, 2, \ldots, 9$）を用意し，数字 i のすぐ左の符号がマイナスであれば sign[i] = -1，プラスであれば sign[i] = 1，符号がなければ sign[i] = 0 とする．このすべての可能な値の組（2×3^8 通り）について調べる．

```
 1   int i, s, sign[10];
 2   long n, x;
 3
 4   for (i = 1; i <= 9; i++) sign[i] = -1;
 5   do {
 6       x = n = 0;  s = 1;
 7       for (i = 1; i <= 9; i++)
 8           if (sign[i] == 0) n = 10 * n + i;
 9           else {
10               x += s * n;  s = sign[i];  n = i;
11           }
12       x += s * n;
13       if (x == 100) {
14           for (i = 1; i <= 9; i++) {
15               if      (sign[i] ==  1) printf(" + ");
16               else if (sign[i] == -1) printf(" - ");
17               printf("%d", i);
```

```
18          }
19          printf("_=_100\n");                                    /* 解 */
20       }
21       i = 9;  s = sign[i] + 1;
22       while (s > 1) {
23          sign[i] = -1;  i--;  s = sign[i] + 1;
24       }
25       sign[i] = s;
26    } while (sign[1] < 1);
```

固有値・固有ベクトル・対角化

eigenvalues, eigenvectors, and diagonalization

正方 †行列 A について，$Ax = \lambda x$ を満たす数 λ とベクトル x を，それぞれ A の固有値，固有ベクトルという。たとえば $A = \begin{pmatrix} 2 & 1 \\ 1 & 2 \end{pmatrix}$ の固有値，固有ベクトルは，$\lambda = 3$，$x = \begin{pmatrix} k \\ k \end{pmatrix}$ と，$\lambda = 1$，$x = \begin{pmatrix} k \\ -k \end{pmatrix}$ である（k は 0 でない任意の数）。

A が実対称行列（成分が実数で $a_{ij} = a_{ji}$ を満たす）のときは，$X^T A X = \Lambda$ が対角行列になるような直交行列（$X^T = X^{-1}$ を満たす正方行列）X が存在する（X^T は X の転置）。このような X，Λ を見つけることを A の対角化という。Λ の対角成分と，それに対応する X の列は，A の固有値，固有ベクトルである。さきほどの A では $\Lambda = \begin{pmatrix} 3 & 0 \\ 0 & 1 \end{pmatrix}$，$X = \begin{pmatrix} \sqrt{0.5} & \sqrt{0.5} \\ \sqrt{0.5} & -\sqrt{0.5} \end{pmatrix}$ である。

具体的なアルゴリズムについては ⇒ †累乗法（絶対値の大きい固有値を数個求めるのに向く非常に簡単な方法），†Jacobi（ヤコビ）法（比較的簡単），†QR 法（本格的）。

さ

再帰的下向き構文解析　recursive-descent parsing

本書の†後置記法，†式の評価，†多項式の計算のプログラムで使った構文解析法。たとえば，〈式〉のルーチンは〈項〉のルーチンを呼び出し，〈項〉は〈因子〉を呼び出し，〈因子〉は再び〈式〉を呼び出すという具合に，再帰的に構成される。具体的には上の各項目のプログラムを参照されたい。

最上位ビット　most significant bit

左端のビット。unsigned int の最上位ビットの値は ~(~0U >> 1) と書ける。unsigned long なら U を UL に変える。16 ビットでは 32768，32 ビットでは 2147483648。

最小公倍数　least common multiple

2 個の整数 m, n の最小公倍数 $\mathrm{lcm}(m,n)$ は $|mn|/\gcd(m,n)$ として求められる。ここで $\gcd(m,n)$ は m, n の†最大公約数である。3 個の整数なら $\mathrm{lcm}(l,m,n) = \mathrm{lcm}(\mathrm{lcm}(l,m),n) = |lmn| \div \gcd(m,n) \div \gcd(n,l) \div \gcd(l,m) \times \gcd(l,m,n)$ となる。

最大公約数　greatest common divisor

共通の約数のうち最大のもの。詳しくいえば，2 個の整数 m, n の最大公約数とは，$m = ad$, $n = bd$ を満たす整数 a, b が存在するような最大の整数 d である。これを $\gcd(m,n)$ または単に (m,n) と書く。$\gcd(0,0)$ は定義されないが，以下では $\gcd(0,0) = 0$ と定める。こうすれば 3 個の整数の最大公約数は $\gcd(a,b,c) = \gcd(\gcd(a,b),c)$ として求められる。4 個以上のときも同様である。

負でない整数 x, y の最大公約数は

$$\gcd(x,y) = \begin{cases} x & (y = 0 \text{ のとき}) \\ \gcd(y, x \bmod y) & (y \neq 0 \text{ のとき}) \end{cases}$$

を繰り返し用いて求められる。これが Euclid（ユークリッド）のアルゴリズム（互除法）である。

gcd.c

Euclid の互除法で x，y の最大公約数を求める。

```
1  int gcd(int x, int y)
2  {
3      if (y == 0) return x;
4      else        return gcd(y, x % y);
5  }
```

この非再帰版は次のようになる。

```
1  int gcd(int x, int y)
2  {
3      int t;
4
5      while (y != 0) {
6          t = x % y;   x = y;   y = t;
7      }
8      return x;
9  }
```

ループをまわる回数は y の 10 進桁数の 5 倍以内である [1]。

n 個の負でない整数 a[0], a[1], ..., a[n-1] の最大公約数を求めるアルゴリズムは次のようになる。

```
1  int ngcd(int n, int a[])
2  {
3      int i, d;
4
5      d = a[0];
6      for (i = 1; i < n && d != 1; i++)
7          d = gcd(a[i], d);
8      return d;
9  }
```

 [1] 和田 秀男. 『コンピュータと素因子分解』. 遊星社, 1987. 15 ページ.

最大値・最小値　maximum, minimum

2 個の数の最大値・最小値は，以下のプログラム maxmin.c で示した求め方のほかに，
$$\max(x,y) = (x+y+|x-y|)/2, \quad \min(x,y) = (x+y-|x-y|)/2$$
としても求められる。3 個以上の場合も
$$\max(x,y,z) = \max(x, \max(y,z))$$
のようにして 2 個の場合に還元できる。

 maxmin.c

2 個の数 x，y の最大値，最小値を求めるには，マクロで

84 最大値・最小値

```
#define MAX2(x, y) ((x) > (y) ? (x) : (y))
#define MIN2(x, y) ((x) < (y) ? (x) : (y))
```

とすればよい。

n 個の数 a[0], ..., a[n-1] の最大値を求めるには

```
1    max = a[0];
2    for (i = 1; i < n; i++)
3        if (a[i] > max) max = a[i];
```

とする。行 3 の不等号を逆にすれば最小値が求められる。

次は，$-32767 \leq a[i] \leq 32767$ と仮定して最大値と最小値を同時に求めようとしたものであるが，バグがある。

```
1    min = 32767;  max = -32767;
2    for (i = 0; i < n; i++)
3        if      (a[i] > max) max = a[i];
4        else if (a[i] < min) min = a[i];           /* バグ */
```

行 4 の else を消すか，あるいは行 1–2 を

```
1    max = min = a[0];
2    for (i = 1; i < n; i++)
```

とすればよい。なお，この else のために 2 番目の if を回避できる確率は，n が大きいとき平均して $\frac{1}{n} \log_e n$ ほどであるから，else はあまり役に立たない。

次のようにすれば最小の比較回数で最大値と最小値を同時に求めることができる。比較回数は上の単純版の $\frac{3}{4}$ 程度である。

```
 1  void findmaxmin(int n, int a[], int *pmax, int *pmin)
 2  {
 3      int i, max, min, a1, a2;
 4
 5      if (n & 1)               max = min = a[0];
 6      else if (a[0] > a[1]) {  max = a[0];  min = a[1];  }
 7      else                  {  max = a[1];  min = a[0];  }
 8      for (i = 2 - (n & 1); i < n; i += 2) {
 9          a1 = a[i];   a2 = a[i + 1];
10          if (a1 > a2) {
11              if (a1 > max) max = a1;
12              if (a2 < min) min = a2;
13          } else {
14              if (a2 > max) max = a2;
15              if (a1 < min) min = a1;
16          }
17      }
18      *pmax = max;   *pmin = min;
19  }
```

C 言語では不定個の引数の最大値を求める関数は次のように書ける。ここでは ... の部分は int 型の引数 n 個である。

```
 1  #include <limits.h>
 2  #include <stdarg.h>                          /* 不定個の引数を使う */
 3
 4  int maxn(int n, ...)                         /* n 個の int の最大値 */
 5  {
 6      va_list ap;
 7      int max, x;                              /* 不定個の引数へのポインタ */
 8
 9      va_start(ap, n);                         /* ap の初期化 */
10      max = INT_MIN;
11      while (--n >= 0) {
12          x = va_arg(ap, int);                 /* ap から int を取り出す */
13          if (x > max) max = x;
14      }
15      va_end(ap);                              /* ap の後始末 */
16      return max;
17  }
```

最短路問題　shortest path problem

町 $1, 2, \ldots, n$ があり，町 i から町 j に直行する道の長さ w_{ij} が各 i, j について与えられているとする（直行する道がないなら $w_{ij} = \infty$）。一般に $w_{ij} \neq w_{ji}$ でもよい。このとき，町 1 から各町までの最短路を求める方法として，次の Dijkstra（ダイクストラ）のアルゴリズムが有名である。

町 1 から各町までの最短距離の初期値を $d_1 = 0, d_2 = d_3 = \cdots = d_n = \infty$ とする。$i = 1$ から始め，まだ訪れていない各町 j について，距離を $d_j \leftarrow \min(d_i + w_{ij}, d_j)$ と更新する。この距離が最小の町 i を訪れ，上記のことを繰り返す。距離最小の町を訪れる際，直前の町を記憶しておけば，それを逆にたどると最短路がわかる。

 dijkstra.c

点の個数 n と各 2 点間の距離（重み）weight[1..n][1..n] を与えると，出発点 START (= 1) から他の各点までの最短距離と，最短路上の直前の点を出力する。2 点を直接結ぶ道がないなら weight[i][j] = INT_MAX としておく。距離は整数としたが，実数でもかまわない。

```
 1  #define START   1                            /* 出発点 */
 2
 3  int main(void)
 4  {
 5      int i, j, next, min;
 6      static char visited[NMAX + 1];
 7      static int distance[NMAX + 1], prev[NMAX + 1];
 8
 9      readweight();                            /* 点の数 n, 距離 weight[1..n][1..n] を読む */
10      for (i = 1; i <= n; i++) {
```

86　三角関数

```
11        visited[i] = FALSE;  distance[i] = INT_MAX;
12    }
13    distance[START] = 0;  next = START;
14    do {
15        i = next;  visited[i] = TRUE;  min = INT_MAX;
16        for (j = 1; j <= n; j++) {
17            if (visited[j]) continue;
18            if (weight[i][j] < INT_MAX &&
19                    distance[i] + weight[i][j] < distance[j]) {
20                distance[j] = distance[i] + weight[i][j];
21                prev[j] = i;
22            }
23            if (distance[j] < min) {
24                min = distance[j];  next = j;
25            }
26        }
27    } while (min < INT_MAX);
28    printf("点␣␣直前の点␣␣最短距離\n");
29    for (i = 1; i <= n; i++)
30        if (i != START && visited[i])
31            printf("%2d%10d%10d\n", i, prev[i], distance[i]);
32    return 0;
33 }
```

さ

三角関数　<u>trigonometric functions</u>

直角三角形 A◿B で $\angle \mathrm{A} = \theta$ とするとき，$\sin\theta = \frac{\mathrm{BC}}{\mathrm{CA}}$，$\cos\theta = \frac{\mathrm{AB}}{\mathrm{CA}}$，$\tan\theta = \frac{\mathrm{BC}}{\mathrm{AB}}$ を
それぞれ θ のサイン，コサイン，タンジェントといい，三角関数と総称する。角度 θ の単
位はラジアンを使うことが多い。$180°$ が $\pi = 3.14\cdots$ ラジアンに相当する。C 言語のラ
イブラリ関数 sin(x)，cos(x)，tan(x) でも x の単位はラジアンなので，度で測った値を
使うときには sin((PI/180)*x) とする（PI $= \pi = 3.14\cdots$）。

　三角関数の計算法はいろいろある。たとえば，タンジェントを [†]連分数展開

$$\tan x = \frac{x}{1-} \frac{x^2}{3-} \frac{x^2}{5-} \frac{x^2}{7-} \cdots$$

で求め，サイン・コサインは

$$\sin x = \frac{2\tan(x/2)}{1+\tan^2(x/2)}, \quad \cos x = \sin\left(x + \frac{\pi}{2}\right)$$

で導く（x の単位はラジアン）。連分数展開を使う前に $\tan(x + n\pi) = \tan x$（n は整数），
$\tan\left(\frac{\pi}{2} - x\right) = 1/\tan x$ を使って $-\frac{\pi}{4} \leqq x \leqq \frac{\pi}{4}$ に移す。そのためには

$$x \leftarrow x - k\pi/2, \qquad k = \left\lfloor \frac{x}{\pi/2} + 0.5 \right\rfloor$$

とすればよいが，ここで面白い方法がある [1]。

三角関数　87

$$\pi/2 = \frac{3216.99\cdots}{2048} = \frac{3217}{2048} - d,$$
$$d = 4.45445510338076867830836024855790141530 0 \cdots \times 10^{-6}$$

に注目すると，置換え $x \leftarrow x - k\pi/2$ は

$$x \leftarrow x - k\left(\frac{3217}{2048} - d\right) = x - \frac{3217}{2048}k + kd$$

と書き直せる．$\frac{3217}{2048}$ の分母は 2 の累乗で，k は整数であるから，k が非常に大きい場合を除き，$\frac{3217}{2048}k$ は 2 進のコンピュータで正確に扱える．$x - \frac{3217}{2048}k$ は同程度の数の引き算であるから誤差はない[*1]．結局，誤差は最後の kd で出るだけであるが，この項は非常に小さいので，全体としての誤差は非常に小さい．この方法でどの程度改善されるかを示す例として，仮数部 53 ビットの double 型で $\tan 355$ を計算したところ，次のようになった：

通常の方法	$3.01443533870228 \times 10^{-5}$
上述の方法	$3.01443533731845 \times 10^{-5}$
正確な値	$3.0144353373184265\cdots \times 10^{-5}$

連分数展開を $\tan x = \frac{x}{1-}\frac{x^2}{3-}\cdots\frac{x^2}{N}$ で打ち切るとき，N の値と最大誤差 $|1 - \tan(\pi/4)|$ の関係は次のようになる：

N	9	11	13	15	17
最大誤差	$1.3 \cdot 10^{-8}$	$5.9 \cdot 10^{-11}$	$1.9 \cdot 10^{-13}$	$4.5 \cdot 10^{-16}$	$8.7 \cdot 10^{-19}$
N	19	21	23	25	27
最大誤差	$1.4 \cdot 10^{-21}$	$1.7 \cdot 10^{-24}$	$1.9 \cdot 10^{-27}$	$1.7 \cdot 10^{-30}$	$1.3 \cdot 10^{-33}$

trig.c

三角関数を long double で求める．

$\cos 0 = 1$ 付近では $\cos x$ より $1 - \cos x$ の方が重要であるが，引き算で [†]桁落ちが生じる．そこで，$1 - \cos x = \bigl(2\tan^2(x/2)\bigr)/\bigl(1 + \tan^2(x/2)\bigr)$ を使って $1 - \cos x$ を直接求めるルーチンも用意した．

```
 1  #include <stdio.h>
 2  #include <math.h>
 3  #include <limits.h>
 4  #define PI 3.14159265358979323846264338327950
 5  #define N  19                                              /* 奇数（本文参照） */
 6  #define D  4.45445510338076867830836024855579e-6
 7
 8  long double lfabs(long double x)                           /* 絶対値 */
 9  {
10      if (x >= 0) return x;   else return -x;
```

[*1] 誤植ではない．⇒ [†]桁落ち

88   三角関数

```
11  }
12
13  static long double ur_tan(long double x, int *k)           /* tan x の素 */
14  {
15      int i;
16      long double t, x2;
17
18      *k = (int)(x / (PI / 2) + (x >= 0 ? 0.5 : -0.5));
19      x = +(x - (3217.0 / 2048) * *k) + D * *k;
20      x2 = x * x;   t = 0;
21      for (i = N; i >= 3; i -= 2) t = x2 / (i - t);
22      return x / (1 - t);
23  }
24
25  long double ltan(long double x)                              /* tan x */
26  {
27      int k;
28      long double t;
29
30      t = ur_tan(x, &k);
31      if (k % 2 == 0) return t;
32      if (t != 0)     return -1 / t;
33      /* overflow */  return HUGE_VAL;
34  }
35
36  long double lsin(long double x)                              /* sin x */
37  {
38      int k;
39      long double t;
40
41      t = ur_tan(x / 2, &k);
42      t = 2 * t / (1 + t * t);
43      if (k % 2 == 0) return  t;
44      /* else */      return -t;
45  }
46
47  long double lcos(long double x)                              /* cos x */
48  {
49      return lsin(PI / 2 - lfabs(x));
50  }
51
52  long double lcos1(long double x)                             /* 1 - cos x */
53  {
54      int k;
55      long double t;
56
57      t = ur_tan(lfabs(x / 2), &k);   t *= t;
58      if (k % 2 == 0) return 2 * t / (1 + t);
59      /* else */      return 2       / (1 + t);
60  }
```

 [1] Webb Miller. *The Engineering of Numerical Software*. Prentice-Hall, 1984.

三角関数による補間　trigonometric interpolation

周期 2π の周期関数 $f(x)$ の値が n 点 $x = 2\pi h/n$ $(h = 0, 1, 2, \ldots, n-1)$ で与えられたとき，この n 点で正確に成り立つ補間式

$$f(x) = \frac{a_0}{2} + \sum_{k=1}^{m-1} (a_k \cos kx + b_k \sin kx) + \frac{a_m}{2} \cos mx$$

を求める方法を考えよう。ここで $m = \lceil n/2 \rceil$ で，最後の項 $\frac{a_m}{2} \cos mx$ は n が偶数のときだけ存在する。

公式 $e^{ix} = \cos x + i \sin x$ $(i = \sqrt{-1})$ を使えば

$$f(x) = \sum_{k=0}^{n-1} c_k e^{ikx}$$

と書き直せる。ただし

$$
\begin{aligned}
&c_0 = a_0/2, \\
&c_k = (a_k - ib_k)/2, && k = 1, 2, \ldots, m-1, \\
&c_m = a_m/2, && n \text{ が偶数のときだけ,} \\
&c_k = (a_{n-k} + ib_{n-k})/2, && k = n-m+1, n-m+2, \ldots, n-1
\end{aligned}
$$

である。ここでさらに

$$f_h = f(2\pi h/n), \qquad h = 0, 1, 2, \ldots, n-1, \tag{1}$$
$$\omega = e^{2\pi i/n} = \cos(2\pi/n) + i \sin(2\pi/n) \tag{2}$$

と置けば

$$f_h = \sum_{k=0}^{n-1} c_k \omega^{hk}$$

となる。この両辺に $\omega^{-k'h}$ を掛けて h について和をとり，

$$\sum_{h=0}^{n-1} \omega^{(k-k')h} = \begin{cases} n & (k = k') \\ 0 & (k \neq k') \end{cases}$$

を使えば $(k, k' = 0, 1, 2, \ldots, n-1)$，

$$c_k = \frac{1}{n} \sum_{h=0}^{n-1} \omega^{-kh} f_h$$

が得られる。この f_h から c_k への変換を離散 Fourier（フーリエ）変換という。

実際には n に制約（通常は 2 のべき乗）を設けて †FFT（高速 Fourier 変換）を用いることが多い。

三角関数による補間

trigint.c

N 個の x 座標 $x = 2\pi h/\text{N}$ ($h = 0, 1, 2, \ldots, \text{N}-1$) についての y の値 y[h] が与えられたとき，trigint(t) は $x = t$ での y の補間値を求める．あらかじめ maketable() を呼び出して係数 a[ ] を求めておく．

```c
 1  #include <math.h>
 2  #define PI  3.141592653589793238
 3  #define N   10                              /* 点の数 */
 4  double y[N] = {3,5,6,8,9,12,15,19,10,5},    /* 各点での y 座標 */
 5         a[N];
 6
 7  void maketable(void)
 8  {
 9      int i, j;
10      double s, t;
11
12      s = 0;
13      for (j = 0; j < N; j++) s += y[j];
14      a[0] = s / N;
15      for (i = 2; i < N; i += 2) {
16          t = i * PI / N;
17          s = 0;
18          for (j = 0; j < N; j++) s += y[j] * cos(t * j);
19          a[i - 1] = 2 * s / N;
20          s = 0;
21          for (j = 0; j < N; j++) s += y[j] * sin(t * j);
22          a[i] = 2 * s / N;
23      }
24      if (i == N) {
25          s = 0;   t = i * PI / N;
26          for (j = 0; j < N; j++) s += y[j] * cos(t * j);
27          a[i - 1] = s / N;
28      }
29  }
30
31  double trigint(double t)
32  {
33      int i;
34      double s;
35
36      s = a[0];
37      for (i = 2; i < N; i += 2)
38          s += a[i-1] * cos((i / 2) * t) + a[i] * sin((i / 2) * t);
39      if (i == N)
40          s += a[i-1] * cos((i / 2) * t);
41      return s;
42  }
```

三角分布   trianglular distribution

0以上1未満の独立な一様†乱数 U_1, U_2 の差 $U_1 - U_2$ は密度関数 $f(x) = 1 - |x|$ ($-1 \leqq x \leqq 1$) の分布をする。このような分布を三角分布という。分散は $\frac{1}{6}$ である。

 random.c

一様乱数 rnd() を使って三角分布の乱数を発生する。

```c
1  double triangular_rnd(void)
2  {
3      return rnd() - rnd();
4  }
```

3次元グラフ   three-dimensional graph

2変数の関数 $y = f(x,z)$ を3次元的に図示するには次のようにする。簡単な陰線消去（見えないはずの線を除くこと）をしている。

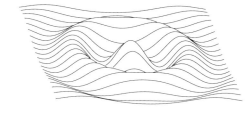

 3dgraph.c

$y = \text{func}(x,z)$ を3次元的に描く（右図参照）。プロッタシミュレーションルーチン svgplot.c または epsplot.c （⇒ †グラフィックス）を使って，それぞれ SVG，EPS に出力する。

SVG 出力の場合は，たとえば UNIX 類似の環境でコンパイルコマンドが gcc の場合，

    gcc 3dgraph.c -o 3dgraph
    ./3dgraph >3dgraph.svg

のようにリダイレクトして SVG ファイルを作り，Web ブラウザで開く。EPS 出力の場合も同様に，

    gcc 3dgraph.c -o 3dgraph
    ./3dgraph >3dgraph.eps

のようにリダイレクトして EPS ファイルを作り，EPS ファイルに対応したビューアで開くか，epstopdf, ps2pdf, pstopdf といったツールで PDF に変換して PDF ビューアで開く。

92 3次元グラフ

```c
 1  #include "svgplot.c"                                        /* または epsplot.c */
 2  #include <math.h>
 3  #include <float.h>
 4
 5  const double Xmin = -1, Ymin = -1, Zmin = -1,               /* 座標の下限 */
 6               Xmax =  1, Ymax =  1, Zmax =  1;               /* 座標の上限 */
 7
 8  double func(double x, double z)                             /* 描く関数 (例) */
 9  {
10      double r2;
11
12      r2 = x * x + z * z;
13      return exp(-r2) * cos(10 * sqrt(r2));
14  }
15
16  int main(void)
17  {
18      double x, y, z;
19      int i, ix, iz, ok, ok1;
20      static double lowerhorizon[241], upperhorizon[241];
21
22      plot_start(480, 260);
23      for (i = 0; i <= 240; i++) {
24          lowerhorizon[i] =  DBL_MAX;                         /* 正の最大値 */
25          upperhorizon[i] = -DBL_MAX;                         /* 負の最大値 */
26      }
27      for (iz = 0; iz <= 20; iz++) {
28          z = Zmin + (Zmax - Zmin) / 20 * iz;
29          ok1 = 0;
30          for (ix = 0; ix <= 200; ix++) {
31              x = Xmin + (Xmax - Xmin) / 200 * ix;
32              i = ix + 2 * (20 - iz);                         /* 0..240 */
33              y = 30 * (func(x, z) - Ymin) / (Ymax - Ymin) + 5 * iz;  /* 0..130 */
34              ok = 0;
35              if (y < lowerhorizon[i]) {
36                  lowerhorizon[i] = y;   ok = 1;
37              }
38              if (y > upperhorizon[i]) {
39                  upperhorizon[i] = y;   ok = 1;
40              }
41              if (ok && ok1) draw(2*i, 2*y);  else move(2*i, 2*y);
42              ok1 = ok;
43          }
44      }
45      plot_end(0);
46      return 0;
47  }
```

3 次方程式　cubic equation

3 次方程式の解の公式—Cardano（カルダノ）の公式[*1]—は次のようにやや複雑である。便宜上 $x^3 + 3bx^2 + cx + d = 0$ として考えよう。左辺の変曲点を $\xi = 0$ 上に移すような平行移動 $\xi = x + b$ により方程式は $\xi^3 - 3p\xi - 2q = 0$ となる。ただし $p = b^2 - c/3$, $q = (bc - 2b^3 - d)/2$ である。ここで $\genfrac{}{}{0pt}{}{\alpha}{\beta}\} = q \pm \sqrt{q^2 - p^3}$ と置くと，解は $\xi = \alpha^{1/3} + \beta^{1/3}$, $-\frac{1}{2}(\alpha^{1/3} + \beta^{1/3}) \pm i\frac{\sqrt{3}}{2}(\alpha^{1/3} - \beta^{1/3})$ となる。ただし $q^2 - p^3 < 0$ のときは α, β は虚数である。この場合（不還元の場合）は Viète（ヴィエート）により 1615 年に解かれた：$\theta = \arccos(p^{-3/2}q)$ とおくと，解は $x = 2\sqrt{p}\cos(\theta/3)$, $2\sqrt{p}\cos((\theta + 2\pi)/3)$, $2\sqrt{p}\cos((\theta + 4\pi)/3)$ となる。

このように Cardano の公式は複雑なので，3 次方程式は [†]Newton（ニュートン）法で解くことが多い。特に，解の概略の位置が分かっている場合や，実数解が 3 個の場合（不還元の場合）は，Newton 法を用いるべきである。実数解が 3 個の場合は Cardano の公式から解が $-2\sqrt{p} - b \leqq x \leqq 2\sqrt{p} - b$ の範囲にあることが分かるので，初期値を $\pm 2\sqrt{p} - b$ として Newton 法を行えば両側の解が得られる。中央の解は変曲点 $x = -b$ を初期値とすればよいであろう（⇒ [†]Newton（ニュートン）法）。

cardano.c

Cardano の公式で実数係数の 3 次方程式 $ax^3 + bx^2 + cx + d = 0$, $a \neq 0$ を解く。[†]立方根を求める関数 cuberoot(x) を使っている。

```
 1  #include <stdio.h>
 2  #include <stdlib.h>
 3  #include <math.h>
 4  #define PI   3.14159265358979323846264              /* 円周率 */
 5
 6  void cardano(double a, double b, double c, double d)
 7  {
 8      double p, q, t, a3, b3, x1, x2, x3;
 9
10      b /= (3 * a);  c /= a;  d /= a;
11      p = b * b - c / 3;
12      q = (b * (c - 2 * b * b) - d) / 2;
13      a = q * q - p * p * p;
14      if (a == 0) {
15          q = cuberoot(q);   x1 = 2 * q - b;   x2 = -q - b;
16          printf("x_=_%g,_%g (重解)\n", x1, x2);
17      } else if (a > 0) {
18          if (q > 0) a3 = cuberoot(q + sqrt(a));
19          else       a3 = cuberoot(q - sqrt(a));
20          b3 = p / a3;
21          x1 = a3 + b3 - b;   x2 = -0.5 * (a3 + b3) - b;
```

[*1] Cardano はこれを Tartaglia（タルタリア）から習い，無断で発表した（1545 年）。

```
22          x3 = fabs(a3 - b3) * sqrt(3.0) / 2;
23          printf("x_=_%g;_%g_+-_%g_i\n", x1, x2, x3);
24      } else {
25          a = sqrt(p);   t = acos(q / (p * a));    a *= 2;
26          x1 = a * cos( t               / 3) - b;
27          x2 = a * cos((t + 2 * PI) / 3) - b;
28          x3 = a * cos((t + 4 * PI) / 3) - b;
29          printf("x_=_%g,_%g,_%g\n", x1, x2, x3);
30      }
31  }
```

3 重対角化 tridiagonalization

対称行列 A が与えられたとき，適当な直交行列 P を選んで $P^T A P = A'$ を 3 重対角行列（対角成分とその両隣以外が 0 の行列）にすること。これは以下のように有限ステップでできる。一般に，対称行列の対角化は，この 3 重対角化を経由する方が，†累乗法や†Jacobi（ヤコビ）法より速い。

アルゴリズムは，まず A の最初の行が作るベクトル $(a_{11}, a_{12}, \ldots, a_{1n})$ に注目し，この第 1 成分には手をつけず，第 2 成分以降を混ぜ合わせて第 3 成分以降をすべて 0 にするような†Householder（ハウスホルダー）変換を求める。A の各行をこれで変換すると，A の第 1 行は $(a_{11}, a'_{12}, 0, \ldots, 0)$ となる。A の第 1 列は全く変化しない。同じ Householder 変換をさらに A の各列に適用すると，A の第 1 列の第 3 成分以降もすべて 0 になり，結局

$$A = \begin{pmatrix} * & * & 0 & \cdots & 0 \\ * & * & * & \cdots & * \\ 0 & * & * & \cdots & * \\ \vdots & \vdots & \vdots & \ddots & * \\ 0 & * & * & \cdots & * \end{pmatrix}$$

のような形になる。

次に，第 1 行，第 1 列を除いた $(n-1) \times (n-1)$ 行列について，上と同様にして Householder 変換を求め，A の各行，各列をこれで変換する。

以下，次々に小さな行列について同様なことを行えば，A は最終的には 3 重対角行列になる。

 tridiag.c

tridiagonalize(n, a, d, e) は，a[0..n-1][0..n-1] に入った対称行列 A を 3 重対角化 $A' = P^T A P$ し，変換後の対角成分 $a'_{11}, \ldots, a'_{nn}$ を d[0..n-1] に，その隣の成分 $a'_{21}, \ldots, a'_{n,n-1}$ を e[0..n-2] に求める。a[0..n-1][0..n-1] は変換行列の転置 P^T で上書きされる。Householder 変換のルーチン house() (⇒ †Householder（ハウスホルダー）変換)，内積を求めるルーチン innerproduct() (⇒ †行列) を使っている。

行 9 で Householder 変換を求め，行 11–22 で A の各行，各列について Householder 変換を行う。変換後の 0 でない成分は e[ ] に入れる。不要になった A の場所にはとりあえず Householder 変換を定めるベクトルを入れておく。ここで d[ ] の未使用の場所は作業用に使っている。

行 26 までで a[i][j] で参照されたり上書きされたりするのは $i \leqq j$ の部分だけである。

行 27 からのループでは A に入れておいた Householder 変換のベクトルから変換行列 P を求め，P^T を A に上書きする。

```
 1  void tridiagonalize(int n, matrix a, vector d, vector e)
 2  {
 3      int i, j, k;
 4      double s, t, p, q;
 5      vector v, w;
 6
 7      for (k = 0; k < n - 2; k++) {
 8          v = a[k];  d[k] = v[k];
 9          e[k] = house(n - k - 1, &v[k + 1]);
                                     /* ⇒ †Householder (ハウスホルダー) 変換 */
10          if (e[k] == 0) continue;
11          for (i = k + 1; i < n; i++) {
12              s = 0;
13              for (j = k + 1; j < i; j++) s += a[j][i] * v[j];
14              for (j = i;     j < n; j++) s += a[i][j] * v[j];
15              d[i] = s;
16          }
17          t = innerproduct(n-k-1, &v[k+1], &d[k+1]) / 2;
                        /* 内積 v[k+1] × d[k+1] + … + v[n-1] × d[n-1]。⇒ †行列 */
18          for (i = n - 1; i > k; i--) {
19              p = v[i];  q = d[i] - t * p;  d[i] = q;
20              for (j = i; j < n; j++)
21                  a[i][j] -= p * d[j] + q * v[j];
22          }
23      }
24      if (n >= 2) {  d[n - 2] = a[n - 2][n - 2];
25                     e[n - 2] = a[n - 2][n - 1];  }
26      if (n >= 1)    d[n - 1] = a[n - 1][n - 1];
27      for (k = n - 1; k >= 0; k--) {
28          v = a[k];
29          if (k < n - 2) {
30              for (i = k + 1; i < n; i++) {
31                  w = a[i];
32                  t = innerproduct(n-k-1, &v[k+1], &w[k+1]);
                        /* 内積 v[k+1] × w[k+1] + … + v[n-1] × w[n-1]。⇒ †行列 */
33                  for (j = k + 1; j < n; j++)
34                      w[j] -= t * v[j];
35              }
36          }
37          for (i = 0; i < n; i++) v[i] = 0;
38          v[k] = 1;
39      }
40  }
```

96 算術圧縮

3 重対角な連立方程式　tridiagonal system of equations

たとえば

$$
\begin{aligned}
d_1 x_1 + e_1 x_2 && = b_1 \\
c_1 x_1 + d_2 x_2 + e_2 x_3 && = b_2 \\
c_2 x_2 + d_3 x_3 + e_4 x_4 &= b_3 \\
c_3 x_3 + d_4 x_4 &= b_4
\end{aligned}
$$

のような，係数行列が 3 重対角（対角成分とその両隣以外が 0）の [†]連立 1 次方程式。多くの場合，ピボット選択なしの [†]Gauss（ガウス）法で解ける。下のプログラムのようにすれば $n \times n$ の行列は不要である。

📄 gauss3.c

プログラムの変数と上の説明の記号とは次のように対応する：

diag[0..n-1]	対角成分 $d_1, d_2, \ldots$
sub [0..n-2]	対角成分の下 $c_1, c_2, \ldots$
sup [0..n-2]	対角成分の上 $e_1, e_2, \ldots$
b [0..n-1]	右辺 $b_1, b_2, \ldots$ （解 $x_1, x_2, \ldots$ で上書きされる）

　sub と sup の中身は参照されるだけで値は変わらないので，両者が等しいなら同じ配列を引数として与えてもよい。

```
 1    int i;
 2    double t;
 3
 4    for (i = 0; i < n - 1; i++) {              /* 消去法 */
 5        t = sub[i] / diag[i];
 6        diag[i + 1] -= t * sup[i];
 7        b   [i + 1] -= t * b  [i];
 8    }
 9    b[n - 1] /= diag[n - 1];                   /* 後退代入 */
10    for (i = n - 2; i >= 0; i--)
11        b[i] = (b[i] - sup[i] * b[i + 1]) / diag[i];
```

算術圧縮　arithmetic compression

　[†]データ圧縮の方法の一つ。算術符号化ともいう。各文字の出現確率だけを利用する圧縮法では最も圧縮率が良い。

　たとえば "AABA" というメッセージを算術圧縮してみよう。

　あらかじめファイルを 1 回通読して各文字の出現確率を調べておく。この場合，A が $\frac{3}{4}$，B が $\frac{1}{4}$ である。これは適当な推定値でもよいし，省略することも可能である [1,2]。

最初 $0 \leqq x < 1$ という区間を考え，各文字の出現確率に対応して，A が現れれば区間を下 $\frac{3}{4}$ に縮め，B が現れれば区間を上 $\frac{1}{4}$ に縮める。

最初の文字は A であるから，区間はまず $0 \leqq x < \frac{3}{4}$ に縮まる。次にまた A が現れるので，区間は $0 \leqq x < \left(\frac{3}{4}\right)^2 = \frac{9}{16}$ になる。次は B で，上側 $\frac{1}{4}$，すなわち $\frac{27}{64} \leqq x < \frac{9}{16}$ になる。最後は A で，$\frac{27}{64} \leqq x < \frac{135}{256}$，すなわち 2 進法で $(0.011011)_2 \leqq x < (0.10000111)_2$ となる。この区間内のなるべくビット数の少ない数，たとえば $(0.1)_2$ をとり，小数点以下のビット列（この場合は "1" だけ）を出力する。これで 4 文字が 1 ビットに圧縮された。1 文字が 1 ビット未満になることは †Huffman（ハフマン）法ではありえないことである。

圧縮文 "1" すなわち 2 進法の $(0.1)_2$ から原文を復元するには，原文が 4 文字であることと，A，B の出現確率がそれぞれ $\frac{3}{4}$，$\frac{1}{4}$ であることを知っていなければならない。圧縮文 $(0.1)_2$ すなわち $\frac{1}{2}$ は初期区間 $0 \leqq x < 1$ の下側 $\frac{3}{4}$ に含まれるので，最初の文字は A である。ここで区間を $0 \leqq x < \frac{3}{4}$ に更新する。次に，この区間を下側 $\frac{3}{4}$ の $0 \leqq x < \frac{9}{16}$ と上側 $\frac{1}{4}$ の $\frac{9}{16} \leqq x < 1$ とに分けたとき，圧縮文 $\frac{1}{2}$ は前者に含まれるので，2 文字目も A であることがわかる。以下同様に続けていけば原文が復元できる。

一般に，文字 $c_0, c_1, \ldots, c_{n-1}$ の出現確率を $p_0, p_1, \ldots, p_{n-1}$ とすると，文字 c_k が現れたとき区間 $a \leqq x < b$ を

$$a + (b - a) \sum_{i=0}^{k-1} p_i \leqq x < a + (b - a) \sum_{i=0}^{k} p_i$$

に更新する。

以上が算術圧縮の考え方であるが，実際には実数の代わりに整数を使って固定小数点風に演算し，確定したビットから出力する。詳細を以下に記す。

区間 $a \leqq x < b$ の両端 a, b を 2 進表記したときの小数点以下のビット列をそれぞれ *low*, *high* で表す。a の初期値は 0 であるが，b の初期値は 1 でなく $(0.111\ldots)_2$（無限に続く）とする。したがって，*low*, *high* の初期値はそれぞれ $(000\ldots0)_2$, $(111\ldots1)_2$ であり，*high* を左にシフトすれば右端からビット 1 が入ってくるものとする。これらの変数の精度を以下では 16 ビットとしよう。なお，定数

$$Q_1 = \frac{1}{4} \cdot 2^{16} = (0100000000000000)_2,$$
$$Q_2 = \frac{2}{4} \cdot 2^{16} = (1000000000000000)_2,$$
$$Q_3 = \frac{3}{4} \cdot 2^{16} = (1100000000000000)_2$$

を定義しておく。

出現文字に従って区間を更新する方法は先に述べたとおりである。その際，もし *low* $\geqq Q_2$ になれば，区間内のどんな数も最上位ビットが 1 であるので，ビット 1 を出力し，*low*, *high* を 1 ビット左にシフトする。逆に，*high* $< Q_2$ になれば，最上位ビットが 0 に確定するので，ビット 0 を出力し，やはり 1 ビット左にシフトする。このどちらでも

98 算術圧縮

ない場合で，もし $Q_1 \leqq low < Q_2 \leqq high < Q_3$ となれば，最上位ビットについては何ともいえないが，その次の（左から 2 番目の）ビットは必ず最上位ビットの補数 $0 \rightleftharpoons 1$ となるので，あとで補数にして出力するビット数 n_s をカウントしておき，最上位ビット以外を左に 1 桁シフトする。これを繰り返せば，$low < Q_1$，$high \geqq Q_2$ または $low < Q_2$，$high \geqq Q_3$ が成り立つようになるので，つねに $high - low > Q_1$ が保証される。

区間を更新する式

$$low \leftarrow low + (high - low + 1) \sum_{i=0}^{k-1} p_i,$$
$$high \leftarrow low + (high - low + 1) \sum_{i=0}^{k} p_i - 1$$

を適用すれば一時的に $high - low > Q_1$ が破れるが，どの出現文字についても p_i が $1/Q_1$ 以上になるようにしておけば $high < low$ となることはない。

算術符号化と類似の方法に，レンジ符号化（range encoding, range coding）がある。こちらのほうが，より高速な実装が可能である。

📄 `arith.c`

算術圧縮でファイルを圧縮するプログラム。Witten たち [1,2] のものを簡略化したものである。ここではあらかじめファイルを 1 回通読して頻度表を作るが，Witten たちのプログラムは現在までの頻度の分布で次の文字を圧縮する適応型算術圧縮である。

†Huffman（ハフマン）法で挙げたビット入出力ルーチン `bitio.c` を `#include` して用いる。

使い方は，

> arith e *file1* *file2* ⋯ *file1* を *file2* に圧縮する
> arith d *file2* *file1* ⋯ *file2* から元の *file1* を復元する

である。`main()` は †Huffman（ハフマン）法のものと同じでよいので省略した。

```
 1  #include "bitio.c"                                    /* ⇒ †Huffman（ハフマン）法 */
 2  #include <limits.h>
 3  #ifdef max
 4      #undef max
 5  #endif
 6  #define max(x, y) ((x) > (y) ? (x) : (y))                        /* 2 数の最大値 */
 7  #define N   256                               /* 文字の種類（文字コード = 0..N-1） */
 8  #define USHRT_BIT (CHAR_BIT * sizeof(unsigned short))
 9                                                    /* unsigned short のビット数 */
10  #define Q1 (1U << (USHRT_BIT - 2))
11  #define Q2 (2U * Q1)
12  #define Q3 (3U * Q1)
13
14  unsigned cum[N + 1];                                             /* 累積度数 */
15  int ns;                                    /* 次の output() で出力する補数のカウンタ */
16
17  static void output(int bit)                        /* bit に続いてその補数を ns 個出力 */
```

算術圧縮　**99**

```c
18  {
19      putbit(bit);                                          /* 1 ビット書き出す */
20      while (ns > 0) {  putbit(! bit);  ns--;  }            /* その補数を書き出す */
21  }
22
23  void encode(void)                                         /* 圧縮 */
24  {
25      int c;
26      unsigned long range, maxcount, incount, cr, d;
27      unsigned short low, high;
28      static unsigned long count[N];
29
30      for (c = 0; c < N; c++) count[c] = 0;                 /* 頻度の初期化 */
31      while ((c = getc(infile)) != EOF) count[c]++;         /* 各文字の頻度 */
32      incount = 0;  maxcount = 0;                           /* 原文の大きさ, 頻度の最大値 */
33      for (c = 0; c < N; c++) {
34          incount += count[c];
35          if (count[c] > maxcount) maxcount = count[c];
36      }
37      if (incount == 0) return;                             /* 0 バイトのファイル */
38                          /* 頻度合計が Q1 未満, 各頻度が 1 バイトに収まるよう規格化 */
39      d = max((maxcount + N - 2) / (N - 1),
40              (incount + Q1 - 257) / (Q1 - 256));
41      if (d != 1)
42          for (c = 0; c < N; c++)
43              count[c] = (count[c] + d - 1) / d;
44      cum[0] = 0;
45      for (c = 0; c < N; c++) {
46          fputc((int)count[c], outfile);                    /* 頻度表の出力 */
47          cum[c + 1] = cum[c] + (unsigned)count[c];         /* 累積頻度 */
48      }
49      outcount = N;
50      rewind(infile);  incount = 0;                         /* 巻き戻して再走査 */
51      low = 0;  high = USHRT_MAX;  ns = 0;
52      while ((c = getc(infile)) != EOF) {                   /* 各文字を符号化 */
53          range = (unsigned long)(high - low) + 1;
54          high = (unsigned short)
55              (low + (range * cum[c + 1]) / cum[N] - 1);
56          low  = (unsigned short)
57              (low + (range * cum[c    ]) / cum[N]);
58          for ( ; ; ) {
59              if       (high < Q2) output(0);
60              else if  (low >= Q2) output(1);
61              else if  (low >= Q1 && high < Q3) {
62                  ns++;  low -= Q1;  high -= Q1;
63              } else break;
64              low <<= 1;  high = (high << 1) + 1;
65          }
66          if ((++incount & 1023) == 0) printf("%12lu\r", incount);
67      }
68      ns += 8;                         /* 最後の 7 ビットはバッファフラッシュのため */
69      if (low < Q1) output(0);  else output(1);             /* 01 または 10 */
70      printf("In : %lu bytes\n", incount);                  /* 原文の大きさ */
71      printf("Out: %lu bytes (table: %d)\n", outcount, N);
72      cr = (1000 * outcount + incount / 2) / incount;       /* 圧縮比 */
73      printf("Out/In: %lu.%03lu\n", cr / 1000, cr % 1000);
```

100　算術圧縮

```c
74  }
75
76  int binarysearch(unsigned x)          /* cum[i] ≦ x < cum[i+1] となる i を 2 分探索で求める */
77  {
78      int i, j, k;
79
80      i = 1;   j = N;
81      while (i < j) {
82          k = (i + j) / 2;
83          if (cum[k] <= x) i = k + 1;  else j = k;
84      }
85      return i - 1;
86  }
87
88  void decode(unsigned long size)                                          /* 復元 */
89  {
90      int c;
91      unsigned char count[N];
92      unsigned short low, high, value;
93      unsigned long i, range;
94
95      if (size == 0) return;                              /* 0 バイトのファイル */
96      cum[0] = 0;
97      for (c = 0; c < N; c++) {
98          count[c] = fgetc(infile);                           /* 頻度分布を読む */
99          cum[c + 1] = cum[c] + count[c];                     /* 累積頻度を求める */
100     }
101     value = 0;
102     for (c = 0; c < USHRT_BIT; c++)
103         value = 2 * value + getbit();                       /* バッファを満たす */
104     low = 0;   high = USHRT_MAX;
105     for (i = 0; i < size; i++) {                            /* 各文字を復元する */
106         range = (unsigned long)(high - low) + 1;
107         c = binarysearch((unsigned)(((((unsigned long)
108             (value - low) + 1) * cum[N] - 1) / range));
109         high = (unsigned short)
110               (low + (range * cum[c + 1]) / cum[N] - 1);
111         low  = (unsigned short)
112               (low + (range * cum[c    ]) / cum[N]);
113         for ( ; ; ) {
114             if      (high < Q2) { /* 何もしない */ }
115             else if (low >= Q2) { /* 何もしない */ }
116             else if (low >= Q1 && high < Q3) {
117                 value -= Q1;   low -= Q1;   high -= Q1;
118             } else break;
119             low <<= 1;  high = (high << 1) + 1;
120             value = (value << 1) + getbit();                /* 1 ビット読む */
121         }
122         putc(c, outfile);                             /* 復元した文字を書き出す */
123         if ((i & 1023) == 0) printf("%12lu\r", i);
124     }
125     printf("%12lu\n", size);                               /* 原文のバイト数 */
126  }
```

[1] Ian E. Witten, Radford M. Neal, and John G. Cleary. Arithmetic coding for data compression. *Communications of the ACM*, 30(6): 520–540, 1987.

[2] Timothy C. Bell, John G. Cleary, and Ian H. Witten. *Text Compression*. Prentice Hall, 1990.

し

式の評価   evaluation of expressions

ここでいう〈式〉(expression) とは〈項〉を + または - でつないだものであり，〈項〉(term) とは〈因子〉を * または / でつないだものであり，〈因子〉(factor) とは〈数〉，または ( ) で囲んだ〈式〉である．下のプログラムは，この構文規則そのままに，〈式〉評価ルーチンは〈項〉を，〈項〉は〈因子〉を，〈因子〉は再び〈式〉を呼び出す．†再帰的下向き構文解析の例である．

📄 eval.c

たとえば 3.14*(3+1)/2 のように式を入力するとその値を出力する．

```
 1  #include <stdio.h>
 2  #include <stdlib.h>
 3  #include <ctype.h>
 4
 5  int ch;
 6
 7  void error(char *s)                           /* エラー処理 */
 8  {
 9      printf("%s\n", s);  exit(1);
10  }
11
12  void readch(void)              /* 1文字を読む．空白は読み飛ばす．*/
13  {
14      do {
15          if ((ch = getchar()) == EOF) return;
16      } while (ch == ' ' || ch == '\t');
17  }
18
19  double number(void)                                 /* 数 */
20  {
21      double x, a;
22      int sign = '+';
23
24      if (ch == '+' || ch == '-') {
25          sign = ch;  readch();
26      }
27      if (! isdigit(ch)) error("数か '(' がありません");
28      x = ch - '0';
29      while (readch(), isdigit(ch))
30          x = 10 * x + ch - '0';
31      if (ch == '.') {
32          a = 1;
33          while (readch(), isdigit(ch))
34              x += (a /= 10) * (ch - '0');
```

式の評価　**103**

```
35          }
36          if (sign == '-') return -x;  else return x;
37  }
38
39  double expression(void);                              /* 式。実物は行 67 以降 */
40
41  double factor(void)                                          /* 因子 */
42  {
43          double x;
44
45          if (ch != '(') return number();
46          readch();  x = expression();
47          if (ch != ')') error("')'がありません");
48          readch();  return x;
49  }
50
51  double term(void)                                            /* 項 */
52  {
53          double x, y;
54
55          x = factor();
56          for ( ; ; )
57              if (ch == '*') {
58                  readch();  x *= factor();
59              } else if (ch == '/') {
60                  readch();  y = factor();
61                  if (y == 0) error("0では割れません");
62                  x /= y;
63              } else break;
64          return x;
65  }
66
67  double expression(void)                                      /* 式 */
68  {
69          double x;
70
71          x = term();
72          for ( ; ; )
73              if (ch == '+') {
74                  readch();  x += term();
75              } else if (ch == '-') {
76                  readch();  x -= term();
77              } else break;
78          return x;
79  }
80
81  int main(void)
82  {
83          double x;
84
85          readch();  x = expression();
86          if (ch != '\n') error("文法の間違いがあります");
87          printf("%g\n", x);
88          return 0;
89  }
```

自己組織化探索　self-organizing search

†逐次探索では項目 $a_1, a_2, \ldots, a_n$ を前から一つ一つ調べるので，後ろにある項目ほど
†探索に時間がかかる。そこで，探索のたびに，見つかった項目を少し前に移動すれば，頻繁に検索されるものほど前に集まり，平均探索時間が短くなる。このような方法を自己組織化探索という。

2通りのプログラムを挙げた。sosrch.c は一つ前のものと取り替える置換法（transposition method），solst.c は一番前に持っていく先頭移動法（move-to-front method）である。後者は配列では移動に時間がかかるので，†リストを使って実現する。

 sosrch.c

自己組織化探索（置換法）。$imin \leq i \leq imax$ の範囲で x に等しい最初の a[i] を探し，その添字 i を返す。a[imax + 1] を †番人としている。

```
1   int sosrch(keytype x, keytype a[], int imin, int imax)
2   {
3       int i;
4
5       if (imin > imax) return NOT_FOUND;
6       a[imax + 1] = x;                              /* †番人 */
7       i = imin;
8       while (a[i] != x)
9           i++;
10      if (i > imax) return NOT_FOUND;               /* 見つからない */
11      if (i != imin) {
12          a[i] = a[i - 1];  i--;  a[i] = x;
13      }
14      return i;                                     /* 見つかった */
15  }
```

 solst.c

自己組織化探索（先頭移動法）による簡単な住所録プログラム。名前を入力すると，すでに登録されていれば住所を表示し，未登録ならば住所の入力を促してくる。次のような環状のリストを使った。

リストの頭 head にはデータを入れない。

　insert(key, info) は，名前 key と住所 info をもつ項目を作り出し，head の次に挿入する。

　search(x) は，キーが x に等しい項目を探し，そのポインタを返す。見つからなかったなら NULL を返す。head を †番人として使っている。このキー部分 head.key に探した

自己組織化探索　**105**

いキーを複製して入れているので，ループは必ず head で止まる。見つかったならそれを
head の次に移動する。

```c
 1  #include <stdio.h>
 2  #include <stdlib.h>
 3  #include <string.h>
 4
 5  #define KEYSIZE     15                                    /* 名前欄の大きさ */
 6  #define INFOSIZE    127                                   /* 住所欄の大きさ */
 7  typedef char keytype[KEYSIZE + 1], infotype[INFOSIZE + 1];
 8  typedef struct item {
 9      struct item *next;
10      keytype key;
11      infotype info;
12  } *pointer;
13
14  static struct item head = { &head, "", "" };              /* リストの頭 */
15
16  void insert(keytype key, infotype info)
17  {
18      pointer p;
19
20      if ((p = malloc(sizeof *p)) == NULL) {
21          printf("メモリ不足。\n");  exit(1);
22      }
23      strcpy(p->key, key);  strcpy(p->info, info);
24      p->next = head.next;  head.next = p;
25  }
26
27  pointer search(keytype x)
28  {
29      pointer p, q;
30
31      strcpy(head.key, x);  p = &head;                      /* †番人 */
32      do {
33          q = p;  p = p->next;
34      } while (strcmp(p->key, x) != 0);
35      if (p == &head) return NULL;
36      q->next = p->next;  p->next = head.next;  head.next = p;
37      return p;
38  }
39
40  #define ReadString(len, x) (scanf("%" #len "s%*[^\n]", x) == 1)
41
42  int main(void)
43  {
44      keytype key;
45      infotype info;
46      pointer p;
47
48      for ( ; ; ) {
49          printf("名前?␣");
50          if (! ReadString(KEYSIZE, key)) break;
51          if ((p = search(key)) != NULL)
52              printf("住所:␣%s\n", p->info);
```

```
53        else {
54            printf("住所?_");
55            if (ReadString(INFOSIZE, info)) insert(key, info);
56        }
57    }
58    return 0;
59 }
```

四捨五入　rounding off

10 進法の手計算では，単純に四を捨てて五を上げることが多い．ISO や JIS の情報処理用語によれば，たとえば小数第 2 位までに四捨五入すると 3.145 は 3.14 になり，3.155 は 3.16 になるという具合に，ちょうど 2 数の中央の場合は最下位が偶数になるようにする（偶数の代わりに奇数としてもよい）．単純に四を捨て五を上げる方式では，最終桁の四捨五入を繰り返し行うと，$0.444445 \to 0.44445 \to 0.4445 \to \ldots \to 0.5 \to 1$ となってしまう．

2 整数 $a \geq 0$, $b > 0$ の比の値 a/b を単純に四を捨て五を入れる方式の四捨五入で小数第 1 位までに丸めるには，整数型の変数 r を使って

```
r = (10 * a + b / 2) / b;
printf("a_/_b_=_%d.%d\n", r / 10, r % 10);
```

とすればよい．実数演算では正しい結果にならないことがある．四捨五入の境目となる値 1/20，3/20 などが 2 進法では循環小数になり，正確に表せないためである．

同様に，四捨五入により小数第 3 位まで求めるには

```
r = (1000 * a + b / 2) / b;
printf("a_/_b_=_%d.%03d\n", r / 1000, r % 1000);
```

でもよいが，1000 * a で桁あふれを起こす心配がある．桁あふれを防ぐためには次のようにする（このアルゴリズムは村上敬司氏による）．

roundoff.c

a/b を，単純に四を捨て五を入れる方式の四捨五入で，小数第 3 位までに丸めるために用いる．a, b は unsigned long 型の整数で，$0 \leq a \leq b$, $b \neq 0$ を満たすとする．使い方は

```
r = round1000(a, b);
printf("a_/_b_=_%u.%03u\n", r / 1000, r % 1000);
```

のようにする（r は unsigned 型の整数）．

```
1  #include <stdio.h>
2  #include <stdlib.h>
3  #include <limits.h>
4  unsigned round1000(unsigned long a, unsigned long b)
5  {                                              /* 0 ≦ a ≦ b, b ≠ 0 */
6      unsigned d;
7      unsigned long bl, bh, rp, rm;
8
9      if (a <= ULONG_MAX / 2000) {
10         d = (unsigned)(a * 2000 / b);
11     } else {
12         bl = b % 2000; bh = b / 2000;
13         d = (unsigned)(a / bh);
14         rp = (a % bh) * 2000;   rm = bl * d;
15         if (rp < rm) {
16             d--;   rm -= rp;
17             while (rm > b) {  d--;   rm -= b;  }
18         }
19     }
20     return (d + 1) / 2;
21 }
```

辞書式順序　lexicographic order

辞書の見出しの順序。たとえばアルファベットでAがBより前にあるとき，辞書式順序
では

$$AA < AAAA < AAB < BA$$

となる（'<' は '≺' とも書く）。

詳しくいえば，辞書式順序で $(a_1, a_2, \dots)$ が $(b_1, b_2, \dots)$ より前にあるとは，ある $k (= 1,$
$2, \dots)$ について，次の二つの条件が成り立つことである。

- $1 \leq j < k$ のすべての j について $a_j = b_j$
- $a_k < b_k$ であるか，または a_k が存在せず b_k が存在する

指数関数　exponential function

x の関数 a^x を，a を底（base）とする指数関数という。$a > 1$ のとき，$x \to \infty$ で
$a^x \to \infty$ となるが，その増加の速さは x のどんな多項式よりも速い。

指数関数の代表選手は，[†]自然対数の底 $e = 2.718\cdots$ を底とする e^x である。単に指数
関数といえばこれを指す。e^x は $\exp(x)$ とも書く。C言語のライブラリ関数の $\exp(x)$ は
これである。これがあれば一般の a^x は $\exp(x \log_e a)$ として求められる。

指数関数は級数展開

$$e^x = 1 + x/1! + x^2/2! + x^3/3! + x^4/4! + \cdots$$

で求められる．ただし，$x < 0$ のときは，正の項と負の項が交互に現れ，[†]桁落ちが生じるので，$e^{-x} = 1/e^x$ を使って $x > 0$ に直す．

収束を速くする工夫として，$x = k \log_e 2 + t$, $|t| \leq \frac{1}{2} \log_e 2$ を満たす t と整数 k を求め，e^t を上述のようにして計算し，$e^x = e^t 2^k$ とする．基数2の[†]浮動小数点数なら 2^k 倍するのは指数部に k を加えるだけでよい．C言語にはそのためのライブラリ関数 ldexp(x, k) がある．

e^x を求めるには，[†]連分数

$$e^x = 1 + \cfrac{2x}{2-x+} \cfrac{x^2}{6+} \cfrac{x^2}{10+} \cfrac{x^2}{14+} \cdots$$

または同じことであるが

$$e^x = \frac{s+x}{s-x}, \qquad s = 2 + \cfrac{x^2}{6+} \cfrac{x^2}{10+} \cfrac{x^2}{14+} \cdots$$

も便利である．分母は $6, 10, 14, \ldots, N$ と 4 ずつ増す．この最後の値 N の値と最大誤差 $|\text{lexp}(\frac{1}{2}\log_e 2) - \sqrt{2}|$ の関係は，無限精度の計算機では次のようになる：

N	6	10	14	18	22
最大誤差	$9.9 \cdot 10^{-6}$	$8.5 \cdot 10^{-9}$	$4.0 \cdot 10^{-12}$	$1.2 \cdot 10^{-15}$	$2.6 \cdot 10^{-19}$
N	26	30	34	38	
最大誤差	$3.9 \cdot 10^{-23}$	$4.6 \cdot 10^{-27}$	$4.3 \cdot 10^{-31}$	$3.3 \cdot 10^{-35}$	

N の値が定まれば連分数のループを展開して一つの式にすると速くなる．

  exp.c

指数関数 e^x の long double 版を上の二つの方法で作ったものである．

$2^k x$ を求めるライブラリ関数 ldexp(x, k) が long double では使えないので，遅い lldexp(x, k) を自前で用意している．処理系の浮動小数点表示のしくみを調べて指数部を調整する方法に直すと本来の速さになる．

```
 1  #define LOG2 0.6931471805599453094172321214581765680755L    /* log_e 2 */
 2
 3  long double lldexp(long double x, int k)                     /* 2^k x */
 4  {
 5      long double w;
 6
 7      if (k >= 0) w = 2;
 8      else {  w = 0.5;  k = - k;  }
 9      while (k) {
10          if (k & 1) x *= w;
11          w *= w;   k >>= 1;
12      }
13      return x;
```

```
 14  }
 15
 16  long double lexp1(long double x)                              /* 級数展開版 */
 17  {
 18      int i, k, neg;
 19      long double a, e, prev;
 20
 21      k = (int)(x / LOG2 + (x >= 0 ? 0.5 : -0.5));
 22      x -= k * LOG2;
 23      if (x >= 0) neg = 0; else {  neg = 1;   x = -x;  }
 24      e = 1 + x;    a = x;   i = 2;
 25      do {
 26          prev = e;   a *= x / i;   e += a;   i++;
 27      } while (e != prev);
 28      if (neg) e = 1 / e;
 29      return lldexp(e, k);
 30  }
 31
 32  #define N  22                                                  /* 本文参照 (6, 0, 14, 18, 22, 26, …) */
 33  long double lexp(long double x)                                /* 連分数版 */
 34  {
 35      int i, k;
 36      long double x2, w;
 37
 38      k = (int)(x / LOG2 + (x >= 0 ? 0.5 : -0.5));
 39      x -= k * LOG2;
 40      x2 = x * x;   w = x2 / N;
 41      for (i = N - 4; i >= 6; i -= 4) w = x2 / (w + i);
 42      return lldexp((2 + w + x) / (2 + w - x), k);
 43  }
```

指数分布 exponential distribution

平均して1秒間に1回起こる独立な事象間の時間間隔（これは任意の時点から次の事象までの時間間隔でもある）は密度関数 $f(x) = e^{-x}$, $x \geq 0$ の分布に従う。この分布を（平均1の）指数分布という。

この分布の乱数は，分布関数 $F(x) = \int_0^x f(t)\,dt = 1 - e^{-x}$ の逆関数 $F^{-1}(x) = -\log_e(1-x)$ で一様乱数 U $(0 \leq U < 1)$ を変換して $-\log_e(1-U)$ として生成する。

random.c

0以上1未満の一様[†]乱数 rnd() を使って平均1の指数分布の乱数を作る。平均 t の指数分布（平均して t 秒に1回起こる事象の時間間隔）ならこの exp_rnd() の戻り値を t 倍する。

```
 1  double exp_rnd(void)
 2  {
 3      return -log(1 - rnd());                                    /* 注 */
 4  }
```

(注) `rnd() = 0` にならないなら `return -log(rnd());` でもよい。

自然対数の底　base of natural logarithm

a^x を x で微分した結果がやはり a^x であるような a の値を自然対数の底といい，文字 e で表す。小数第 50 位までは

$$e \doteq 2.71828182845904523536028747135266249775724709369995$$

である（この後 957… と続くので四捨五入すると末位が変わる）。†指数関数 e^x の級数展開に $x = 1$ を代入した式 $e = 1 + 1/1! + 1/2! + 1/3! + 1/4! + \cdots$ を使って求められる。

自然対数の底を高精度で（たとえば 1000 桁）求める方法については ⇒ †多倍長演算。

ちなみに，一様乱数 $0 \leq U < 1$ を和が 1 を超えるまで加えると，その個数の平均値が e になる [1]。

e.c

上記の式を使い，自然対数の底 e を `long double` で求める。

```
1    int n;
2    long double e, a, prev;
3
4    e = 0;  a = 1;  n = 1;
5    do {
6        prev = e;  e += a;  a /= n;  n++;
7    } while (e != prev);
```

[1] K. G. Russell. Estimating the value of *e* by simulation. *The American Statistician*, 45(1): 66–68.

実数　real number

数学でいう実数は，数直線上の点に対応づけることのできる数で，0 および正負の整数，分数，$\sqrt{2}$ や π のような無理数から成る。計算機での実数の表現については ⇒ †浮動小数点数。

シフト JIS コード　shift-JIS code

2 バイトの漢字コード（かな・記号類も含む）は，第 1，第 2 バイトとも `0x21` から `0x7E` までを使った形式が JIS（日本工業規格）で定められていたが，MS-DOS や Windows，

初期の Mac ではこれと異なるシフト JIS コードが使われた（後の JIS X 0208-1997 附属書 1 で「シフト符号化表現」として記述された）。これは，第 1 バイトとして 0x81 から 0x9F までと 0xE0 から 0xEF まで（および将来の拡張用に 0xF0 から 0xFC まで），第 2 バイトとして 0x40 から 0xFC まで（0x7F を除く）を使う。元の JIS コードとシフト JIS コードは，16 ビットの符号なし整数（第 1 バイトが上位）と見ると，1 対 1 に対応し，しかも順序関係が同じため，どちらのコードで [†]整列しても結果は変わらない。

シフト JIS コードの第 1 バイトは JIS 8 ビットコードで未定義になっている領域を使っているので，半角の英数字・カタカナと混在できる。また，通信などで 1 バイト失われた場合の回復が速い。しかし，よく制御文字として使われる \ (¥)，@，| などが第 2 バイトの領域に入っているために問題が生じることがある。たとえば，シフト JIS の文字列を含むソースコードをシフト JIS に対応しない C 言語処理系でコンパイルするには，全角 2 バイト目の \ (¥) を \\ (¥¥) で置き換える前処理が必要である。一般に，\ (¥)，@，| などを制御文字として用いるが 8 ビットコードを通すフィルタ・プログラムでは，前処理としていったん下の ukanji で最上位ビットを立てた JIS コード（EUC-JP 形式）に直し，後処理としてその次の skanji でシフト JIS に戻すとよい。

現在，文字コードは UTF-8 に統一されつつあるが，Windows 環境ではまだシフト JIS も広く使われている。JIS 系（シフト JIS など）と Unicode 系（UTF-8 など）は，表引き以外に変換する術がない。文字コード変換ツールとして nkf や iconv がある。

 ukanji.c

半角文字とシフト JIS コードの全角文字とが混在するファイルを標準入力から読み込み，全角文字部分は最上位ビットを立てた JIS コードにして標準出力に書き出す。たとえば "あ"（シフト JIS コード 0x82A0，JIS コード 0x2422）は 0xA4A2 にする（いずれも上位バイトが先）。

```
        ukanji <infile >outfile
```

のように使う。

```
 1  #define iskanji(c) \
 2      ((c)>=0x81 && (c)<=0x9F || (c)>=0xE0 && (c)<=0xFC)   /* シフト JIS 1 バイト目 */
 3  #define iskanji2(c) ((c)>=0x40 && (c)<=0xFC && (c)!=0x7F)   /* シフト JIS 2 バイト目 */
 4
 5  void jis(int *ph, int *pl)                              /* シフト JIS を JIS に */
 6  {
 7      if (*ph <= 0x9F) {
 8          if (*pl < 0x9F)  *ph = (*ph << 1) - 0xE1;
 9          else             *ph = (*ph << 1) - 0xE0;
10      } else {
11          if (*pl < 0x9F)  *ph = (*ph << 1) - 0x161;
12          else             *ph = (*ph << 1) - 0x160;
```

112　シフト JIS コード

```c
13        }
14        if      (*pl < 0x7F) *pl -= 0x1F;
15        else if (*pl < 0x9F) *pl -= 0x20;
16        else                 *pl -= 0x7E;
17 }
18
19 #include <stdio.h>
20 #include <stdlib.h>
21
22 int main(void)
23 {
24     int c, d;
25
26     while ((c = getchar()) != EOF) {
27         if (iskanji(c)) {
28             d = getchar();
29             if (iskanji2(d)) {
30                 jis(&c, &d);
31                 putchar(c | 0x80);  putchar(d | 0x80);
32             } else {
33                 putchar(c);
34                 if (d != EOF) putchar(d);
35             }
36         } else putchar(c);
37     }
38     return 0;
39 }
```

📄 skanji.c

全角・半角文字が混在するファイルを標準入力から読み込み，全角文字部分をシフト JIS に変えて標準出力に書き出す。いろいろな方式の JIS コード，および JIS コードの最上位ビットを立てたものに対応する。

```
skanji <infile >outfile
```

のように使う。

```c
 1 void shift(int *ph, int *pl)                    /* JIS をシフト JIS に */
 2 {
 3     if (*ph & 1) {
 4         if (*pl < 0x60)  *pl += 0x1F;
 5         else             *pl += 0x20;
 6     } else               *pl += 0x7E;
 7     if (*ph < 0x5F)      *ph = (*ph + 0xE1) >> 1;
 8     else                 *ph = (*ph + 0x161) >> 1;
 9 }
10
11 #include <stdio.h>
12 #include <stdlib.h>
13 #define ESC  0x1B                               /* エスケープ文字 */
14
```

```c
15  int main(void)
16  {
17      int c, d;
18      enum {FALSE, TRUE} jiskanji = FALSE;
19
20      while ((c = getchar()) != EOF) {
21          if (c == ESC) {
22              if ((c = getchar()) == '$') {
23                  if ((c = getchar()) == '@' || c == 'B') {
24                      jiskanji = TRUE;                              /* JIS 開始 */
25                  } else {
26                      putchar(ESC);  putchar('$');
27                      if (c != EOF) putchar(c);
28                  }
29              } else if (c == '(') {
30                  if ((c = getchar()) == 'H' || c == 'J') {
31                      jiskanji = FALSE;                             /* JIS 終了 */
32                  } else {
33                      putchar(ESC);  putchar('(');
34                      if (c != EOF) putchar(c);
35                  }
36              } else if (c == 'K') {
37                  jiskanji = TRUE;                                  /* NECJIS 開始 */
38              } else if (c == 'H') {
39                  jiskanji = FALSE;                                 /* NECJIS 終了 */
40              } else {
41                  putchar(ESC);  if (c != EOF) putchar(c);
42              }
43          } else if (jiskanji && c >= 0x21 && c <= 0x7E) {
44              if ((d = getchar()) >= 0x21 && d <= 0x7E)
45                  shift(&c, &d);
46              putchar(c);  if (d != EOF) putchar(d);
47          } else if (c >= 0xA1 && c <= 0xFE) {
48              if ((d = getchar()) >= 0xA1 && d <= 0xFE) {
49                  d &= 0x7F;  c &= 0x7F;  shift(&c, &d);
50              }
51              putchar(c);  if (d != EOF) putchar(d);
52          } else putchar(c);
53      }
54      return 0;
55  }
```

主成分分析　principal component analysis

†多変量データ x_{ij} $(1 \leq i \leq n, 1 \leq j \leq m)$ を m 次元空間の n 個の点の座標と考えて，原点のまわりに一斉に $x'_{ik} = \sum_{j=1}^{m} x_{ij}q_{jk}$ のように回転し，次に述べる意味で"見やすい配置"にすることを主成分分析という。$Q = (q_{jk})$ は回転を表す行列（直交行列）である。この"見やすい配置"の条件は，

- 各変数が直交すること：$j \neq k$ なら $\sum_{i=1}^{n} x'_{ij}x'_{ik} = 0$
- 2乗和が大きい順に並ぶこと：$\sum_{i=1}^{n} x'^{2}_{i1} \geq \cdots \geq \sum_{i=1}^{n} x'^{2}_{im}$

主成分分析

とする。回転後の座標 x'_{ik} を（i 件目のデータの）第 k 主成分という。

通常，前処理としてその変数の平均値 $\bar{x}_j = \frac{1}{n}\sum_{i=1}^{n} x_{ij}$ を引き算しておく。こうすれば，上述の 2 条件はそれぞれ

- 各変数間の相関係数が 0 であること
- 分散が大きい順に並ぶこと

と言い換えられ，さらに解釈がしやすくなる。また，変数ごとに測定の単位が違うときは，さらにその変数の標準偏差 s_j で割っておく。

数学的には主成分分析は積和行列 $A = \frac{1}{n-1}X^T X$ の対角化

$$Q^T A Q = \mathrm{diag}(\lambda_1, \lambda_2, \ldots, \lambda_m), \quad \lambda_1 \geqq \lambda_2 \geqq \cdots \geqq \lambda_m$$

にほかならない（Q は直交行列，$\mathrm{diag}(\lambda_1, \ldots, \lambda_m)$ は対角成分が $\lambda_1, \ldots, \lambda_m$ の対角行列）。

ちなみに，主成分空間のベクトル

$$\vec{w}_j = (\sqrt{\lambda_1} q_{j1}, \sqrt{\lambda_2} q_{j2}, \ldots, \sqrt{\lambda_m} q_{jm})$$

には，内積 $\vec{w}_j \cdot \vec{w}_k$ が変数 j, k の共分散（もし前処理として各変数を標準偏差で割っていれば相関係数）に等しいという性質がある。

データ解析では，小さくなった第 3 主成分以下を無視して，点 (x'_{i1}, x'_{i2}) $(i = 1, \ldots, n)$ を平面上にプロットし，個体間の関係を調べようとすることがある。また，ベクトル $\vec{w}_j$ $(j = 1, \ldots, m)$ の第 1，第 2 成分も平面上にプロットして変数間の関係を表すこともある。これら二つの図を合わせてバイプロット（biplot）という。もっとも，変数間の関係を調べたいのであれば †因子分析の方が適当であろう。

princo.c

主成分分析のルーチン。各 x[$j-1$][$i-1$] に i 番の個体の j 番の変数の値（$1 \leqq i \leqq$ n, $1 \leqq j \leqq$ m）を入れて呼び出すと，主成分分析の結果を出力し，q[0..m-1][0..m-1] に変換行列 Q を入れ，lambda[0..m-1] に固有値 $\lambda_1, \ldots, \lambda_m$ を入れて戻る。引数 method が 1 なら前処理として各変数ごとにその平均値を引き，2 ならばさらに各変数ごとにその標準偏差（分母 $n-1$）で割る。0 ならば前処理をしない。

データ入力ルーチン statutil.c（⇒ †多変量データ）と，固有値問題を解く手続き eigen()（⇒ †QR 法）を使っている。

```
1  #include "statutil.h"                    /* 多変量データ入力ルーチン */
2
3  void princo(int n, int m, matrix x, matrix q, vector lambda,
4              vector work, int method)
5  {
6      int i, j, k, ndf;
7      double s, t, percent;
```

```
 8
 9      ndf = n - (method != 0);                                    /* 自由度 */
10      printf("変数  平均値         %s\n",
11             (method == 0) ? "RMS" : "標準偏差");
12      for (j = 0; j < m; j++) {
13          t = 0;
14          for (i = 0; i < n; i++) t += x[j][i];
15          t /= n;
16          if (method != 0) for (i = 0; i < n; i++) x[j][i] -= t;
17          q[j][j] = innerproduct(n, x[j], x[j]) / ndf;
18          s = sqrt(q[j][j]);
19          printf("%4d  %  -12.5g  %  -12.5g\n", j + 1, t, s);
20          if (method == 2) {
21              q[j][j] = 1;
22              for (i = 0; i < n; i++) x[j][i] /= s;
23          }
24      }
25      for (j = 0; j < m; j++) for (k = 0; k < j; k++)
26          q[j][k] = q[k][j] = innerproduct(n, x[j], x[k]) / ndf;
27      if (eigen(m, q, lambda, work)) error("収束しません");
28      t = 0;                                                       /* 跡 (trace) */
29      for (k = 0; k < m; k++) t += lambda[k];
30      printf("主成分  固有値         %  累積%\n");
31      s = 0;
32      for (k = 0; k < m; k++) {
33          percent = 100 * lambda[k] / t;   s += percent;
34          printf("%4d  %  -12.5g  %5.1f  %5.1f\n",
35                 k + 1, lambda[k], percent, s);
36      }
37      printf("合計  %  -12.5g  %5.1f\n\n", t, s);
38      printf("変数  重み\n");
39      for (j = 0; j < m; j++) {
40          printf("%4d", j + 1);
41          for (k = 0; k < m && k < 5; k++)
42              printf("%11.6f   ", q[k][j]);
43          printf("\n");
44      }
45      printf("個体  主成分\n");
46      for (i = 0; i < n; i++) {
47          printf("%4d  ", i + 1);
48          for (k = 0; k < m && k < 5; k++) {
49              s = 0;
50              for (j = 0; j < m; j++) s += q[k][j] * x[j][i];
51              printf("%  -14.5g", s);
52          }
53          printf("\n");
54      }
55  }
```

[1] 奥村 晴彦.『パソコンによるデータ解析入門』. 技術評論社, 1986.

[2] 奥村 晴彦.『R で楽しむ統計』. 共立出版, 2016.

樹木曲線　tree curve

右図のような再帰的に定義された簡単な図形。位数や角度，左右の枝の長さを変えたり，乱数を使ったりして楽しめる。

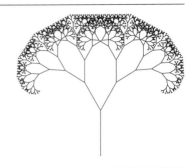

 treecurv.c

樹木曲線を画面に描く。プロットシミュレーションルーチン svgplot.c または epsplot.c （⇒ [†]グラフィックス）を使っている。

```
 1  #include "svgplot.c"                              /* または epsplot.c ⇒ †グラフィックス */
 2  #include <math.h>                                                        /* sin(), cos() */
 3  #define FACTOR  0.7
 4  #define TURN    0.5
 5
 6  void tree(int n, double length, double angle)
 7  {
 8      double dx, dy;
 9
10      dx = length * sin(angle);   dy = length * cos(angle);
11      draw_rel(dx, dy);
12      if (n > 0) {
13          tree(n - 1, length * FACTOR, angle + TURN);
14          tree(n - 1, length * FACTOR, angle - TURN);
15      }
16      move_rel(-dx, -dy);
17  }
18
19  int main(void)
20  {
21      int order = 10;                                                      /* 位数 */
22
23      plot_start(400, 350);
24      move(200, 0);   tree(order, 100, 0);
25      plot_end(0);
26      return 0;
27  }
```

順位づけ　ranking

学校の学力テストなどでは順位（rank）を"自分より得点の高い者の人数に 1 を加えた値"の意味に用いている。したがって，全員 0 点なら，皆 1 位になる。

統計で使う順位は，通常

$$\text{順位} = \text{自分より小さいものの個数} + \tfrac{1}{2} \times (\text{等しいものの個数} + 1)$$

とする．"等しいものの個数" には自分自身も入れる．この定義によれば，順位は必ずしも整数にならないが，順位の合計は必ず $1 + 2 + \cdots + n = \frac{1}{2}n(n+1)$ になる．

 rank1.c

n 個の値 a[0], a[1], a[2], ..., a[n-1] が与えられているとき，a[i] の順位 r を求める．順位の求め方は学校の学力テスト方式である．

```
1       r = 1;   x = a[i];
2       for (k = 0; k < n; k++)
3           if (a[k] > x) r++;
```

次のものは統計でよく使う方式である．順位 r は必ずしも整数にならない．

```
1       n_eq = 1;   n_lt = 0;   x = a[i];
2       for (k = 0; k < n; k++)
3           if (a[k] < x) n_lt++;
4           else if (a[k] == x) n_eq++;
5       r = n_lt + 0.5 * n_eq;
```

rank2.c

上の rank1.c のようなアルゴリズムでは n 個の値の順位を全部求めるためには n^2 に比例する手間が必要である．学力テストの点数のように整数値で上限・下限がある場合には，次のようにすれば n に比例する手間で全員の順位が求められる．点数の上限を MAX，下限を 0 とする．

```
1       int i, count[MAX + 2];
2
3       for (i = 0; i <= MAX; i++) count[i] = 0;
4       for (i = 0; i < n; i++) count[a[i]]++;
5       count[MAX + 1] = 1;
6       for (i = MAX; i > 0; i--) count[i] += count[i + 1];
7       for (i = 0; i < n; i++) rank[i] = count[a[i]] + 1;
```

値が整数でない場合や，上限・下限が不定の場合には，高速なアルゴリズムで[†]整列してから順位を求めるのがよかろう．

順列　permutation

たとえば 3 個の整数 1, 2, 3 の順列は

$$123, 132, 213, 231, 312, 321$$

の 6 通りである．一般に，異なる n 個のものの順列の個数は，n の階乗

$$n! = n(n-1)(n-2)\ldots 3 \cdot 2 \cdot 1$$

(n から 1 までの n 個の整数の積）である．

また，たとえば 3 個の整数 1, 2, 3 から 2 個を取り出す順列は

$$12, 13, 21, 23, 31, 32$$

の 6 個である．一般に，異なる n 個のものから r 個を取り出す順列の個数 $_nP_r$ は

$$_nP_r = n(n-1)(n-2)\ldots(n-r+1)$$

（r 個の整数の積）である．

 nextperm.c

†辞書式順序で順列 (p[1], p[2], ..., p[N]) のすぐ次に来る順列を求める．
たとえば $N = 5$ で

$$\mathrm{p}[1] = 1, \quad \mathrm{p}[2] = 2, \quad \mathrm{p}[3] = 5, \quad \mathrm{p}[4] = 4, \quad \mathrm{p}[5] = 3$$

のとき nextperm() を呼び出すと，

$$\mathrm{p}[1] = 1, \quad \mathrm{p}[2] = 3, \quad \mathrm{p}[3] = 2, \quad \mathrm{p}[4] = 4, \quad \mathrm{p}[5] = 5$$

となり，まだ次があることを表す値 1 を返す．

もし (p[1], p[2], ..., p[N]) がすでに辞書式順序で最後，すなわち p[1] > p[2] > ··· > p[N] であれば，p[1..N] はそのままで，完了を表す値 0 を返す．

```c
 1  int nextperm(void)
 2  {
 3      int i, j, t;
 4
 5      i = N - 1;
 6      p[0] = 0;                                            /* †番人 */
 7      while (p[i] >= p[i + 1]) i--;
 8      if (i == 0) return 0;                                /* 完了 */
 9      j = N;
10      while (p[i] >= p[j]) j--;
11      t = p[i];   p[i] = p[j];   p[j] = t;
12      i++;  j = N;
13      while (i < j) {
14          t = p[i];   p[i] = p[j];   p[j] = t;   i++;  j--;
15      }
16      return 1;                                            /* 未了 */
17  }
```

 permnum.c

a[1..N] に N 個の異なる値がある順序で入っているとき，この順列と 1 対 1 に対応する 1 から N! までの番号を返す．a[1..N] の中身は大小比較ができるものなら何でもよい．副作用として a[1..N] は昇順（小さい順）に †整列する．

```
 1  int encode(void)
 2  {
 3      int i, j, k, t, c;
 4
 5      c = 0;
 6      for (i = N; i > 1; i--) {
 7          k = 1;
 8          for (j = 2; j <= i; j++)
 9              if (a[j] > a[k]) k = j;
10          t = a[i];   a[i] = a[k];   a[k] = t;
11          c = c * i + k - 1;
12      }
13      return c;
14  }
```

この逆変換は次のようになる.

```
 1  void decode(int c)
 2  {
 3      int i, k, t;
 4
 5      for (i = 2; i <= N; i++) {
 6          k = c % i + 1;  c /= i;
 7          t = a[i];   a[i] = a[k];   a[k] = t;
 8      }
 9  }
```

 permfac.c

a[0..N-1] に N 個の数 $0, 1, \ldots, N-1$ を入れてできる順列は N! 通りある．これらを辞書式順序に並べれば 0 から $N!-1$ までの番号をつけることができる．この番号は $N-1$ 桁の [†]階乗進法の数

$$A[N-1] \times (N-1)! + \cdots + A[2] \times 2! + A[1] \times 1!$$

で表せる．次のプログラムは，もとの順列をこのような階乗進法の数で上書きする．この階乗進法の数を通常の数に変換するのは簡単であろう（⇒ [†]階乗進法）．

```
 1  void encode(void)
 2  {
 3      int j, k;
 4
 5      for (j = N - 1; j > 0; j--)
 6          for (k = 0; k < j; k++)
 7              if (a[k] > a[j]) a[k]--;
 8  }
```

この逆変換は次のようになる．

```
 1  void decode(void)
 2  {
 3      int j, k;
 4
```

```
5       for (j = 1; j < N; j++)
6           for (k = j - 1; k >= 0; k--)
7               if (a[k] >= a[j]) a[k]++;
8   }
```

順列生成　generation of permutations

n 個の数 $1, 2, 3, \ldots, n$ の並べ方は $n! = n(n-1)(n-2)\ldots 3\cdot 2\cdot 1$ 通りある．たとえば $n = 3$ なら

  123, 132, 213, 231, 312, 321

の $3! = 3\cdot 2\cdot 1 = 6$ 通りある．この並べ方をすべて列挙する方法を述べる．

genperm.c

順列の各位置の数を p[0], p[1], ..., p[N-1] とする．

まず，順列を表示する手続き show() を作っておく．変数 count で順列の個数を数える．

```
1  int count, p[N];
2
3  void show(void)
4  {
5      int i;
6
7      count++;  printf("%5d: ", count);
8      for (i = 0; i < N; i++) printf(" %d", p[i]);
9      printf("\n");
10 }
```

さて，ここでとりあげる順列生成の第 1 の方法 genperm1() は，各数 $1, \ldots, N$ がまだ使えるかどうかを示す標識 ok[1], ..., ok[N] を使う．最初はどの数も使えるので，標識はすべて TRUE にしておく（行 24）．

まず genperm1() が put(pos, k) に，0 番の位置に 1 から N までの数を入れるように頼む（行 25）．これを受けて，put(pos, k) はその位置にその数を入れ（行 9），その数はもう使えないことを記憶し（行 12），次の位置にまだ使える数を入れるように自分自身の複製に頼む（行 13–14）．最後に，もうその数は使ってよいことにして（行 15），戻る．

この方法は，順列を

  123, 132, 213, 231, 312, 321

のように †辞書式順序で出力する．

順列生成　**121**

```c
 1  #define TRUE   1
 2  #define FALSE  0
 3  char ok[N + 1];
 4
 5  void put(int pos, int k)
 6  {
 7      int j;
 8
 9      p[pos] = k;
10      if (pos == N - 1) show();
11      else {
12          ok[k] = FALSE;
13          for (j = 1; j <= N; j++)
14              if (ok[j]) put(pos + 1, j);
15          ok[k] = TRUE;
16      }
17  }
18
19  void genperm1(void)
20  {
21      int k;
22
23      count = 0;
24      for (k = 1; k <= N; k++) ok[k] = TRUE;
25      for (k = 1; k <= N; k++) put(0, k);
26  }
```

第 2 の方法は，第 1 の方法の処理の順序

　　　与えられた位置に数 $1, \ldots, N$ を置く

を逆にして，

　　　与えられた数を位置 $0, \ldots, N-1$ に置く

としたものである．標識は各位置が空いているかどうかを示せばよいので，p[ ] を標識と兼用にし，配列を 1 本節約している．出力は [†]辞書式順序ではない．

```c
 1  void put2(int pos, int k)
 2  {
 3      int j;
 4
 5      p[pos] = k;
 6      if (k == N) show();
 7      else
 8          for (j = 0; j < N; j++)
 9              if (p[j] == 0) put2(j, k + 1);
10      p[pos] = 0;
11  }
12
13  void genperm2(void)
14  {
15      int pos;
16
```

122 順列生成

```
17      count = 0;
18      for (pos = 0; pos < N; pos++) p[pos] = 0;
19      for (pos = 0; pos < N; pos++) put2(pos, 1);
20  }
```

第3の方法は，あらかじめ p[0], ..., p[N-1] にそれぞれ 1, ..., N を入れておき，各場所の中身を交換していく。これなら整数 1, 2, ..., N の順列以外にも適用できる。

再帰的な関数 perm(i) は，0 番から i 番までの位置で順列を生成する。その方法は，i 番の位置の数をそのままにしておいて $i-1$ 番までの位置で順列を生成する場合と，i 番の位置の数をそれより前の各位置の数と交換してから $i-1$ 番までの位置で順列を生成する場合とに分けられる。この場合分けを再帰的に適用する。

```
 1  void perm(int i)
 2  {
 3      int t, j;
 4
 5      if (i > 0) {
 6          perm(i - 1);
 7          for (j = i - 1; j >= 0; j--) {
 8              t = p[i];  p[i] = p[j];  p[j] = t;
 9              perm(i - 1);
10              t = p[i];  p[i] = p[j];  p[j] = t;
11          }
12      } else show();
13  }
14
15  void genperm3(void)
16  {
17      int i;
18
19      count = 0;
20      for (i = 0; i < N; i++) p[i] = i + 1;
21      perm(N - 1);
22  }
```

第4の方法も交換に基づく。[†]階乗進法のカウンタ $c_{N-1} c_{N-2} \ldots c_1$ を使う。この値

$$(N-1)!\, c_{N-1} + (N-2)!\, c_{N-2} + \cdots + 2!\, c_2 + 1!\, c_1$$

は，初期値 $c_j = j$ では $N!$ で，行 9–16 のループを回るごとに 1 ずつ減る。これが 0 になったら終了する。

値の変化は p[0] が最も頻繁で，p[k] の k が増すほど変化が緩慢になる。これも [†]辞書式順序ではない。

```
 1  void genperm4(void)
 2  {
 3      int i, k, t, c[N + 1];
 4
 5      count = 0;
 6      for (i = 0; i < N; i++) p[i] = i + 1;
 7      for (i = 1; i <= N; i++) c[i] = i;              /* c[N] ≠ 0 は番人 */
```

```
 8      k = 1;
 9      while (k < N) {
10          if (k & 1) i = c[k];   else i = 0;
11          t = p[k];  p[k] = p[i];  p[i] = t;
12          show();
13          k = 1;
14          while (c[k] == 0) {  c[k] = k;   k++;  }
15          c[k]--;
16      }
17  }
```

  [1] 米田 信夫. コンピュータくんの順列生成. *bit*, 1(3): 249–252, 1969.

条件数　condition number

[†]連立 1 次方程式 $Ax = b$ を数値的に解くとき，係数行列 A によっては解の精度が著しく悪くなることがある。どの程度悪くなるかを表す値が A の条件数である。条件数が大きいほど解の誤差が大きい。ごく大ざっぱにいえば，データの精度が p 桁で，条件数が q 桁の数ならば，解の精度はほぼ $p - q$ 桁程度である。

条件数は，A のノルムと [†]逆行列 A^{-1} のノルムとの積として定義される。ノルムとはベクトルや行列の "大きさ" を表す量で，いくつかの定義の仕方がある。どの定義を使っても大差ない。ここでは ∞ ノルム（行和ノルム）

$$\|x\|_\infty = \max_{1 \le i \le n} |x_i|, \quad \|A\|_\infty = \max_{1 \le i \le n} \sum_{j=1}^{n} |a_{ij}|$$

を用いる。

[†]LU 分解のルーチンなどに条件式の概略値を推定する機能を付けておくことが多い。

 condnum.c

condition_number(n, a) は行列 a[0..n-1][0..n-1] の条件数を求める。
matutil.c（⇒ [†]行列）と matinv()（⇒ [†]逆行列）を使っている。

```
 1  #include "matutil.c"                                    /* 行列用小道具集 (⇒ †行列) */
 2
 3  double infinity_norm(int n, matrix a)                   /* ∞ ノルム */
 4  {
 5      int i, j;
 6      double rowsum, max;
 7
 8      max = 0;
 9      for (i = 0; i < n; i++) {
10          rowsum = 0;
11          for (j = 0; j < n; j++) rowsum += fabs(a[i][j]);
12          if (rowsum > max) max = rowsum;
```

```
13        }
14        return max;
15 }
16
17 double condition_number(int n, matrix a)                    /* 条件数 */
18 {
19        double t;
20        matrix a_inv;
21
22        a_inv = new_matrix(n, n);                            /* matutil.c */
23        t = infinity_norm(n, a);
24        if (matinv(n, a, a_inv) == 0)
25            return HUGE_VAL;                                 /* エラー: 逆行列がない */
26        return t * infinity_norm(n, a_inv);
27 }
```

小数の循環節　repeating patterns of decimals

たとえば $1/3 = 0.333\cdots$，$1/7 = 0.142857142857\cdots$ のように，分数を小数にすると，有限小数にならないならば必ず循環小数になる。

よく円周率の近似値として使う $355/113$ は $3.$ に続いて

$$1415929203539823008849557522123893805309734513274336283185840707964601769911504424778761061946902654867256637168$$

という長さ 112 の循環節がある。円周率の真値と一致するのは 3.141592 までである。

循環節の長さは分母の値より小さい。

📄 repdec.c

分数の分子・分母を入力すると小数に直す。循環節は { } で囲んで出力する。定数 BASE を変えれば 10 進法以外にもできる。

```
 1 #include <stdio.h>
 2 #include <stdlib.h>
 3
 4 #define N 1000                                              /* 分母の上限 */
 5 #define BASE 10                                             /* 何進法か */
 6
 7 int main(void)
 8 {
 9        unsigned int i, k, m, n;
10        static unsigned int a[N + 1], p[N];
11
12        for (i = 0; i < N; i++) p[i] = 0;
13        do {
14            printf("分母 n = "); scanf("%u", &n);
15            if (n > N) printf("%u 以下にしてください。\n", N);
16        } while (n > N);
```

```
17      printf("分子_m_=_");  scanf("%u", &m);
18      a[0] = m / n;  m %= n;  k = 0;
19      do {
20          p[m] = ++k;
21          m *= BASE;  a[k] = m / n;  m %= n;
22      } while (p[m] == 0);
23      printf("%u.", a[0]);
24      for (i = 1; i < p[m]; i++) printf("%u", a[i]);
25      if (p[m] < k || a[k] != 0) {
26          printf("{");
27          for (i = p[m]; i <= k; i++) printf("%u", a[i]);
28          printf("}");
29      }
30      printf("\n");
31      return 0;
32  }
```

常微分方程式　ordinary differential equation

　関数 $y = f(x)$ と，これを微分したもの $y' = f'(x)$，あるいはこれをさらに微分したもの $y'' = f''(x)$ などの間の関係を表す式を常微分方程式という。

　ここでは，$y' = F(x, y)$ の形の微分方程式（1 階常微分方程式）を $y_0 = f(x_0)$ の形の条件（初期条件）のもとに解く（元の関数 $y = f(x)$ を求める）問題（初期値問題）を扱う。

　最も簡単な方法は，$y_0 = f(x_0)$ から始めて，近似式

$$f(x + h) \fallingdotseq f(x) + f'(x)h$$

を漸化式として $f(x_0 + h), f(x_0 + 2h), \dots$ を順に求めていく Euler（オイラー）法である。

　さらに正確にするには，上の簡単な近似式の代わりに

$$f(x + h) \fallingdotseq f(x) + f'(x)h + \frac{1}{2!}f''(x)h^2 + \frac{1}{3!}f'''(x)h^3 + \cdots$$

のような Taylor 展開を使えばよい。

　Taylor 展開を使わずに，いくつかの場所で評価した $F(x, y)$ を混ぜ合わせて同じ効果を得る方法が Runge–Kutta（ルンゲ・クッタ）法である。たとえば

$$\begin{aligned} f_1 &= hF(x, y), & f_2 &= hF(x + \tfrac{1}{2}h, y + \tfrac{1}{2}f_1), \\ f_3 &= hF(x + \tfrac{1}{2}h, y + \tfrac{1}{2}f_2), & f_4 &= hF(x + h, y + f_3) \end{aligned}$$

と置いて

$$f(x + h) \fallingdotseq f(x) + \frac{1}{6}(f_1 + 2f_2 + 2f_3 + f_4)$$

とすると h の 4 次の項までうまく打ち消し合う。

　誤差は，簡単には刻み幅 h を半分にして得た結果との差で見積もる。逆に，許容誤差を与えて 4 次と 5 次の Runge–Kutta 法の結果の差から自動的に h を決める方法もある。Runge–Kutta–Fehlberg 法は 6 回の関数評価で 4 次と 5 次の結果を同時に得る方法である。

orddif.c

Euler 法, 3 次 Taylor 級数法, 4 次 Runge–Kutta 法で, 常微分方程式 $y' = 1 - y^2$ を $0 \leqq x \leqq 1$ の範囲で初期条件 $f(0) = 0$ のもとに解く. 正解は [†]双曲線関数 $y = \tanh x$ である.

$F(x,y)$ は導関数 y' を x, y で表した式である. この場合は $F(x,y) = 1 - y^2$ で, x を含まない.

$F_x(x,y)$ は $F(x,y)$ を x で微分したもの, $F_{xx}(x,y)$ は $F_x(x,y)$ をさらに x で微分したものである. これらは 3 次 Taylor 級数法だけで使う.

euler(), tayl3(), runge4() はそれぞれ Euler 法, 3 次 Taylor 級数法, 4 次 Runge–Kutta 法である. いずれも初期条件 $y_0 = f(x_0)$ のもとに微分方程式 $y' = F(x,y)$ の解 $y = f(x)$ を求める. 区間 $x_0 \leqq x \leqq x_n$ を n 等分し, n_{print} ステップごとに結果を表示する. 戻り値は最後の $f(x_n)$ である.

たとえば runge4(128, 32, 0, 0, 1) とすれば, 初期条件は $f(0) = 0$ で, 区間 $0 \leqq x \leqq 1$ を 128 等分し, 32 区間ごとに結果を表示する. つまり $f(0.25), f(0.5), f(0.75), f(1)$ を表示する. 戻り値は $f(1)$ である.

```
1  #include <stdio.h>
2  #include <stdlib.h>
3  #include <math.h>
4
5  double sqr(double x)                                          /* x^2 */
6  {
7      return x * x;
8  }
9
10 double F(double x, double y)                                  /* F(x,y) */
11 {
12     return 1 - sqr(y);
13 }
14
15 double Fx(double x, double y)                                 /* Fx(x,y) */
16 {
17     return -2 * y * F(x, y);
18 }
19
20 double Fxx(double x, double y)                                /* Fxx(x,y) */
21 {
22     return -2 * (sqr(F(x, y)) + y * Fx(x, y));
23 }
24
25 double euler(int n, int nprint, double x0, double y0, double xn)  /* Euler 法 */
26 {
27     int i;
28     double x, y, h;
29
30     x = x0;  y = y0;  h = (xn - x0) / n;
31     for (i = 1; i <= n; i++) {
```

```c
32        y += F(x, y) * h;
33        x = x0 + i * h;
34        if (i % nprint == 0) printf("%_-14g_%_-14g\n", x, y);
35    }
36    return y;
37 }
38
39 double tayl3(int n, int nprint, double x0, double y0, double xn)  /* 3次 Taylor 級数 */
40 {
41    int i;
42    double x, y, h;
43
44    x = x0;  y = y0;  h = (xn - x0) / n;
45    for (i = 1; i <= n; i++) {
46        y += h * (F(x, y) + (h / 2) *
47                 (Fx(x, y) + (h / 3) * Fxx(x, y)));
48        x = x0 + i * h;
49        if (i % nprint == 0) printf("%_-14g_%_-14g\n", x, y);
50    }
51    return y;
52 }
53
54 double runge4(int n, int nprint, double x0, double y0, double xn)
                                                    /* 4次 Runge-Kutta 法 */
55 {
56    int i;
57    double x, y, h, h2, f1, f2, f3, f4;
58
59    x = x0;  y = y0;  h = (xn - x0) / n;  h2 = h / 2;
60    for (i = 1; i <= n; i++) {
61        f1 = h * F(x, y);
62        f2 = h * F(x + h2, y + f1 / 2);
63        f3 = h * F(x + h2, y + f2 / 2);
64        f4 = h * F(x + h, y + f3);
65        x = x0 + i * h;
66        y += (f1 + 2 * f2 + 2 * f3 + f4) / 6;
67        if (i % nprint == 0) printf("%_-14g_%_-14g\n", x, y);
68    }
69    return y;
70 }
```

$n = 128$ で結果は次のようになった。

x	0.25	0.5	0.75	1
Euler 法	0.245144	0.4628544	0.6363547	0.763021
3 次 Taylor 級数法	0.2449187	0.4621171	0.6351489	0.7615941
4 次 Runge-Kutta 法	0.2449187	0.4621172	0.635149	0.7615942
正解（$\tanh x$）	0.2449187	0.4621172	0.635149	0.7615942

情報落ち   loss of trailing digits

　絶対値に大差のある 2 数の加減算で絶対値の小さい方の値の下位桁が失われる現象を情報落ちということがある。たとえば 10 進 4 桁精度の演算では $1000 + 1.456 = 1001$ となり，下 3 桁分 0.456 の情報が落ちる。これだけなら当然のことであるが，1000 に 1.456 を 1000 回加えるなら，結果は 2000 となり，真値 2456 からずいぶん離れてしまう。これを防ぐ一方法として，$1000 + 1.456 = 1001$ とした時点で，積み残し $1.456 - (1001 - 1000) = 1.456 - 1 = 0.456$ を求めておき，次に 1.456 を加える際に，積み残しも含めた値 $1.456 + 0.456 = 1.912$ を加える。すると，四捨五入なら $1001 + 1.912 = 1003$ となる。この時点までの積み残し $1.912 - (1003 - 1001) = -0.088$ を求め，以下同様に続ける。もっとも，通常はなるべく絶対値の小さい方から加えるようにするだけで十分である。

sum.c

a[0] から a[n − 1] までの n 個の値の和を求める。上述の情報落ち対策を講じている。

```
1    r = 0;   s = 0;                    /* s は和, r は積み残し */
2    for (i = 0; i < n; i++) {
3        r += a[i];                     /* 積み残し + 加えたい数 */
4        t = s;                         /* 前回までの和 */
5        s += r;                        /* 和を更新 */
6        t -= s;                        /* 実際に積まれた値の符号を変えたもの */
7        r += t;                        /* 積み残し */
8    }
```

す

推移的閉包 transitive closure

n 個の点があり，点 i から点 j に他の点を経由しないで行く道があれば $a_{ij} = 1$，なければ $a_{ij} = 0$ とする。$a_{ij} \neq a_{ji}$ でもかまわない。このような a_{ij} は [†]グラフ理論でいう有向グラフの隣接行列である。ここで，他の点を経由してもよいから，とにかく点 i から点 j に行けるなら $a_{ij}^* = 1$，行けないなら $a_{ij}^* = 0$ とする。この a_{ij}^* を隣接行列とする有向グラフをもとのグラフの推移的閉包という。

隣接行列 $A = (a_{ij})$（対角成分 a_{ii} は 1 とする）は他の点を経由しないで行ける 2 点に対応する成分だけ 0 でない。一般にこの k 乗 A^k はたかだか $k-1$ 点を経由して行ける 2 点に対応する成分だけ 0 でない。したがって，推移的閉包を求める問題は A^n を求める問題に帰着する。一般に行列の積を計算するには作業用の記憶領域が必要であるが，この場合は下のプログラムのように添字を回す順序に気をつければ作業用の記憶領域が不要になる（Warshall のアルゴリズム）。

📄 warshall.c

有向グラフの推移的閉包を求める。あらかじめ点の個数 n と隣接行列 adjacent[i][j]（上の説明の a_{ij}）とを与えておく（$1 \leq i \leq$ n, $1 \leq j \leq$ n）。隣接行列は非対称でもよいが adjacent[i][i] $= 1$ とする。

```
 1      for (k = 1; k <= n; k++)
 2          for (i = 1; i <= n; i++)
 3              if (adjacent[i][k])
 4                  for (j = 1; j <= n; j++)
 5                      adjacent[i][j] |= adjacent[k][j];
 6      printf("推移的閉包:\n");
 7      for (i = 1; i <= n; i++) {
 8          for (j = 1; j <= n; j++) printf(" %d", adjacent[i][j]);
 9          printf("\n");
10      }
```

数値積分 numerical integration

$a \doteqdot b$ のとき定積分 $\int_a^b f(x)\,dx$ の近似式として

- 台形則: $\frac{1}{2}(b-a)\bigl(f(a) + f(b)\bigr)$
- 中点則: $(b-a)f\bigl(\frac{a+b}{2}\bigr)$

などがある。$b - a \to 0$ で誤差の絶対値は台形則が中点則の 2 倍程度になり，誤差の符号は逆である。したがって，両者を 1 : 2 の割合で重みづけして平均すればより正確な値が求められる。これが Simpson（シンプソン）則である。ちなみに，台形則と中点則を単純に平均すれば，区間を 2 等分して台形則を適用した結果になる。

一般の定積分 $\int_a^b f(x)\,dx$ を数値的に求めるには区間を細分して各小区間に上記の方法を適用し，結果を足し上げる。

numint.c

定積分 $\int_a^b f(x)\,dx$ の値を台形則，中点則，Simpson 則で求める。小区間の数は $n = 1, 2, 4, 8, 16, 32$ とし，前回までの計算結果をうまく使うようにした。

```c
#include <stdio.h>
#include <stdlib.h>

double f(double x)                                      /* 被積分関数 f(x) */
{
    return 4 / (1 + x * x);                             /* 例: 4/(1+x^2) */
}

int main(void)
{
    int i, n, nmax = 32;
    double a = 0, b = 1, h, trapezoid, midpoint, simpson;

    printf("    n         台形           中点         Simpson\n");
    h = b - a;  trapezoid = h * (f(a) + f(b)) / 2;
    for (n = 1; n <= nmax; n *= 2) {
        midpoint = 0;
        for (i = 1; i <= n; i++) midpoint += f(a + h * (i - 0.5));
        midpoint *= h;
        simpson = (trapezoid + 2 * midpoint) / 3;
        printf("%5d %-14g %-14g %-14g\n",
            n, trapezoid, midpoint, simpson);
        h /= 2;  trapezoid = (trapezoid + midpoint) / 2;
    }
    return 0;
}
```

上の例では $4/(1 + x^2)$ を 0 から 1 まで積分している。結果は次のようになった。正解は $\pi = 3.14159265\cdots$ である（$\int_0^t dx/(1 + x^2) = \arctan t$）。

n	台形	中点	Simpson
1	3	3.2	3.133333
2	3.1	3.162353	3.141569
4	3.131176	3.146801	3.141593
8	3.138988	3.142895	3.141593
16	3.140942	3.141918	3.141593
32	3.14143	3.141674	3.141593

一般に，区間数を 2 倍にしたときの誤差は，台形則・中点則ではほぼ $\frac{1}{4}$ になり，Simpson 則ではほぼ $\frac{1}{16}$ になる．もっとも，この例の関数 $1/(1+x^2)$ では，たまたま Simpson 則で誤差の主要項が消えてしまうので，3 方法の比較例としては不適当かもしれない．

スプライン補間　spline interpolation

†補間法の一つ．スプラインは自在定規のような弾性のある薄板の意．ここでは特に 3 次スプライン補間（cubic spline interpolation）を考える．これは，与えられた n 点 (x_i, y_i) $(i = 0, 1, ..., n-1;\ x_0 < x_1 < \cdots < x_{n-1})$ を通る区分的 3 次式で補間する．各 3 次式のつなぎ目 $x_1, x_2, ..., x_{n-2}$ では 2 次導関数まで連続とする．端点の処理は，spline.c では両端点で 2 次導関数を 0 とし，pspline.c では周期 $x_n - x_0$ の周期関数とした．

y 座標が x 座標の 1 価関数でないときは，下の spline2.c（開曲線），pspline2.c（閉曲線）のように，適当な媒介変数を使って x，y 座標を別々にスプライン補間するという便法を用いる．

補間により平面曲線を生成する別の方法については ⇒ †Bézier（ベジエ）曲線．

spline.c

非周期関数用 3 次スプライン補間である．x[0..N-1]，y[0..N-1] にデータ点 (x_i, y_i), $x_0 < x_1 < x_2 < \cdots < x_{N-1}$ を与えて最初に 1 回だけ maketable() を呼び出し，あとは spline(t) で $x = $ t における補間値を求める．必ずしも $x_0 \leqq $ t $\leqq x_{N-1}$ でなくてもよい．

maketable() が作る表 z[i] は $x = x_i$ における補間 3 次式の 2 次導関数の $\frac{1}{6}$ である．

```
1  void maketable(double x[], double y[], double z[])
2  {
3      int i;
4      double t;
5      static double h[N], d[N];
6
7      z[0] = 0;  z[N - 1] = 0;                    /* 両端点での y''(x)/6 */
8      for (i = 0; i < N - 1; i++) {
```

132　スプライン補間

```
 9          h[i    ] =  x[i + 1] - x[i];
10          d[i + 1] = (y[i + 1] - y[i]) / h[i];
11      }
12      z[1] = d[2] - d[1] - h[0] * z[0];
13      d[1] = 2 * (x[2] - x[0]);
14      for (i = 1; i < N - 2; i++) {
15          t = h[i] / d[i];
16          z[i + 1] = d[i + 2] - d[i + 1] - z[i] * t;
17          d[i + 1] = 2 * (x[i + 2] - x[i]) - h[i] * t;
18      }
19      z[N - 2] -= h[N - 2] * z[N - 1];
20      for (i = N - 2; i > 0; i--)
21          z[i] = (z[i] - h[i] * z[i + 1]) / d[i];
22  }
23
24  double spline(double t, double x[], double y[], double z[])
25  {
26      int i, j, k;
27      double d, h;
28
29      i = 0;  j = N - 1;
30      while (i < j) {
31          k = (i + j) / 2;
32          if (x[k] < t) i = k + 1;  else j = k;
33      }
34      if (i > 0) i--;
35      h = x[i + 1] - x[i];  d = t - x[i];
36      return (((z[i + 1] - z[i]) * d / h + z[i] * 3) * d
37          + ((y[i + 1] - y[i]) / h
38          - (z[i] * 2 + z[i + 1]) * h)) * d + y[i];
39  }
```

📄 **spline2.c**

平面上の任意の N 点を通る開曲線を求める。

まず x[0..N-1]，y[0..N-1] に N 点の座標を与え，maketable2() を 1 度だけ呼び出す（条件 $x_0 < x_1 < \cdots < x_{N-1}$ は不要）。次に $0 \leq$ t ≤ 1 の範囲で媒介変数 t を動かしながら spline2(t, &u, &v, p, x, y, a, b) を何度も呼び出し，点 (u,v) をプロットすれば，(x_0, y_0) から出発して $(x_1, y_1), (x_2, y_2), \ldots$ を順に通り (x_{N-1}, y_{N-1}) に至る曲線が描ける。

一般に，得られた曲線の y 座標は x 座標の 1 価関数ではない。

上の spline.c 中の maketable()，spline() を使っている。

```
1  #include <math.h>
2  double p[N], a[N], b[N];
3
4  void maketable2(double p[], double x[], double y[],
5          double a[], double b[])
6  {
7      int i;
```

スプライン補間　**133**

```
 8        double t1, t2;
 9
10        p[0] = 0;
11        for (i = 1; i < N; i++) {
12            t1 = x[i] - x[i - 1];
13            t2 = y[i] - y[i - 1];
14            p[i] = p[i - 1] + sqrt(t1 * t1 + t2 * t2);
15        }
16        for (i = 1; i < N; i++) p[i] /= p[N - 1];
17        maketable(p, x, a);
18        maketable(p, y, b);
19    }
20
21    void spline2(double t, double *px, double *py,
22            double p[], double x[], double  y[],
23            double a[], double b[])
24    {
25        *px = spline(t, p, x, a);
26        *py = spline(t, p, y, b);
27    }
```

📄 pspline.c

$x[0..N]$, $y[0..N]$ に与えた $N+1$ 個の点 (x_i, y_i), $x_0 < x_1 < \cdots < x_N$, $y_0 = y_N$ を、周期 $x_N - x_0$ の周期関数で補間する。

maketable() で求める表 $z[]$ は各点での 2 次導関数の $\frac{1}{6}$ に当たる。

$x = t$ での補間値は spline() で求める。

```
 1    double z[N + 1];
 2
 3    void maketable(double x[], double y[], double z[])
 4    {
 5        int i;
 6        double t;
 7        static double h[N + 1], d[N + 1], w[N + 1];
 8
 9        for (i = 0; i < N; i++) {
10            h[i] = x[i + 1] - x[i];
11            w[i] = (y[i + 1] - y[i]) / h[i];
12        }
13        w[N] = w[0];
14        for (i = 1; i < N; i++) d[i] = 2 * (x[i + 1] - x[i - 1]);
15        d[N] = 2 * (h[N - 1] + h[0]);
16        for (i = 1; i <= N; i++) z[i] = w[i] - w[i - 1];
17        w[1] = h[0];  w[N - 1] = h[N - 1];  w[N] = d[N];
18        for (i = 2; i < N - 1; i++) w[i] = 0;
19        for (i = 1; i < N; i++) {
20            t = h[i] / d[i];
21            z[i + 1] = z[i + 1] - z[i] * t;
22            d[i + 1] = d[i + 1] - h[i] * t;
23            w[i + 1] = w[i + 1] - w[i] * t;
24        }
25        w[0] = w[N];  z[0] = z[N];
```

す

```
26      for (i = N - 2; i >= 0; i--) {
27          t = h[i] / d[i + 1];
28          z[i] = z[i] - z[i + 1] * t;
29          w[i] = w[i] - w[i + 1] * t;
30      }
31      t = z[0] / w[0];  z[0] = t;  z[N] = t;
32      for (i = 1; i < N; i++)
33          z[i] = (z[i] - w[i] * t) / d[i];
34  }
35
36  double spline(double t, double x[], double y[], double z[])
37  {
38      int i, j, k;
39      double d, h, period;
40
41      period = x[N] - x[0];
42      while (t > x[N]) t -= period;
43      while (t < x[0]) t += period;
44      i = 0;  j = N;
45      while (i < j) {
46          k = (i + j) / 2;
47          if (x[k] < t) i = k + 1;  else j = k;
48      }
49      if (i > 0) i--;
50      h = x[i + 1] - x[i];
51      d = t - x[i];
52      return (((z[i + 1] - z[i]) * d / h + z[i] * 3) * d
53          + ((y[i + 1] - y[i]) / h
54          - (z[i] * 2 + z[i + 1]) * h)) * d + y[i];
55  }
```

pspline2.c

平面上の N 点を通る閉曲線を求める。

このプログラムは上の pspline.c の maketable() と spline()，および spline2.c の maketable2() と spline2() を合わせ，配列の添字の上限を N-1 から N に変え，maketable2() 中の < N（2 か所）を <= N にし，p[N - 1] を p[N] にするだけであるので，リストは省略する。

使い方は，まず x[0..N], y[0..N] に平面上の任意の N 点の座標を与えて maketable2() を呼び出す。ただし $x_0 = x_N$, $y_0 = y_N$ とする。次に媒介変数 t を 0 から 1 まで動かしながら spline2(t, &u, &v, x, y, p, a, b) を何度も呼び出し，(u, v) をプロットすれば，与えられた点を順に通る閉曲線が得られる。

[1] 市田 浩三，吉本 富士市．『スプライン関数とその応用』．教育出版，1979．

せ

正規分布　normal distribution

密度関数が

$$f(x) = \frac{1}{\sqrt{2\pi}\sigma} e^{-(x-\mu)^2/(2\sigma^2)}$$

の分布を，平均 μ，分散 σ^2 の正規分布といい，$N(\mu, \sigma^2)$ と略記する。

人の身長の分布は正規分布に非常に近い（体重はそれほどでもない）。

以下では $\mu = 0$，$\sigma^2 = 1$ の標準正規分布 $N(0, 1)$ について述べる。

分布関数（累積確率）$F(z) = \int_{-\infty}^{z} f(t)\,dt = 0.5 + \int_{0}^{z} f(t)\,dt$ を求めるには，単純に数値積分するのも一つの方法である。被積分関数 $e^{-t^2/2}$ を級数展開して項別に積分する方法では，正の項と負の項が現れるので，[†]桁落ちが生じる。正の項だけにするには $t^2 = u$ と置き換えて置換積分し，

$$\int_{0}^{z} (2u^{1/2})' e^{-u/2}\,du = \left[2u^{1/2} e^{-u/2} \right]_{0}^{z} + \int_{0}^{z} u^{1/2} e^{-u/2}\,du$$

のような部分積分を何度も行って得られる式

$$\frac{1}{2} + \frac{e^{-z^2/2}}{\sqrt{2\pi}} \sum_{k=0}^{\infty} \frac{z^{2k+1}}{1 \cdot 3 \cdot 5 \ldots (2k+1)}$$

を使う。$|z|$ が大きいとこの方法でも精度が落ちるので，[†]不完全ガンマ関数の項目で述べる方法を使う。逆に，精度より速度を重視するなら，Hastings の近似式（C. Hastings, Jr. *Approximations for Digital Computers.* Princeton Univ. Press, 1955）の類が良い。文献 [1] に種々の計算式が収められている。

標準正規分布の [†]乱数の簡単な発生法として，$0 \leq U < 1$ の一様乱数 U を 12 個加えて 6 を引くという方法がある。一様乱数に限らず，どんな（分散が有限な）乱数でも，多数加えると中心極限定理により正規分布に近づく。U は平均 $\frac{1}{2}$，分散 $\frac{1}{12}$ なので，ちょうど 12 個加えて 6 を引くと平均 0，分散 1 になる。

正確な正規分布の乱数を発生する方法の一つに Box（ボックス）–Muller（マラー）法（極座標法）がある（G. E. P. Box and M. E. Muller, *Ann. Math. Statist.* 29: 610, 1958; G. Marsaglia and T. A. Bray, *Rev. Soc. Ind. Appl. Math.* 6: 260, 1964）。この原理はおよそ次のとおりである。x, y を平均 0，分散 1 の独立な正規乱数とすると，それぞれの密度関数は $e^{-x^2/2}$, $e^{-y^2/2}$ に比例し，したがって同時分布の密度関数はこれらの積 $e^{-s/2}$（$s = x^2 + y^2$）に比例する。密度関数が $e^{-s/2}$（$s \geq 0$）に比例する分布の分布関数は，密度関数を積分して $F(s) = 1 - e^{-s/2}$ となる（$s \to \infty$ で $F(s) \to 1$ になるので比例定数もこ

れでよい）．このような乱数 s を作るには，$0 \leq U < 1$ の一様乱数 U を分布関数の逆関数で変換して $s = F^{-1}(U) = -2\log_e(1-U)$ とする．この $s = x^2 + y^2$ を x, y に分けるには，$0 \leq \theta < 2\pi$ の一様乱数 θ により $x = \sqrt{s}\cos\theta$, $y = \sqrt{s}\sin\theta$ とする．あるいは，$-1 \leq x \leq 1$, $-1 \leq y \leq 1$ の一様な点を生成し，$x^2 + y^2 \leq 1$ となる場合だけを採り $\sqrt{x^2 + y^2}$ で割れば x, y は上の $\cos\theta$, $\sin\theta$ と同じ分布になる（⇒ †単位球上のランダムな点）．

 normal.c

p_nor(z) は標準正規分布の分布関数（下側累積確率）$\int_{-\infty}^{z} f(t)\,dt$, q_nor(z) は上側累積確率 $\int_{z}^{\infty} f(t)\,dt$ である．

別の方法については ⇒ †不完全ガンマ関数．

```c
#include <math.h>
#define PI  3.14159265358979323846264
double p_nor(double z)                       /* 累積確率（下側）*/
{
    int i;
    double z2, prev, p, t;
    
    z2 = z * z;
    t = p = z * exp(-0.5 * z2) / sqrt(2 * PI);
    for (i = 3; i < 200; i += 2) {
        prev = p;  t *= z2 / i;  p += t;
        if (p == prev) return 0.5 + p;
    }
    return (z > 0);
}

double q_nor(double z)                       /* 累積確率（上側）*/
{
    return 1 - p_nor(z);
}
```

 random.c

標準正規分布（平均 0，分散 1）の乱数を発生する 3 種類の方法．ただし第 1 のもの nrnd1() は平均 0，分散 1 であるが分布の形は正確な正規分布から少し外れる．

rnd() は 0 以上 1 未満の実数の一様乱数（⇒ †乱数）．

```c
#include <math.h>
#define PI 3.141592653589793238

double nrnd1(void)                           /* 正規分布 1 */
{
    return rnd() + rnd() + rnd() + rnd() + rnd() + rnd()
         + rnd() + rnd() + rnd() + rnd() + rnd() + rnd() - 6;
}
```

```
 9
10  double nrnd2(void)                                          /* 正規分布 2 */
11  {
12      static int sw = 0;
13      static double t, u;
14
15      if (sw == 0) {
16          sw = 1;
17          t = sqrt(-2 * log(1 - rnd()));  u = 2 * PI * rnd();
18          return t * cos(u);
19      } else {
20          sw = 0;
21          return t * sin(u);
22      }
23  }
24
25  double nrnd(void)                                            /* 正規分布 3 */
26  {
27      static int sw = 0;
28      static double r1, r2, s;
29
30      if (sw == 0) {
31          sw = 1;
32          do {
33              r1 = 2 * rnd() - 1;
34              r2 = 2 * rnd() - 1;
35              s = r1 * r1 + r2 * r2;
36          } while (s >= 1 || s == 0);                          /* 下の注参照 */
37          s = sqrt(-2 * log(s) / s);
38          return r1 * s;
39      } else {
40          sw = 0;
41          return r2 * s;
42      }
43  }
```

（注）s == 0 のチェックは用心のためである。特に rnd() が [†]線形合同法の乱数なら r1, r2 が同時に 0 になることはないので不要である。s >= 1 は s > 1 でもよいが，万一 $s = 0$ になれば 0 が続けて 2 回出るので気持ちが悪い。

[1] Milton Abramowitz and Irene A. Stegun, editors. *Handbook of Mathematical Functions*. United States Government Printing Office, 1964. Reprinted by Dover, 1965.

正弦積分　sine integral

$\mathrm{Si}(x) = \int_0^x t^{-1} \sin t \, dt$ を正弦積分という。ほかに $\mathrm{si}(x) = \mathrm{Si}(x) - \pi/2$ という変種もある。

x の小さいところでは $\sin t$ の級数展開を t で割って項別に積分し

$$\mathrm{Si}(x) = x - \frac{x^3}{3! \cdot 3} + \frac{x^5}{5! \cdot 5} - \frac{x^7}{7! \cdot 7} + \cdots$$

として求められる。x の大きいところでは，補助的な関数

$$f(x) \sim \frac{1}{x}\left(1 - \frac{2!}{x^2} + \frac{4!}{x^4} - \frac{6!}{x^6} + \cdots\right), \tag{1}$$

$$g(x) \sim \frac{1}{x}\left(\frac{1!}{x} - \frac{3!}{x^3} + \frac{5!}{x^5} - \frac{7!}{x^7} + \cdots\right) \tag{2}$$

を使って $\mathrm{Si}(x) = \pi/2 - f(x)\cos x - g(x)\sin x$ と表せる。$f(x)$，$g(x)$ の式で = の代わりに ~ を使ってあるが，これは漸近展開を意味する。右辺の項数を増していくと最初は収束しそうに見えるが，項数を増し過ぎると発散する。なお，下のプログラムではこの和を求めるところで †Aitken（エイトケン）の Δ^2 法を使っている。

 si.c

Si(x) が正弦積分である。Si_series(x)，Si_asympt(x) は下請けである。

```
 1  #include <stdio.h>
 2  #include <math.h>
 3  #define PI 3.1415926535897932384626433832
 4
 5  static double Si_series(double x)                          /* 級数展開 */
 6  {
 7      int k;
 8      double s, t, u;
 9
10      s = t = x;   x = - x * x;
11      for (k = 3; k < 1000; k += 2) {
12          t *= x / ((k - 1) * k);
13          u = s;   s += t / k;
14          if (s == u) return s;
15      }
16      printf("Si_series(): 収束しません。\n");
17      return s;
18  }
19
20  double Si_asympt(double x)                                 /* 漸近展開 */
21  {
22      int k, flag;
23      double t, f, g, fmax, fmin, gmax, gmin;
24
25      fmax = gmax = 2;   fmin = gmin = 0;
26      f = g = 0;   t = 1 / x;
27      k = flag = 0;
28      while (flag != 15) {
29          f += t;   t *= ++k / x;
30          if (f < fmax) fmax = f;   else flag |= 1;
31          g += t;   t *= ++k / x;
32          if (g < gmax) gmax = g;   else flag |= 2;
33          f -= t;   t *= ++k / x;
34          if (f > fmin) fmin = f;   else flag |= 4;
35          g -= t;   t *= ++k / x;
36          if (g > gmin) gmin = g;   else flag |= 8;
```

```
37      }
38      return 0.5 * (PI - (fmax + fmin) * cos(x)
39                       - (gmax + gmin) * sin(x));
40  }
41
42  double Si(double x)
43  {
44      if (x <  0) return -Si(-x);
45      if (x < 18) return Si_series(x);
46      return              Si_asympt(x);
47  }
```

[1] Milton Abramowitz and Irene A. Stegun, editors. *Handbook of Mathematical Functions*. United States Government Printing Office, 1964. Reprinted by Dover, 1965.

整数 integer

数学でいう整数は

$$\ldots, -3, -2, -1, 0, 1, 2, 3, \ldots$$

のように正の側にも負の側にも無限に続くが，計算機で扱える整数には上限・下限がある。
C 言語の整数には次のものがある（[ ] 内は省略可）。

符号つき	符号なし	最小ビット数
signed char	unsigned char	8
short [int]	unsigned short [int]	16
int	unsigned [int]	16
long [int]	unsigned long [int]	32

単に char と書いたときの符号の有無は処理系に依存する。現在の典型的なビット数はそれぞれ 8, 16, 32, 64 である（コンパイラによっては long が 32, long long が 64）。

符号なしの型の内部表現は通常の 2 進法である。m ビットの符号なし整数の範囲は $0 \leqq x \leqq 2^m - 1$ である。この型どうしの演算は mod 2^m で行われる（⇒ †合同式）。たとえば 16 ビットの符号なし整数では $65535 + 1 = 0$, $2 - 4 = 65534$ となる。

一方，符号つきの型では，負でない数の内部表現は符号なしの場合と同じであるが，最大値は $2^{m-1} - 1$ である。負の数の内部表現は処理系に依存し，最小値は -2^{m-1} または $-2^{m-1} + 1$ である。最も一般的な "2 の補数"（two's complement）表現では，最小値は -2^{m-1} であり，負の数 $-n$ の内部表現は符号なしの数 $2^m - n$ と同じである。符号つきの型では，桁あふれの処理は処理系に依存するので，たとえば正の数の加算 i+j が桁あふれしたかどうかを if (i + j < 0) で判断できるとは限らない。

一つの式の中で符号つき・符号なしを混ぜて使うと面倒なことが起こり得る。たとえ

ば unsigned u = 2; long v = -1; のとき，比較 u > v を行ったとしよう。unsigned が 16 ビット，long が 32 ビットの処理系では，long にそろえて比較するので，期待どおり"真"となる。しかし，両者とも 32 ビットの処理系では，unsigned にそろえて比較するので，-1 は $2^{32} - 1$ と見なされ，期待に反して"偽"となる。

整数の除算　integer division

　整数 a を整数 b で割ったときの整数の商 q といえば，数学では通常，実数の商 a/b を超えない最大の整数 $\lfloor a/b \rfloor$ を意味する。また，余り r は $a - bq$ である。したがって，
$$a = bq + r, \quad 0 \leq r < |b|$$
が成り立つ。$b = 0$ のときは商も余りも定義されない。

　C 言語の整数どうしの除算の商 a / b，余り a % b は，a も b も負でない場合は上述の数学の定義どおりであるが，一方でも負の場合は処理系に依存する。これより若干遅いかもしれないが処理系に依存しない除算ルーチン div() も用意されている。これによる商と余り
$$q = \text{div}(a, b).\text{quot}, \quad r = \text{div}(a, b).\text{rem}$$
では，q は実数の商 a/b を 0 に向かって丸めたものであり，r は $a - qb$ である。long 版の ldiv() についても同様である。

　参考までに，ISO 規格の Pascal では，次のように奇妙な定義になっている。まず，商 a **div** b は C 言語の div(a, b).quot と同じ定義である。しかし，余り a **mod** b は最初に挙げた数学の定義と同じである（ただし $b \leq 0$ のときエラーとなる）。したがって，$a = bq + r$ は必ずしも成り立たない。

整数の積　integer multiplication

　整数 a，b の積を求めるアルゴリズムを強いて C で書けば次のようになる。これだけでは a*b と同じで何の役にも立たないが，行 7 の和 c += b を [†]ビットごとの排他的論理和 c ^= b に置き換えれば，新種の"積"が定義できる。この新しい積は，二つのビット列を，係数が 0 と 1 だけの多項式と見て掛け算していることに相当する（⇒ [†]有限体）。

multiply.c
符号なし整数 a，b の積を返す。

整列 **141**

```c
 1  unsigned int multiply(unsigned int a, unsigned int b)
 2  {
 3      unsigned int c;
 4
 5      c = 0;
 6      while (a != 0) {
 7          if (a & 1) c += b;
 8          b <<= 1;   a >>= 1;
 9      }
10      return c;
11  }
```

整列　sorting

データを指定された順序に並べ替えること。ソーティングともいう。

たとえば 5 個の数 8, 3, 4, 1, 4 を小さい順（昇順）に整列すると

　　1, 3, 4, 4, 8

となり，大きい順（降順）に整列すると

　　8, 4, 4, 3, 1

となる。また，4 個の文字列 gnu, gnuisance, gnews, gnomon をアルファベット順（辞書式順序）に整列すると

　　gnews, gnomon, gnu, gnuisance

となる。

データがいくつかの項目からできているとき，そのうち特定の項目について整列することがある。その項目のことを整列のキーという。たとえば，

　　(嘘, 800), (孟母, 3), (煩悩, 108), (なすび, 3)

というデータを，2 番目の項目をキーとして小さい順に整列すると，"安定な"整列アルゴリズムを使えば必ず

　　(孟母, 3), (なすび, 3), (煩悩, 108), (嘘, 800)

のように (孟母, 3) と (なすび, 3) の順序関係が整列前と同じに保たれるが，"安定でない"整列アルゴリズムではこの二つの順序が逆になることがある。

簡単な整列法には †挿入ソート，†選択ソート，†バブルソートなどがある。これらは安定であるが，実行時間はデータ数 n の 2 乗に比例する。つまり $O(n^2)$ である（⇒ $^{\dagger}O$ 記法）。挿入ソートは，ほとんど整列した入力に対しては非常に速い。

高速な整列法としては，†クイックソート，†ヒープソート，†マージソートなどがある。これらの速さは同じ $O(n \log n)$ であるが，クイックソートが平均的には最も高速である。マージソートを除いて安定ではない。

†Shell ソートは単純な方法と高速な方法のほぼ中間に位置する。安定ではない。

対象があまり広くない範囲の整数であれば，†分布数えソート，†逆写像ソートが最高速である。ともに安定で，$O(n)$ である。桁構造のあるデータには †ラディックス・ソートもよい。安定で，桁数 m のデータに対して手間は $O(mn)$ である。

[1] Donald E. Knuth. *The Art of Computer Programming*. Volume 3: *Sorting and Searching*. Addison-Wesley, second edition 1997.

宣教師と人食い人　missionaries and cannibals

3 人の宣教師と 3 人の人食い人が川を渡ろうとしている。川には 2 人乗りのボートが 1 そうある。こちら側，向こう側，ボートの上のいずれについても，人食い人の数が宣教師の数より多いと，宣教師は食べられてしまう。6 人が無事川を渡ることはできるであろうか。

 cannibal.c

定数 M, C, B は宣教師の数，人食い人の数，ボートの定員である。mh[i], ch[i] が時刻 i ($= 0, 1, 2, \ldots$) でのこちら側の宣教師，人食い人の数である。mb[j], cb[j] はボートに乗る宣教師，人食い人の人数として可能な値の対 ($j = 0, 1, \ldots, \text{np} - 1$) で，これは main() の頭でセットする。flag[m][c] はこちら側の宣教師，人食い人の人数の対 (m, c) が不可であることを表すフラグである。偶数時刻（船は向こうに行く），奇数時刻（船はこちらに来る）に応じて違うビットを立てる。全く可能性のない組合せだけ main() でセットしておき，あとは同じ状態の再現を防ぐため try() の後半で随時立てたり倒したりする。

```c
1  #include <stdio.h>
2  #include <stdlib.h>
3
4  #define M  3                                            /* 宣教師の数 */
5  #define C  3                                            /* 人食い人の数 */
6  #define B  2                                            /* ボートの定員 */
7
8  int np, solution;
9  unsigned char mb[(B+1)*(B+2)/2], cb[(B+1)*(B+2)/2],
10     mh[2*(M+1)*(C+1)], ch[2*(M+1)*(C+1)], flag[M+1][C+1];
11
12 void found(int n)                                       /* 解の表示 */
13 {
14     int i;
```

```
15      static char mmm[] = "MMMMMMMMMM", ccc[] = "CCCCCCCCCC";
16
17      printf("解_%d\n", ++solution);
18      for (i = 0; i <= n; i++) {
19          printf("%4d__%-*.*s_%-*.*s__/__%-*.*s_%-*.*s\n",
20              i, M, mh[i], mmm, C, ch[i], ccc,
21                  M, M - mh[i], mmm, C, C - ch[i], ccc);
22      }
23  }
24
25  void try(void)                                          /* 再帰的に試す */
26  {
27      static i = 0;
28      int j, m, c;
29
30      i++;
31      for (j = 1; j < np; j++) {
32          if (i & 1) {                                    /* 奇数回目は向こうに行く */
33              m = mh[i - 1] - mb[j];  c = ch[i - 1] - cb[j];
34          } else {                                        /* 偶数回目はこちらに来る */
35              m = mh[i - 1] + mb[j];  c = ch[i - 1] + cb[j];
36          }
37          if (m < 0 || c < 0 || m > M || c > C ||
38                  (flag[m][c] & (1 << (i & 1)))) continue;
39          mh[i] = m;  ch[i] = c;
40          if (m == 0 && c == 0) found(i);
41          else {
42              flag[m][c] |= 1 << (i & 1);  try();
43              flag[m][c] ^= 1 << (i & 1);
44          }
45      }
46      i--;
47  }
48
49  int main(void)
50  {
51      int m, c;
52
53      np = 0;
54      for (m = 0; m <= B; m++) for (c = 0; c <= B - m; c++)
55          if (m == 0 || m >= c) {
56              mb[np] = m;  cb[np] = c;  np++;
57          }
58      for (m = 0; m <= M; m++) for (c = 0; c <= C; c++)
59          if ((m > 0 && m < c) || (m < M && M - m < C - c))
60              flag[m][c] |= 1 | 2;
61      mh[0] = M;  ch[0] = C;  flag[M][C] |= 1;
62      solution = 0;  try();
63      if (solution == 0) printf("解はありません。\n");
64      return 0;
65  }
```

144　線形計画法

線形計画法　<u>linear programming</u>

たとえば変数 x_1, x_2（いずれも $\geqq 0$）が

$$3x_1 + 5x_2 \leqq 15, \quad 2x_1 + x_2 \geqq 4, \quad x_1 - x_2 = 1 \tag{1}$$

のようないくつかの1次不等式や1次方程式の条件を満たすとき，たとえば

$$y = x_1 + x_2 + 1 \tag{2}$$

のような1次式（目的関数）の最小値（または最大値）とそのときの x_1, x_2 の値を求めるのが線形計画（LP）の問題である。

　最大値を求める問題は，目的関数の符号を変えれば最小値を求める問題になるので，以下では最小値の問題だけ考える。

　以下は Dantzig（ダンツィヒ）のシンプレックス（単体）法という古典的なアルゴリズムである。Karmarkar（カーマーカー）法など新しい方法もいくつか提案されているが，超大規模な問題以外は今でもシンプレックス法が良いようである。

　上の例題についてアルゴリズムを説明する。まず余分な変数（スラック変数）x_3, x_4（いずれも $\geqq 0$）を導入し，条件 (1) を

$$3x_1 + 5x_2 + x_4 = 15, \quad 2x_1 + x_2 - x_3 = 4, \quad x_1 - x_2 = 1 \tag{3}$$

と等式の形に書き直す。次に，この条件を満たす初期値を見つけ，それを改良していくのであるが，条件 (3) のままでは初期値を見つけにくいので，さらに余分な変数（人為変数）x_5, x_6（いずれも $\geqq 0$）を導入し，与えられた条件を次のように変形する（左辺が負にならないようにしておく）。

$$\begin{aligned}
15 &= 3x_1 + 5x_2 &&+ 1x_4 \\
4 &= 2x_1 + 1x_2 - 1x_3 &&+ 1x_5 \\
1 &= 1x_1 - 1x_2 &&+ 1x_6
\end{aligned} \tag{4}$$

この形ならば次の値が条件を満たすことは明白である。

$$x_1 = x_2 = x_3 = 0, \quad x_4 = 15, \quad x_5 = 4, \quad x_6 = 1 \tag{5}$$

ただし，条件 (4) と条件 (1) が同値なのは $x_5 = x_6 = 0$ のときだけである。そこで，まず (5) を初期値として，

$$z = x_5 + x_6 = -3x_1 + x_3 + 5 \tag{6}$$

を最小化することから始める。$x_5 \geqq 0$，$x_6 \geqq 0$ であるから，もし (6) を 0 にできれば，$x_5 = x_6 = 0$ とできたことになる。もし (6) の最小値が 0 にならないなら，条件 (1) を満たす解は存在しない。ここまでがアルゴリズムのフェーズ 1 である。

　式 (6) の最小化は次のようなシンプレックス表を書いて行う。

線形計画法　**145**

	x_1	x_2	x_3	x_4	x_5	x_6
-5	-3	0	1	0	0	0
15	3	5	0	1	0	0
4	2	1	-1	0	1	0
1	1	-1	0	0	0	1

この表の 1 行目は目的関数 $-3x_1 + x_3 + 5$ を表す（定数項が符号を変えて左端に来る）。2–4 行目が条件式 (4) である。

　縦に 0 1 0 0，0 0 1 0，0 0 0 1 と並んだ欄をもつ変数以外はすべて 0 とする。この表では $x_4 = 15$，$x_5 = 4$，$x_6 = 1$ 以外はすべて 0 である。変数の値が 0 以上であるという条件より，2–4 行目の左端は 0 以上でなければならない。

　上のことから，特に 1 行目（目的関数の行）が 0 でない変数は 0 であるので，表の左上隅の -5 の符号を変えた 5 がこの時点での目的関数の値である。目的関数を最小化するためには，縦に 0 1 0 0，0 0 1 0，0 0 0 1 と並んだ列を移動させるような表の同値変換を繰り返し，左上隅の値を大きくしていく。

　具体的には，たとえば上の表で斜体文字で書いた *1* に注目し，これの属する行の -3 倍，3 倍，2 倍をそれぞれ 1 行目，2 行目，3 行目から引くと，表は

-2	0	-3	1	0	0	3
12	0	8	0	1	0	-3
2	0	3	-1	0	1	-2
1	1	-1	0	0	0	1

となり，目的関数の値は 2 に減る。

　次に，上の表の 3 に注目し，この行全体を 3 で割り，その -3 倍，8 倍，-1 倍をそれぞれ 1 行目，2 行目，4 行目から引くと，表は

0	0	0	0	0	1	1
$\frac{20}{3}$	0	0	$\frac{8}{3}$	1	$-\frac{8}{3}$	$\frac{7}{3}$
$\frac{2}{3}$	0	1	$-\frac{1}{3}$	0	$\frac{1}{3}$	$-\frac{2}{3}$
$\frac{5}{3}$	1	0	$-\frac{1}{3}$	0	$\frac{1}{3}$	$\frac{1}{3}$

となり，目的関数は 0 になった。もうこれ以上減らせないので，目的関数の最小値は 0，したがって人為変数 x_5, x_6 は 0 である。x_5, x_6 を捨て，目的関数を本来の式 (2) に戻すと

-1	1	1	0	0
$\frac{20}{3}$	0	0	$\frac{8}{3}$	1
$\frac{2}{3}$	0	1	$-\frac{1}{3}$	0
$\frac{5}{3}$	1	0	$-\frac{1}{3}$	0

となる。縦に 0 1 0 0，0 0 1 0，0 0 0 1 と並んだ欄を回復するために 3，4 行目を 1 行目か

146 線形計画法

ら引くと，

$-\frac{10}{3}$	0	0	$\frac{2}{3}$	0
$\frac{20}{3}$	0	0	$\frac{8}{3}$	1
$\frac{2}{3}$	0	1	$-\frac{1}{3}$	0
$\frac{5}{3}$	1	0	$-\frac{1}{3}$	0

となる。この時点での目的関数の値は $\frac{10}{3}$ で，これ以上は減らせない。したがって，これが求める最小値である。そのときの各変数の値 $x_1 = \frac{5}{3}$, $x_2 = \frac{2}{3}$, $x_3 = 0$, $x_4 = \frac{20}{3}$ も表から読み取れる。

線形計画法はたとえば次のような問題に適用できる。

- いくつかの制約条件の下に n 種類の製品を生産する。利潤を最大にするには各製品をどれだけ生産すればよいか。
- 家畜に n 種類の餌を与える。必要な栄養素の量を確保し，しかも餌代を最小にするにするには，どのような配分で餌を与えればよいか。
- 物資をいくつかの供給地から幾つかの消費地に運ぶ。各供給地で供給できる量，各消費地で必要な量が与えられたとき，運搬費を最小にするには，どこからどこにどれだけ運搬すればよいか。

これらの問題では変数の値が負にならないので，$x_j \geq 0$ という条件は自然なものである。もし条件が $x_j \geq \alpha\ (\neq 0)$ なら，条件式，目的関数中の x_j をすべて $x_j - \alpha$ で置き換える。また，もし x_j に下限がないなら，余分な変数 $\xi\ (\geq 0)$ を導入して，x_j をすべて $x_j - \xi$ で置き換える（余分な変数を使わずアルゴリズムを修正して任意の上限，下限に対応することもできる）。

線形計画は回帰分析にも応用できる。たとえば最小2乗法でなく残差の絶対値の和

$$S = \sum_{i=1}^{n} \left| \sum_{j=1}^{m} a_{ij} b_j - c_j \right|$$

を最小にする回帰係数 b_j を線形計画法で求めるには，$b_j = x_j - \xi\ (j = 1, 2, \ldots, m)$ と置いて，

$$-y_i \leq \sum_{j=1}^{m} a_{ij}(x_j - \xi) - c_j \leq y_i, \qquad i = 1, 2, \ldots, n$$

の条件の下に $S = \sum_{i=1}^{n} y_i$ を最小化する x_j, ξ, y_i（いずれも ≥ 0）を求める。残差の絶対値の最大値を最小に抑えるような回帰分析も同様にして解ける。

simplex.c

シンプレックス法プログラム。上述の例題を解くには，標準入力から次の表の左欄のように入力する。

入力	意味
3 2	式3個，変数2個
1 1 1	$1x_1 + 1x_2 + 1$ を最小化
3 5 < 15	$3x_1 + 5x_2 \leq 15$
2 1 > 4	$2x_1 + 1x_2 \geq 4$
1 -1 = 1	$1x_1 - 1x_2 = 1$

すべての変数は ≥ 0 と自動的に仮定されるので，条件 $x_1 \geq 0$, $x_2 \geq 0$ を入力する必要はない。

プログラムを実行すると，途中経過（シンプレックス表）に続いて最小値 3.333... とそのときの変数の値 $x_1 = 1.666...$, $x_2 = 0.666...$ を出力する。

初版の float は double にした。

```
 1  #include <stdio.h>
 2  #include <stdlib.h>
 3
 4  #define EPS     1E-6                                    /* 無限小 */
 5  #define LARGE   1E+30                                   /* 無限大 */
 6  #define MMAX    20                              /* 行（条件）の数の上限 */
 7  #define NMAX    100                             /* 列（変数）の数の上限 */
 8
 9  double a[MMAX + 1][NMAX + 1],                        /* 条件式の係数 */
10         c[NMAX + 1],                                 /* 目的関数の係数 */
11         q[MMAX + 1][MMAX + 1],                          /* 変換行列 */
12         pivotcolumn[MMAX + 1];                          /* ピボット列 */
13  int m, n,                                /* 行（条件），列（変数）の数 */
14      n1,                                  /* n + 負のスラック変数の数 */
15      n2,                                  /* n1 + 正のスラック変数の数 */
16      n3,                                       /* n2 + 人為変数の数 */
17      jmax,                                             /* 最右列の番号 */
18      col[MMAX + 1],                               /* 各行の基底変数の番号 */
19      row[NMAX + 2*MMAX + 1],      /* その列が基底なら対応する条件の番号，そうでなければ 0 */
20      nonzero_row[NMAX + 2*MMAX + 1];    /* スラック・人為変数の 0 でない行 */
21  char inequality[MMAX + 1];                             /* <, >, = */
22
23  void error(char *message)                           /* エラー表示，終了 */
24  {
25      fprintf(stderr, "\n%s\n", message);  exit(1);
26  }
27
28  double getnum(void)                            /* 実数を標準入力から読む */
29  {
30      int r;
31      double x;
```

148 線形計画法

```c
32
33      while ((r = scanf("%lf", &x)) != 1) {
34          if (r == EOF) error("入力エラー");
35          scanf("%*[^\n]");                       /* エラー回復のため行末まで読み飛ばす */
36      }
37      return x;
38  }
39
40  void readdata(void)                                        /* データを読む */
41  {
42      int i, j;
43      char s[2];
44
45      m = (int)getnum();  n = (int)getnum();
46      if (m < 1 || m > MMAX || n < 1 || n > NMAX)
47          error("条件の数 m または変数の数 n が範囲外です");
48      for (j = 1; j <= n; j++) c[j] = getnum();
49      c[0] = -getnum();                                      /* c[0] の符号を逆にする */
50      for (i = 1; i <= m; i++) {
51          for (j = 1; j <= n; j++) a[i][j] = getnum();
52          if (scanf(" %1[><=]", s) != 1) error("入力エラー");
53          inequality[i] = s[0];
54          a[i][0] = getnum();
55          if (a[i][0] < 0) {
56              if      (inequality[i] == '>') inequality[i] = '<';
57              else if (inequality[i] == '<') inequality[i] = '>';
58              for (j = 0; j <= n; j++) a[i][j] = -a[i][j];
59          } else if (a[i][0] == 0 && inequality[i] == '>') {
60              inequality[i] = '<';
61              for (j = 1; j <= n; j++) a[i][j] = -a[i][j];
62          }
63      }
64  }
65
66  void prepare(void)                                               /* 準備 */
67  {
68      int i;
69
70      n1 = n;
71      for (i = 1; i <= m; i++)
72          if (inequality[i] == '>') {                    /* 係数が −1 のスラック変数 */
73              n1++;  nonzero_row[n1] = i;
74          }
75      n2 = n1;
76      for (i = 1; i <= m; i++)
77          if (inequality[i] == '<') {                    /* 係数が +1 のスラック変数 */
78              n2++;  col[i] = n2;
79              nonzero_row[n2] = row[n2] = i;
80          }
81      n3 = n2;
82      for (i = 1; i <= m; i++)
83          if (inequality[i] != '<') {                            /* 人為変数 */
84              n3++;  col[i] = n3;
85              nonzero_row[n3] = row[n3] = i;
86          }
87      for (i = 0; i <= m; i++) q[i][i] = 1;
```

線形計画法　**149**

```c
 88  }
 89
 90  double tableau(int i, int j)
 91  {
 92      int k;
 93      double s;
 94
 95      if (col[i] < 0) return 0;                              /* 消した行 */
 96      if (j <= n) {
 97          s = 0;
 98          for (k = 0; k <= m; k++) s += q[i][k] * a[k][j];
 99          return s;
100      }
101      s = q[i][nonzero_row[j]];
102      if (j <= n1) return -s;
103      if (j <= n2 || i != 0) return s;
104      return s + 1;                                    /* j > n2 && i == 0 */
105  }
106
107  void writetableau(int ipivot, int jpivot)
                        /* デモンストレーションのためシンプレックス表を出力 */
108  {
109      int i, j;
110
111      for (i = 0; i <= m; i++)
112          if (col[i] >= 0) {
113              printf("%2d:␣", i);
114              for (j = 0; j <= jmax; j++)
115                  printf("%7.2f%c", tableau(i, j),
116                      (i == ipivot && j == jpivot) ? '*' : '␣');
117              printf("\n");
118          }
119  }
120
121  void pivot(int ipivot, int jpivot)                        /* 掃き出し */
122  {
123      int i, j;
124      double u;
125
126      printf("ピボット位置␣(%d,␣%d)\n", ipivot, jpivot);
127      u = pivotcolumn[ipivot];
128      for (j = 1; j <= m; j++) q[ipivot][j] /= u;
129      for (i = 0; i <= m; i++)
130          if (i != ipivot) {
131              u = pivotcolumn[i];
132              for (j = 1; j <= m; j++)
133                  q[i][j] -= q[ipivot][j] * u;
134          }
135      row[col[ipivot]] = 0;
136      col[ipivot] = jpivot;  row[jpivot] = ipivot;
137  }
138
139  void minimize(void)                                        /* 最小化 */
140  {
141      int i, ipivot, jpivot;
142      double t, u;
```

150 線形計画法

```
143
144      for ( ; ; ) {
145          for (jpivot = 1; jpivot <= jmax; jpivot++)    /* ピボット列 jpivot を見つける */
146              if (row[jpivot] == 0) {
147                  pivotcolumn[0] = tableau(0, jpivot);
148                  if (pivotcolumn[0] < -EPS) break;
149              }
150          if (jpivot > jmax) break;                                    /* 最小化完了 */
151          u = LARGE;  ipivot = 0;                       /* ピボット行 ipivot を見つける */
152          for (i = 1; i <= m; i++) {
153              pivotcolumn[i] = tableau(i, jpivot);
154              if (pivotcolumn[i] > EPS) {
155                  t = tableau(i, 0) / pivotcolumn[i];
156                  if (t < u) {  ipivot = i;  u = t;  }
157              }
158          }
159          if (ipivot == 0) {
160              printf("目的関数は下限がありません\n");
161              exit(0);
162          }
163          writetableau(ipivot, jpivot);
164          pivot(ipivot, jpivot);
165      }
166      writetableau(-1, -1);
167      printf("最小値は_%g_です\n", -tableau(0, 0));
168  }
169
170  void phase1(void)                                                     /* フェーズ 1 */
171  {
172      int i, j;
173      double u;
174
175      printf("フェーズ 1 \n");
176      jmax = n3;
177      for (i = 0; i <= m; i++)
178          if (col[i] > n2) q[0][i] = -1;
179      minimize();
180      if (tableau(0, 0) < -EPS) {
181          printf("可能な解はありません\n");
182          exit(0);
183      }
184      for (i = 1; i <= m; i++)
185          if (col[i] > n2) {
186              printf("条件_%d_は冗長です\n", i);
187              col[i] = -1;
188          }
189      q[0][0] = 1;
190      for (j = 1; j <= m; j++) q[0][j] = 0;
191      for (i = 1; i <= m; i++)
192          if ((j = col[i]) > 0 && j <= n && (u = c[j]) != 0)
193              for (j = 1; j <= m; j++)
194                  q[0][j] -= q[i][j] * u;
195  }
196
197  void phase2(void)                                                     /* フェーズ 2 */
198  {
```

```
199     int j;
200
201     printf("フェーズ2\n");   jmax = n2;
202     for (j = 0; j <= n; j++) a[0][j] = c[j];                      /* 目的関数 */
203     minimize();
204 }
205
206 void report(void)                                                 /* 結果の出力 */
207 {
208     int i, j;
209
210     printf("0 でない変数の値:\n");
211     for (j = 1; j <= n; j++)
212         if ((i = row[j]) != 0)
213             printf("x[%d] = %g\n", j, tableau(i, 0));
214 }
215
216 int main(void)
217 {
218     readdata();                                                   /* データを読む */
219     prepare();                                                    /* 下ごしらえ */
220     if (n3 != n2) phase1();                                       /* フェーズ1 */
221     phase2();                                                     /* フェーズ2 */
222     report();                                                     /* 結果の出力 */
223     return 0;
224 }
```

[1] J. L. Nazareth. *Computer Solutions of Linear Programming*. Oxford University Press, 1987.

線形合同法   linear congruential method

整数の一様 [†]乱数を発生するポピュラーな方法。適当な初期値 x_0 から出発し，漸化式

$$x_i = (ax_{i-1} + c) \bmod M, \qquad i = 1, 2, 3, \ldots$$

で次々に $0 \leq x_i < M$ の範囲の値を生成する（$p \bmod q$ は p を q で割った余り）。実際には，たとえば32ビットの符号なし整数型を使えば，自動的に $M = 2^{32}$ で $\bmod M$ の計算になる。

M が2の累乗なら $a \bmod 8$ を5または3とし（5の方が安全），定数項 c は奇数とする。このとき，周期はちょうど M になり，その1周期分には0から $M-1$ までの整数が1個ずつ現れる [1]。

高速にするには，$c = 0$ とし，初期値 x_0 を奇数にする。ただし，周期は $M/4$ になる。線形合同法乱数の下位 k ビットだけを見れば，周期はたかだか 2^k である。一般に，

合同法乱数は，上位の桁はランダムだが，下位の桁はランダムでない

152 線形合同法

といえる。したがって，たとえば 32 ビットの符号なし整数の合同法乱数 irnd() から 0 以上 7 以下の整数の一様乱数を作るには irnd() % 8 ではなく irnd() >> 29 としなければならない。一般に 0 以上 M 未満の整数の一様乱数 x から 0 以上 L 未満（$L \leq M$）の整数の一様乱数 y を作るには，$1 \leq D \leq \lfloor M/L \rfloor$ の範囲のなるべく大きい整数 D を選んでおき，$y \leftarrow x/D$ とし，$y \geq L$ になったらやり直す。

周期 M の合同法乱数を k 個並べて k 次元空間の点 $(x_i, x_{i+1}, \ldots, x_{i+k-1})$ を作ると，当然のことながら M 種類の点しか現れず，M^k 個の格子点のほとんどは空いたままである。これが，

> 合同法乱数は，1 個ずつ使えばランダムだが，いくつか組にして使えばランダムでない

といわれるゆえんである。しかし，乗数 a をうまく選べば，このような多次元分布の悪さをあまり目立たないようにできる。このような意味で良い乗数 a の値としては，$M = 2^{32}$ のとき，

  69069, 1664525, 39894229, 48828125, 1566083941, 1812433253, 2100005341

などがある [1,2]。よく使われる悪い乗数に 65539 がある。最近出た本にも 65539 を推賞しているものがあった。線形合同法より多次元分布の良い乱数については ⇒ †M 系列乱数。

以下では 2 通りのプログラム例を挙げる。macrornd.c はマクロで実現した簡単なもの，crnd.c は定数項が 0 でないものである。なお，†rand()，†Wichmann–Hill の乱数発生法の項目にも線形合同法のプログラム例がある。

 macrornd.c

C 言語のマクロで実現した簡単な線形合同法乱数。

rnd() は $0 < $ rnd() < 1 の範囲の実数の一様乱数を発生する。

init_rnd() は乱数の初期値（種）を設定・変更する。たとえば init_rnd((unsigned long)time(NULL)); のようにして使う。

```
1  #include <limits.h>
2  static unsigned long seed = 1;                                    /* 奇数 */
3  #define rnd() (seed *= 69069UL, seed / (ULONG_MAX + 1.0))
4  #define init_rnd(x) (seed = (unsigned long)(x) | 1)
```

 crnd.c

irnd() は線形合同法により 0 以上 ULONG_MAX（unsigned long 型の最大値，$\geq 2^{32} - 1$）以下の整数の乱数を発生する。

rnd() は $0 \leq$ rnd() < 1 の範囲の実数の一様乱数を発生する。

init_rnd() は乱数の初期値（種）を設定・変更する。たとえば init_rnd((unsigned long)time(NULL)); のようにして使う。

```
 1  #include <limits.h>
 2
 3  static unsigned long seed = 1;                              /* 任意 */
 4
 5  void init_rnd(unsigned long x)
 6  {
 7      seed = x;
 8  }
 9
10  unsigned long irnd(void)
11  {
12      seed = seed * 1566083941UL + 1;
13      return seed;
14  }
15
16  double rnd(void)                                    /* $0 \leq$ rnd() $< 1$ */
17  {
18      return (1.0 / (ULONG_MAX + 1.0)) * irnd();
19  }
```

[1] Donald E. Knuth. *The Art of Computer Programming*. Volume 2: *Seminumerical Algorithms*. Addison-Wesley, third edition 1997.

[2] 伏見 正則．『乱数』．東京大学出版会，1989．

選択　selection

与えられた n 個のもののうち小さい方から数えて k 番目の値（⇒ [†]五数要約）を求めるアルゴリズムを選択アルゴリズムということがある。

[†]整列してから k 番目の値を求める方法では，[†]クイックソートの類でも平均して $O(n \log n)$ の時間を要するが，次のようにクイックソートを変形すれば平均して $O(n)$ の時間でできる：クイックソートは，配列をある数 x 以下のものとそれ以上のものとに二分し，そのおのおのをさらに整列するが，配列を二分した時点で k 番目の値はそのどちらに含まれるか確定するので，その側だけについて上のことを繰り返す。このアルゴリズムもクイックソートとともに Hoare（ホア）による。

 select.c

a[0] から a[n − 1] までの n 個のもののうち小さい方から数えて k + 1 番目の値を求める（$0 \leq$ k $<$ n）。

一番内側の while のループでの比較の回数は，合計して n + n/2 + n/4 + ⋯ ≒ 2n 回

154 選択ソート

ほどである。

```
1  keytype select(keytype a[], int n, int k)
2  {
3      int i, j, left, right;
4      keytype x, t;
5  
6      left = 0;  right = n - 1;
7      while (left < right) {
8          x = a[k];  i = left;  j = right;
9          for ( ; ; ) {
10             while (a[i] < x) i++;
11             while (x < a[j]) j--;
12             if (i >= j) break;
13             t = a[i];  a[i] = a[j];  a[j] = t;
14             i++;  j--;
15         }
16         if (i <= k) left = j + 1;
17         if (k <= j) right = i - 1;
18     }
19     return a[k];
20 }
```

選択ソート　selection sort

†整列アルゴリズムの一つ。単純選択法ともいう。実行時間は $O(n^2)$ である（個数の 2 乗に比例する）。

選択ソートで n 個の値 $a_0, a_1, \ldots, a_{n-1}$ を小さい順（昇順）に並べ替えるには，まず全体を通読して最小のものを見つけ，それを先頭の a_0 と交換する。次に，$a_1, a_2, \ldots, a_{n-1}$ を通読してその中で最小のものを見つけ，それを a_1 と交換する。さらに，$a_2, a_3, \ldots, a_{n-1}$ を通読してその中で最小のものを見つけ，それを a_2 と交換する。以下同様に続ける。

次に挙げる選択ソートアルゴリズムは安定でない（安定にすることは可能である）。

slctsort.c

selectsort(n, a) は a[0] から a[n-1] までの n 個を昇順に整列する。降順に整列するには行 10 の不等号の向きを逆にする。

a[first] から a[last] までの last − first + 1 個の数を整列するのであれば，

```
    selectsort(last - first + 1, &a[first]);
```

として呼び出す。

行 10 の比較は，各 i について $n - 1 - i$ 回実行される。i は 0 から $n - 2$ まで動くので，結局全部で $\sum_{i=0}^{n-2}(n - 1 - i) = \frac{1}{2}n(n - 1)$ 回の比較が行われる。したがって，実行時間はほぼ n の 2 乗に比例する。

選択ソート　**155**

```c
1  typedef int keytype;
2  void selectsort(int n, keytype a[])
3  {
4      int i, j, k;
5      keytype min;
6
7      for (i = 0; i < n - 1; i++) {
8          min = a[i];   k = i;
9          for (j = i + 1; j < n; j++)
10             if (a[j] < min) {  min = a[j];   k = j;   }
11         a[k] = a[i];   a[i] = min;
12     }
13 }
```

そ

素因数分解   factorization into primes

合成数（†素数でない数）を素数の積の形に書き表すこと。例: $12 = 2^2 \times 3$。

合成数 x の素因数分解に現れる素数を x の素因数という。たとえば 12 の素因数は 2 と 3 である。合成数 x は $p \leq \sqrt{x}$ を満たす素因数 p を持つ。

ある数がたとえば 2×7 とも 3×5 とも書けるというようなことはありえない（素因数分解の一意性）。

素因数分解するには素数 $2, 3, 5, \ldots$ で順に割っていけばよいが，そのためには素数表を持っていなければならない。次のプログラムでは，3 以上の素数はすべて奇数であることを使って，2 および 3 以上の奇数で割っている。3 以上の奇数には 9 のように素数でないものも含まれるが，9 で割る前に 3 で割っているので，9 で割り切れることはない。さらに能率を上げるには，最初の 2 と 3 を除いて $5, 7, 11, 13, 17, 19, 23, 25, 29, 31, \ldots$ のように交互に 2，4 ずつ離れた数で割っていく。素数がすべてこの中に含まれることは明らかであろう。より高級な工夫については文献 [1] を参照されたい。フリーソフトウェア UBASIC ([2]，⇒ †多倍長演算) には種々の高度な素因数分解アルゴリズムのプログラム例が付いている（すでに UBASIC は入手困難である。現在は，Ruby や Python など多くの言語で無限多倍長演算がサポートされている）。

📄 factoriz.c

```
 1  void factorize(int x)
 2  {
 3      int d, q;
 4
 5      printf("%5d = ", x);
 6      while (x >= 4 && x % 2 == 0) {
 7          printf("2 * ");   x /= 2;
 8      }
 9      d = 3;  q = x / d;
10      while (q >= d) {
11          if (x % d == 0) {
12              printf("%d * ", d);   x = q;
13          } else d += 2;
14          q = x / d;
15      }
16      printf("%d\n", x);
17  }
```

   [1] 和田 秀男, 『コンピュータと素因子分解』. 遊星社, 1987.

[2] 木田 祐司. 『UBASIC86 ユーザーズマニュアル』. 日本評論社, 1990.

相関係数　correlation coefficient

n 対の数値 $(x_1, y_1), (x_2, y_2), \ldots, (x_n, y_n)$ についての統計量で,

$$r = \frac{1}{(n-1)s_x s_y} \sum_{i=1}^{n} (x_i - \bar{x})(y_i - \bar{y})$$

で定義される. ここで $\bar{x}$, $\bar{y}$ はそれぞれ x, y の平均値, s_x, s_y はそれぞれ x, y の標準偏差である (⇒ †平均値・標準偏差). 上式の $n-1$ は標準偏差の定義式中の $\frac{1}{n-1}$ をちょうど打ち消す形で入っている. 標準偏差の定義で $\frac{1}{n-1}$ の代わりに $\frac{1}{n}$ を用いたならば上式の $n-1$ は n にする.

相関係数 r は $-1 \leqq r \leqq 1$ の範囲にあり, "x が大きいほど y も大きい" という関係が強ければ強いほど r は 1 に近づき, 逆に "x が大きいほど y が小さい" という関係が強ければ r は -1 に近づく.

下のプログラムで, 方法 1 は上の定義式どおりに計算するもので, データを 1 回通読して $\bar{x}$, $\bar{y}$ を求め, 2 度目の通読で s_x, s_y, r を求める. 方法 2 はしばしば使われるもので, 1 回の通読で済ませる便法である. 方法 3 は現在までの平均を仮平均とするものである. これらは †平均値・標準偏差の項目で挙げた三つの方法にそれぞれ対応する.

テストのため, $(999, 1000)$, $(1000, 1001)$, $(1001, 999)$ というパターンの 66 回の繰返し (計 198 対) で手持ちの処理系で試みたところ, 次の結果を得た (単精度).

方法	s_x	s_y	r
1	0.818566	0.818566	-0.5
2	0.284988	0.284988	0
3	0.818565	0.818567	-0.5

方法 1 はこの精度で正解に一致するが, 方法 2 は全くでたらめである.

 corrcoef.c

相関係数の 3 種類の求め方を比較するプログラムである. 誤差の評価をわかりやすくするために float を使っているが, 実際の計算ではなるべく double を使う.

```
 1  #include <stdio.h>
 2  #include <math.h>
 3
 4  void corrcoef1(int n, float x[], float y[])           /* 方法 1 */
 5  {
 6      int i;
 7      float sx, sy, sxx, syy, sxy, dx, dy;
 8
```

158 相関係数

```c
 9      sx = sy = sxx = syy = sxy = 0;
10      for (i = 0; i < n; i++) {
11          sx += x[i];   sy += y[i];
12      }
13      sx /= n;   sy /= n;
14      for (i = 0; i < n; i++) {
15          dx = x[i] - sx;   dy = y[i] - sy;
16          sxx += dx * dx;   syy += dy * dy;   sxy += dx * dy;
17      }
18      sxx = sqrt(sxx / (n - 1));
19      syy = sqrt(syy / (n - 1));
20      sxy /= (n - 1) * sxx * syy;
21      printf("標準偏差 %g %g 相関係数 %g\n", sxx, syy, sxy);
22  }
23
24  void corrcoef2(int n, float x[], float y[])          /* 方法 2 */
25  {
26      int i;
27      float sx, sy, sxx, syy, sxy;
28
29      sx = sy = sxx = syy = sxy = 0;
30      for (i = 0; i < n; i++) {
31          sx += x[i];   sy += y[i];
32          sxx += x[i] * x[i];
33          syy += y[i] * y[i];
34          sxy += x[i] * y[i];
35      }
36      sx /= n;   sxx = (sxx - n * sx * sx) / (n - 1);
37      sy /= n;   syy = (syy - n * sy * sy) / (n - 1);
38      if (sxx > 0) sxx = sqrt(sxx);   else sxx = 0;
39      if (syy > 0) syy = sqrt(syy);   else syy = 0;
40      sxy = (sxy - n * sx * sy) / ((n - 1) * sxx * syy);
41      printf("標準偏差 %g %g 相関係数 %g\n", sxx, syy, sxy);
42  }
43
44  void corrcoef3(int n, float x[], float y[])          /* 方法 3 */
45  {
46      int i;
47      float sx, sy, sxx, syy, sxy, dx, dy;
48
49      sx = sy = sxx = syy = sxy = 0;
50      for (i = 0; i < n; i++) {
51          dx = x[i] - sx;   sx += dx / (i + 1);
52          dy = y[i] - sy;   sy += dy / (i + 1);
53          sxx += i * dx * dx / (i + 1);
54          syy += i * dy * dy / (i + 1);
55          sxy += i * dx * dy / (i + 1);
56      }
57      sxx = sqrt(sxx / (n - 1));
58      syy = sqrt(syy / (n - 1));
59      sxy /= (n - 1) * sxx * syy;
60      printf("標準偏差 %g %g 相関係数 %g\n", sxx, syy, sxy);
61  }
```

双曲線関数　hyperbolic functions

次の式で定義される $\sinh x$（双曲線正弦，hyperbolic sine），$\cosh x$（双曲線余弦，hyperbolic cosine），$\tanh x$（双曲線正接，hyperbolic tangent）を双曲線関数と総称する。

$$\sinh x = \frac{e^x - e^{-x}}{2}, \quad \cosh x = \frac{e^x + e^{-x}}{2}, \quad \tanh x = \frac{\sinh x}{\cosh x}.$$

ひもの両端を持ってたるませたときできる U 字形の曲線（懸垂線，カテナリー）は $y = \cosh x$ に相似である。

C 言語には双曲線関数を求めるライブラリ関数 sinh(x), cosh(x), tanh(x) がある。自作するには以下の点に注意する。まず，$e^{-x} = 1/e^x$ であるから，e^x と e^{-x} を別々に求める必要はない。また，$x \doteqdot 0$ で $\sinh x$ を定義どおりに計算すると桁落ちが生じるので，級数展開

$$\sinh x = x + x^3/3! + x^5/5! + x^7/7! + \cdots$$

に切り替える。x^3 の項まで使うとすれば誤差は x^5 程度であるから，級数展開を使わなかったときの絶対誤差を[†]機械エプシロン ε 程度とすれば，$|x| \doteqdot \varepsilon^{1/5}$ 程度で切り替えればよい（実際には実験で決める）。同様の理由で $\tanh x$ も $x \doteqdot 0$ では

$$\tanh x = x - x^3/3 + 2x^5/15 - 17x^7/315 + \cdots$$

を使う。また，$\tanh x$ は $-1 < \tanh x < 1$ なので桁あふれしないはずであるが，e^x を使って求めると途中で桁あふれを起こす。下位桁あふれを黙って 0 にしてくれる処理系では，$x < 0$ なら $1 - 2/(1 + e^{2x})$，$x > 0$ なら $2/(1 + e^{-2x}) - 1$ とすればよい。あるいは，$e^{-2|x|} < \varepsilon/2$ となる x の範囲で $\tanh x = \pm 1$（± は x の符号と同じ）にしてしまう。

hyperb.c

自家製双曲線関数 my_sinh(x), my_cosh(x), my_tanh(x) である。

```
 1  #include <math.h>
 2  #define EPS5 0.001                              /* DBL_EPSILON の 1/5 乗程度 */
 3
 4  double my_sinh(double x)                        /* 自家製 sinh x */
 5  {
 6      double t;
 7
 8      if (fabs(x) > EPS5) {
 9          t = exp(x);
10          return (t - 1 / t) / 2;
11      }
12      return x * (1 + x * x / 6);
13  }
14
15  double my_cosh(double x)                        /* 自家製 cosh x */
```

```
16  {
17      double t;
18
19      t = exp(x);
20      return (t + 1 / t) / 2;
21  }
22
23  double my_tanh(double x)                                    /* 自家製 tanh x */
24  {
25      if (x >  EPS5) return 2 / (1 + exp(-2 * x)) - 1;
26      if (x < -EPS5) return 1 - 2 / (exp(2 * x) + 1);
27      return x * (1 - x * x / 3);
28  }
```

挿入ソート   insertion sort

†整列アルゴリズムの一つ。単純挿入法ともいう。安定である（同順位のものの順序関係が保たれる）。実行時間は $O(n^2)$ である（個数の 2 乗に比例する）が，ほぼ整列しているデータに対しては非常に速いので，†クイックソートでおおまかな整列をして挿入ソートで整列を完成するという方法がよく使われる。

ある時点で次のように最初の 4 個まで整列したとしよう：

　　　1, 3, 5, 6, 4, 7, 2

5 番目の要素 '4' を含めて整列するには，まずその '4' をとりあえず外す：

　　　1, 3, 5, 6, □, 7, 2

この空いた位置を利用して '4' より大きい要素を次々に右隣に移動する：

　　　1, 3, 5, □, 6, 7, 2
　　　1, 3, □, 5, 6, 7, 2

ここで □ の位置に '4' を戻す。たまたま次の要素が '7' であるので，最初の 6 個まで整列できたことになる。

選択ソートと比べて，項目を移動する回数は増えるが，比較の回数は平均して半分になる。

inssort.c

挿入ソートで a[0..n-1] を小さい順（a[0] ≦ a[1] ≦ ⋯ ≦ a[n-1]）に並べ替える。keytype はデータ a[i] の型である。

素数　**161**

```
1  void inssort(int n, keytype a[])
2  {
3      int i, j;
4      keytype x;
5
6      for (i = 1; i < n; i++) {
7          x = a[i];
8          for (j = i - 1; j >= 0 && a[j] > x; j--)
9              a[j + 1] = a[j];
10         a[j + 1] = x;
11     }
12 }
```

ちなみに，標準 Pascal では，上の行 8–9 を

$j := i - 1;$
while $(j \geqq 0)$ **and** $(a[j] > x)$ **do begin**
$\quad a[j+1] := a[j]; \quad j := j - 1$
end;

と書くと，$j \geqq 0$ が偽でも $a[j] > x$ を評価するので，$a[-1]$ まで参照し，実行時エラーを起こすことがある。C や Modula-2 では **and** の前が偽なら後ろは評価されない。

なお，もし a[-1] が利用可能なら，そこに可能な最小の値（整数なら INT_MIN）を入れておけば，行 8 は単に

```
8          for (j = i - 1; a[j] > x; j--)
```

でよい。この a[-1] のような要素のことを [†]番人という。

a[-1] が使えないなら，次のように，最後の要素の一つあと（a[n]）に，可能な最大の値（整数なら INT_MAX）を入れておき，不等号と添字の走る向きとを逆にする：

```
5      a[n] = INT_MAX;                              /* †番人 */
6      for (i = n - 2; i >= 0; i--) {
7          x = a[i];
8          for (j = i + 1; a[j] < x; j++)
9              a[j - 1] = a[j];
10         a[j - 1] = x;
11     }
```

素数　prime numbers, primes

正の約数を 2 個（1 と自分自身）しか持たない 2 以上の整数。素数でない 2 以上の整数を合成数（composite numbers, composites）という。合成数は素数の積に分解できる（[†]素因数分解）。

100 以下の素数は次の 25 個である：

2, 3, 5, 7, 11, 13, 17, 19, 23, 29, 31, 37, 41, 43, 47, 53, 59, 61, 67, 71, 73, 79, 83, 89,

素数の Lucas テスト

97

素数を列挙する方法としては下の単純なもののほかに [†]Eratosthenes（エラトステネス）のふるいが有名である。

 primes.c

素数を小さい順に prime[0] から prime[N-1] まで N 個求める。方法は，最初の素数 prime[0] を 2 とし，あとは奇数 3, 5, 7, 9, ... をそれまでに見つかった素数で割ってみて，割り切れなければ素数であるので表 prime[ ] に登録する。

```
1  int prime[N];
2
3  void generate_primes(void)
4  {
5      int j, k, x;
6
7      prime[0] = 2;  x = 1;  k = 1;
8      while (k < N) {
9          x += 2;  j = 0;
10         while (j < k && x % prime[j] != 0) j++;
11         if (j == k) prime[k++] = x;
12     }
13 }
```

素数の Lucas テスト　Lucas primality test

$2^p - 1$（p は素数）の形の数を Mersenne（メルセンヌ）数という。Marin Mersenne (1588–1648) は 1644 年に，$p = 2, 3, 5, 7, 13, 17, 19, 31, 67, 127, 257$ のとき $M_p = 2^p - 1$ は素数であると主張した。これには少し間違いがある。本書初版時点では，p が 2, 3, 5, 7, 13, 17, 19, 31, 61, 89, 107, 127, 521, 607, 1279, 2203, 2281, 3217, 4253, 4423, 9689, 9941, 11213, 19937, 21701, 23209, 44497, 86243, 110503, 132049, 216091 のとき M_p は素数であることがわかっていた（M_{216091} は 10 進法で 65050 桁の数である）。現在では 2017 年 12 月に発見された $M_{77232917}$ が最大である。

Mersenne 数が素数かどうかは Lucas（ルーカス，リュカ）が 1876 年に発見した次の方法のおかげで非常に簡単に判定できる：$x_1 = 4$，$x_{i+1} = (x_i^2 - 2) \bmod M_p$ として，$x_{p-1} = 0$ なら M_p は素数，$x_{p-1} \neq 0$ なら合成数である。証明は ⇒ 文献 [1]。

Mersenne 数 $M_p = 2^p - 1$ は 2 進法で p 桁の数 $(111\ldots1)_2$ であり，Lucas テストの x_i はたかだか p ビットである。p ビットの数の最上位桁は 2^{p-1} であるが，その一つ左は $2^p \bmod M_p = 1$ となるので，左からあふれた桁は右から入ってくると考えて計算すればよい。

lucas.c

prime(p) は，素数 p ($\leqq$ N) を与えると $2^p - 1$ が素数なら 1，合成数なら 0 を返す．

```c
 1  char a[N + 1], x[N];
 2
 3  int prime(int p)
 4  {
 5      int h, i, j, k, s;
 6
 7      for (i = 0; i < p; i++) a[i] = 0;
 8      a[2] = 1;                                          /* a = 4 */
 9      for (k = 2; k < p; k++) {
10          for (i = 0; i < p; i++) {
11              x[i] = a[i];   a[i] = 1;
12          }
13          a[1] = 0;                                      /* a = -2 mod M_p */
14          for (i = 0; i < p; i++)
15              if (x[i]) {
16                  s = 0;  h = i;
17                  for (j = 0; j < p; j++) {
18                      s = (s >> 1) + a[h] + x[j];
19                      a[h] = s & 1;   h = (h + 1) % p;
20                  }
21                  if (s > 1) {
22                      while (a[h]) {
23                          a[h] = 0;  h = (h + 1) % p;
24                      }
25                      a[h] = 1;
26                  }
27              }
28      }
29      a[p] = 1 - a[0];                                   /* †番人 */
30      i = 1;
31      while (a[i] == a[0]) i++;
32      return (i == p);
33  }
```

[1] 和田 秀男．『コンピュータと素因子分解』．遊星社，1987．53–57 ページ．

対数　logarithm

$x = a^y$, $a > 0$, $a \neq 1$ のとき, $y = \log_a x$ と書き, y は x の（a を底とする）対数であるという。特に, [†]自然対数の底 $e = 2.718\cdots$ を底とする対数 $\log_e x$ は, $\ln x$ とも書き, 自然対数（natural logarithm）という。自然対数を単に $\log x$ と書くことも多い。自然対数以外では, 10 進桁数に相当する $\log_{10} x$（常用対数）, ビット数に相当する $\log_2 x$ をよく使う。$\log_a x = (\log_b x)/(\log_b a)$ であるので, 底の違いは定数因子の違いに過ぎない。したがって, たとえば [†]クイックソートの平均実行時間が $n \log_2 n$ に比例するというのと $n \log_e n$ に比例するというのは同じことである。

自然対数を求めるには, $\log_e x$ をそのまま級数展開するより,

$$\log_e\big((1+u)/(1-u)\big) = 2(u + u^3/3 + u^5/5 + u^7/7 + u^9/9 + \cdots)$$

とする方が収束が速い。さらに速くする工夫として, $x = 2^n t$, n は整数, $\sqrt{0.5} < t \leq \sqrt{2}$ とし, $\log_e t$ に対して上の展開式を使い, $\log_e x = \log_e(2^n t) = n \log_e 2 + \log_e t$ とする。$x = 2^n t$ という分解は基数 2 の浮動小数点表現そのものであり, [†]浮動小数点数の内部表現がわかれば簡単に分解できる。C 言語にはそのためのライブラリ関数 frexp() がある。これを使えば $t = \sqrt{2}\,\mathtt{frexp}(x/\sqrt{2},\ \&n)$ とできる。

$\log_e(1 + u)$ の連分数展開

$$\cfrac{u}{1+}\cfrac{u}{2+}\cfrac{u}{3+}\cfrac{2u}{2+}\cfrac{2u}{5+}\cfrac{3u}{2+}\cfrac{3u}{7+}\cdots\cfrac{Nu}{2+}\cfrac{Nu}{2N+1}$$

も速い。やはり $x = 2^n t$ と分解してから適用すると, $x = \sqrt{2}$ で誤差が最大になる。そのときの絶対誤差は, N により次のように変わる（無限精度の計算機で）。

N	1	2	3	4	5
誤差	$4.2 \cdot 10^{-4}$	$2.9 \cdot 10^{-6}$	$2.1 \cdot 10^{-8}$	$1.6 \cdot 10^{-10}$	$1.2 \cdot 10^{-12}$
N	6	7	8	9	10
誤差	$8.6 \cdot 10^{-15}$	$6.4 \cdot 10^{-17}$	$4.7 \cdot 10^{-19}$	$3.5 \cdot 10^{-21}$	$2.6 \cdot 10^{-23}$
N	11	12	13	14	
誤差	$2.0 \cdot 10^{-25}$	$1.5 \cdot 10^{-27}$	$1.1 \cdot 10^{-29}$	$8.1 \cdot 10^{-32}$	

相加相乗平均を使って対数を求めるアルゴリズムもあるが, ループの中で平方根を使うので, 通常の精度では速くない。

log.c

上述の級数展開と連分数展開を使って自然対数 $\log_e x$ を long double で求める.

```c
 1  #include <stdio.h>
 2  #include <math.h>
 3  #define LOG2   0.69314718055994530941723212145... L        /* log_e 2 */
 4  #define SQRT2  1.41421356237309504880168872421L            /* √2 */
 5
 6  long double llog(long double x)                            /* 自然対数 (級数展開版) */
 7  {
 8      int i, k;
 9      long double x2, s, last;
10
11      if (x <= 0) {
12          fprintf(stderr, "llog(x): x <= 0\n"); return 0;
13      }
14      frexp(x / SQRT2, &k);                                  /* 2^{k-1} ≤ x/√2 < 2^k */
15      x /= ldexp(1, k);                                      /* x ← x/2^k */
16      x = (x - 1) / (x + 1);   x2 = x * x;   i = 1;   s = x;
17      do {
18          x *= x2;  i += 2;  last = s;  s += x / i;
19      } while (last != s);
20      return LOG2 * k + 2 * s;
21  }
22
23  #define N  9                                               /* 本文参照 */
24  long double llog_cf(long double x)                         /* 自然対数 (連分数版) */
25  {
26      int i, k;
27      long double s;
28
29      if (x <= 0) {
30          fprintf(stderr, "llog_cf(x): x <= 0\n"); return 0;
31      }
32      frexp(x / SQRT2, &k);                                  /* 2^{k-1} ≤ x/√2 < 2^k */
33      x /= ldexp(1, k);                                      /* x ← x/2^k */
34      x--;  s = 0;
35      for (i = N; i >= 1; i--)
36          s = i * x / (2 + i * x / (2 * i + 1 + s));
37      return LOG2 * k + x / (1 + s);
38  }
```

 [1] 一松 信. 『初等関数の数値計算』. 教育出版, 1974. 183 ページ.

多項式の計算　arithmetic on polynomials

1 文字 x の多項式 $c_n x^n + c_{n-1} x^{n-1} + \cdots + c_2 x^2 + c_1 x + c_0$ は係数 $c_n, \ldots, c_0$ を与えれば定まる. 多項式どうしの和は対応する係数を加えればよい. 積は x^p の係数と x^q の係数の積が x^{p+q} の係数になる. これらの演算は桁上げのない [†]多倍長演算に相当する.

166　多項式の計算

2文字 x, y の多項式 $\sum c_{ij} x^i y^j$ では (c_{ij}, i, j) を (i, j) の †辞書式順序に並べておけばよい。3文字以上でも同様である。

複素数係数の多項式の加減乗算・微分などを行うプログラムを挙げる。このプログラムでたとえば x, y についての多項式 $(x+y)^{10}$ を x で微分した結果を出力するには次のように入力する。% から行末までは注釈である。

```
@X,Y;              %  x, y を文字として使う
?((X+Y)^10):X;     %  (x+y)^10 を x で微分
```

結果は

```
10 * X^9 + 90 * X^8 * Y + 360 * X^7 * Y^2 + 840 * X^6 * Y^3 + 1260 * X^5 * Y^4
+ 1260 * X^4 * Y^5 + 840 * X^3 * Y^6 + 360 * X^2 * Y^7 + 90 * X * Y^8 + 10 *
Y^9
```

のように出力される。

プログラムでは多項式を，降べきの順（多変数なら指数の †辞書式順序で降順）につないだ項のリストで表している。各項は係数の実部と虚部，指数，次の項へのポインタから成る。多項式の頭としてダミーの要素を1個使う。最後の項のポインタ部は NULL とする。

線形リストの代わりに環状リストを使った多項式の加減乗算アルゴリズムが Knuth [1] にある。

 poly.c

複素数係数の多項式の加減乗算・微分などを行う。係数の実部・虚部は整数とする。

多項式は標準入力から読み込み，標準出力に書き出す。空白，改行，タブは無視する。% から行末までは注釈と見なす。

数は -234 や 12+34i のように書く。係数のない虚数単位 i, $-i$ は変数の I と区別するためにそれぞれ 1i, -1i と書く。

文字は 26 個の英字の中から最大 N_LETTER 個使える。大文字と小文字は区別しない。使う文字は最初に @x,y,z; のように @ 文で宣言する。文の最後にはセミコロンを付ける。宣言は何度行ってもかまわないが，その時点で内部状態が初期化される。

多項式を展開し同類項を簡約して出力するには，たとえば

```
? (2*x+3*y)^5;
```

のように ? 文を使う。結果を出力せずに

```
p=(2*x+3*y)^5;
```

のように他の文字に代入することもできる。左辺は，上記の @ 文て宣言した文字以外の英字とする。

演算を優先順位の順に列挙する。

- (x+y) のようなかっこで囲んだ式
- p^5 のような累乗，p:x のような微分（p:x は多項式 p を x で微分したもの），p' のような複素共役，後述の p!
- p*q のような乗算
- p+q，p-q のような加減算

同じ優先順位の演算は左から順に行う。したがって，p:x:x は p を x で2回微分したものである。

p! は，たとえば @x,y,z; と文字を宣言した場合，宣言された最初の 2 文字について $x^2 + y^2 = 1$ という関係を仮定し，多項式 p を y についてできるだけ次数が低くなるように変形したものである。

```
 1  #include <stdio.h>
 2  #include <stdlib.h>
 3  #include <ctype.h>
 4
 5  #define COMPLEX  1                                  /* 複素数を使わないなら 0 にする */
 6  typedef enum {FALSE, TRUE} boolean;
 7  #define odd(n) ((n) & 1)                                        /* 奇数か */
 8
 9  #define N_LETTER  4                                          /* 最大文字数 */
10
11  typedef long int coeftype;                            /* 係数（符号あり）*/
12  typedef unsigned short int expotype;                 /* 指数（符号なし）*/
13  typedef struct node_ {                       /* ノード（多項式の一つの項）*/
14      expotype expo[N_LETTER];                              /* 指数 */
15      coeftype real;                                        /* 実部 */
16      #if COMPLEX
17          coeftype imag;                                    /* 虚部 */
18      #endif
19      struct node_ *next;                         /* 次の項へのポインタ */
20  } node;
21
22  int table[26];                                       /* 各文字の位置 */
23  node *avail;                                      /* 未使用セルのリスト */
24  node *value[26];                              /* 各文字に代入された多項式 */
25  char letter[N_LETTER];                                   /* 文字の表 */
26  unsigned int cells;                                  /* 使用中のセル数 */
27  unsigned int max_cells;                              /* 最大使用セル数 */
28  int ch;                                          /* readch() の返す値 */
29  coeftype num;                                    /* readnum() の返す値 */
30
31  void error(char *message)                                /* エラー処理 */
32  {
33      fprintf(stderr, "\n%s\n%u_個のセル使用\n",
```

168 多項式の計算

```c
34            message, max_cells);
35      exit(1);
36 }
37
38 void readch(void)                                         /* 標準入力から文字 ch を読む */
39 {
40      boolean comment = FALSE;
41
42      do {
43          if ((ch = getchar()) == EOF) return;
44          putchar(ch);
45          if (ch == '%') comment = TRUE;                   /* % から行末までは注釈 */
46          else if (ch == '\n') comment = FALSE;
47      } while (comment || isspace(ch));                    /* 空白は無視 */
48 }
49
50 void readnum(void)                                        /* 数を読む */
51 {
52      num = ch - '0';
53      while (readch(), isdigit(ch))
54          num = num * 10 + (ch - '0');
55 }
56
57 node *new_node(void)                                      /* 新しいノードを作る */
58 {
59      node *p;
60
61      if (avail == NULL) {
62          p = malloc(sizeof(node));
63          if (p == NULL) error("メモリ不足");
64      } else {
65          p = avail;  avail = p->next;
66      }
67      if (++cells > max_cells) max_cells = cells;
68      return p;
69 }
70
71 void dispose_node(node *p)                                /* ノードを消す */
72 {
73      p->next = avail;  avail = p;  cells--;
74 }
75
76 void dispose(node *p)                                     /* 多項式を消す */
77 {
78      node *q;
79
80      q = p;  cells--;
81      while (q->next != NULL) {
82          q = q->next;  cells--;
83      }
84      q->next = avail;  avail = p;
85 }
86
87 node *constant(                                           /* 定数 */
88      coeftype re
89      #if COMPLEX
```

多項式の計算　**169**

```c
 90              , coeftype im
 91      #endif
 92      )
 93 {
 94      int i;
 95      node *p, *q;
 96
 97      p = new_node();
 98      if (re != 0
 99          #if COMPLEX
100              || im != 0
101          #endif
102                  ) {
103          q = new_node();
104          q->real = re;
105          #if COMPLEX
106              q->imag = im;
107          #endif
108          for (i = 0; i < N_LETTER; i++) q->expo[i] = 0;
109          p->next = q;  q->next = NULL;
110      } else p->next = NULL;
111      return p;
112 }
113
114 node *copy(node *p)                                      /* 多項式のコピー */
115 {
116      int i;
117      node *q, *r;
118
119      q = r = new_node();
120      while ((p = p->next) != NULL) {
121          r = r->next = new_node();
122          r->real = p->real;
123          #if COMPLEX
124              r->imag = p->imag;
125          #endif
126          for (i = 0; i < N_LETTER; i++)
127              r->expo[i] = p->expo[i];
128      }
129      r->next = NULL;
130      return q;
131 }
132
133 void change_sign(node *p)                                /* 符号反転 */
134 {
135      while ((p = p->next) != NULL) {
136          p->real = -(p->real);
137          #if COMPLEX
138              p->imag = -(p->imag);
139          #endif
140      }
141 }
142
143 void differentiate(node *p)                              /* 微分 */
144 {
145      int j;
```

170　多項式の計算

```
146      expotype e;
147      node *p1;
148
149      if (! isalpha(ch)) error("文字がありません");
150      j = table[toupper(ch) - 'A'];
151      if (j < 0) error("微分できません");
152      p1 = p;  p = p->next;
153      while (p != NULL) {
154          if ((e = p->expo[j]) != 0) {
155              p->expo[j] = e - 1;
156              p->real *= e;
157              #if COMPLEX
158                  p->imag *= e;
159              #endif
160              p1 = p;  p = p->next;
161          } else {
162              p = p->next;  dispose_node(p1->next);
163              p1->next = p;
164          }
165      }
166  }
167
168  #if COMPLEX
169  void complex_conjugate(node *p)                              /* 複素共役 */
170  {
171      while ((p = p->next) != NULL)
172          p->imag = -(p->imag);
173  }
174  #endif
175
176  void add(node *p, node *q)                              /* p ← p + q; q は消す */
177  {
178      int i;
179      expotype ep, eq;
180      node *p1, *q1;
181
182      p1 = p;  p = p->next;
183      q1 = q;  q = q->next;  dispose_node(q1);
184      while (q != NULL) {
185          while (p != NULL) {
186              for (i = 0; i < N_LETTER; i++) {
187                  ep = p->expo[i];  eq = q->expo[i];
188                  if (ep != eq) break;
189              }
190              if (ep <= eq) break;
191              p1 = p;  p = p->next;
192          }
193          if (p == NULL || ep < eq) {
194              p1->next = q;  p1 = q;  q = q->next;
195              p1->next = p;
196          } else {
197              p->real += q->real;
198              #if COMPLEX
199                  p->imag += q->imag;
200              #endif
201              if (p->real != 0
```

多項式の計算　**171**

```
202                    #if COMPLEX
203                        || p->imag != 0
204                    #endif
205                                          ) {
206                    p1 = p;   p = p->next;
207                } else {
208                    p = p->next;
209                    dispose_node(p1->next);
210                    p1->next = p;
211                }
212            q1 = q;   q = q->next;   dispose_node(q1);
213        }
214    }
215 }
216
217 node *multiply(node *x, node *y)             /* x, y の積を返す。x, y は不変 */
218 {
219     int i;
220     expotype ep, eq;
221     node *p, *p1, *q, *r, *z;
222
223     r = new_node();   r->next = NULL;   q = NULL;
224     while ((y = y->next) != NULL) {
225         p1 = r;   p = p1->next;   z = x;
226         while ((z = z->next) != NULL) {
227             if (q == NULL) q = new_node();
228             #if COMPLEX
229                 q->real = y->real * z->real - y->imag * z->imag;
230                 q->imag = y->real * z->imag + y->imag * z->real;
231             #else
232                 q->real = y->real * z->real;
233             #endif
234             for (i = 0; i < N_LETTER; i++)
235                 q->expo[i] = y->expo[i] + z->expo[i];
236             while (p != NULL) {
237                 for (i = 0; i < N_LETTER; i++) {
238                     ep = p->expo[i];   eq = q->expo[i];
239                     if (ep != eq) break;
240                 }
241                 if (ep <= eq) break;
242                 p1 = p;   p = p->next;
243             }
244             if (p == NULL || ep < eq) {
245                 p1->next = q;   p1 = q;   p1->next = p;
246                 q = NULL;
247             } else {
248                 p->real += q->real;
249                 #if COMPLEX
250                     p->imag += q->imag;
251                 #endif
252                 if (p->real != 0
253                     #if COMPLEX
254                         || p->imag != 0
255                     #endif
256                                          ) {
257                     p1 = p;   p = p->next;
```

172 多項式の計算

```
258              } else {
259                  p = p->next;
260                  dispose_node(p1->next);
261                  p1->next = p;
262              }
263          }
264      }
265      }
266      if (q != NULL) dispose_node(q);
267      return r;
268  }
269
270  node *power(node *x, expotype n)               /* x^n を返す。x は捨てる */
271  {
272      node *p, *q;
273
274      if (n == 1) return x;
275      if (n == 0) {
276          #if COMPLEX
277              p = constant(1, 0);
278          #else
279              p = constant(1);
280          #endif
281      } else {
282          p = multiply(x, x);  n -= 2;
283          if (n > 0) {
284              q = p;
285              if (odd(n)) p = multiply(q, x);
286              else        p = copy(q);
287              dispose(x);   x = q;  n /= 2;
288              if (odd(n)) {
289                  q = multiply(p, x);  dispose(p);  p = q;
290              }
291              while ((n /= 2) != 0) {
292                  q = multiply(x, x);  dispose(x);  x = q;
293                  if (odd(n)) {
294                      q = multiply(p, x);  dispose(p);  p = q;
295                  }
296              }
297          }
298      }
299      dispose(x);
300      return p;
301  }
302
303  void sincos(node *x)                            /* p^2 + q^2 = 1 の処理 */
304  {
305      int i;
306      node *p, *p1, *q, *r, *s, *t;
307
308      do {
309          i = 0;                                  /* ループ終了判定用変数 */
310          p1 = x;  p = p1->next;
311          q = r = new_node();
312          s = t = new_node();
313          while (p != NULL) {
```

多項式の計算　**173**

```
314                 if (p->expo[1] >= 2) {
315                     r = r->next = new_node();
316                     r->real = -(p->real);
317                     #if COMPLEX
318                         r->imag = -(p->imag);
319                     #endif
320                     r->expo[0] = p->expo[0] + 2;
321                     r->expo[1] = p->expo[1] -= 2;
322                     for (i = 2; i < N_LETTER; i++)
323                         r->expo[i] = p->expo[i];        /* ここを通ると i ≠ 0 になる */
324                     t = t->next = p;
325                     p1->next = p = p->next;
326                 } else {
327                     p1 = p;   p = p->next;
328                 }
329             }
330             if (i != 0) {
331                 r->next = t->next = NULL;
332                 add(x, q);   add(x, s);
333             } else {
334                 dispose_node(q);   dispose_node(s);
335             }
336     } while (i);
337 }
338
339 node *expression(void);                                 /* 式 */
340
341 node *variable(void)                                    /* 変数 */
342 {
343     int i, j;
344     node *p;
345
346     i = toupper(ch) - 'A';   j = table[i];
347     if (j >= 0) {
348         #if COMPLEX
349             p = constant(1, 0);
350         #else
351             p = constant(1);
352         #endif
353         readch();
354         if (ch == '^') {                                /* ちょっとした最適化 */
355             readch();
356             if (! isdigit(ch)) error("数がありません");
357             readnum();
358         } else num = 1;
359         (p->next)->expo[j] = (expotype) num;
360     } else {
361         if (value[i] == NULL) error("未定義の文字です");
362         p = copy(value[i]);
363         readch();
364     }
365     return p;
366 }
367
368 node *factor(void)                                      /* 因子 */
369 {
```

174　多項式の計算

```
370     node *p;
371
372     if (ch == '(') {
373         readch();  p = expression();
374         if (ch != ')') error("')'_がありません");
375         readch();
376     } else if (isdigit(ch)) {
377         readnum();
378         #if COMPLEX
379             if (toupper(ch) != 'I') p = constant(num, 0);
380             else {
381                 readch();  p = constant(0, num);
382             }
383         #else
384             p = constant(num);
385         #endif
386     } else if (isalpha(ch)) p = variable();
387     else error("因子の文法が間違っています");
388     for ( ; ; ) {
389         switch (ch) {
390         case '^':
391             readch();
392             if (! isdigit(ch)) error("数がありません");
393             readnum();  p = power(p, (expotype) num);
394             break;
395         case ':':
396             readch();  differentiate(p);  readch();
397             break;
398         case '!':
399             readch();  sincos(p);
400             break;
401         #if COMPLEX
402         case '\'':
403             readch();  complex_conjugate(p);
404             break;
405         #endif
406         default:
407             return p;
408         }
409     }
410 }
411
412 node *term(void)                                        /* 項 */
413 {
414     node *p, *q, *r;
415
416     p = factor();
417     while (ch == '*') {
418         readch();  q = p;  r = factor();
419         p = multiply(q, r);
420         dispose(q);  dispose(r);
421     }
422     return p;
423 }
424
425 node *expression(void)                                  /* 式 */
```

多項式の計算　**175**

```
426  {
427      node *p, *q;
428
429      if (ch == '-') {
430          readch();  p = term();  change_sign(p);
431      } else {
432          if (ch == '+') readch();
433          p = term();
434      }
435      for ( ; ; ) {
436          switch (ch) {
437          case '+':
438              readch();  q = term();  break;
439          case '-':
440              readch();  q = term();  change_sign(q);  break;
441          default:
442              return p;
443          }
444          add(p, q);
445      }
446  }
447
448  void initialize(void)                                          /* 初期化 */
449  {
450      int i;
451
452      avail = NULL;  cells = max_cells = 0;
453      for (i = 0; i < 26; i++) {
454          table[i] = -1;  value[i] = NULL;
455      }
456  }
457
458  void declare(void)                                             /* 文字宣言 */
459  {
460      int i, j;
461
462      for (i = 0; i < 26; i++) {
463          table[i] = -1;
464          if (value[i] != NULL) {
465              dispose(value[i]);  value[i] = NULL;
466          }
467      }
468      j = 0;  readch();
469      while (isalpha(ch)) {
470          i = toupper(ch) - 'A';
471          if (table[i] < 0) {
472              if (j >= N_LETTER) error("文字が多すぎます");
473              table[i] = j;  letter[j] = ch;  j++;
474          }
475          readch();
476          if (ch == ',') readch();
477      }
478  }
479
480  void assign(void)                                              /* 代入 */
481  {
```

た

```
482      int i;
483      node *p;
484
485      i = toupper(ch) - 'A';
486      if (table[i] >= 0) error("左辺が間違っています");
487      readch();
488      if (ch != '=') error("'='_がありません");
489      readch();   p = expression();
490      if (value[i] != NULL) dispose(value[i]);
491      value[i] = p;
492  }
493
494  #if COMPLEX
495
496  void print(void)                                        /* 式の印刷（複素数版） */
497  {
498      int i;
499      boolean first, one;
500      node *p, *q;
501      coeftype re, im;
502      expotype e;
503
504      first = TRUE;   readch();   p = q = expression();
505      printf("\n");
506      while ((p = p->next) != NULL) {
507          one = FALSE;
508          re = p->real;   im = p->imag;
509          if (im == 0) {
510              if (re >= 0) {
511                  if (! first) printf("_+_");
512              } else {
513                  printf("_-_");   re = -re;
514              }
515              if (re == 1) one = TRUE;
516              else printf("%ld", (long int) re);
517          } else if (re == 0) {
518              if (im >= 0) {
519                  if (! first) printf("_+_");
520              } else {
521                  printf("_-_");   im = -im;
522              }
523              printf("%ldi", (long int) im);
524          } else {
525              if (! first) printf("_+_");
526              printf("(%ld%+ldi)",
527                  (long int) re, (long int) im);
528          }
529          first = FALSE;
530          for (i = 0; i < N_LETTER; i++)
531              if ((e = p->expo[i]) != 0) {
532                  if (! one) printf("_*_");
533                  one = FALSE;
534                  printf("%c", letter[i]);
535                  if (e != 1)
536                      printf("^%lu",
537                          (unsigned long int) e);
```

多項式の計算　**177**

```
538                }
539            if (one) printf("1");
540        }
541        if (first) printf("0");
542        printf("\n");
543        dispose(q);
544 }
545
546 #else
547
548 void print(void)                                         /* 式の印刷（実数版）*/
549 {
550     int i;
551     boolean first;
552     node *p, *q;
553     coeftype c;
554     expotype e;
555
556     first = TRUE;  readch();  p = q = expression();
557     printf("\n");
558     while ((p = p->next) != NULL) {
559         if ((c = p->real) >= 0) {
560             if (! first) printf("␣+␣");
561         } else {
562             printf("␣-␣");  c = -c;
563         }
564         first = FALSE;
565         if (c != 1) printf("%ld", (long int) c);
566         for (i = 0; i < N_LETTER; i++)
567             if ((e = p->expo[i]) != 0) {
568                 if (c != 1) printf("␣*␣");
569                 c = 0;
570                 printf("%c", letter[i]);
571                 if (e != 1)
572                     printf("^%lu",
573                         (unsigned long int) e);
574             }
575         if (c == 1) printf("1");
576     }
577     if (first) printf("0");
578     printf("\n");
579     dispose(q);
580 }
581
582 #endif
583
584 int main(void)
585 {
586     printf("*****␣簡単な多項式処理系␣*****\n");
587     initialize();
588     while (readch(), ch != EOF) {
589         if (ch == '@') declare();
590         else if (ch == '?') print();
591         else if (isalpha(ch)) assign();
592         else error("illegal␣statement");
593         if (ch != ';') error("';'␣がありません");
```

```
594            printf("\n%u 個のセル使用 (%u 個使用中)\n",
595                max_cells, cells);
596            max_cells = cells;
597        }
598        return 0;
599    }
```

 ts.txt

上のプログラムの入力例として，一般相対性理論の軸対称な重力場の方程式

$$[(x^2-1)(\alpha\alpha^* - \beta\beta^*)(\alpha_{xx}\beta - \alpha\beta_{xx}) + \{2x(\alpha\alpha^* - \beta\beta^*) - 2(x^2-1) \times (\alpha^*\alpha_x - \beta^*\beta_x)\}(\alpha_x\beta - \alpha\beta_x)] - [x \text{ と } y \text{ を交換したもの}] = 0$$

の冨松・佐藤解 [2] の $\delta = 3$ の場合

$$\begin{aligned}\alpha &= p(x^2-1)^3(x^3+3x) + iq(1-y^2)^3(y^3+3y) - pq^2(x^2-y^2)^3(x^3+3xy^2) \\ &\quad - ip^2q(x^2-y^2)^3(y^3+3x^2y), \\ \beta &= p^2(x^2-1)^3(3x^2+1) - q^2(1-y^2)^3(3y^2+1) - 12ipqxy(x^2-y^2)(x^2-1) \times \\ &\quad (1-y^2)\end{aligned}$$

をチェックするための入力を挙げる（$p^2 + q^2 = 1$。α_x は α を x で微分したもの，α_{xx} は 2 回微分したもの，α^* は複素共役）。poly <ts.txt として自動実行し，最後の答えが 0 になればよい。

```
1  % Tomimatsu-Sato solution, δ = 3
2  @ p, q, x, y;                            % 変数の宣言
3  a = p*(x^2-1)^3*(x^3+3*x)+1i*q*(1-y^2)^3*(y^3+3*y)-p*q^2*
4      (x^2-y^2)^3*(x^3+3*x*y^2)
5      -1i*p^2*q*(x^2-y^2)^3*(y^3+3*x^2*y);  % α
6  b = p^2*(x^2-1)^3*(3*x^2+1)-q^2*(1-y^2)^3*(3*y^2+1)
7      -12i*p*q*x*y*(x^2-y^2)*(x^2-1)*(1-y^2); % β
8  u = a*a'-b*b';
9  v = x^2-1;
10 w = y^2-1;
11 t = (u*(a:x:x*b-a*b:x:x)*v+(2*x*u-2*v*(a'*a:x-b'*b:x))
12     *(a:x*b-a*b:x))-(u*(a:y:y*b-a*b:y:y)*w
13     +(2*y*u-2*w*(a'*a:y-b'*b:y))*(a:y*b-a*b:y)); % 方程式の両辺の差。
14 ? t;   % 両辺の差をそのまま出力。たいへん長い式になる。
15 ? t!; % p^2+q^2=1 を使って簡約して出力。0 になれば可。
```

[1] Donald E. Knuth. *The Art of Computer Programming*. Volume 1: *Fundamental Algorithms*. Addison-Wesley, third edition 1997. 273–278 ページ.

[2] Akira Tomimatsu and Humitaka Sato. New series of exact solutions for gravitational fields of spinning masses. *Progress of Theoretical Physics* 50(1): 95–110.

縦形探索　depth-first search

†グラフの点を漏れなくたどる方法の一つ。一つの点から出発して，とにかく進めるだけ進み，行き止まりになったなら後戻りして新しい道を探す。下のプログラムの visit() のように再帰的に実現するのが簡単である。
⇒ †横形探索。

　dfs.c

隣接行列 a_{ij}（プログラムでは adjacent[i][j], $1 \leqq i \leqq $ n, $1 \leqq j \leqq $ n）が与えられたとき，グラフの連結成分（つながった部分）ごとに，番号の一番若い点から出発して縦形探索でたどり，点の番号を書き並べる。隣接行列 a_{ij} は，点 i, j が線で直接つながっていれば $a_{ij} = 1$，そうでなければ $a_{ij} = 0$ である。たとえば隣接行列が

$$a_{12} = a_{21} = a_{23} = a_{32} = a_{13} = a_{31} = a_{24} = a_{42} = a_{57} = a_{75} = 1,$$
$$他 = 0$$

であったとすると，出力は

```
1: 1 2 3 4
2: 5 7
3: 6
```

となる。

```c
 1  int n;                                       /* 点の数（≦ NMAX）*/
 2  char adjacent[NMAX + 1][NMAX + 1];            /* 隣接行列 */
 3  char visited[NMAX + 1];                      /* 訪れたなら 1 */
 4
 5  void visit(int i)                            /* 点 i を訪れる（再帰的）*/
 6  {
 7      int j;
 8
 9      printf(" %d", i);  visited[i] = 1;
10      for (j = 1; j <= n; j++)
11          if (adjacent[i][j] && ! visited[j]) visit(j);
12  }
13
14  int main(void)
15  {
16      int i, count;
17
18      readgraph();                             /* 隣接行列を読む */
19      for (i = 1; i <= n; i++) visited[i] = 0;
20      count = 0;                               /* 連結成分を数える */
21      for (i = 1; i <= n; i++)
22          if (! visited[i]) {
23              printf("%3d:", ++count);
24              visit(i);   printf("\n");
25          }
```

```
26      return 0;
27  }
```

多倍長演算   multiple-precision arithmetic

計算機の通常の演算は倍精度でも十数桁程度の精度しかないが，これに対して何百桁，何千桁の精度をもつ演算を多倍長演算という。通常の C 言語で多倍長演算をするには，以下に挙げるようなルーチン，あるいは GMP などの多倍長ライブラリが必要である。本書初版では Reduce や Mathematica などの数式処理システムや一部の Lisp 処理系，あるいは無料で入手できる金沢大の木田祐司氏作の UBASIC [1] を紹介した。UBASIC は BASIC とほぼ同じ文法で数千桁の高速な多倍長演算ができる。種々の高度な素数判定，素因数分解アルゴリズムの類がプログラム例として付属していて，これだけでも大変貴重なものであったが，すでに入手困難である。これら以外に，UNIX の bc，dc コマンドや，現在では Ruby や Python など多くの言語で，無限多倍長演算がサポートされている。

 multprec.c

簡単な多倍長演算ルーチンと，それを使って †自然対数の底 e，†円周率 π を求めるルーチン e()，pi() である。

数値には unsigned short a[N+1]; のような配列を用いる。ここで a[0] が整数部分，a[1] から a[N] までが小数部分で，32768（= RADIX）進法で表す。たとえば 3 という値は a[0] = 3，a[1] = ⋯ = a[N] = 0 で表す。$\log_{10} 32768 \fallingdotseq 4.51545$ であるから，配列要素 1 個分が 10 進約 4.5 桁に相当する。したがって，10 進で小数第 1000 位まで求めるには，N $\fallingdotseq$ 1000/4.5 $\fallingdotseq$ 222 とする。以下では余裕を見て N = 225 としてある。定数 M は 10 進小数桁数を 4 で割った値である。

N，M の値を 20 倍して円周率 20000 桁に挑戦されたい。それ以上では除数が RADIX を超えるのでエラーとしたが，実際はもう少し大丈夫である。

```
 1  #include <stdio.h>
 2  #include <stdlib.h>
 3
 4  #define RADIXBITS 15                              /* 基数のビット数 */
 5  #define RADIX (1U << RADIXBITS)                   /* 基数 */
 6  #define N 225                          /* RADIX 進法で小数第 N 位まで */
 7  #define M 250                          /* 10 進で小数第 4×M 位まで */
 8
 9  typedef unsigned int   uint;                      /* 16 ビット以上 */
10  typedef unsigned short ushort;                    /* 16 ビット以上 */
11  typedef unsigned long  ulong;                     /* 32 ビット以上 */
```
▷ メッセージを表示して終了。
```
12  void error(char message[])
```

```
13  {        ·
14      printf("%s\n", message);  exit(1);
15  }
```

▷ $c[0..N] \leftarrow a[0..N] + b[0..N]$

```
16  void add(ushort a[], ushort b[], ushort c[])
17  {
18      int i;
19      uint u;
20
21      u = 0;
22      for (i = N; i >= 0; i--) {
23          u += a[i] + b[i];
24          c[i] = u & (RADIX - 1);  u >>= RADIXBITS;
25      }
26      if (u) error("Overflow");
27  }
```

▷ $c[0..N] \leftarrow a[0..N] - b[0..N]$

```
28  void sub(ushort a[], ushort b[], ushort c[])
29  {
30      int i;
31      uint u;
32
33      u = 0;
34      for (i = N; i >= 0; i--) {
35          u = a[i] - b[i] - u;
36          c[i] = u & (RADIX - 1);
37          u = (u >> RADIXBITS) & 1;
38      }
39      if (u) error("Overflow");
40  }
```

▷ $b[0..N] \leftarrow a[0..N] \times x$

```
41  void muls(ushort a[], uint x, ushort b[])
42  {
43      int i;
44      ulong t;
45
46      t = 0;
47      for (i = N; i >= 0; i--) {
48          t += (ulong) a[i] * x;
49          b[i] = (uint) t & (RADIX - 1);  t >>= RADIXBITS;
50      }
51      if (t) error("Overflow");
52  }
```

▷ $b[m..N] \leftarrow a[m..N]/x$。a[] も b[] も添字 $m,\ldots,N$ 以外の部分は参照も変更もしない。戻り値は，もし $b[m] \neq 0$ なら m，そうでなければ $m+1$。

```
53  int divs(int m, ushort a[], uint x, ushort b[])
54  {
55      int i;
56      ulong t;
57
58      t = 0;
```

182 多倍長演算

```
59      for (i = m; i <= N; i++) {
60          t = (t << RADIXBITS) + a[i];
61          b[i] = t / x;   t %= x;
62      }
63      if (2 * t >= x)                                          /* 四捨五入 */
64          for (i = N; ++b[i] & RADIX; i--) b[i] &= RADIX - 1;
65      return (b[m] != 0) ? m : (m + 1);                        /* 0 でない最左位置 */
66  }
```

▷ a[0..N] を 10 進に直して出力。

```
67  void print(ushort a[])
68  {
69      int i;
70
71      printf("%5u.", a[0]);
72      for (i = 0; i < M; i++) {
73          a[0] = 0;  muls(a, 10000, a);
74          printf("%04u", a[0]);
75      }
76      printf("\n");
77  }
78
79  ushort a[N+1], t[N+1], u[N+1];                               /* e() だけなら u[] は不要。*/
80
81  void e(void)                                                 /* 自然対数の底 */
82  {
83      int m;
84      uint k;
85
86      for (m = 0; m <= N; m++) a[m] = t[m] = 0;                /* a ← t ← 0 */
87      a[0] = 2;   a[1] = t[1] = RADIX / 2;                     /* a ← 2.5, t ← 0.5 */
88      k = 3;   m = 1;
89      while ((m = divs(m, t, k, t)) <= N) {                    /* t ← t/k */
90          add(a, t, a);                                        /* a ← a + t */
91          if (++k == RADIX) error("桁数が多すぎます");
92      }
93      print(a);
94  }
95
96  void pi(void)                                                /* 円周率（Machin の公式）*/
97  {
98      int i, m;
99      uint k;
100
101     t[0] = 16;   for (i = 1; i <= N; i++) t[i] = 0;          /* t ← 16 */
102     divs(0, t, 5, t);                                        /* t ← t/5 */
103     for (i = 0; i <= N; i++) a[i] = t[i];                    /* a ← t */
104     i = m = 0;   k = 1;
105     for ( ; ; ) {
106         if ((m = divs(m, t, 25, t)) > N) break;              /* t ← t/25 */
107         if ((k += 2) >= RADIX) error("桁数が多すぎます");
108         while (i < m) u[i++] = 0;
109         if (divs(m, t, k, u) > N) break;                     /* u ← t/k */
110         if (k & 2) sub(a, u, a);  else add(a, u, a);         /* a ← a ∓ u */
111     }
112     t[0] = 4;   for (i = 1; i <= N; i++) t[i] = 0;           /* t ← 4 */
```

紙面版 電脳会議 DENNOUKAIGI **一切無料**

今が旬の書籍情報を満載してお送りします！

『電脳会議』は、年6回刊行の無料情報誌です。2023年10月発行のVol.221よりリニューアルし、**A4判・32頁カラー**と**ボリュームアップ**。弊社発行の新刊・近刊書籍や、注目の書籍を担当編集者自らが紹介しています。今後は図書目録はなくなり、『電脳会議』上で弊社書籍ラインナップや最新情報などをご紹介していきます。新しくなった『電脳会議』にご期待下さい。

大幅増ページでボリュームアップ！

◆ 電子書籍・雑誌を読んでみよう！

| 技術評論社　GDP | 検索 |

で検索、もしくは左のQRコード・下の
URLからアクセスできます。

https://gihyo.jp/dp

1 アカウントを登録後、ログインします。
【外部サービス(Google、Facebook、Yahoo!JAPAN)
でもログイン可能】

2 ラインナップは入門書から専門書、
趣味書まで3,500点以上！

3 購入したい書籍を 🛒 カート に入れます。

4 お支払いは「**PayPal**」にて決済します。

5 さあ、電子書籍の
読書スタートです！

● **ご利用上のご注意**　当サイトで販売されている電子書籍のご利用にあたっては、以下の点にご留意く
■ **インターネット接続環境**　電子書籍のダウンロードについては、ブロードバンド環境を推奨いたします。
■ **閲覧環境**　PDF版については、Adobe ReaderなどのPDFリーダーソフト、EPUB版については、EPUBリ
■ **電子書籍の複製**　当サイトで販売されている電子書籍は、購入した個人のご利用を目的としてのみ、閲覧、
ご覧いただく人数分をご購入いただきます。
■ **改ざん・複製・共有の禁止**　電子書籍の著作権はコンテンツの著作権者にありますので、許可を得ない改

◆ も電子版で読める！

電子版定期購読が
お得に楽しめる！

くわしくは、
「Gihyo Digital Publishing」
のトップページをご覧ください。

🎁 電子書籍をプレゼントしよう！

Gihyo Digital Publishing でお買い求めいただける特定の商品と引き替えが可能な、ギフトコードをご購入いただけるようになりました。おすすめの電子書籍や電子雑誌を贈ってみませんか？

こんなシーンで…
- ご入学のお祝いに
- 新社会人への贈り物に
- イベントやコンテストのプレゼントに ………

● **ギフトコードとは？** Gihyo Digital Publishing で販売している商品と引き替えできるクーポンコードです。コードと商品は一対一で結びつけられています。

くわしいご利用方法は、「Gihyo Digital Publishing」をご覧ください。

ソフトのインストールが必要となります。
印刷を行うことができます。法人・学校での一括購入においても、利用者1人につき1アカウントが必要となり、
他人への譲渡、共有はすべて著作権法および規約違反です。

電脳会議

紙面版

新規送付の
お申し込みは…

| 電脳会議事務局 | 検索 |

で検索、もしくは以下のQRコード・URLから
登録をお願いします。

https://gihyo.jp/site/inquiry/dennou

「電脳会議」紙面版の送付は送料含め費用は
一切無料です。
登録時の個人情報の取扱については、株式
会社技術評論社のプライバシーポリシーに準
じます。

技術評論社のプライバシーポリシー
はこちらを検索。

https://gihyo.jp/site/policy/

技術評論社　電脳会議事務局
〒162-0846　東京都新宿区市谷左内町21-13

```
113      divs(0, t, 239, t);                                     /* t ← t/239 */
114      sub(a, t, a);                                           /* a ← a−t */
115      i = m = 0;   k = 1;
116      for ( ; ; ) {
117          if ((m = divs(m, t, 239, t)) > N) break;            /* t ← t/239 */
118          if ((m = divs(m, t, 239, t)) > N) break;            /* t ← t/239 */
119          if ((k += 2) >= RADIX) error("桁数が多すぎます");
120          while (i < m) u[i++] = 0;
121          if (divs(m, t, k, u) > N) break;                    /* u ← t/k */
122          if (k & 2) add(a, u, a);   else sub(a, u, a);       /* a ← a±u */
123      }
124      print(a);
125  }
```

[1] 木田 祐司.『UBASIC86 ユーザーズマニュアル』. 日本評論社, 1990.

[2] Donald E. Knuth. *The Art of Computer Programming.* Volume 2: *Seminumerical Algorithms.* Addison-Wesley, third edition 1997. 265 ページ以下に多倍長演算の詳しい解説がある.

[3] 和田 秀男.『整数論への計算機の応用』. 上智大学講究録, No. 7. 上智大学数学教室, 1980.

[4] 和田 秀男.『高速乗算法と素数判定法：マイコンによる円周率の計算』. 上智大学講究録, No. 15. 上智大学数学教室, 1983. 上とともに小さな手書きの本であるが, 多倍長演算の具体的な方法が詳しく解説されている. この本には BASIC のプログラムリストが付いている.

[5] 和田 秀男.『コンピュータと素因子分解』. 遊星社, 1987. 119–136 ページに多倍長演算が流れ図で解説してある. C 言語のプログラムが載っている.

[6] Stephen Wolfram. *Mathematica*™*: A System for Doing Mathematics by Computer.* Addison-Wesley, 1988.

多変量データ   multivariate data

統計関係で, 縦横 (2 次元) に並んだ行列型のデータ, あるいはさらに次元数の多いデータを指す.

たとえば学生 26 名が 5 科目のテストを受けたとすると, 結果は

```
A さんの国語    A さんの社会    ...    A さんの英語
B さんの国語    B さんの社会    ...    B さんの英語
     ⋮              ⋮           ⋱         ⋮
Z さんの国語    Z さんの社会    ...    Z さんの英語
```

のような 26 × 5 の多変量データになる. 通常, 縦方向にはケース (case, 件) といって個体や観測の繰返しを, 横方向には変数 (検査項目, テストの科目など) をとる. なお, 本書では変量 (variate), 変数 (variable) を特に使い分けない.

本書では，2次元（行列型）のデータ x[j][i] で i をケース番号，j を変数番号とする。これは，一般に統計プログラムでは j より i を頻繁に動かすが，C言語で大きな多次元配列を仮想記憶で扱う際には後ろの添字を動かす方が速いからである（Fortranでは逆に前の添字を動かす方が速い）。しかし，データ行列 X の成分は慣例に従って x_{ij} のようにケース番号 i を先に書く。つまり，本書では配列 x[ ][ ] にデータ行列の転置 X^T を入れる。

 statutil.c

多変量データ読込み関係のルーチン集である。行列関係のルーチン集 matutil.c（⇒ †行列）をインクルードして使う。

データファイルは，次のような構成のテキストファイルとする（改行の位置に意味はない）：

$n\ m$
$x_{11}\ x_{12}\ \ldots\ x_{1m}$
$x_{21}\ x_{22}\ \ldots\ x_{2m}$
$\ldots$
$x_{n1}\ x_{n2}\ \ldots\ x_{nm}$

ここで n, m はそれぞれデータの行数（ケース数），列数（変量数）である。数値間の区切りは1個以上の空白（またはタブまたは行末）とする。欠測値（測定漏れなど）は1個の孤立したピリオド '.' で表す。'0123456789+-.' のいずれかの文字で始まらない文字列は注釈と見なして読み飛ばす。数値は長さ80以内の文字列で，$\pm 0.97 \times 10^{37}$ 以内とする（データ読込みルーチンは読込みエラーを -1.00×10^{37}，欠測値を -0.98×10^{37} で表す）。

データをオープンする手続き open_data() は，たとえば

```
int n, m;
FILE *datafile;
datafile = open_data("test.dat", &n, &m);
if (datafile == NULL) exit(1);
```

のようにして使う。

このようにして開いたデータファイルからデータ本体を読み込むためには，まず

```
matrix x;
```

として行列型の変数 x を用意する。この matrix 型は matutil.c 中で "double（初版では float）へのポインタへのポインタ" と定義されている。次に，

```
x = new_matrix(m, n);
```

として行列 x の行数，列数をそれぞれ m, n に設定し，

```
read_data(datafile, n, m, x);
```

とすればデータが x[0..m-1][0..n-1] に入る。

```
 1  #include "matutil.c"                                      /* 行列用小道具集。⇒ †行列 */
 2  #include <errno.h>                                                        /* errno */
 3  #include <limits.h>                                                     /* INT_MAX */
 4  #include <math.h>                                                        /* fabs() */
 5  #include <string.h>                                                    /* strchr() */
 6
 7  #define READERROR -1.00E+37;                                        /* 読込エラー */
 8  #define MISSING   -0.98E+37;                                             /* 欠測値 */
 9  #define readerror(x) ((x) < -0.99E+37)
10  #define missing(x)   ((x) < -0.97E+37)
```

▷ データファイルから数値を 1 個読み込む。数値は空白，タブ，改行のいずれかで区切る。欠測値はピリ
  オド '.' 1 文字。'0123456789+-.' で始まらない文字列は読み飛ばす。数値は長さ 80 以内の文字列で表
  され，±0.97 × 10³⁷ の範囲でなければならない。

```
11  double getnum(FILE *datafile)
12  {
13      double x;
14      char *rest, s[83];
15
16      errno = 0;
17      do {
18          if (fscanf(datafile, "%81s%*[^ \t\n]", s) != 1)
19              return READERROR;
20      } while (strchr("0123456789+-.", s[0]) == NULL);
21      if (s[0] == '.' && s[1] == '\0') return MISSING;
22      s[81] = '?';  s[82] = '\0';  x = strtod(s, &rest);
23      if (errno == 0 && *rest == '\0' && fabs(x) <= 0.97E+37)
24          return x;
25      return READERROR;
26  }
```

▷ データファイルを読むために開き，最初にあるはずの件数 n，変量の数 m を読み込む。エラー時には
  NULL を返す。

```
27  FILE *open_data(char *filename, int *addr_n, int *addr_m)
28  {
29      FILE *datafile;
30      double x, y;
31
32      *addr_n = *addr_m = 0;
33      if ((datafile = fopen(filename, "r")) == NULL) {
34          fprintf(stderr, "データファイルが開きません。\n");
35          return NULL;
36      }
37      x = getnum(datafile);  y = getnum(datafile);
38      if (x <= 0 || x > INT_MAX || y <= 0 || y > INT_MAX) {
39          fprintf(stderr, "行数・列数が読めません。\n");
40          fclose(datafile);  return NULL;
41      }
42      *addr_n = (int)x;  *addr_m = (int)y;
43      fprintf(stderr, "%d 行 %d 列のデータです。\n",
44          *addr_n, *addr_m);
45      return datafile;
46  }
```

データを行列 x[0..m-1][0..n-1] に読み込む。x は matutil.c で定義された matrix 型の変数。x = new_matrix(m, n); として記憶領域を割り付けておく。戻り値は,欠測値があれば 1,読込みエラーがあれば 2,この両方があれば 3 となる。

```
47  int read_data(FILE *datafile, int n, int m, matrix x)
48  {
49      int i, j, err;
50      unsigned long missings;
51      double t;
52
53      err = 0;  missings = 0;
54      for (i = 0; i < n; i++) for (j = 0; j < m; j++) {
55          if (err) { x[j][i] = READERROR;  continue;  }
56          t = getnum(datafile);   x[j][i] = (SCALAR)t;
57          if (! missing(t)) continue;
58          if (readerror(t)) {
59              fprintf(stderr, "読込みエラー (%d,%d)\n", i+1, j+1);
60              err = 2;
61          } else missings++;
62      }
63      fprintf(stderr, "読込み終了(欠測値_%lu_個)\n", missings);
64      return err | (missings != 0);
65  }
```

[1] 柳井 晴夫, 高根 芳雄. 『新版多変量解析法』. 朝倉書店, 1985. 小さいながらもじつによくまとまっている本である.

[2] K. V. Mardia, J. T. Kent, and J. M. Bibby. *Multivariate Analysis*. Academic Press, 1979. 多変量解析一般の標準的な教科書.

[3] 奥村 晴彦. 『パソコンによるデータ解析入門』. 技術評論社, 1986.

[4] 奥村 晴彦. 『R で楽しむ統計』. 共立出版, 2016.

たらいまわし関数

再帰的に定義された次のような関数。特に用途はない。

 tarai.c

```
1  int tarai(int x, int y, int z)
2  {
3      if (x <= y) return y;
4      return tarai(tarai(x - 1, y, z),
5                   tarai(y - 1, z, x),
6                   tarai(z - 1, x, y));
7  }
```

単位球上のランダムな点　random points on the unit sphere

半径 1 の球を単位球という。2 次元の単位球は半径 1 の円（単位円）である。

平面上で原点を中心とする単位円上にランダムに点をとるには，$0 \leq \theta < 2\pi$ の一様乱数 θ を発生し $(x,y) = (\cos\theta, \sin\theta)$ とすればよい。あるいは次のようにすれば三角関数を使わないので速くなる。

1. $-1 \leq x \leq 1$，$-1 \leq y \leq 1$ の一様乱数 x，y を発生する。
2. これが $x^2 + y^2 \leq 1$ を満たさないならステップ 1 に戻る。
3. $r = \sqrt{x^2 + y^2}$ とし，$(x/r, y/r)$ を出力する。

上のステップ 1 で x，y を一様分布でなく[†]正規分布の乱数とすると，ステップ 2 は不要になる。なぜならば，正規分布（平均 0，分散 1 とする）の密度関数は $e^{-x^2/2}$ に比例するので (x,y) の分布の密度関数は $e^{-(x^2+y^2)/2}$ に比例し，したがって原点からの距離だけに依存するからである。同様の方法が 3 次元以上でも使える。高次元になるほど上のステップ 2 の条件を満たさない確率が増すので，正規分布の乱数を使う方が相対的に速くなる。

なお，3 次元の単位球上のランダムな点 (x,y,z) については x，y，z はどれも一様乱数になる（ただし独立ではない）。このことを使って，$-1 \leq z \leq 1$，$0 \leq \varphi < 2\pi$ を一様乱数とし，$x = \sqrt{1-z^2}\cos\varphi$，$y = \sqrt{1-z^2}\sin\varphi$ としてもよい。

 randvect.c

rnd_vect1(), rnd_vect2() はいずれも n 次元の単位球上のランダムな点の座標 v[0..n-1] を生成する。rnd() は 0 以上 1 未満の実数の一様[†]乱数である。n が大きいと，[†]正規分布の乱数 nrnd()（平均 0，分散 1）を使った rnd_vect2() の方が速い。

```
 1  void rnd_vect1(int n, double v[])
 2  {
 3      int i;
 4      double r;
 5
 6      do {
 7          r = 0;
 8          for (i = 0; i < n; i++) {
 9              v[i] = 2 * rnd() - 1;   r += v[i] * v[i];
10          }
11      } while (r > 1);
12      r = sqrt(r);
13      for (i = 0; i < n; i++) v[i] /= r;
14  }
15
16  void rnd_vect2(int n, double v[])
17  {
18      int i;
```

```
19      double r;
20
21      r = 0;
22      for (i = 0; i < n; i++) {
23          v[i] = nrnd();   r += v[i] * v[i];
24      }
25      r = sqrt(r);
26      for (i = 0; i < n; i++) v[i] /= r;
27  }
```

探索　searching

たくさんのデータの中から目的のものを見つけること（⇒ †逐次探索，†自己組織化探索，†2次元の探索）。

テキストの中からある文字列を見つけ出すことも文字列の探索ということがある（⇒ †文字列照合）。

[1] Donald E. Knuth. *The Art of Computer Programming*. Volume 3: *Sorting and Searching*. Addison-Wesley, second edition 1997.

ち

チェックサム　check sum

データの誤りをチェックするために，ブロックごとにデータを加算したもの。

たとえば，ファイルを 128 バイトずつのブロックに分け，各ブロックについて，全バイトの和を求め，その下位 1 バイトを 129 バイト目に付ける。通常の算術和の代わりに[†]ビットごとの排他的論理和を用いることも多い。具体的には，たとえば

```
unsigned char checksum = 0;
for (i = 0; i < n; i++) checksum ^= c[i];
c[n] = checksum;
```

のようにする。ビットごとの排他的論理和には，$c_0 \oplus \cdots \oplus c_{n-1} = c_n$ なら $c_0 \oplus \cdots \oplus c_{n-1} \oplus c_n = 0$ であるという性質があるので，検査時には，チェックサムバイトを含めたビットごとの排他的論理和が 0 であることを次のようにして確かめればよい：

```
unsigned char checksum = 0;
for (i = 0; i <= n; i++) checksum ^= c[i];
if (checksum != 0) puts("Check_Sum_Error");
```

チェックサムは簡単であるが，文字の順序が変わるだけの誤りは検出できない。ファイルの改竄防止にはチェックサムでなく暗号学的ハッシュ関数（⇒ [†]ハッシュ法）を使う。
⇒ [†]CRC，[†]誤り検出符号

置換の符号　sign of permutation

$(1, 2, 3, \ldots, n)$ を並べ換えて $(v_1, v_2, v_3, \ldots, v_n)$ にする置換 σ を

$$\sigma = \begin{pmatrix} 1 & 2 & 3 & \ldots & n \\ v_1 & v_2 & v_3 & \ldots & v_n \end{pmatrix}$$

と書く。置換はいくつかの互換 $v_i \leftrightarrow v_j\ (i \neq j)$ に分解できる。分解の仕方や互換の回数 m は一意的には定まらないが，$\mathrm{sgn}(\sigma) = (-1)^m$ は一意的に定まる。これを置換の符号といい，$\mathrm{sgn}(\sigma) = 1$ の置換を偶置換，$\mathrm{sgn}(\sigma) = -1$ の置換を奇置換という。

 permsign.c

$(1, 2, 3, \ldots, N)$ を $(\mathtt{v[1]}, \mathtt{v[2]}, \ldots, \mathtt{v[N]})$ にする置換が偶置換なら 1，奇置換なら -1 を返す。

```
 1  int sign(int v[])
 2  {
 3      int i, j, p, w[N + 1];
 4
 5      for (i = 1; i <= N; i++) w[v[i]] = i;
 6      p = 1;
 7      for (i = 1; i < N; i++) {
 8          j = v[i];
 9          if (j != i) {
10              v[w[i]] = j;   w[j] = w[i];   p = -p;
11          }
12      }
13      return p;
14  }
```

逐次探索　sequential search

†探索の一方法。線形探索（linear search）ともいう。$a_1, a_2, \ldots, a_n$ を順に x と比較し，$a_i = x$ を満たす i を探す。

†リストを使った逐次探索については ⇒ †自己組織化探索。

 seqsrch.c

$i = m, m+1, \ldots, n$ のうちで a[i] = x を満たす最小の i を返す。そのような i がなければ，見つからなかったことを表す特別な値 NOT_FOUND を返す。NOT_FOUND はあらかじめたとえば -1 と #define しておく。keytype は a[ ] や x の型である。

```
1  int seqsrch(keytype x, keytype a[], int m, int n)
2  {
3      while (m <= n && a[m] != x) m++;
4      if (m <= n) return m;
5      return NOT_FOUND;
6  }
```

もし a[n+1] の場所が空いているなら，そこに x をコピーしておけば，添字のチェックをしなくても a[m..n] の中に x に等しいものがなければ a[n+1] で止まる。このような要素のことを †番人という。番人を使えば添字のチェックが省略できるので若干速くなる。

```
1  int seqsrch2(keytype x, keytype a[], int m, int n)
2  {
3      if (m > n) return NOT_FOUND;
4      a[n + 1] = x;                                              /* †番人 */
5      while (a[m] != x) m++;
6      if (m <= n) return m;
7      return NOT_FOUND;
8  }
```

a[n+1] が空いていなくても次のように無理をすれば †番人が使える。

```
 1  int seqsrch3(keytype x, keytype a[], int m, int n)
 2  {
 3      keytype t;
 4
 5      if (m > n) return NOT_FOUND;
 6      t = a[n];  a[n] = x;                                    /* †番人 */
 7      while (a[m] != x) m++;
 8      a[n] = t;
 9      if (m < n) return m;
10      if (x == t) return n;
11      return NOT_FOUND;
12  }
```

直角三角形の斜辺の長さ　hypotenuse

　直角をはさむ辺の長さが x, y の直角三角形の斜辺の長さは $\sqrt{x^2 + y^2}$ である。x^2 や y^2 で生じ得る上位桁あふれの対策として、$|x| \geqq |y|$ のときは $|x|\sqrt{1 + (y/x)^2}$、そうでないときは $|y|\sqrt{1 + (x/y)^2}$ と場合分けする。下位桁あふれを黙って 0 にしない処理系ではさらに場合分けが必要である。

　C. B. Moler and D. Morrison（*IBM Journal of Research and Development* 27(6): 577–581, 1983）は、上位桁あふれの心配がなく、平方根を使わない高速な方法を提案している（解説が文献 [1] にある）。下のプログラムの hypot2() がこれである。ループで $x^2 + y^2$ の値が変わらず、しかも y が次第に 0 に近づくので、x は次第に $\sqrt{x^2 + y^2}$ に近づく。繰返し数が $1, 2, 3, 4$ のとき、相対誤差の最大値はそれぞれほぼ 1.0×10^{-2}, 2.6×10^{-7}, 4.3×10^{-21}, 2.0×10^{-62} となり、繰返しごとに正しいけた数はほぼ 3 倍ずつになっていく。通常の単精度なら 2 回、倍精度でも 3 回の繰返しで十分な精度が得られる。

📄 hypot.c

hypot0(x, y) が通常の方法である。

hypot1(x, y) は場合分けにより上位桁あふれを避けている。

hypot2(x, y) は Moler–Morrison 法である。

```
 1  #include <math.h>
 2
 3  double hypot0(double x, double y)                          /* 通常の方法 */
 4  {
 5      return sqrt(x * x + y * y);
 6  }
 7
 8  double hypot1(double x, double y)                          /* やや念入りな方法 */
 9  {
10      double t;
11
12      if (x == 0) return fabs(y);
```

直角三角形の斜辺の長さ

```
13      if (y == 0) return fabs(x);
14      if (fabs(y) > fabs(x)) {
15          t = x / y;
16          return fabs(y) * sqrt(1 + t * t);
17      } else {
18          t = y / x;
19          return fabs(x) * sqrt(1 + t * t);
20      }
21  }
22
23  double hypot2(double x, double y)           /* Moler–Morrison 法 */
24  {
25      int i;
26      double t;
27
28      x = fabs(x);  y = fabs(y);
29      if (x < y) {  t = x;  x = y;  y = t;  }
30      if (y == 0) return x;
31      for (i = 0; i < 3; i++) {                /* 単精度なら 3 は 2 でよい */
32          t = y / x;  t *= t;  t /= 4 + t;
33          x += 2 * x * t;  y *= t;
34      }
35      return x;
36  }
```

[1] Jon Bentley. *More Programming Pearls*. Addison-Wesley, 1988. 156 ページ.

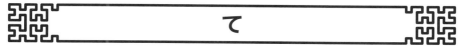

データ圧縮 data compression

　復元可能な形でデータの大きさを縮めること。たとえば AAAAABBCCC を A5B2C3 とすれば 10 文字を 6 文字に縮められる（†連長圧縮）。このときの圧縮比は 6/10 = 0.6 である。連続した空白文字をタブ文字で置き換えることもデータ圧縮の一種である。

　テキストデータの圧縮では元通りに復元できること（可逆圧縮，lossless compression）が必須であるが，画像や音声では完全に元通りにならなくてもよいこと（非可逆圧縮，不可逆圧縮，lossy compression）が多い。

　具体的な圧縮法については ⇒ †連長圧縮，†Huffman（ハフマン）法，†算術圧縮，†LZ法。

　本書初版で紹介した吉崎栄泰氏によるデータ圧縮ソフト LHarc は，その後改良されて LHA と名付けられた。これらは LZ 法の一種と Huffman 法を組み合わせたもので，多くのテキストファイル，実行ファイルを元の $\frac{1}{2}$ から $\frac{1}{3}$ のサイズに縮める [4–7]。

　改訂版時点では，LHA と同様な LZ 法を使った ZIP [7] や gzip のほか，LZ 法の代わりに Burrows–Wheeler 変換を用いた bzip2，LZMA 法を用いた 7-Zip，xz，lzip などのデータ圧縮ツールが使われている。

[1] James A. Storer. *Data Compression: Methods and Theory*. Computer Science Press, Rockville, MD, 1988. データ圧縮の本では最もしっかりしている．
[2] Timothy C. Bell, John G. Cleary, and Ian H. Witten. *Text Compression*. Prentice Hall, 1990. これもしっかりした本である．Storer の本より読みやすい．
[3] 奥村 晴彦, 益山 健, 三木 和彦. 必読・データ圧縮のアルゴリズムと実践. *The BASIC*, 1989 年 3 月号, 1–65. LHarc 出現前夜までの歴史がわかる．
[4] 奥村 晴彦, 吉崎 栄泰. 圧縮アルゴリズム入門. *C Magazine*, 1991 年 1 月号, 44–68. 1990 年までの歴史，LHarc の新版のアルゴリズムが詳しく書いてある．
[5] 奥村 晴彦. ファイル圧縮技術（上）. *bit*, 1994 年 12 月号, 4–13.
[6] 奥村 晴彦. ファイル圧縮技術（下）. *bit*, 1994 年 12 月号, 53–62.
[7] 奥村 晴彦, 山崎 敏. 『LHA と ZIP: 圧縮アルゴリズム×プログラミング入門』. ソフトバンク, 2003.

テトロミノの箱詰め packing tetrominoes

　正方形を 2 個つないだ形のドミノ（domino）□からの類推で S. W. Golomb は正方形を 3，4，5 個つないでできる形をそれぞれトロミノ（tromino），テトロミノ（tetromino），

ペントミノ（pentomino）と呼び，一般に正方形 n 個をつないでできる形をポリオミノ（polyomino）と呼んだ [1, p.786]。トロミノは ▯(I), ▯(L) の 2 種類，テトラミノは ▯(I), ▯(L), ▯(O), ▯(T), ▯(Z) の 5 種類，ペントミノは ▯(F), ▯(I), ▯(L), ▯(N), ▯(P), ▯(T), ▯(U), ▯(V), ▯(W), ▯(X), ▯(Y), ▯(Z) の 12 種類の駒から成る。

5 種類のテトロミノの駒を 1 個ずつ使って 4 × 5 の盤面を敷き詰めることはできないが，2 個ずつ使えば 5 × 8 の盤面を敷き詰める仕方は 3106 通りある。ペントミノなら 1 個ずつ使って 6 × 10 の盤面を敷き詰めることができる。

 tetromin.c

テトロミノの各駒 2 個ずつを 5 × 8 の盤面に敷き詰める問題のすべての解を出力する。各駒の一方にはアルファベットの大文字，他方には小文字の名前をつけた。プログラムの下に挙げる駒の形のデータ tetromin.dat を別ファイルにしておき，

```
tetromin <tetromin.dat
```

のようにして標準入力から読み込んで実行する。

```
 1  #include <stdio.h>
 2  #include <stdlib.h>
 3  #define Pieces      5                              /* 駒の数 */
 4  #define Col         5                              /* 盤の短辺の長さ */
 5  #define Row         8                              /* 盤の長辺の長さ */
 6  #define PieceSize   4                              /* 駒の大きさ */
 7  #define MaxSymmetry 8                              /* 駒の置き方の最大数 */
 8  #define MaxSite     ((Col + 1) * Row - 1)
 9  #define LimSite     ((Col + 1) * (Row + 1))
10
11  char board[LimSite];
12  char name[2][Pieces];
13  int symmetry[Pieces];
14  int shape[Pieces][MaxSymmetry][PieceSize - 1];
15  int rest[Pieces];
16
17  void initialize(void)
18  {
19      int site, piece, state;
20
21      for (site = 0; site < MaxSite; site++)
22          if (site % (Col + 1) == Col) board[site] = '*';
23                                 else board[site] = '\0';
24      for (site = MaxSite; site < LimSite - 1; site++)
25          board[site] = '*';
26      board[LimSite - 1] = '\0';                     /* †番人 */
27      for (piece = 0; piece < Pieces; piece++) {     /* 駒のデータを読む */
```

```
28          rest[piece] = 2;
29          scanf("_%c%c%d", &name[1][piece],
30                           &name[0][piece], &symmetry[piece]);
31          for (state = 0; state < symmetry[piece]; state++)
32              for (site = 0; site < PieceSize - 1; site++)
33                  scanf("%d", &shape[piece][state][site]);
34      }
35  }
36
37  void found(void)                                      /* 解の表示 */
38  {
39      static int count = 0;
40      int i, j;
41
42      printf("\n 解_%d\n\n", ++count);
43      for (i = 0; i < Col; i++) {
44          for (j = i; j < MaxSite; j += Col + 1)
45              printf("%c", board[j]);
46          printf("\n");
47      }
48  }
49
50  void try(int site)                                    /* 再帰的に試みる */
51  {
52      static int temp;
53      int piece, state, s0, s1, s2;
54
55      for (piece = 0; piece < Pieces; piece++) {
56          if (rest[piece] == 0) continue;
57          rest[piece]--;
58          for (state = 0; state < symmetry[piece]; state++) {
59              s0 = site + shape[piece][state][0];
60              if (board[s0] != '\0') continue;
61              s1 = site + shape[piece][state][1];
62              if (board[s1] != '\0') continue;
63              s2 = site + shape[piece][state][2];
64              if (board[s2] != '\0') continue;
65              board[site] = board[s0] = board[s1] = board[s2]
66                          = name[rest[piece]][piece];
67              temp = site;
68              while (board[++temp] != '\0') ;
69              if (temp < MaxSite) try(temp);  else found();
70              board[site] = board[s0] = board[s1] = board[s2] = '\0';
71          }
72          rest[piece]++;
73      }
74  }
75
76  int main(void)
77  {
78      initialize();  try(0);
79      return 0;
80  }
```

tetromin.dat

駒の形のデータ。

```
 1  Oo  1   1   6   7
 2  Ii  2   1   2   3
 3          6  12  18
 4  Tt  4   1   2   7
 5          5   6   7
 6          5   6  12
 7          6   7  12
 8  Zz  4   1   5   6
 9          1   7   8
10          5   6  11
11          6   7  13
12  Ll  8   1   2   6
13          1   2   8
14          1   6  12
15          1   7  13
16          4   5   6
17          6   7   8
18          6  11  12
19          6  12  13
```

[1] Elwyn R. Berlekamp, John H. Conway, and Richard K. Guy. *Winning Ways*. Volume 2: *Games in Particular*. Academic Press, 1982.

[2] 小野芳彦．『実戦 C プログラミング』．工学社，1986．

[3] 有澤 誠．パズルなどの組合せ問題を解く効率のよいプログラムを書くには．『コンピュータソフトウェア』，1986 年 6 月号．

と

等高線　contour map

　2 変数の関数 $f(x,y)$ の等高線（定数 f_c が与えられたとき $f(x,y) = f_c$ を満たす点 (x,y) の軌跡）を描く方法はいくつか考えられるが，ここでは，関数の計算をできるだけ節約し，しかもできるだけ正確に描くために，人間と計算機が協力する方法を取り上げる。

　$f(x,y) = f_c$ を満たす等高線を描きたいとする。まず，f_c と適当な初期値 (x,y)，それに折れ線の刻みの長さ step を人間が与える。計算機は †Newton（ニュートン）法で $f(x,y) = f_c$ を満たす点 (x,y) を求め，そこから等高線の接線方向に step だけ進み，そこを起点として再び Newton 法で $f(x,y) = f_c$ を満たす点 (x,y) を求める。以下同様に続け，得られた点をつないで等高線とする。この方法は昔何かの本で読んだものであるが思い出せない。

　このアルゴリズムは速く正確な等高線が描ける反面，分断された等高線は初期値に近い側しか描けない。また，$f(x,y)$ の形によっては，起点をある程度正確に与えないと Newton 法で収束しないことがある。収束しないときは，行 23 での x,y の修正量に上限を設定するなどの工夫をする。

 contour.c

　2 変数の関数 $f(x,y)$ の等高線を対話的に描き，その都度 BMP ファイル contour.bmp に出力する。

　手続き evaluate() で関数および導関数を与える。*f が関数 $f(x,y)$ の値，*fx が x についての導関数 $f_x(x,y)$ の値，*fy が y についての導関数 $f_x(x,y)$ の値である。

　newton() は Newton 法の手続きである。ここで *grad2 は勾配の 2 乗 $(f_x(x,y))^2 + (f_y(x,y))^2$ である。

　contour() が等高線 $f(x,y)$ = fc を描く手続きである。x, y は初期値，step はステップサイズ（折れ線の線分一つのおよその長さ）である。

　BMP ファイル出力のプロッタシミュレーションルーチン plotter.c （⇒ †グラフィックス）を使っている。

　次のリストでは関数の例として $f(x,y) = x^2 + 4y^2$ を与えた。たとえば f(x, y) = と聞かれたら 1～10 程度の適当な値，initial x =, initial y = にはどちらも 1，step = には 0.1 を入れると，その都度 contour.bmp が上書き出力されるので，画像ビューアで確認する。

198　等高線

```c
1  #include "plotter.c"
2  #include <math.h>
3
4  void evaluate(double x, double y,
5                double *f, double *fx, double *fy)                          /* 例 */
6  {
7      *f = x * x + 4 * y * y;                          /* f(x,y) = x² + 4y² */
8      *fx = 2 * x;                            /* x で微分したもの: fₓ(x,y) = 2x */
9      *fy = 8 * y;                            /* y で微分したもの: f_y(x,y) = 8y */
10 }
11
12 #define sq(x) ((x) * (x))                                              /* x² */
13 #define EPS   0.001                                          /* 許容誤差 ε */
14
15 void newton(double fc, double *x, double *y,
16             double *fx, double *fy, double *grad2)                /* Newton 法 */
17 {
18     double f, t;
19
20     do {
21         evaluate(*x, *y, &f, fx, fy);
22         *grad2 = sq(*fx) + sq(*fy);
23         if (*grad2 < 1e-10) {  *x = 1e30;  return;  }
24         t = (fc - f) / *grad2;
25         *x += t * *fx;   *y += t * *fy;
26     } while (t * t * *grad2 > EPS * EPS);
27 }
28
29 void contour(double fc, double x, double y, double step)      /* 等高線を描く */
30 {
31     int i;
32     double fx, fy, grad2, t, x0, y0;
33
34     for (i = 0; ; i++) {
35         newton(fc, &x, &y, &fx, &fy, &grad2);
36         if (fabs(x) + fabs(y) > 1e10) return;
37         if (i == 0) {  move(x, y);  x0 = x;  y0 = y;  }
38         else draw(x, y);
39         if (i > 2 && sq(x - x0) + sq(y - y0) < sq(step))
40             break;
41         t = step / sqrt(grad2);
42         x += fy * t;  y += -fx * t;
43     }
44     draw(x0, y0);
45 }
46
47 int main(void)
48 {
49     double fc, x, y, step;
50
51     gr_clear(WHITE);  gr_window(-3, -2, 3, 2, 1);
52     for ( ; ; ) {
53         printf("f(x, y) = ");                              /* 等高線の関数値 */
54         if (scanf("%lf", &fc) != 1) break;
55         printf("initial x = ");  scanf("%lf", &x);          /* x の初期値 */
56         printf("initial y = ");  scanf("%lf", &y);          /* y の初期値 */
```

```
57          printf("step = "); scanf("%lf", &step);       /* ステップサイズ */
58          contour(fc, x, y, step);
59          gr_BMP("contour.bmp");
60      }
61      return 0;
62  }
```

動的計画法　dynamic programming

元の問題より小さいサイズの問題から順に解いていく考え方。たとえば⇒ †ナップザックの問題。

トポロジカル・ソーティング　topological sorting

n 件の仕事がある。同時に 2 件の仕事を行うことはできない。仕事 i が終わらないと仕事 j が始められないならば $a_{ij} = 1$, そうでなければ $a_{ij} = 0$ とする。この a_{ij} のデータに基づき，どういう順序で仕事を行えばよいかを 1 列に（何通りも可能な場合は 1 通りだけ）書き並べたい。これがトポロジカル・ソーティングの問題である。換言すれば，半順序関係が与えられたときの †整列である。

a_{ij} は †グラフ理論でいう有向グラフの隣接行列にほかならない。

$a_{12} = a_{23} = a_{31} = 1$ のようなサイクルがあると解はない。

アルゴリズムは，隣接行列 a_{ij} の転置（i と j の立場を逆にしたもの）に基づいて通常の †縦形探索を行い，点を訪れる手続き visit() の最後にその点の番号を書き出すだけでよい。こうすれば，点の番号が書き出された時点では，その点に行くために通過せねばならない点はすべて訪問してしまっているからである。

 toposort.c

（一般に非対称な）隣接行列 adjacent[1..n][1..n] に基づきトポロジカル・ソートを行う。

```
 1  enum {NEVER, JUST, ONCE};
 2
 3  void visit(int i)
 4  {
 5      int j;
 6
 7      visited[i] = JUST;
 8      for (j = 1; j <= n; j++) {
 9          if (! adjacent[j][i]) continue;
10          if (visited[j] == NEVER) visit(j);
11          else if (visited[j] == JUST) {
12              printf("\nサイクルあり!n"); exit(1);
```

```
13          }
14      }
15      visited[i] = ONCE;   printf(" %d", i);
16  }
17
18  int main(void)
19  {
20      int i;
21
22      readgraph();                            /* データ n, adjacent[1..n][1..n] を読む */
23      for (i = 1; i <= n; i++) visited[i] = NEVER;
24      for (i = 1; i <= n; i++)
25          if (visited[i] == NEVER) visit(i);
26      printf("\n");
27      return 0;
28  }
```

ドラゴンカーブ   dragon curve

　紙テープを図のように同じ向きに何回も折り曲げ，折り目が直角になるように開いてできる曲線。この曲線は自分自身と接することはあっても交わりはしない。また，描き始めた点を中心として 90°，180°，270° 回転してできる曲線は元の曲線と交わらない。位数 order を大きくするほど複雑な図形になる。プログラムは再帰版と非再帰版を挙げた。

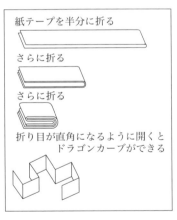

dragon2.c の出力

　ドラゴンカーブを画面に描く。プロッタシミュレーションルーチン svgplot.c または epsplot.c（⇒ †グラフィックス）を使っている。

ドラゴンカーブ　**201**

```
 1  #include "svgplot.c"                                    /* または epsplot.c ⇒ †グラフィックス */
 2
 3  void dragon(int i, double dx, double dy, int sign)
 4  {
 5      if (i == 0) draw_rel(dx, dy);
 6      else {
 7          dragon(i-1, (dx-sign*dy)/2, (dy+sign*dx)/2,  1);
 8          dragon(i-1, (dx+sign*dy)/2, (dy-sign*dx)/2, -1);
 9      }
10  }
11
12  int main(void)
13  {
14      int order = 10;
15
16      plot_start(400, 250);
17      move(100, 100);  dragon(order, 200, 0, 1);
18      plot_end(0);
19      return 0;
20  }
```

📄 dragon2.c

上の非再帰版。ドラゴンカーブが自分自身と交わらないことを示すために，ここでは角
を落として描いている。

```
 1  #include "svgplot.c"                                    /* または epsplot.c ⇒ †グラフィックス */
 2  #define ORDER  10                                                             /* 位数 */
 3  enum {RIGHT, LEFT};
 4
 5  int main(void)
 6  {
 7      int k, i, p, q, dx, dy, dx1, dy1;
 8      static char fold[1 << ORDER];
 9
10      plot_start(510, 350);
11      move(120, 120);
12      dx = 0;  dy = 2;  draw_rel(3 * dx, 3 * dy);  p = 0;
13      for (k = 1; k <= ORDER; k++) {
14          fold[p] = LEFT;  q = 2 * p;
15          for (i = p; i <= q; i++) {
16              switch (fold[q - i]) {
17              case RIGHT:
18                  fold[i] = LEFT;  dx1 = -dy;  dy1 = dx;
19                  break;
20              case LEFT:
21                  fold[i] = RIGHT;  dx1 = dy;  dy1 = -dx;
22                  break;
23              }
24              draw_rel(dx + dx1, dy + dy1);
25              draw_rel(3 * dx1, 3 * dy1);
26              dx = dx1;  dy = dy1;
27          }
```

202　ドラゴンカーブ

```
28          p = q + 1;
29      }
30      plot_end(0);
31      return 0;
32  }
```

な

内積　inner product, scalar product

ベクトル $\vec{v} = (v_1, v_2, \ldots, v_n)$, $\vec{w} = (w_1, w_2, \ldots, w_n)$ の内積 $\vec{v} \cdot \vec{w}$ とは，対応する成分の積の和 $v_1 w_1 + v_2 w_2 + \cdots + v_n w_n$ のことである．C 言語では（添字が 0 から始まるとして）

```
s = 0;
for (i = 0; i < n; i++) s += v[i] * w[i];
```

のようにして求める．誤差を減らすためには，ベクトルの成分は float 型でも，足し上げるための変数 s は double 型にするとよい．

matutil.c（⇒ †行列）の内積を求めるルーチン innerproduct() は 5 個ずつまとめて計算する方式である．通常の計算機ではこのように数個ずつまとめて計算すると若干速くなり，誤差も若干減る傾向がある．さらに誤差を減らす方法については ⇒ †情報落ち．

ナップザックの問題　knapsack problem

ナップザックの大きさと，それに詰めたい各品目の大きさと値段とが与えられているとき，値段の合計ができるだけ大きくなるような詰め方を求める問題である．同じ品目をいくつ詰めてもよいが，大きさの合計はナップザックの大きさを超えてはならない．

元の問題より小さいサイズの問題から順に解いていく †動的計画法の考え方を使う．

 knapsack.c

ナップザックの問題を解くプログラム（主要部）．あらかじめナップザックの大きさ knapsize，品目数 n，各品目 $i = 0, 1, \ldots, n-1$ の大きさ size[i]，値段 price[i] を与え，品目の大きさの最小値 smallest を求めておく．これらの値はすべて正の整数とする．

まず，何も詰めるべき品目がない状態から出発する．このときは，大きさ $s = 0, 1, 2, \ldots$, knapsize のどのナップザックについても，詰められる品の値段の合計の最大値は 0 である（最初の行）．

次のループでは，品目 $i = 0, 1, 2, \ldots$, n-1 を順に考慮に入れていく．品目 $i-1$ まで考慮に入れたとし，次に品目 i を考慮に入れると，結果が変わり得るのは大きさ s がその品目のサイズ size[i] 以上のナップザックだけである．このそれぞれのナップザックに，とりあえずこの品を 1 個詰めてみる．そうすれば，空いているスペースは space $= s -$ size[i] である．そのとき詰められる値段の合計の最大値 newvalue は，大

きさが space のナップザックに詰められる値段の合計の最大値 maxsofar[space] に，その品目の値段 price[i] を加えたものである。こうして品目 i を考慮に入れた場合の値 newvalue を得たが，これがもし今までの最大値 maxsofar[s] より大きければ，品目 i を詰め，最大値 maxsofar[s] を更新し，品目の番号 newitem[s] を控えておく。

　こうして全部の品物を考え終えた時点で，maxsofar[knapsize] に求める最大値が得られる。詰めた品目を調べるには，大きさ $s =$ knapsize のナップザックに最後に詰めた品は newitem[s]，その一つ前に詰めた品は newitem[$s -$ size[newitem[s]]]，... という具合に逆にたどっていく。

```
1     for (s = 0; s <= knapsize; s++) maxsofar[s] = 0;
2     for (i = 0; i < n; i++) {
3         for (s = size[i]; s <= knapsize; s++) {
4             space = s - size[i];
5             newvalue = maxsofar[space] + price[i];
6             if (newvalue > maxsofar[s]) {
7                 maxsofar[s] = newvalue;   newitem[s] = i;
8             }
9         }
10    }
11    printf("品目␣␣価格\n");
12    for (s = knapsize; s >= smallest; s -= size[newitem[s]])
13        printf("%4d␣%5d\n", newitem[s], price[newitem[s]]);
14    printf("合計␣%5d\n", maxsofar[knapsize]);
```

2項分布　binomial distribution

確率 p で毎回独立に起こる事象が n 回のうち k 回起こる確率は $P_k = {}_nC_k p^k (1-p)^{n-k}$ である。この分布を2項分布 $B(n,p)$ という。

2項分布の累積確率 $P_0 + P_1 + \cdots + P_k$ を求めるには，$P_0 = (1-p)^n$ から出発して漸化式 $P_{k+1} = P_k(n-k)p / ((k+1)(1-p))$ で $P_1, P_2, \ldots$ を順に求めて加え合わせるのが簡単である。しかし n が大きいときは $(1-p)^n$ で下位桁あふれを起こすので，†不完全ベータ関数の項目で述べる方法を使う。あるいは，n が大きく p があまり 0 や 1 に近くないときは，平均 np，分散 $np(1-p)$ の †正規分布で近似する。

2項分布の乱数を作るには，0以上1未満の乱数を n 個作り，その中で p 未満のものの個数を数えるのが簡単な方法である。あるいは，n が大きく p があまり 0 や 1 に近くないときは，やはり †正規分布で近似する。具体的には，平均 0，分散 1 の正規分布の乱数 Z を使って $\lfloor \sqrt{np(1-p)}Z + np + 0.5 \rfloor$ とする（この $+\,0.5$ が $-\,0.5$ となっている本があるが誤りである）。その際，結果が負になったり n を超えたりすれば，それぞれ 0，n に直す。また，n が大きく p が 0 に近いときは，平均 np の †Poisson（ポアソン）分布で近似できる。

binomial.c

与えられた n, p について，2項分布の累積確率 $P_0 + P_1 + \cdots + P_k$ を求める。別の方法については ⇒ †不完全ベータ関数。

```c
 1    int k, n;
 2    double p, q, s, t;
 3
 4    printf("n, p? ");   scanf("%d%lf", &n, &p);
 5    q = 1 - p;   s = t = pow(q, n);
 6    if (s == 0) error("n か p が大きすぎます");
 7    for (k = 0; k < n; k++) {
 8        printf("%4d %7.4f\n", k, s);
 9        t *= (n - k) * p / ((k + 1) * q);
10        s += t;
11    }
12    printf("%4d %7.4f\n", n, s);
```

irandom.c

2項分布の乱数の簡単な生成法である。

```
1  int binomial_rnd(int n, double p)
2  {
3      int i, r;
4  
5      r = 0;
6      for (i = 0; i < n; i++)
7          if (rnd() < p) r++;
8      return r;
9  }
```

2次元の探索 <u>searching in two dimensions</u>

$n \times m$ の 2 次元の配列の要素の中からある値 x に等しいものの位置を †逐次探索で探すには $O(nm)$ の手間が必要である。しかし，行・列の両方向に昇順に †整列しておけば，探索の手間は $O(n+m)$ に減る。

srchmat.c

両方向に整列した 2 次元の配列 $a[i][j]$ (imin $\leq i \leq$ imax, jmin $\leq j \leq$ jmax) の要素のうちで x に等しいものの位置 (i, j) を求める。

```
1      i = imax;   j = jmin;
2      while (a[i][j] != x) {
3          if (a[i][j] < x) j++;   else i--;
4          if (i < imin || j > jmax) return NOT_FOUND;      /* 見つからない */
5      }
6      return FOUND;                                        /* 見つかった */
```

2次方程式 <u>quadratic equation</u>

2 次方程式 $ax^2 + bx + c = 0$ の解の公式は

$$x = \frac{-b \pm \sqrt{b^2 - 4ac}}{2a}$$

である[*1]。しかし，この公式をそのまま使うと，$|b| \doteqdot \sqrt{b^2 - 4ac}$ のとき †桁落ちが生じる。そこで，桁落ちの生じない方の解だけ上の公式で求め，もう一方は解と係数の関係（解を α，β とすると $\alpha\beta = c/a$）で求める。

quadeq.c

2 次方程式 $ax^2 + bx + c = 0$ を解く。

[*1] このような未知数 1 個の方程式を満たす値は根 root と呼んでいたが今の教科書は解 solution で統一する傾向にある。

```
1      if (a != 0) {
2          b /= a;  c /= a;                    /* a で割って x^2 + bx + c = 0 の形にする */
3          if (c != 0) {
4              b /= 2;                          /* x^2 + 2b'x + c = 0 */
5              d = b * b - c;                   /* 判別式 D/4 */
6              if (d > 0) {
7                  if (b > 0) x = -b - sqrt(d);
8                  else       x = -b + sqrt(d);
9                  printf("x_=_%g,_%g\n", x, c / x);
10             } else if (d < 0)
11                 printf("x_=_%g_+-_%g_i\n", -b, sqrt(-d));
12             else
13                 printf("x_=_%g\n", -b);
14         } else printf("x_=_%g,_0\n", -b);
15     } else if (b != 0) printf("x_=_%g\n", -c / b);
16     else if (c != 0) printf("解なし。\n");
17     else printf("不定。\n");
```

2分木　binary tree

2進木ともいう。各ノード（節点）がたかだか2個ずつ子をもつような †木。たとえば

。⇒ †2分探索木

2分探索　binary search

†探索の一方法。$a_l \leq a_{l+1} \leq \cdots \leq a_r$ のように †整列した要素の中から x に等しいものを探す。

まず，中央の要素 a_m ($m = \lfloor l+r \rfloor / 2$) と x とを比較する。ここで，もし $a_m < x$ なら，x と等しい要素がもしあるならばそれは右半分 $a_{m+1}, a_{m+2}, \ldots, a_r$ にあるはずである。また，もし $x \leq a_m$ なら，左半分 $a_l, a_{l+1}, \ldots, a_m$ にあるはずである。このようにして，1回の比較で候補の数が半分に減る。以下同様にして，候補の数を次々に半分にしていけば，$\log_2 n$ 回ほどの比較で探索ができる。

📄 bsrch.c

left $\leq i \leq$ right の範囲で a[i] = x を満たす i を返す。そのような i がなければ NOT_FOUND を返す。

```
1   int bsrch(keytype x, keytype a[], int left, int right)
2   {
3       int mid;
4
```

```
 5      while (left < right) {
 6          mid = (left + right) / 2;
 7          if (a[mid] < x) left = mid + 1;   else right = mid;
 8      }
 9      if (a[left] == x) return left;
10      return NOT_FOUND;
11  }
```

なお，上のプログラムを

```
 4      right++;
 9      return left;
10      /* 削除 */
```

のように変更すれば，見つからなかったならば大きめの添字，すなわち $a_{i-1} < x \leqq a_i$ を満たす i を返すようになる。x がどの要素よりも大きいならば，最初に与えた right の値より 1 だけ大きい値を返す。また

```
 4      right++;
 5      while (left < right) {
 6          mid = (left + right) / 2;
 7          if (a[mid] <= x) left = mid + 1;   else right = mid;
 8      }
 9      return left - 1;
```

とすれば，見つからなかったとき小さめの添字（つまり $a_i \leqq x < a_{i+1}$ を満たす i）を返す。x がどの要素よりも小さいならば，最初に与えた left より 1 だけ小さい値を返す。

次のようにするのは誤りである。これでは無限ループに陥る。

```
 5      while (left < right) {
 6          mid = (left + right) / 2;
 7          if (...) left = mid;   else ...;
 8      }
```

2 分探索木　binary search tree

[†]探索に用いる [†]2 分木。各ノードにデータと 2 個のポインタをもち，左のポインタ left でつながる子孫のデータはすべて自分より小さく，右のポインタ right でつながる子孫のデータはすべて自分より大きい。右図は 2 分探索木の例である。

2 分探索木による探索は，根から始め，探し物がそのノードのデータより小さいか大きいかによって，左または右のポインタをたどっていく。

完全に釣合のとれた 2 分木なら，n 回の比較で，$1 + 2 + 2^2 + \cdots + 2^{n-1} = 2^n - 1$ 個のものの中から目的のものを見つけることができる。逆に言えば，N 個のものを調べるのに必要な比較の回数は $\log_2 N$ 程度

である．しかし，極端にいえば，どのノードも左の子をもたない前ページ最下部の図のような木もありうる．このような左右のバランスの悪い木では非常に探索が遅くなる．

📄 tree.c

2分木を使った[†]探索のデモンストレーション．文字列を木に挿入（登録）するにはI文字列，木から削除するにはD文字列，検索するにはS文字列と入力する．たとえばabcという文字列を登録するにはIabcと打ち込んでリターンキーを押す．Iabc, Ixyz, ... のように文字列を次々に挿入して，どのように木が成長するかを画面で見ることができる．

木は左端が根になるように寝かせて表示する．言い替えれば，キーを小さい順に上から下に並べ，ノードの深さ（根からの距離）に応じて右に段下げして表示する．最初に挙げた木の例では右図のようになる．

葉には子がないので，葉の左右のポインタにはNULLを入れておくのが自然であるが，ここでは特別なノードnilを各葉の子にし，nilのキー部に探したいキーをコピーして，[†]番人として使っている．

search()では木の探索を素直にコーディングしているが，insert(), delete()では，"ノードへのポインタへのポインタ" pを用いて，木の書き換えが簡単にできるようにしている．

```
 1  #include <stdio.h>
 2  #include <stdlib.h>
 3  #include <string.h>
 4
 5  typedef char keytype[21];                              /* 探索のキーの型宣言 */
 6
 7  typedef struct node {                                  /* 2分木のノードの型宣言 */
 8      struct node *left, *right;                         /* 左右の子へのポインタ */
 9      keytype key;                                       /* 探索のキー */
10  } *nodeptr;                                            /* nodeptrはノードを指すポインタ */
11
12  struct node nil;                                       /* 木の末端を表すノード．[†]番人に使う */
13  nodeptr root = &nil;                                   /* 根を指すポインタ */
14
15  nodeptr insert(keytype key)                            /* 木への挿入（登録）*/
16  {
17      int cmp;
18      nodeptr *p, q;
19
20      strcpy(nil.key, key);                              /* [†]番人にする */
21      p = &root;                                         /* 根から始めて... */
22      while ((cmp = strcmp(key, (*p)->key)) != 0)
23          if (cmp < 0) p = &((*p)->left );               /* 小さければ左へ */
24          else         p = &((*p)->right);               /* 大きければ右へ */
25      if (*p != &nil) return NULL;                       /* すでに登録されている */
26      if ((q = malloc(sizeof *q)) == NULL) {
27          printf("メモリ不足．\n");  exit(1);
28      }                                                  /* 新しいノードを生成 */
```

210 2分探索木

```
29      strcpy(q->key, key);
30      q->left = &nil;  q->right = *p;  *p = q;
31      return q;                                                      /* 登録した */
32  }
33
34  int delete(keytype key)                            /* 削除できれば 0，失敗なら 1 を返す */
35  {
36      int cmp;
37      nodeptr *p, *q, r, s;
38
39      strcpy(nil.key, key);                                          /* †番人 */
40      p = &root;
41      while ((cmp = strcmp(key, (*p)->key)) != 0)
42          if (cmp < 0) p = &((*p)->left);
43          else         p = &((*p)->right);
44      if (*p == &nil) return 1;                                      /* 見つからず */
45      r = *p;
46      if      (r->right == &nil) *p = r->left;
47      else if (r->left  == &nil) *p = r->right;
48      else {
49          q = &(r->left);
50          while ((*q)->right != &nil) q = &((*q)->right);
51          s = *q;  *q = s->left;
52          s->left = r->left;  s->right = r->right;
53          *p = s;
54      }
55      free(r);
56      return 0;                                                      /* 削除成功 */
57  }
58
59  nodeptr search(keytype key)                        /* 検索（未登録なら NULL を返す） */
60  {
61      int cmp;
62      nodeptr p;
63
64      strcpy(nil.key, key);                                          /* †番人 */
65      p = root;
66      while ((cmp = strcmp(key, p->key)) != 0)
67          if (cmp < 0) p = p->left;
68          else         p = p->right;
69      if (p != &nil) return p;                                       /* 見つかった */
70      else           return NULL;                                    /* 見つからない */
71  }
72
73  void printtree(nodeptr p)                           /* 木の表示（再帰的） */
74  {
75      static int depth = 0;                                          /* ノードの深さ */
76
77      if (p->left != &nil) {                                         /* 左側を表示 */
78          depth++;  printtree(p->left);  depth--;
79      }
80      printf("%*c%s\n", 5 * depth, '␣', p->key);                     /* そのノードを表示 */
81      if (p->right != &nil) {                                        /* 右側を表示 */
82          depth++;  printtree(p->right);  depth--;
83      }
84  }
```

```
85
86  int main(void)
87  {
88      char buf[22];
89
90      printf("命令␣Iabc:␣␣abc を挿入\n"
91              "␣␣␣␣␣Dabc:␣␣abc を削除\n"
92              "␣␣␣␣␣Sabc:␣␣abc を検索\n");
93      for ( ; ; ) {
94          printf("命令?␣");
95          if (scanf("%21s%*[^\n]", buf) != 1) break;
96          switch (buf[0]) {
97          case 'I':  case 'i':
98              if (insert(&buf[1])) printf("登録しました。\n");
99              else                 printf("登録ずみです。\n");
100             break;
101         case 'D':  case 'd':
102             if (delete(&buf[1])) printf("登録されていません。\n");
103             else                 printf("削除しました。\n");
104             break;
105         case 'S':  case 's':
106             if (search(&buf[1])) printf("登録されています。\n");
107             else                 printf("登録されていません\n");
108             break;
109         default:
110             printf("使えるのは␣I,␣D,␣S␣です。\n");
111             break;
112         }
113         if (root != &nil) {
114             printf("\n");  printtree(root);  printf("\n");
115         }
116     }
117     return 0;
118 }
```

2 分法   bisection method

　連続関数 $f(x)$ と区間 $a \leq x \leq b$ が与えられたとき，その区間で方程式 $f(x) = 0$ の解を探す方法の一つ。

　関数 $f(x)$ が連続で，区間の両端での関数値 $f(a)$，$f(b)$ が異符号（たとえば $f(a) < 0$，$f(b) > 0$）なら，区間 $a < x < b$ のどこかに $f(x) = 0$ となる x が存在するはずである。そこで，区間の中点 $c = (a + b)/2$ をとり，範囲を $a \leq x \leq c$, $c \leq x \leq b$ に 2 分する。ここでもし $f(a)$ と $f(c)$ が異符号なら解は $a \leq x \leq c$ にあり，$f(c)$ と $f(b)$ が異符号なら解は $c \leq x \leq b$ にある。解がある方の区間をさらに 2 分し，そのどちらに解があるかを調べる。以下同様に区間を次々に 2 分していき，区間が十分狭くなったならば，区間の中央の値を $f(x) = 0$ の解とする。

　分け目を中点でなく 1 次補間点とすると [†] はさみうち法になる。

212 2 変量正規分布

📄 bisect.c

bisect() は区間 a ≤ x ≤ b で方程式 f(x) = 0 の解を探す。戻り値は f(x) = 0 の解。error にエラーメッセージのポインタ（なければ NULL）が入る。

解の許容誤差 tolerance は 0 でもよい。0 にすると計算機の精度の枠内でできるだけ正確に求める。

```c
 1  #include <stdio.h>
 2  #include <stdlib.h>
 3  #define samesign(x, y) (((x) > 0) == ((y) > 0))         /* 同符号なら真 */
 4  double bisect(double a, double b, double tolerance,
 5          double (*f)(double), char **error)
 6  {
 7      double c, fa, fb, fc;
 8
 9      *error = NULL;
10      if (tolerance < 0) tolerance = 0;
11      if (b < a) {  c = a;   a = b;   b = c;  }
12      fa = f(a);  if (fa == 0) return a;
13      fb = f(b);  if (fb == 0) return b;
14      if (samesign(fa, fb)) {
15          *error = "区間の両端で関数値が同符号です。";  return 0;
16      }
17      for ( ; ; ) {
18          c = (a + b) / 2;
19          if (c - a <= tolerance || b - c <= tolerance) break;
20          fc = f(c);  if (fc == 0) return c;
21          if (samesign(fc, fa)) {  a = c;   fa = fc;  }
22          else                  {  b = c;   fb = fc;  }
23      }
24      return c;
25  }
26
27  double func(double x)                           /* ゼロ点を求める関数の例 */
28  {  return x * x - 2;  }
29
30  int main(void)                                  /* テスト */
31  {
32      char *error;
33      double x;
34
35      x = bisect(1, 2, 0, func, &error);          /* 1 ≤ x ≤ 2 の間で解を求める */
36      if (error) printf("%s\n", error);
37      else printf("x_=_%.16g\n", x);
38      return 0;
39  }
```

2 変量正規分布　bivariate normal distribution,　binormal distribution

平均 0，分散 1 の正規分布に従う独立な乱数 W，X から新しい乱数 $Y = aW + bX$，$Z = aW - bX$ を作ると，Y，Z はいずれも分散 $a^2 + b^2$ で，Y，Z 間の相関係数は $a^2 - b^2$

となる.このような乱数の対 (Y, Z) の分布を 2 変量正規分布という.

分散を 1,相関係数を r にするには,$a^2 + b^2 = 1$, $a^2 - b^2 = r$ を解いて,$a = \sqrt{(1+r)/2}$, $b = \sqrt{(1-r)/2}$ とすればよい.

 binormal.c

二つの独立な [†]正規分布の乱数を作り,それを上述のように混ぜ合わせて 2 変量正規分布の乱数に変換して返す.`binormal_rnd(r, &x, &y);` と呼び出すと,`double` 型の変数 `x`, `y` に平均 0,標準偏差 1,相関係数 r の 2 変量正規分布の乱数が入る.

`rnd()` は 0 以上 1 未満の実数の一様乱数($\Rightarrow$ [†]乱数).

```
 1  void binormal_rnd(double r, double *x, double *y)
 2  {
 3      double r1, r2, s;
 4
 5      do {
 6          r1 = 2 * rnd() - 1;
 7          r2 = 2 * rnd() - 1;
 8          s = r1 * r1 + r2 * r2;
 9      } while (S > 1 || s == 0);
10      s = - log(s) / s;
11      r1 = sqrt((1 + r) * s) * r1;
12      r2 = sqrt((1 - r) * s) * r2;
13      *x = r1 + r2;   *y = r1 - r2;
14  }
```

は

秤の問題　problem of the weights

左右に皿のついた天秤を使って重さをはかるとき，重りを片方の皿にしか乗せられないときは 1, 2, 4, 8, ... という系列の重りを用意すれば重りの数が最も少なくてすむ。与えられた重さ（整数）をはかるには，その重さを 2 進法で表し，各桁に対応する重りを使えばよい。たとえば 10 グラムなら 2 進法で 1010 であるから，2 グラムと 8 グラムの重りを片方の皿に乗せて釣り合うようにする。

重りを両方の皿に乗せてよいときは 1, 3, 9, 27, ... という系列でよい。与えられた重さをはかるにはどの重りをどちらの皿にのせればよいかに答えるのが下のプログラムである。3 進法の簡単な応用である。

weights.c

```
 1  #include <stdio.h>
 2  #include <stdlib.h>
 3  int main(void)
 4  {
 5      int k, x, r;
 6      char *side[2] = { "左", "右" };
 7  
 8      printf("何グラムをはかりますか?_");   scanf("%d", &x);
 9      printf("はかるものを左の皿に乗せてください。\n");
10      k = 1;
11      while (x > 0) {
12          r = x % 3;   x /= 3;
13          if (r != 0) {
14              printf("%5d グラムの重りを %s の皿に乗せます。\n",
15                  k, side[r - 1]);
16              if (r == 2) x++;
17          }
18          k *= 3;
19      }
20      return 0;
21  }
```

[1] G. H. Hardy and E. M. Wright. *An Introduction to the Theory of Numbers*. Oxford University Press, fifth edition 1979. 115–117 ページ．

はさみうち法　*regula falsi*, false position method

レギュラ・ファルシ法ともいう。連続関数 $f(x)$ と区間 $a \leq x \leq b$ が与えられたとき，

その区間で方程式 $f(x) = 0$ の解を探す方法の一つ。

両端での関数値 $f(a)$, $f(b)$ は異符号でなければならない。2 点 $(a, f(a))$, $(b, f(b))$ を

のように直線で結び，それが x 軸と交わる点 c を求める。その点での関数値 $f(c)$ が $f(a)$ と同符号なら解は $c < x < b$ にあり，$f(c)$ が $f(b)$ と同符号なら解は $a < x < c$ にある。このようにして解の存在範囲を狭めることを繰り返す。しかし，上の図からもわかるように，必ずしも †2 分法より速いとは限らない。また，区間の両端での関数値の絶対値に大差があると，補間点 c が区間の端点に一致してしまう。この場合は c を強制的にごくわずか（隣の †浮動小数点数まで）移動する。

regula.c

区間 $a \leqq x \leqq b$ で方程式 $f(x) = 0$ の解を探す。tolerance は解の許容誤差。戻り値は $f(x) = 0$ の解。imax 回繰り返しても収束しないなら 2 分法に切り替える（imax = 0 で呼び出せば最初から 2 分法になる）。error にエラーメッセージのポインタ（なければ NULL）が入る。使い方は（imax の指定以外は）†2 分法に同じ。

```
 1  #include <stdio.h>
 2  #include <math.h>
 3  #include <float.h>
 4  #define samesign(x, y) (((x) > 0) == ((y) > 0))      /* 同符号なら真 */
 5  double regula(double a, double b, double tolerance,
 6          double (*f)(double), int imax, char **error)
 7  {
 8      int i;
 9      double c, fa, fb, fc;
10
11      *error = NULL;
12      if (tolerance < 0) tolerance = 0;
13      if (b < a) { c = a;  a = b;  b = c;  }
14      fa = f(a);   if (fa == 0) return a;
15      fb = f(b);   if (fb == 0) return b;
16      if (samesign(fa, fb)) {
17          *error = "区間の両端で関数値が同符号です。";
18          return 0;
19      }
20      for (i = 0; ; i++) {
21          c = (a + b) / 2;
```

▷ 行 25, 26 は補間点が端点に一致した場合の処理（⇒ †浮動小数点数）。

```
22          if (c - a <= tolerance || b - c <= tolerance) break;
23          if (i < imax) {
24              c = (a * fb - b * fa) / (fb - fa);
```

```
25            if      (c <= a) c = a + 0.6 * DBL_EPSILON * fabs(a);
26            else if (c >= b) c = b - 0.6 * DBL_EPSILON * fabs(b);
27        }
28        fc = f(c);  if (fc == 0) return c;
29        if (samesign(fc, fa)) { a = c;   fa = fc;  }
30        else                  { b = c;   fb = fc;  }
31    }
32    return c;
33 }
```

パズル・ゲーム　puzzles and games

アルゴリズムはみな広い意味でのパズルであるが，狭い意味でのパズルやゲームについては，本書には次の項目がある：[†]石取りゲーム 1，[†]石取りゲーム 2，[†]騎士巡歴の問題，[†]小町算，[†]宣教師と人食い人，[†]テトロミノの箱詰め，[†]ハノイの塔，[†]一筆書き，[†]百五減算，[†]覆面算，[†]魔方陣，[†]水をはかる問題，[†]三山くずし，[†]迷路，[†]ライフ・ゲーム，[†]N 王妃の問題．

以下の文献はいずれもパズル，ゲームの宝庫である．[1,2] < [3,4] < [5] の順でプログラミング寄りになる．このほかに，『別冊サイエンス』（日経サイエンス社），『別冊数理科学』（サイエンス社）にパズル・ゲームものが多数ある．

[1] Elwyn R. Berlekamp, John H. Conway, and Richard K. Guy. *Winning Ways*. Volume 1: *Games in General*. Academic Press, 1982.

[2] Elwyn R. Berlekamp, John H. Conway, and Richard K. Guy. *Winning Ways*. Volume 2: *Games in Particular*. Academic Press, 1982.

[3] 有澤 誠．『プログラミング レクリエーション：ソフトウェア実習のガイド』．近代科学社，1978．

[4] 有澤 誠．『プログラミング レクリエーション (2)：ソフトウェア実習のガイド』．近代科学社，1982．

[5] 駒木 悠二，有澤 誠，編．『ナノピコ教室：プログラム問題集』．共立出版，1990．

ハッシュ法　hashing

データ x を $0 \leq h(x) < M$ の範囲のなるべく一様に分布する整数に変換する関数 $h(x)$ をハッシュ関数（hash function）という．ハッシュ関数を使って登録場所を決める [†]探索法をハッシュ法という．

簡単なハッシュ関数としては，データ x を整数化して M で割り，その余りを関数値とする．このとき M を素数にしておくと安心である．データを整数化するには，データの内部表現のバイト列を 256 進法の整数と見るのが簡単である．

ハッシュ関数の値を登録場所に結びつける方法はいろいろ考えられる。下のプログラムでは †2 分探索木を M 本用意し，データ x を $h(x)$ 番の木に登録する。

別の方法としては M を十分大きくして M 個の登録場所を用意し，データ x を $h_1(x)$ 番の場所に直接登録する。もし $h_1(x)$ 番の場所が既に占有されているなら，第 2 のハッシュ関数 $h_2(x)$ を使って $(h_1(x) + h_2(x)) \bmod M$, $(h_1(x) + 2h_2(x)) \bmod M$, $(h_1(x) + 3h_2(x)) \bmod M, \ldots$ を順に調べ，空いている最初の場所に登録する。$h_2(x) = 1$ とすることもあるが，これでは空の場所が減るにつれて空でない場所が団子のようにつながりやすい。簡単な $h_2(x)$ としてはほかに "$h_1(x) = 0$ なら $h_2(x) = 1$，そうでなければ $h_2(x) = M - h_1(x)$" などが考えられる。

$h(x)$ がなるべく一様であるという条件に加え，与えられた $h(x)$ の値を持つ x を求めるのが困難，かつ $h(x_1) = h(x_2)$ を満たす対 x_1, x_2 を求めるのが困難（対の片方が与えられるかどうかにかかわらず）なものを，暗号学的ハッシュ関数という。これは，改竄防止のためにファイルのハッシュ値を別途保管するといった用途に使う。公文書や研究ノートなども，文書作成時に文書のハッシュ値と日時を公開しておけば，その日時以降の改竄の有無が確認できる（このような仕組みはタイムスタンプサービスとして商用化されている）。パスワードも，平文のまま保存せず，ハッシュ値を保存する。その際，より安全にするために，ランダムな文字列 s（salt = 塩 と呼ばれる）を生成し，s および $h(s + x)$ を保存する（$s + x$ は s と x を結合した文字列）などの方法が考えられている。

暗号学的ハッシュ関数として，従来は MD5（128 ビット）や SHA-1（160 ビット）が広く用いられてきたが，現在は SHA-256（256 ビット）や SHA-512（512 ビット）などが推奨されている。SHA-256 はコマンド `sha256sum` あるいは `shasum -a 256` で計算できる。

 wordcnt.c

標準入力から読んだ単語の総数と，相異なる単語の数を出力する。ただし，単語は英字だけから成るとし，英字以外は単語の区切りと見なす。大文字・小文字は区別しない。最初の 128 文字まで一致すれば同じ単語と見なす。

ハッシュ法 + 2 分探索木を使っている。

```
 1  #include <stdio.h>
 2  #include <stdlib.h>
 3  #include <string.h>
 4  #include <ctype.h>
 5  #include <limits.h>
 6
 7  #define HASHSIZE    101                    /* ハッシュ表の大きさ（素数）*/
 8  #define MAXWORDLEN 128                     /* 最大単語長 */
 9
10  int wordlen;                                              /* 単語長 */
11  unsigned long words, newwords;             /* 単語，新単語カウンタ */
```

218 ハッシュ法

```c
12  char word[MAXWORDLEN + 1];                               /* 現在の単語 */
13
14  typedef struct node {                                    /* 2分木のノード */
15      struct node *left, *right;                           /* 左右の子 */
16      char *key;                                           /* キー（文字列） */
17  } *nodeptr;
18
19  struct node nil = {NULL, NULL, word};                    /* ⁺番人 */
20  nodeptr hashtable[HASHSIZE];                             /* ハッシュ表 */
21
22  int hash(char *s)                                        /* 簡単なハッシュ関数 */
23  {
24      unsigned v;
25
26      for (v = 0; *s != '\0'; s++)
27          v = ((v << CHAR_BIT) + *s) % HASHSIZE;
28      return (int)v;
29  }
30
31  void insert(void)                                        /* 挿入（登録） */
32  {
33      int cmp;
34      nodeptr *p, q;
35
36      words++;
37      p = &hashtable[hash(word)];
38      while ((cmp = strcmp(word, (*p)->key)) != 0)
39          if (cmp < 0) p = &((*p)->left );
40          else         p = &((*p)->right);
41      if (*p != &nil) return;                              /* すでに登録されている */
42      newwords++;
43      if ((q = malloc(sizeof *q)) == NULL
44       || (q->key = malloc(wordlen + 1)) == NULL) {
45          printf("メモリ不足。\n");   exit(1);
46      }
47      strcpy(q->key, word);
48      q->left = &nil;  q->right = *p;  *p = q;
49  }
50
51  void getword(void)
52  {
53      int c;
54
55      wordlen = 0;
56      do {
57          if ((c = getchar()) == EOF) return;
58      } while (! isalpha(c));
59      do {
60          if (wordlen < MAXWORDLEN) word[wordlen++] = tolower(c);
61          c = getchar();
62      } while (isalpha(c));
63      word[wordlen] = '\0';
64  }
65
66  int main(void)
```

```
67  {
68      int i;
69
70      words = newwords = 0;
71      for (i = 0; i < HASHSIZE; i++) hashtable[i] = &nil;
72      while (getword(), wordlen != 0) insert();
73      printf("%lu_words,_%lu_different_words\n", words, newwords);
74      return 0;
75  }
```

ハノイの塔　Tower of Hanoi

　インドに梵天の塔というものがあるという。インドの神様である梵天が宇宙創造時に作ったものだと言い伝えられている。そこには 3 本のダイヤモンドの柱と，中心に穴のあいた 64 枚の純金の円板がある。円板はみな大きさが異なり，小さいものほど上になるように柱に通してある。初め円板はすべて 1 本目の柱に通してあった。ここでの僧侶たちの仕事は，これらの円板を 1 度に 1 枚ずつ柱から柱へ移し，最終的にはすべて 3 本目の柱に移すことである。ただし，小さい円板の上に大きい円板を重ねることはできない。僧侶たちは夜を日に継いで働くが，まだ完成しない。完成したときには，塔は崩れ，世界の終わりが来るということである。

　以上は Édouard Lucas による作り話である（*Récréations mathématiques*, four volumes, Gauthier-Villars, Paris, 1891–1894; reprinted by Albert Blanchard, Paris, 1960, 第 3 巻, 55–59 ページ）。

　Lucas はまた上と同じルールで円板の数を 8 枚にしたハノイの塔というパズルを考えた。これなら世界の終わりを待たずに完成できそうである。

　円板 n 枚を柱 a から柱 b に移す方法は次のように帰納的に考えることができる。$n = 1$ ならば明らかである。$n > 1$ として，$n - 1$ 枚をある柱から他の柱に移す方法がわかっているとする。このとき，n 枚を柱 a から柱 b に移すには，まず最初の $n - 1$ 枚を柱 a から柱 c に移し，次に，残った 1 枚を柱 b に移し，最後に，柱 c にある $n - 1$ 枚を柱 b に移せばよい。

　n 枚の円板を移すための移動の回数を a_n とすれば，上と同様に帰納的に考えて，$a_1 = 1$, $a_n = 2a_{n-1} + 1 \ (n > 1)$ となり，これを解けば $a_n = 2^n - 1$ が得られる。8 枚のハノイの塔なら 255 回，64 枚の梵天の塔なら

$$2^{64} - 1 = 18446744073709551615$$

回の移動が必要である。これでは，1 回の移動を 1 秒としても，梵天の塔が完成し宇宙の終わりが来るまでには 580 億年ほどかかる。宇宙はビッグバン以来 100 億年ほどしかたっていないので，まだまだ大丈夫のようである。

　ハノイの塔には，次のような非再帰的なアルゴリズムもある。

1. 最も小さい円板を柱 k から柱 $k \bmod 3 + 1$ に移す。
2. 完成なら終了する。そうでなければ，最も小さい円板以外の円板を動かす（可能な方法は 1 通りしかない）。
3. ステップ 1 に戻る。

最初に円板がすべて柱 1 にあれば，全円板数が奇数か偶数かにより，上のアルゴリズムで柱 2 または柱 3 に移る。

hanoi.c

```
1  #include <stdio.h>
2  #include <stdlib.h>
3
4  void movedisk(int n, int a, int b)
5  {
6      if (n > 1) movedisk(n - 1, a, 6 - a - b);
7      printf("円盤 %d を %d から %d に移す\n", n, a, b);
8      if (n > 1) movedisk(n - 1, 6 - a - b, b);
9  }
10
11 int main(void)
12 {
13     int n;
14
15     printf("円盤の枚数? ");   scanf("%d", &n);
16     printf("円盤 %d 枚を柱 1 から柱 2 に移す方法は"
17         "次の %lu 手です。\n", n, (1UL << n) - 1);
18     movedisk(n, 1, 2);
19     return 0;
20 }
```

[1] Ronald L. Graham, Donald E. Knuth, and Oren Patashnik. *Concrete Mathematics*. Addison-Wesley, second edition 1994. 1–4 ページなど。
[2] 有澤 誠.『プログラミング レクリエーション：ソフトウェア実習のガイド』．近代科学社，1978．45–53 ページ．

バブルソート　bubble sort

考え方が簡単なのでアルゴリズムの教科書などによく出てくる[†]整列法であるが，きわだった長所はない。安定である（同順位のものの順序関係が保たれる）。実行時間は $O(n^2)$ である（個数の 2 乗に比例する）。

配列を最初から見ていって隣どうしを比較し，逆順ならば交換する。配列の最後まで行ったら，また最初に戻って同じことを続ける。交換するところがなくなるまでこれを続ける。

いろいろな変種がある．次のものは，最後に交換が起きた場所を覚えておき，次回はそこから調べ始める．

 bubsort.c

バブルソートで a[0..n-1] を小さい順（a[0] ≦ a[1] ≦ ⋯ ≦ a[n-1]）に並べ替える．keytype はデータ a[*i*] の型である．

```
 1  void bubblesort(int n, keytype a[])
 2  {
 3      int i, j, k;
 4      keytype x;
 5
 6      k = n - 1;
 7      while (k >= 0) {
 8          j = -1;
 9          for (i = 1; i <= k; i++)
10              if (a[i - 1] > a[i]) {
11                  j = i - 1;
12                  x = a[j];   a[j] = a[i];   a[i] = x;
13              }
14          k = j;
15      }
16  }
```

番人　sentinel

番兵，標識ともいう．ループの終了条件判定を簡単にするために置く余分な要素．たとえば†逐次探索で a[0..n-1] の中から x に等しい要素を探すのに，番人を使わなければ

```
for (i = 0; i < n; i++)
    if (a[i] == x) return i;
return NOT_FOUND;
```

のように毎回 i < n のチェックをしなければならないが，番人を使えば

```
a[n] = x;                                          /* 番人 */
i = 0;   while (a[i] != x) i++;
if (i < n) return i;   else return NOT_FOUND;
```

のように添字のチェックが省略できる．

ひ

ヒープソート　heapsort

†整列アルゴリズムの一つ。安定ではない（同順位のものの順序関係が保たれない）。平均的には †クイックソートよりやや遅い（典型的には 2 倍程度の時間を要する）が，最悪の場合でも実行時間は $O(n \log n)$ である（クイックソートは最悪の場合 $O(n^2)$）。クイックソートと異なりスタックが不要である。

ここでいうヒープとは〔図〕のような †木である。木の節点に付けた番号は配列の添字である。この例では a_1 が根，$a_5, \ldots, a_9$ が葉である。このような木で，根に近い要素ほど値が大きい（たとえば $a_1 \geqq a_2 \geqq a_4 \geqq a_8$）という条件を満たすものをここではヒープと呼ぶ。なお，節点 a_i の子は a_{2i} と a_{2i+1} であり，逆に節点 a_j の親は $a_{\lfloor j/2 \rfloor}$ である。したがってヒープの条件は $a_j \leqq a_{\lfloor j/2 \rfloor}$ $(j = 2, 3, \ldots, n)$ のように書ける。

このようなヒープを構成するには次のようにする。まず一つの要素 a_i に注目する。この要素の子は a_{2i} と a_{2i+1} である。この二つのうち大きい方を a_j と名付ける。a_i は自分自身とこの a_j とを比べ，もし自分の方が小さければ a_j と位置を交代する。位置を交代した場合，新しい場所で a_i はまた自分の子 a_{2i}, a_{2i+1} を見比べ，大きい方を a_j と名付け，それが自分より大きければ位置を交代する。同様のことを，子がなくなるか，どちらの子も自分より小さくなるまで続ける。上記のことを葉でないすべての節点 $a_{\lfloor n/2 \rfloor}, \ldots, a_1$ について行うと，"どの親も子より大きい"という関係ができあがり，結局 a_1 が最大値になる。

ここまでが次のプログラムの前半（行 6–14）である。

後半では，こうして見つけた最大値 a_1 を配列の最後の要素 a_n と交換する。すると，最初の $n - 1$ 個の要素のうち a_1 だけが"どの親も子より大きい"という関係を満たさなくなるので，アルゴリズムの前半と同様のことを $i = 1$ についてやり直す。こうして $a_1, \ldots, a_{n-1}$ の最大値を a_1 の位置に来させ，これを a_{n-1} と交換すれば，a_{n-1} が 2 番目に大きい要素となる。以下同様に続ければ全体が昇順に並ぶ。

親子関係はたかだか $\log_2 n$ 代しか続かないので，実行時間は $O(n \log n)$ である。

ヒープソートでは添字を 1 から始める方が自然である。添字を 0 からにするにはプログラムに '+1' を適宜挿入すればよい。下のプログラムのままでも heapsort(n, a-1); と呼び出せば a[0..n-1] の整列ができることが多いが，a-1 のような実際にない番地を使ってよいという保証はない。

heapsort.c

a[1..n] を昇順に整列する（つまり a[1] ≦ a[2] ≦ ⋯ ≦ a[n] となるように並べ替える）。

```
 1  void heapsort(int n, keytype a[])
 2  {
 3      int i, j, k;
 4      keytype x;
 5
 6      for (k = n / 2; k >= 1; k--) {
 7          i = k;   x = a[i];
 8          while ((j = 2 * i) <= n) {
 9              if (j < n && a[j] < a[j + 1]) j++;
10              if (x >= a[j]) break;
11              a[i] = a[j];   i = j;
12          }
13          a[i] = x;
14      }
15      while (n > 1) {
16          x = a[n];   a[n] = a[1];   n--;
17          i = 1;
18          while ((j = 2 * i) <= n) {
19              if (j < n && a[j] < a[j + 1]) j++;
20              if (x >= a[j]) break;
21              a[i] = a[j];   i = j;
22          }
23          a[i] = x;
24      }
25  }
```

ビットごとの排他的論理和　　bitwise exclusive OR

2進法で桁ごとに，桁上げせずに計算する和。XOR，EOR，EX-OR などと略記する。C言語では山記号 ^ で表す。数式中の演算記号としては本書では $\oplus$ を用いる。$0 \oplus 0 = 0$，$0 \oplus 1 = 1$，$1 \oplus 0 = 1$ までは普通の和と同じであるが，$1 \oplus 1 = 0$ とするところが違う。たとえば，10進法の $25 \oplus 21$ は，2進法で $11001 \oplus 10101$ となるので，$\begin{array}{r} 11001 \\ \oplus\ 10101 \\ \hline 01100 \end{array}$ のように計算すれば，2進法で 1100，つまり10進法で 12 となる。

$a \oplus b = b \oplus a$（交換法則），$(a \oplus b) \oplus c = a \oplus (b \oplus c)$（結合法則），$a \oplus 0 = a$，$a \oplus a = 0$ を満たす。

係数が0と1だけの多項式の和と見ることができる（⇒ [†]有限体）。

一筆書き Euler path

Königsberg（ケーニヒスベルク）の町には下図（左）のような 7 本の橋のかかった川があった。このどの橋も 1 回だけ通って元の地点に戻ることができるかという問題を解く過程で Euler（オイラー）はグラフ理論を考え出した。

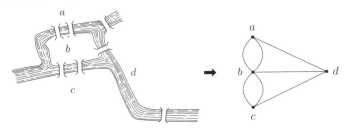

橋を線，島や川岸を点と見なせば，この問題は上図（右）のようなグラフを一巡して元の点に戻る一筆書きの問題に帰着する。このような一筆書きが可能であるための必要十分条件は，どの点からも偶数個の線が出ていることである。ただし，出発点に戻らないでよければ，出発点と終着点からの線は奇数個になる。

📄 euler.c

頂点 1 を始点とするすべての一筆書きを出力する。アルゴリズムは単純な[†]縦形探索である。通った線は消していくが，後戻りしたときには線を元通りにする。線が尽きたら完成である。

データを読むルーチン readgraph() では，点の数 n，線の数 n_edge，点 i から点 j に行く線の本数 adjacent[i][j] をセットする（$1 \leq i \leq n, 1 \leq j \leq n$）。線が一方通行でないなら（つまり無向グラフなら），adjacent[i][j] = adjacent[j][i] である。線が一方通行なら（つまり有向グラフなら）行 19, 22 は削除する。

```
1  #define NMAX     100                                    /* 点の数の上限 */
2  #define EDGEMAX 100                                     /* 線の数の上限 */
3  int adjacent[NMAX + 1][NMAX + 1];                       /* 隣接行列 */
4  int position[EDGEMAX + 1];
5  int n, n_edge, edge, solution;                /* 点，線の数; 線，解の番号 */
6
7  void visit(int i)
8  {
9      int j;
10
11     position[edge] = i;
12     if (edge == n_edge) {
13         printf("解 %d: ", ++solution);
14         for (i = 0; i <= n_edge; i++) printf(" %d", position[i]);
15         printf("\n");
```

```c
16      } else {
17          for (j = 1; j <= n; j++) if (adjacent[i][j]) {
18              adjacent[i][j]--;
19              adjacent[j][i]--;                    /* 有向グラフならこの行は削除 */
20              edge++;  visit(j);  edge--;
21              adjacent[i][j]++;
22              adjacent[j][i]++;                    /* 有向グラフならこの行は削除 */
23          }
24      }
25  }
26
27  int main(void)
28  {
29      readgraph();                                 /* データを読む */
30      solution = edge = 0;  visit(1);              /* 点1から出発 */
31      if (solution == 0) printf("解なし\n");
32      return 0;
33  }
```

ひも付き 2 分木　　threaded binary tree

†2 分探索木では，ノードが n 個あればポインタは $2n$ 個あるが，そのうち実際に子を指すポインタは $n-1$ 個しかない。残りの $n+1$ 個には終端を表す特別な値を入れておくのが普通である。この $n+1$ 個の余分なポインタを次のようにうまく使うのが，ひも付き 2 分木である。

　一般に，2 分探索木で，あるノードの次に大きいキーをもつノードは，そのノードの右の子の　左の子の左の子の左の子の... とたどって最後に行き着くノードである。ただ

　　　　必ず右　　　　　　　左ばかり

し，もともとノードが右の子をもたなければこの方法は使えない。そこで，この空いている右ポインタを，そのノードの次に大きいキーをもつノードを指すのに使おうというわけである。この情報は，ノードを生成する時点で親から受け継ぐようにする。

　†2 分探索木の項目のプログラム tree.c の printtree() のように再帰呼出しを使ってノードを大きさの順にたどる手続きでは，木のバランスが悪いと再帰が深くなりすぎることがある。ひも付き 2 分木なら，再帰呼出しを使わなくてよいので最悪の場合でもスタックあふれの心配がない。しかも任意のノードから昇順にも降順にも木をたどることができる。

　次のプログラムで，各ノード中の flags は，左右のポインタが実際にそのノードの子を指すかどうかを表すフラグである。flags & RBIT が 0 であれば右ポインタはひもであり，そうでなければ右ポインタは実際の子を指す。flags & LBIT も同様である。

　2 分探索木では子ノードが親ノードよりあとに作られることを使えば，このフラグを省略することもできる。あとに作られたノードほど番地が大きくなるようにしておけば，ポインタ値が自分の番地より若ければ実際の子を指し，そうでないならひもであることに

なる。

 tbintree.c

標準入力から単語（空白・タブ・改行で区切られた文字列）を読み込んで，各単語とその出現回数をアルファベット順（辞書式順序）に出力する。

```
 1  #include <stdio.h>
 2  #include <stdlib.h>
 3  #include <string.h>
 4
 5  typedef char keytype[21];                                 /* 探索のキーの型宣言 */
 6  typedef struct node {                                     /* 木のノードの型宣言 */
 7      struct node *left, *right;                            /* 左右の子へのポインタ */
 8      unsigned int count;                                   /* 参照回数カウンタ */
 9      keytype key;                                          /* 探索のキー（登録文字列）*/
10      char flags;                                           /* 子・ひもを区別するフラグ。本文参照 */
11  } *nodeptr;                                               /* nodeptr はノードへのポインタ */
12
13  #define LBIT 1                                            /* 本文の flags の説明参照 */
14  #define RBIT 2
15
16  struct node root = {&root, &root, 0, "", 0};              /* 木の根 */
17
18  nodeptr newnode(keytype key)                              /* 新しいノードを生成 */
19  {
20      nodeptr p;
21
22      if ((p = malloc(sizeof *p)) == NULL) {
23          printf("メモリ不足。\n");  exit(1);
24      }
25      strcpy(p->key, key);                                  /* キーをコピーする */
26      p->count = 1;                                         /* 参照回数を1にする */
27      return p;
28  }
29
30  void insertright(nodeptr p, keytype key)                  /* ノード p の右に挿入 */
31  {
32      nodeptr q;
33
34      q = newnode(key);                                     /* 新しいノードを生成 */
35      q->right = p->right;                                  /* 右の子は親の右の子を受け継ぐ */
36      q->left = p;                                          /* 左ポインタは親を指すひも */
37      q->flags = p->flags & RBIT;                           /* 右フラグは親の右フラグを受け継ぐ */
38      p->flags |= RBIT;                                     /* q はひもでないので親の右フラグを立てる */
39      p->right = q;                                         /* q を親 p の右の子にする */
40  }
41
42  void insertleft(nodeptr p, keytype key)                   /* ノード p の左に挿入 */
43  {                                                         /* 上の insertright() 参照 */
44      nodeptr q;
45
46      q = newnode(key);
47      q->left = p->left;  q->right = p;
```

ひも付き 2 分木　227

```c
48      q->flags = p->flags & LBIT;
49      p->flags |= LBIT;  p->left = q;
50  }
51
52  void insert(keytype key)                                    /* 挿入（登録）*/
53  {
54      int cmp;                                                /* 比較結果 */
55      nodeptr p;
56
57      p = &root;  cmp = 1;                                    /* 最初の子は親の右に */
58      do {
59          if (cmp < 0) {                                      /* 小さければ左に登録 */
60              if (p->flags & LBIT) p = p->left;
61              else {  insertleft(p, key);  return;  }
62          } else {                                            /* 大きければ右に登録 */
63              if (p->flags & RBIT) p = p->right;
64              else {  insertright(p, key);  return;  }
65          }
66      } while ((cmp = strcmp(key, p->key)) != 0);
67      p->count++;                                             /* 等しければ参照回数を増すだけ */
68  }
69
70  nodeptr successor(nodeptr p)                                /* 昇順で p の直後のノード */
71  {                            /* right ↔ left, RBIT ↔ LBIT とすれば直前のノードになる */
72      nodeptr q;
73
74      q = p->right;
75      if (p->flags & RBIT)
76          while (q->flags & LBIT) q = q->left;
77      return q;
78  }
79
80  void printinorder(void)                                     /* 昇順で全キーを出力 */
81  {
82      nodeptr p;
83
84      p = &root;
85      while ((p = successor(p)) != &root)
86          printf("%-20s_%5d\n", p->key, p->count);
87  }
88
89  int main(void)
90  {
91      char word[21];
92
93      while (scanf("%20s%*[^_\n\t]", word) == 1)
94          insert(word);                                       /* 標準入力から単語を読み登録 */
95      printinorder();                                         /* 各単語と出現回数を昇順に出力 */
96      return 0;
97  }
```

百五減算

　江戸時代の数学書『塵劫記』所載の数あてゲーム．100 以下（本当は $3 \times 5 \times 7 = 105$ 以下でよい）の正の整数を一つ黙って考えてもらい，それを 3, 5, 7 で割った余り a, b, c を聞く．考えた数は，$70a + 21b + 15c$ から 105 を何回か引き算して 1 以上 105 以下にしたものである．

　実際，$70a + 21b + 15c = 3(23a + 7b + 5c) + a$ であるから，これを 3 で割った余りは a である．このことから，a の係数 70 は，$5 \times 7 = 35$ の倍数で，しかも 3 で割って 1 余るものでなければならないことがわかる．これは目の子でも見つかるが，†合同式の項目に挙げたアルゴリズムで $35x \equiv 1 \pmod{3}$ を解いても求められる．この解 x の存在は，35 と 3 が互いに素であることから保証される．

　同様にして b, c の係数がそれぞれ 21, 15 であればよいことも示せる．

　一般に，$m_1, m_2, \ldots, m_r$ のどの二つも互いに素ならば，上のようなパズルの解 x は $1 \leq x \leq M = m_1 m_2 \ldots m_r$ の範囲でただ一つに定まる（中国剰余定理, Chinese remainder theorem）．具体的には，$1 \leq x \leq M$ の範囲の数 x を考えてもらい，各 m_i で割った余り $k_i = x \bmod m_i$ を聞く．$i = 1, 2, \ldots, r$ について $((M/m_i) \bmod m_i)x_i \equiv 1 \pmod{m_i}$ を †合同式の項目のアルゴリズムで解き，$x \equiv \sum_{i=1}^{r}(M/m_i)k_i x_i \pmod{M}$ とすればよい．この定理の原型は中国の古算書『孫子算経』（3–5 世紀），完全な形では『数書九章』（1247 年）に見られるということである．

105.c

```
1    int a, b, c, x;
2
3    printf("1 から 100 までの整数を１つ考えてください．\n");
4    printf("それを 3 で割った余り？ ");   scanf("%d", &a);
5    printf("それを 5 で割った余り？ ");   scanf("%d", &b);
6    printf("それを 7 で割った余り？ ");   scanf("%d", &c);
7    x = (70 * a + 21 * b + 15 * c) % 105;
8    printf("あなたの考えた数は %d でしょう！\n", x);
```

[1] 竹内 均 訳．『地球物理学者竹内均の現代語版塵劫記』．同文書院，1989．157–158 ページ．
[2] 一松 信 ほか．『新数学事典』．大阪書籍，1979．946 ページ．
[3] 和田 秀男．『数の世界』．岩波書店，1981．14 ページ．

不完全ガンマ関数　incomplete gamma function

†ガンマ関数の定義に現れる積分の上端を変数にしたもの

$$\gamma(a, x) = \int_0^x e^{-t} t^{a-1}\, dt, \qquad a > 0$$

あるいはその仲間の

$$\Gamma(a, x) = \Gamma(a) - \gamma(a, x), \quad P(a, x) = \gamma(a, x)/\Gamma(a)$$

を不完全ガンマ関数という。

†カイ 2 乗分布の分布関数（累積確率）は $P(\nu/2, \chi^2/2)$ に当たる（ν は自由度）。Gauss（ガウス）の誤差関数

$$\mathrm{erf}(x) = \frac{2}{\sqrt{\pi}} \int_0^x e^{-t^2}\, dt$$

は $\pm P(\frac{1}{2}, x^2)$ であり，標準 †正規分布の分布関数

$$\frac{1}{\sqrt{2\pi}} \int_{-\infty}^x e^{-t^2/2}\, dt$$

は $\left(1 \pm P(\frac{1}{2}, x^2)\right)/2$ に当たる（いずれも $\pm$ は x の符号に同じ）。指数積分（exponential integral，積分指数関数）と呼ばれる関数

$$E_k(x) = \int_1^\infty \frac{e^{-xt}}{t^k}\, dt$$

は $x^{k-1}\Gamma(1-k, x)$ である。

不完全ガンマ関数を求める次のプログラムは，x が小さいところでは

$$\gamma(a, x) = e^{-x} x^a \sum_{n=0}^\infty \frac{x^n}{a^{\overline{n+1}}}$$

を，x が大きいところでは [1]

$$\Gamma(a, x) = e^{-x} x^a \sum_{n=0}^\infty \frac{(1-a)^{\overline{n}}}{(n+1)!\, l_n l_{n+1}}$$

を使っている。ここで $l_n = L_n^{(-a)}(-x)$ は Laguerre（ラゲール）の多項式の値で，漸化式

$$l_0 = 1, \quad l_1 = x + 1 - a, \tag{1}$$

$$l_n = \left((n - a - 1)(l_{n-1} - l_{n-2}) + (n + x)l_{n-1}\right)/n \tag{2}$$

で求められる。また $x^{\overline{n}}$（"x to the m rising"）は

$$x^{\overline{n}} = x(x+1)(x+2)\ldots(x+n-1)$$

を表す。ちなみに $x^{\underline{n}}$（"x to the m falling"）は

$$x^{\underline{n}} = x(x-1)(x-2)\ldots(x-n+1)$$

である。一般には Pochhammer（ポッホハンマー）の記号 $(x)_n$ が $x^{\overline{n}}$ の意味で使われることが多いが，本書では Knuth たち [2] に従い上のような記号を用いた。

igamma.c

次のプログラムで，p_gamma(), q_gamma() の引数 loggamma_a は $\log\Gamma(a)$ の値であり，[†]ガンマ関数の項目のプログラムの loggamma(x) で求められる。

p_gamma(a, x, loggamma_a) は $\frac{1}{\Gamma(a)}\int_0^x e^{-t}t^{a-1}\,dt$ を求める。
q_gamma(a, x, loggamma_a) は $\frac{1}{\Gamma(a)}\int_x^\infty e^{-t}t^{a-1}\,dt$ を求める。
p_chisq(x, df) は自由度 df のカイ2乗分布の x より下側の確率を求める。
q_chisq(x, df) は自由度 df のカイ2乗分布の x より上側の確率を求める。
erf(x) は Gauss の誤差関数 $\text{erf}(x) = 2\pi^{-1/2}\int_0^x e^{-t^2}\,dt$ である。
erfc(x) は $1 - \text{erf}(x)$ である。
p_normal(x) は標準正規分布の x より下側の確率を求める。
p_normal(x) は標準正規分布の x より上側の確率を求める。

```
 1  double q_gamma(double a, double x, double loggamma_a);  /* 宣言だけ。実際の定義は後。*/
 2
 3  double p_gamma(double a, double x, double loggamma_a)    /* 本文参照 */
 4  {
 5      int k;
 6      double result, term, previous;
 7
 8      if (x >= 1 + a) return 1 - q_gamma(a, x, loggamma_a);
 9      if (x == 0)     return 0;
10      result = term = exp(a * log(x) - x - loggamma_a) / a;
11      for (k = 1; k < 1000; k++) {
12          term *= x / (a + k);
13          previous = result;  result += term;
14          if (result == previous) return result;
15      }
16      printf("p_gamma(): 収束しません。\n");
17      return result;
18  }
19
20  double q_gamma(double a, double x, double loggamma_a)    /* 本文参照 */
21  {
22      int k;
23      double result, w, temp, previous;
24      double la = 1, lb = 1 + x - a;                        /* Laguerre の多項式 */
```

不完全ガンマ関数　**231**

```
25
26      if (x < 1 + a) return 1 - p_gamma(a, x, loggamma_a);
27      w = exp(a * log(x) - x - loggamma_a);
28      result = w / lb;
29      for (k = 2; k < 1000; k++) {
30          temp = ((k - 1 - a) * (lb - la) + (k + x) * lb) / k;
31          la = lb;  lb = temp;
32          w *= (k - 1 - a) / k;
33          temp = w / (la * lb);
34          previous = result;  result += temp;
35          if (result == previous) return result;
36      }
37      printf("q_gamma():_収束しません。\n");
38      return result;
39  }
40
41  double p_chisq(double chisq, int df)                    /* カイ2乗分布の下側確率 */
42  {
43      return p_gamma(0.5 * df, 0.5 * chisq, loggamma(0.5 * df));
44  }
45
46  double q_chisq(double chisq, int df)                    /* カイ2乗分布の上側確率 */
47  {
48      return q_gamma(0.5 * df, 0.5 * chisq, loggamma(0.5 * df));
49  }
50
51  #define LOG_PI 1.14472988584940017                             /* log_e π */
52
53  double erf(double x)                              /* Gauss の誤差関数 erf(x) */
54  {
55      if (x >= 0) return   p_gamma(0.5, x * x, LOG_PI / 2);
56      else        return - p_gamma(0.5, x * x, LOG_PI / 2);
57  }
58
59  double erfc(double x)                                      /* 1 - erf(x) */
60  {
61      if (x >= 0) return   q_gamma(0.5, x * x, LOG_PI / 2);
62      else        return 1 + p_gamma(0.5, x * x, LOG_PI / 2);
63  }
64
65  double p_normal(double x)                          /* 標準正規分布の下側確率 */
66  {
67      if (x >= 0) return
68          0.5 * (1 + p_gamma(0.5, 0.5 * x * x, LOG_PI / 2));
69      else return
70          0.5 * q_gamma(0.5, 0.5 * x * x, LOG_PI / 2);
71  }
72
73  double q_normal(double x)                          /* 標準正規分布の上側確率 */
74  {
75      if (x >= 0) return
76          0.5 * q_gamma(0.5, 0.5 * x * x, LOG_PI / 2);
77      else return
78          0.5 * (1 + p_gamma(0.5, 0.5 * x * x, LOG_PI / 2));
79  }
```

[1] Peter Henrici. *Applied and Computational Complex Analysis*. Volume 2: *Special Functions—Integral Transforms—Asymptotics—Continued Fractions*. John Wiley & Sons, 1977. 628–630 ページ.

[2] Ronald L. Graham, Donald E. Knuth, and Oren Patashnik. *Concrete Mathematics*. Addison-Wesley, second edition 1994. 47–48 ページ.

不完全ベータ関数　incomplete beta function

†ベータ関数の積分の上限を変数にしたもの

$$B_x(a,b) = \int_0^x t^{a-1}(1-t)^{b-1}\,dt$$

あるいはこれを $x=1$ で 1 となるように規格化したもの

$$I_x(a,b) = \frac{B_x(a,b)}{B(a,b)} = 1 - I_{1-x}(b,a)$$

を不完全ベータ関数という．a, b がパラメータ，x が変数である．

下のプログラムでは $I_x(a,b)$ を連分数展開

$$I_x(a,b) = \frac{x^a(1-x)^b}{aB(a,b)}\left(\frac{1}{1+}\,\frac{d_1}{1+}\,\frac{d_2}{1+}\,\cdots\right),$$

$$d_{2m+1} = -\frac{(a+m)(a+b+m)x}{(a+2m)(a+2m+1)}, \quad d_{2m} = \frac{m(b-m)x}{(a+2m-1)(a+2m)}$$

で求めている．†連分数の項目で述べた方法で左から計算していく．

統計学で使ういくつかの分布関数が不完全ベータ関数から導かれる：自由度 ν の †t 分布の上側確率は $\frac{1}{2}I_x(\frac{1}{2}\nu,\frac{1}{2})$, $x = \nu/(\nu+t^2)$, †F 分布の上側確率は $I_x(\frac{1}{2}\nu_2,\frac{1}{2}\nu_1)$, $x = \nu_2/(\nu_2+\nu_1 F)$, †2 項分布 $B(n,p)$ の上側確率（$X \geq k$ の確率）は $I_p(k,n-k+1)$ である．

 ibeta.c

不完全ベータ関数，および t 分布，F 分布，2 項分布の下・上側確率を求める．`loggamma(x)` はガンマ関数の対数 $\log\Gamma(x)$ を求める関数である（⇒ †ガンマ関数）．

```
1  #include <stdio.h>
2  #include <math.h>
3
4  double p_beta(double x, double a, double b)           /* I_x(a,b) */
5  {
6      int k;
7      double p1, q1, p2, q2, d, previous;
8
```

不完全ベータ関数　**233**

```
 9      if (a <= 0) return HUGE_VAL;
10      if (b <= 0) {
11          if (x <  1) return 0;
12          if (x == 1) return 1;
13          /* else */  return HUGE_VAL;
14      }
15      if (x > (a + 1) / (a + b + 2))
16          return 1 - p_beta(1 - x, b, a);
17      if (x <= 0)  return 0;
18      p1 = 0;  q1 = 1;
19      p2 = exp(a * log(x) + b * log(1 - x)
20          + loggamma(a + b) - loggamma(a) - loggamma(b)) / a;
21      q2 = 1;
22      for (k = 0; k < 200; ) {
23          previous = p2;
24          d = - (a + k) * (a + b + k) * x
25              / ((a + 2 * k) * (a + 2 * k + 1));
26          p1 = p1 * d + p2;  q1 = q1 * d + q2;
27          k++;
28          d = k * (b - k) * x / ((a + 2 * k - 1) * (a + 2 * k));
29          p2 = p2 * d + p1;   q2 = q2 * d + q1;
30          if (q2 == 0) {
31              p2 = HUGE_VAL;  continue;
32          }
33          p1 /= q2;  q1 /= q2;  p2 /= q2;  q2 = 1;
34          if (p2 == previous) return p2;
35      }
36      printf("p_beta:_収束しません。\n");
37      return p2;
38 }
39
40 double q_beta(double x, double a, double b)               /* 1 - I_x(a,b) */
41 {
42      return 1 - p_beta(x, a, b);
43 }
44
45 double p_t(double t, int df)                              /* t 分布の下側確率 */
46 {
47      return 1 - 0.5 * p_beta(df / (df + t * t), 0.5 * df, 0.5);
48 }
49
50 double q_t(double t, int df)                              /* t 分布の上側確率 */
51 {
52      return 0.5 * p_beta(df / (df + t * t), 0.5 * df, 0.5);
53 }
54
55 double p_f(double f, int df1, int df2)                    /* F 分布の下側確率 */
56 {
57      if (f <= 0) return 0;
58      return p_beta(df1 / (df1 + df2 / f), 0.5 * df1, 0.5 * df2);
59 }
60
61 double q_f(double f, int df1, int df2)                    /* F 分布の上側確率 */
62 {
63      if (f <= 0) return 1;
64      return p_beta(df2 / (df2 + df1 * f), 0.5 * df2, 0.5 * df1);
```

234 複素数

```
65  }
66
67  double p_binomial(int n, double p, int k)        /* 2項分布 B(n,p) の下側 (X ≤ k) の確率 */
68  {
69      if (k <  0) return 0;
70      if (k >= n) return 1;
71      return p_beta(1 - p, n - k, k + 1);
72  }
73
74  double q_binomial(int n, double p, int k)        /* 2項分布 B(n,p) の上側 (X ≥ k) の確率 */
75  {
76      if (k <= 0) return 1;
77      if (k >  n) return 0;
78      return p_beta(p, k, n - k + 1);
79  }
```

複素数　<u>complex number</u>

　通常の数（実数）は 2 乗しても負にならないが，仮に $i^2 = -1$ となる数 i があったとしても矛盾なく計算ができる。この i を虚数単位といい，i と実数 x，y とで $x + iy$ の形に表せる数を複素数という。

　$\bar{z} = x - iy$ を $z = x + iy$ の 共 役複素数という。$\bar{z}$ は z^* とも書く。

　$|z| = \sqrt{x^2 + y^2}$ を $z = x + iy$ の絶対値という。$x = |z|\cos\varphi$，$y = |z|\sin\varphi$ と表せる。φ を z の 偏角という。$\sqrt{x^2 + y^2}$ の計算法については ⇒ †直角三角形の斜辺の長さ。

　複素数の四則は虚数単位 i を普通の文字と同様に扱って計算し，i^2 が現れたらこれを -1 で置き換える。割り算は，割る数（分母）の共役複素数を分子と分母に掛けて

$$(a + ib)/(c + id) = (ac + bd)/(c^2 + d^2) + i(bc - ad)/(c^2 + d^2)$$

となるが，上位桁あふれの対策のためには，分母の実数部分と虚数部分のうち絶対値の大きい方であらかじめ分子，分母を割ってから計算する。

　複素数の三角関数，指数関数，対数関数は，Euler（オイラー）の公式 $e^{iy} = \cos y + i\sin y$ が基本になる。これから，複素数 $x + iy$ の指数関数を求める式

$$e^{x+iy} = e^x e^{iy} = e^x(\cos y + i\sin y)$$

が得られる。

　指数関数を使えば複素数 z は絶対値 $|z|$ と偏角 φ により $z = |z|e^{i\varphi}$ と表せる。この両辺の対数をとれば

$$\log_e(x + iy) = \log_e \sqrt{x^2 + y^2} + i\varphi = \frac{1}{2}\log_e(x^2 + y^2) + i\varphi$$

を得る。偏角 φ の範囲は本書では C 言語のライブラリ関数 atan2(y, x) に合わせて $-\pi < \varphi \leq \pi$ としたが，$0 \leq \varphi < 2\pi$ でもよい。

累乗は $x^y = e^{y \log_e x}$ で求められる。

三角関数は，Euler の公式とその i を $-i$ で置き換えた式とを足したり引いたりして得られる式

$$\sin x = \frac{e^{ix} - e^{-ix}}{2}, \quad \cos x = \frac{e^{ix} + e^{-ix}}{2i}$$

で求められる。これらから i を除いたものが双曲線関数

$$\sinh x = \frac{e^x - e^{-x}}{2}, \quad \cosh x = \frac{e^x + e^{-x}}{2}, \quad \tanh x = \frac{\sinh x}{\cosh x}$$

である。これらに $e^{x+iy} = e^x(\cos y + i \sin y)$ を代入して整理すれば

$$\sin(x + iy) = \sin x \cosh y + i \cos x \sinh y, \tag{1}$$
$$\cos(x + iy) = \cos x \cosh y - i \sin x \sinh y, \tag{2}$$
$$\tan(x + iy) = (\sin 2x + i \sinh 2y)/(\cos 2x + \cosh 2y) \tag{3}$$
$$\sinh(x + iy) = \sinh x \cos y + i \cosh x \sin y, \tag{4}$$
$$\cosh(x + iy) = \cosh x \cos y + i \sinh x \sin y, \tag{5}$$
$$\tanh(x + iy) = (\sinh 2x + i \sin 2y)/(\cosh 2x + \cos 2y) \tag{6}$$

が得られる。

平方根 $\sqrt{x + iy} = (x + iy)^{1/2} = \exp\left(\frac{1}{2} \log(x + iy)\right)$ は

$$\sqrt{x + iy} = \sqrt{r}\bigl(\cos(\varphi/2) + i \sin(\varphi/2)\bigr) \tag{7}$$
$$= \sqrt{r}\sqrt{(1 + \cos \varphi)/2} + i\sqrt{r}\sqrt{(1 - \cos \varphi)/2} \tag{8}$$
$$= \sqrt{(r + x)/2} + i\sqrt{(r - x)/2} \tag{9}$$

で求められるが，†桁落ちを防ぐため x の符号により分子の有理化（$\sqrt{a} = \frac{a}{\sqrt{a}}$ とすること）をして計算する。

complex.c

複素数計算ライブラリ。複素数 complex 型の変数 z を作るには

    complex z;

と宣言する。この z の実数部分は z.re，虚数部分は z.im として参照する。

```
1  #include <stdio.h>                                    /* sprintf() */
2  #include <math.h>
3
4  typedef struct {  double re, im;  } complex;          /* 複素数型 */
5
6  complex c_conv(double x, double y)          /* x, y を複素数 z = x + iy に変換 */
7  {
```

```
 8      complex z;
 9
10      z.re = x;   z.im = y;
11      return z;
12  }
13
14  char *c_string(complex z)                                /* 複素数 z = x + iy を文字列に変換 */
15  {
16      static char s[40];
17
18      sprintf(s, "%g%+gi", z.re, z.im);
19      return s;
20  }
21
22  complex c_conj(complex z)                                                    /* 共役複素数 z̄ */
23  {
24      z.im = - z.im;
25      return z;
26  }
27
28  double c_abs(complex z)                                                       /* 絶対値 |z| */
29  {
30      double t;
31
32      if (z.re == 0) return fabs(z.im);
33      if (z.im == 0) return fabs(z.re);
34      if (fabs(z.im) > fabs(z.re)) {
35          t = z.re / z.im;
36          return fabs(z.im) * sqrt(1 + t * t);
37      } else {
38          t = z.im / z.re;
39          return fabs(z.re) * sqrt(1 + t * t);
40      }
41  }
42
43  double c_arg(complex z)                                           /* 偏角 (−π ≦ φ ≦ π) */
44  {
45      return atan2(z.im, z.re);
46  }
47
48  complex c_add(complex x, complex y)                                          /* 和 x + y */
49  {
50      x.re += y.re;
51      x.im += y.im;
52      return x;
53  }
54
55  complex c_sub(complex x, complex y)                                          /* 差 x − y */
56  {
57      x.re -= y.re;;
58      x.im -= y.im;
59      return x;
60  }
61
62  complex c_mul(complex x, complex y)                                            /* 積 xy */
63  {
```

複素数　**237**

```c
64      complex z;
65
66      z.re = x.re * y.re - x.im * y.im;
67      z.im = x.re * y.im + x.im * y.re;
68      return z;
69  }
70
71  #if 0
72  complex c_div(complex x, complex y)                    /* 商 x/y（単純版）*/
73  {
74      double r2;
75      complex z;
76
77      r2 = y.re * y.re + y.im * y.im;
78      z.re = (x.re * y.re + x.im * y.im) / r2;
79      z.im = (x.im * y.re - x.re * y.im) / r2;
80      return z;
81  }
82  #endif
83
84  complex c_div(complex x, complex y)              /* 商 x/y（上位桁あふれ対策版）*/
85  {
86      double w, d;
87      complex z;
88
89      if (fabs(y.re) >= fabs(y.im)) {
90          w = y.im / y.re;  d = y.re + y.im * w;
91          z.re = (x.re + x.im * w) / d;
92          z.im = (x.im - x.re * w) / d;
93      } else {
94          w = y.re / y.im;  d = y.re * w + y.im;
95          z.re = (x.re * w + x.im) / d;
96          z.im = (x.im * w - x.re) / d;
97      }
98      return z;
99  }
100
101 complex c_exp(complex x)                                 /* 指数関数 e^x */
102 {
103     double a;
104
105     a = exp(x.re);
106     x.re = a * cos(x.im);
107     x.im = a * sin(x.im);
108     return x;
109 }
110
111 complex c_log(complex x)                               /* 自然対数 log_e x */
112 {
113     complex z;
114
115     z.re = 0.5 * log(x.re * x.re + x.im * x.im);
116     z.im = atan2(x.im, x.re);
117     return z;
118 }
119
```

238 複素数

```c
120  complex c_pow(complex x, complex y)              /* 累乗 x^y */
121  {
122      return c_exp(c_mul(y, c_log(x)));
123  }
124
125  complex c_sin(complex x)                          /* 正弦 sin x */
126  {
127      double e, f;
128
129      e = exp(x.im);  f = 1 / e;
130      x.im = 0.5 * cos(x.re) * (e - f);
131      x.re = 0.5 * sin(x.re) * (e + f);
132      return x;
133  }
134
135  complex c_cos(complex x)                          /* 余弦 cos x */
136  {
137      double e, f;
138
139      e = exp(x.im);  f = 1 / e;
140      x.im = 0.5 * sin(x.re) * (f - e);
141      x.re = 0.5 * cos(x.re) * (f + e);
142      return x;
143  }
144
145  complex c_tan(complex x)                          /* 正接 tan x */
146  {
147      double e, f, d;
148
149      e = exp(2 * x.im);  f = 1 / e;
150      d = cos(2 * x.re) + 0.5 * (e + f);
151      x.re = sin(2 * x.re) / d;
152      x.im = 0.5 * (e - f) / d;
153      return x;
154  }
155
156  complex c_sinh(complex x)                         /* 双曲線正弦 sinh x */
157  {
158      double e, f;
159
160      e = exp(x.re);  f = 1 / e;
161      x.re = 0.5 * (e - f) * cos(x.im);
162      x.im = 0.5 * (e + f) * sin(x.im);
163      return x;
164  }
165
166  complex c_cosh(complex x)                         /* 双曲線余弦 cosh x */
167  {
168      double e, f;
169
170      e = exp(x.re);  f = 1 / e;
171      x.re = 0.5 * (e + f) * cos(x.im);
172      x.im = 0.5 * (e - f) * sin(x.im);
173      return x;
174  }
175
```

```
176  complex c_tanh(complex x)                              /* 双曲線正接 tanh x */
177  {
178      double e, f, d;
179
180      e = exp(2 * x.re);   f = 1 / e;
181      d = 0.5 * (e + f) + cos(2 * x.im);
182      x.re = 0.5 * (e - f) / d;
183      x.im = sin(2 * x.im) / d;
184      return x;
185  }
186
187  #define SQRT05 0.707106781186547524                     /* $\sqrt{0.5}$ */
188
189  complex c_sqrt(complex x)                               /* 平方根 $\sqrt{x}$ */
190  {
191      double r, w;
192
193      r = c_abs(x);
194      w = sqrt(r + fabs(x.re));
195      if (x.re >= 0) {
196          x.re = SQRT05 * w;
197          x.im = SQRT05 * x.im / w;
198      } else {
199          x.re = SQRT05 * fabs(x.im) / w;
200          x.im = (x.im >= 0) ? SQRT05 * w : -SQRT05 * w;
201      }
202      return x;
203  }
```

覆面算

たとえば
```
  SEND
+ MORE
------
 MONEY
```
とか
```
   FIVE
  SEVEN
 ELEVEN
 TWELVE
FIFTEEN
+TWENTY
-------
SEVENTY
```
のような問題で，各文字に数字を当てて計算が合うようにする。違う文字には違う数字を当てる。各行の左端の文字は 0 ではない。

上の例の解はそれぞれ
```
  9567
+ 1085
------
 10652
```
,
```
    3209
   59094
  969094
  819609
 3238994
+ 819487
--------
 5909487
```
だけである。

 fukumen.c

N 個以内の指定した個数の文字列をリターンで区切って入力すると，可能な解をすべて出力する。

240 覆面算

```c
 1  #include <stdio.h>
 2  #include <stdlib.h>
 3  #include <string.h>
 4  #include <ctype.h>
 5  enum {FALSE, TRUE};
 6  #define N 10                                              /* 最大の行数 */
 7  int imax, jmax, solution,
 8      word[N][128], digit[256], low[256], ok[10];
 9
10  void found(void)                                          /* 解の表示 */
11  {
12      int i, j, c;
13
14      printf("\n 解_%d\n", ++solution);
15      for (i = 0; i <= imax; i++) {
16          for (j = jmax; j >= 0; j--) {
17              c = word[i][j];
18              if (c != '\0') printf("%d", digit[c]);
19              else           printf("_");
20          }
21          printf("\n");
22      }
23  }
24
25  void try(int sum)                                         /* 再帰的に試みる */
26  {
27      static int i = 0, j = 0, carry;
28      int c, d;
29
30      c = word[i][j];
31      if (i < imax) {
32          i++;
33          if ((d = digit[c]) < 0) {                         /* 定まっていないなら */
34              for (d = low[c]; d <= 9; d++)
35                  if (ok[d]) {
36                      digit[c] = d;  ok[d] = FALSE;
37                      try(sum + d);  ok[d] = TRUE;
38                  }
39              digit[c] = -1;
40          } else try(sum + d);
41          i--;
42      } else {
43          j++;  i = 0;  d = sum % 10;  carry = sum / 10;
44          if (digit[c] == d) {
45              if (j <= jmax) try(carry);
46              else if (carry == 0) found();
47          } else if (digit[c] < 0 && ok[d] && d >= low[c]) {
48              digit[c] = d;  ok[d] = FALSE;
49              if (j <= jmax) try(carry);
50              else if (carry == 0) found();
51              digit[c] = -1;  ok[d] = TRUE;
52          }
53          j--;  i = imax;
54      }
55  }
56
```

```
 57  int main(void)
 58  {
 59      int i, j, k, c;
 60      static unsigned char buffer[128];
 61
 62      jmax = 0;
 63      printf("行数?_");   scanf("%d", &imax);   imax--;
 64      for (i = 0; i < N && i <= imax; i++) {
 65          printf("%2d:_", i + 1);
 66          scanf("%127s%*[^\n]", buffer);
 67          low[buffer[0]] = 1;
 68          k = strlen((char *)buffer) - 1;
 69          if (k > jmax) jmax = k;
 70          for (j = 0; j <= k; j++) {
 71              c = word[i][j] = buffer[k - j];
 72              if (isalpha(c)) digit[c] = -1;
 73              else if (isdigit(c)) digit[c] = c - '0';
 74          }
 75      }
 76      for (i = 0; i <= 9; i++) ok[i] = TRUE;
 77      solution = 0;   try(0);
 78      if (solution == 0) printf("解はありません。\n");
 79      return 0;
 80  }
```

[1] 三田 正之. 覆面算とコンピュータ. 『別冊数理科学 パズル IV』, サイエンス社, 1979. 13–20 ページ. たくさんのおもしろい例と FORTRAN プログラムが載っている. 三田正之は田中正彦, 田村三郎, 田村直之の三氏のペンネーム.

プサイ関数, ポリガンマ関数　psi and polygamma functions

†ガンマ関数の対数を微分したもの $\psi(x) = \frac{d}{dx} \log \Gamma(x)$ をプサイ関数またはディガンマ関数 (digamma function) という. それをさらに微分したもの $\psi'(x), \psi''(x), \psi^{(3)}(x), \psi^{(4)}(x), \ldots$ をそれぞれトリガンマ, テトラガンマ, ペンタガンマ, ヘキサガンマ関数 (tri-, tetra-, penta-, hexagamma functions) などという. トリガンマ関数以下を総称してポリガンマ関数という (di-, tri- は英語ではダイ, トライと読む).

計算には, 次のプログラムでは, ガンマ関数の漸近展開を微分した式

$$\psi(x) \sim \log x - \frac{1}{2x} - \sum_{k=1}^{\infty} \frac{B_{2k}}{2kx^{2k}}, \tag{1}$$

$$\psi^{(n)}(x) \sim \frac{(-1)^{n-1}}{x^n} \left[(n-1)! + \frac{n!}{2x} + \sum_{k=1}^{\infty} \frac{B_{2k}(2k+n-1)!}{(2k)!x^{2k}} \right] \tag{2}$$

を使った. B_n は †Bernoulli (ベルヌーイ) 数である. ガンマ関数と同様, x の大きいところにもっていって計算し, 漸化式

$$\psi^{(n)}(x+1) = \psi^{(n)}(x) + (-1)^n n!/x^{n+1}$$

プサイ関数，ポリガンマ関数

で元に戻す．

 polygam.c

psi(x) はプサイ関数 $\psi(x)$，polygamma(n, x) はポリガンマ関数 $\psi^{(n)}(x)$ である．

```c
 1  #include <math.h>
 2  #define N  8
 3
 4  #define B0   1                                     /* 以下は †Bernoulli（ベルヌーイ）数 */
 5  #define B1  (-1.0 / 2.0)
 6  #define B2  ( 1.0 / 6.0)
 7  #define B4  (-1.0 / 30.0)
 8  #define B6  ( 1.0 / 42.0)
 9  #define B8  (-1.0 / 30.0)
10  #define B10 ( 5.0 / 66.0)
11  #define B12 (-691.0 / 2730.0)
12  #define B14 ( 7.0 / 6.0)
13  #define B16 (-3617.0 / 510.0)
14
15  double psi(double x)                               /* $\psi(x)$ */
16  {
17      double v, w;
18
19      v = 0;
20      while (x < N) {  v += 1 / x;   x++;   }
21      w = 1 / (x * x);
22      v += ((((((((B16 / 16)  * w + (B14 / 14)) * w
23              + (B12 / 12)) * w + (B10 / 10)) * w
24              + (B8  /  8)) * w + (B6  /  6)) * w
25              + (B4  /  4)) * w + (B2  /  2)) * w + 0.5 / x;
26      return log(x) - v;
27  }
28
29  double polygamma(int n, double x)                  /* $\psi^{(n)}(x)$ */
30  {
31      int k;
32      double t, u, v, w;
33
34      u = 1;
35      for (k = 1 - n; k < 0; k++) u *= k;            /* $u = (-1)^{n-1}(n-1)!$ */
36      v = 0;
37      while (x < N) {  v += 1 / pow(x, n + 1);   x++;   }
38      w = x * x;
39      t = (((((((B16
40          * (n + 15.0) * (n + 14) / (16 * 15 * w) + B14)
41          * (n + 13.0) * (n + 12) / (14 * 13 * w) + B12)
42          * (n + 11.0) * (n + 10) / (12 * 11 * w) + B10)
43          * (n +  9.0) * (n +  8) / (10 *  9 * w) + B8)
44          * (n +  7.0) * (n +  6) / ( 8 *  7 * w) + B6)
45          * (n +  5.0) * (n +  4) / ( 6 *  5 * w) + B4)
46          * (n +  3.0) * (n +  2) / ( 4 *  3 * w) + B2)
47          * (n +  1.0) *  n       / ( 2 *  1 * w)
48          + 0.5 * n / x + 1;
49      return u * (t / pow(x, n) + n * v);
50  }
```

浮動小数点数　floating-point number

C言語の float, double, long double 型の数はみな浮動小数点数である。浮動小数点数とは次のモデルで表される数である。

$$\pm(f_1 b^{-1} + f_2 b^{-2} + f_3 b^{-3} + \cdots + f_p b^{-p}) \times b^e$$

（これは $\pm(0.f_1 f_2 f_3 \ldots f_p)_b \times b^e$ とも書く）。ここで，

- b は基数（radix）または基底（base）といい，2であることが多いが，IBM360系は16であった。浮動小数点数の標準規格 IEEE 754（2008年改訂）では，$b = 2$ または $b = 10$ である。
- p は精度（precision）といい，処理系や型（float, double, ...）によって異なる。
- $f_1 f_2 \ldots f_p$ の部分は仮数部（mantissa, significand）という。仮数部の各桁 $f_1, \ldots, f_p$ はいずれも0以上 b 未満の整数である。
- 指数（exponent）e は整数で，下限（最小指数）$e_{\min}$，上限（最大指数）$e_{\max}$ は処理系や型によって異なる。

0以外の浮動小数点数については，さらに $f_1 \neq 0$ という条件を付けることが多い。この条件 $f_1 \neq 0$ を満たす浮動小数点数は正規化されている（normalized）という。

正規化された浮動小数点数は，0も含めて $2(e_{\max} - e_{\min} + 1)(b - 1)b^{p-1} + 1$ 通りある。正の最小正規化数は $x_{\min} = b^{e_{\min}-1}$，最大数は $x_{\max} = b^{e_{\max}}(1 - b^{-p})$，1より大きい最小の数は $1 + b^{1-p}$ である。この $\varepsilon = b^{1-p}$ を †機械エプシロンという。

C言語では，<float.h> にこれら浮動小数点数の諸元が定義されている（次ページの表参照）。FLT_ROUNDS 以外の整数値の諸元は定数式（constant expression）であり，プリプロセッサの #if で調べることができる。浮動小数点値もすべて定数式である。

なお，この表で10進桁数とは

$$\begin{cases} p \log_{10} b & \ldots \quad b \text{ が } 10 \text{ の整数乗のとき} \\ \lfloor (p-1) \log_{10} b \rfloor & \ldots \quad \text{それ以外} \end{cases}$$

10進最小指数，10進最大指数とはそれぞれ

$$\lceil \log_{10} b^{e_{\min}-1} \rceil, \quad \lfloor \log_{10}((1 - b^{-p})b^{e_{\max}}) \rfloor$$

のことである。

ちなみに，倍精度とはもともと内部表現のビット数が単精度の2倍であることを意味する言葉であった。有効桁数が2倍という意味ではない。

絶対値が最大数を超える場合（上位桁あふれ，オーバーフロー，overflow）や，0.0で割り算をした場合，かつてはプログラムの実行が停止することが多かったが，IEEE 754に則った現在の処理系では，無限大（Infinity, inf），非数（Not-a-Number, NaN, nan）

244 浮動小数点数

型	float	double
基数	FLT_RADIX (定数式, ≥ 2)	
精度	FLT_MANT_DIG	DBL_MANT_DIG
最小指数	FLT_MIN_EXP	DBL_MIN_EXP
最大指数	FLT_MAX_EXP	DBL_MAX_EXP
正の最小正規化数	FLT_MIN ($\leq 10^{-37}$)	DBL_MIN ($\leq 10^{-37}$)
最大数	FLT_MAX ($\geq 10^{37}$)	DBL_MAX ($\geq 10^{37}$)
機械エプシロン	FLT_EPSILON ($\leq 10^{-5}$)	DBL_EPSILON ($\leq 10^{-9}$)
10 進桁数	FLT_DIG ($\geq 10^{6}$)	DBL_DIG ($\geq 10^{10}$)
10 進最小指数	FLT_MIN_10_EXP (≤ -37)	DBL_MIN_10_EXP (≤ -37)
10 進最大指数	FLT_MAX_10_EXP (≥ 37)	DBL_MAX_10_EXP (≥ 37)
丸めの方式	FLT_ROUNDS $\begin{cases} -1 & \text{不定} \\ 0 & 0 \text{に向かって} \\ 1 & \text{最も近い値に} \\ 2 & +\infty \text{に向かって} \\ 3 & -\infty \text{に向かって} \\ 他 & \text{処理系定義} \end{cases}$	

<float.h> の内容。DBL_ で始まるものに対応して，long double 用の LDBL_ で始まるものがある。それらの上限・下限は double 用のものの上限・下限（もしあれば）に同じ。

という特別な値にして実行を継続するのが一般的である。IEEE 754 では 0 を表す浮動小数点数は 0.0 と -0.0 の二つがあるが，比較 0.0 == -0.0 は真になる。1.0/0.0 は正の無限大 inf，1.0/-0.0 は負の無限大 -inf，0.0/0.0 などは nan になる。

絶対値が正の最小正規化数より小さい場合（下位桁あふれ，アンダーフロー，underflow）は，IEEE 754 の流儀では，非正規化数（subnormal numbers，精度は低いがより 0 に近い値が表せる）で持ちこたえ，それでも駄目なら 0 にする。

2 進の有限小数は 10 進でも有限小数で表せるが，この逆は必ずしも真でない。たとえば 10 進の 0.1 は 2 進では 0.00011001100... のように 1100 が無限に循環する。したがって，2 進や 16 進の計算機では 0.1 を正確に表現できず，

```
for (x = 0; x <= 1; x += 0.1) ...
```

で 11 回ループするとは限らない。終値を 1.05 とするか，あるいは整数 i を使って

```
for (i = 0; i <= 10; i++) {  x = 0.1 * i;  ...  }
```

としなければならない。また，x = 1000 円を 3% 増しにして小数点以下を切り捨てるのに (int)(x*1.03) としても 1030 円になるとは限らない。x を整数にして x + 3 * x / 100 とするなどの工夫が必要である。

浮動小数点数の演算には種々の注意が必要である（⇒ †桁落ち）。

二つの隣り合った浮動小数点数の間隔を 1 アルプ（ulp, unit in the last place）ということがある [1]。たとえば 10 進 3 桁の計算機なら，0.997 から 1.02 までの浮動小数点数は

0.997, 0.998, 0.999, 1.00, 1.01, 1.02

しかないので，両者の間隔は 5 アルプである．0 とそれ以外の数との間隔や，負の数と正の数との間隔は，∞ アルプと定める．

†機械エプシロンを ε とすると，1 と $1+\varepsilon$ の間隔は 1 アルプであるが，1 と $1-\varepsilon$ の間隔は b アルプである（b は基数）．基数 2, 四捨五入方式なら，ある数 x から 1 アルプ離れた数は（もし存在するなら）$x \pm 0.6\varepsilon|x|$ で求められる（はずである．⇒ †はさみうち法）．

 float.c

float 型の基数 b，精度 p，機械エプシロン ε を実験的に求める．

```
 1  #include <stdio.h>
 2  #include <stdlib.h>
 3
 4  float foo(float x) {  return x;  }                    /* 最適化を邪魔する */
 5
 6  int main(void)
 7  {
 8      int b, p;
 9      float x, y, eps;
10
11      x = y = 2;
12      while (foo(x + 1) - x == 1) x *= 2;
13      while (foo(x + y) == x) y *= 2;
14      b = foo(x + y) - x;
15      p = 1;   x = b;
16      while (foo(x + 1) - x == 1) {  p++;   x *= b;  }
17      eps = 1;
18      while (foo(1 + eps / 2) > 1)   eps /= 2;
19      eps = foo(1 + eps) - 1;
20      printf("b_=_%d,_p_=_%d,_eps_=_%g\n", b, p, eps);
21      return 0;
22  }
```

ulps.c

ulps(x, y) は単精度のアルプ（ulp）単位で 2 数 x, y の間隔を求める．main() はこれを使って ulps(x, $x + 0.6\varepsilon|x|$) $= 1$ になるかどうか確かめる．

```
 1  #include <float.h>
 2  #include <math.h>
 3
 4  double ulps(double x, double y)
 5  {
 6      float s, t, u;
 7
 8      if (x == y) return 0;
 9      if ((x <= 0 && y >= 0) || (x >= 0 && y <= 0)) return HUGE_VAL;
10      x = fabs(x);   y = fabs(y);
```

```
11      u = 1;
12      while (u <= x) u *= FLT_RADIX;
13      t = u / FLT_RADIX;
14      while (t > x) { u = t;  t /= FLT_RADIX;  }
15      s = t * FLT_EPSILON;
16      if       (y < t) return ((x - t) + (t - y) * FLT_RADIX) / s;
17      else if (y > u) return ((u - x) + (y - u) / FLT_RADIX) / s;
18      else             return fabs(x - y) / s;
19  }
20
21  #include <stdio.h>
22  #include <stdlib.h>
23
24  int main(void)
25  {
26      float x, y;
27
28      for (x = 1; x < 10; x *= 1.1) {
29          y = x + 0.6 * FLT_EPSILON * x;
30          printf("x = %8.6f  ulps(x, x+0.6e|x|) = %g\n",
31                 x, ulps(x, y));
32      }
33      return 0;
34  }
```

float.ie3

IEEE 754/IEC 60559 標準の浮動小数点数についての <float.h> の定義例。

```
 1  #define FLT_RADIX                        2
 2  #define FLT_MANT_DIG                    24
 3  #define FLT_EPSILON            1.19209290E-07F
 4  #define FLT_DIG                          6
 5  #define FLT_MIN_EXP                   -125
 6  #define FLT_MIN                1.17549435E-38F
 7  #define FLT_MIN_10_EXP                 -37
 8  #define FLT_MAX_EXP                   +128
 9  #define FLT_MAX                3.40282347E+38F
10  #define FLT_MAX_10_EXP                 +38
11  #define DBL_MANT_DIG                    53
12  #define DBL_EPSILON    2.2204460492503131E-16
13  #define DBL_DIG                         15
14  #define DBL_MIN_EXP                  -1021
15  #define DBL_MIN        2.2250738585072014E-308
16  #define DBL_MIN_10_EXP                -307
17  #define DBL_MAX_EXP                  +1024
18  #define DBL_MAX        1.7976931348623157E+308
19  #define DBL_MAX_10_EXP                +308
```

[1] Webb Miller. *The Engineering of Numerical Software*. Prentice-Hall, 1984. 小冊子ながら浮動小数点演算を使う上でたいへん参考になる．

フラクタルによる画像圧縮 image compression using fractals

Georgia Institute of Technology の Barnsley たちが開発した画像圧縮の方法である。定数項を含む 1 次変換

$$x' = ax + by + e, \qquad y' = cx + dy + f$$

をアフィン変換という。ここでは 2 点間の距離が元より小さくなる縮小アフィン変換について考える。ある画像全体が，自分自身をいくつかの縮小アフィン変換で変換した画像の重ね合わせにほぼ一致するとしよう。このとき，次のようにして点列を生成する。

1. 任意の点 (x,y) から出発する。
2. 乱数で一つのアフィン変換を選ぶ。
3. 点 (x,y) にそのアフィン変換をして得られた点を新たに (x,y) とする。
4. ステップ 2 に戻る。

得られた点列の最初のいくつか（たとえば 10 個）を捨て，それ以降の点を画面に表示すると，最初に選んだ点の位置にかかわらず，元の画像にいくらでも近い画像が再現できる。このような縮小アフィン変換の組を（双曲型）IFS（iterated function system）という。

各変換は $|ad - bc|$ にほぼ比例する確率で選ぶ。ただし，$ad - bc = 0$ なら，確率は小さな正の値（0.01 とか 0.001 とか）にする。

複雑な画像も，多数（100 個以上）のアフィン変換を組み合わせることによって，実用上十分な精度で再現できるというのがこの画像圧縮の原理である。

上のアルゴリズムは次の"コラージュ定理"に基づいている：変換の組 $w_1, w_2, \ldots, w_n$（アフィン変換でなくてもよい）があり，どの変換も，変換後の 2 点間の距離が変換前のそれの s 倍を超えないとする（$0 \leqq s < 1$）。このとき，ある図形 L と $w_1(L) \cup w_2(L) \cup \cdots \cup w_n(L)$ との食い違いの度合（Hausdorff 距離）を ϵ とすると，これらの変換を乱数で選んだ変換のアトラクタ A と元の図形 L との食い違いの度合は $\epsilon/(1-s)$ 以下である。

与えられた画像をアフィン変換の組に分解することはパターン認識に大変な計算量を要するので，以下のプログラムはアフィン変換の組から画像を再現するだけにする。

 ifs.c

IFS を使って右図のようなシダを描く。基本グラフィックスルーチン window.c（⇒ †グラフィックス）を使っている。

```
 1  #include "window.c"                                    /* ⇒ †グラフィックス */
 2
 3  double left = -5, bottom = 0, right = 5, top = 10,     /* シダ (fern) のデータ */
 4         a[] = { 0   ,  0.85,  0.2 , -0.15 },
 5         b[] = { 0   ,  0.04, -0.26,  0.28 },
 6         c[] = { 0   , -0.04,  0.23,  0.26 },
```

```
 7          d[] = {  0.16,  0.85,  0.22,  0.24 },
 8          e[] = {  0   ,  0   ,  0   ,  0    },
 9          f[] = {  0   ,  1.6 ,  1.6 ,  0.44 };
10
11  #define N (sizeof a / sizeof a[0])
12  #define M (25 * N)
13
14  int main(void)
15  {
16      int i, j, k, r, ip[N], table[M];
17      double x, y, s, t, p[N];
18
19      s = 0;                                           /* 確率の計算 */
20      for (i = 0; i < N; i++) {
21          p[i] = fabs(a[i] * d[i] - b[i] * c[i]);
22          s += p[i];  ip[i] = i;
23      }
24      for (i = 0; i < N - 1; i++) {                    /* †整列 */
25          k = i;
26          for (j = i + 1; j < N; j++)
27              if (p[j] < p[k]) k = j;
28          t = p[i];   p[i] = p[k];   p[k] = t;
29          r = ip[i];  ip[i] = ip[k]; ip[k] = r;
30      }
31      r = M;                                           /* 表作成 */
32      for (i = 0; i < N; i++) {
33          k = (int)(r * p[i] / s + 0.5);  s -= p[i];
34          do { table[--r] = ip[i]; } while (--k > 0);
35      }
36      gr_clear(WHITE);
37      gr_window(left, bottom, right, top, 1);
38      x = y = 0;
39      for (i = 0; i < 30000; i++) {                    /* IFS のアトラクタをプロット */
40          j = table[rand() / (RAND_MAX / M + 1)];
41          t = a[j] * x + b[j] * y + e[j];
42          y = c[j] * x + d[j] * y + f[j];
43          x = t;
44          if (i >= 10) gr_wdot(x, y, BLACK);
45      }
46      gr_BMP("ifs.bmp");
47      return 0;
48  }
```

次は Sierpiński の三角形のデータである。

```
1  double left = 0, bottom = 0, right = 1, top = 1,
2         a[] = { 0.5 , 0.5 , 0.5 },
3         b[] = { 0   , 0   , 0   },
4         c[] = { 0   , 0   , 0   },
5         d[] = { 0.5 , 0.5 , 0.5 },
6         e[] = { 0   , 1   , 0.5 },
7         f[] = { 0   , 0   , 0.5 };
```

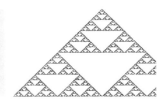

次は樹木のデータである。

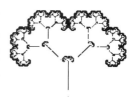

```
1  double left = -1, bottom = 0, right = 1, top = 1,
2         a[] = { 0    , 0.1 , 0.42 , 0.42 },
3         b[] = { 0    , 0   , -0.42, 0.42 },
4         c[] = { 0    , 0   , 0.42 , -0.42},
5         d[] = { 0.5  , 0.1 , 0.42 , 0.42 },
6         e[] = { 0    , 0   , 0    , 0    },
7         f[] = { 0    , 0.2 , 0.2  , 0.2  };
```

次はもう少し現実的な樹木のデータである．最初の二つの変換が幹に当たるので，最近の4回の変換にこのどちらかを使ったなら茶色に，そうでなければ緑色にすると木らしくなるという [3]．

```
1  double left = -1, bottom = 0, right = 1, top = 2,
2         a[] = { 0.05, 0.05, 0.46, 0.47, 0.43, 0.42 },
3         b[] = { 0   , 0   , -0.32, -0.15, 0.28, 0.26 },
4         c[] = { 0   , 0   , 0.39, 0.17, -0.25, -0.35 },
5         d[] = { 0.6 , -0.5, 0.38, 0.42, 0.45, 0.31 },
6         e[] = { 0   , 0   , 0   , 0   , 0   , 0    },
7         f[] = { 0   , 1   , 0.6 , 1.1 , 1   , 0.7  };
```

[1] M. F. Barnsley and A. D. Sloan. A better way to compress images. *BYTE*, January 1988, 215–223.

[2] Michael Barnsley. *Fractals Everywhere*. Academic Press, 1988.

[3] Michael Frame and Lynne Erdman. Coloring schemes and the dynamical structure of Iterated Function Systems. *Computers in Physics* 4(5): 500–505, Sep/Oct 1990.

フラクタル補間　fractal interpolation

補間というと与えられたデータ点 $(x_0, y_0), (x_1, y_1), \ldots, (x_N, y_N)$ を通る滑らかな曲線を求めるのが普通であるが，このフラクタル補間は自然界でよく見られるようなギザギザの曲線を求める．具体的には，各小区間 $x_i \leq x \leq x_{i+1}$ が全区間 $x_0 \leq x \leq x_N$ をアフィン変換（⇒ †フラクタルによる画像圧縮）したものになるようにする．

$i = 0, \ldots, N-1$ について，点 (x_0, y_0) を点 (x_i, y_i) に，点 (x_N, y_N) を点 (x_{i+1}, y_{i+1}) に，ベクトル $(0,1)$ をベクトル $(0, d_i)$ に移すようなアフィン変換を考える（$|d_i| < 1$）．求める補間曲線は，これら N 個の変換の作る IFS（⇒ †フラクタルによる画像圧縮）のアトラクタである．$d_i = 0$ のときは折れ線による補間となる．d_i をいろいろ変えて試されたい．

 fracint.c

プログラムの行 4 で与えた座標の点を通るフラクタル曲線を画面に描く．基本グラフィックスルーチン window.c（⇒ †グラフィックス）を使っている．縮小率 d[i] として

は絶対値が 1 未満の実数を入力する．

```c
#include "window.c"                                          /* ⇒ †グラフィックス */

double left = 0, bottom = 0, right = 100, top = 100,         /* 座標の範囲 */
       x[] = { 0, 30, 60, 100 }, y[] = { 0, 50, 40, 10 },    /* 各点の座標 */
       d[] = { 0.1, 0.1, 0.1 };                              /* 縮小率 */
#define N (sizeof x / sizeof x[0] - 1)

int main(void)
{
    int i, j;
    double p, q, a[N], c[N], e[N], f[N];

    q = x[N] - x[0];
    for (i = 0; i < N; i++) {                                /* アフィン変換を求める */
        a[i] = (x[i+1] - x[i]) / q;
        e[i] = (x[N] * x[i] - x[0] * x[i+1]) / q;
        c[i] = (y[i+1] - y[i] - d[i] * (y[N] - y[0])) / q;
        f[i] = (x[N] * y[i] - x[0] * y[i+1] -
                d[i] * (x[N] * y[0] - x[0] * y[N])) / q;
    }

    gr_clear(WHITE);
    gr_window(left, bottom, right, top, 0);
    p = x[0];  q = y[0];
    for (i = 0; i < 5000; i++) {                             /* アトラクタをプロットする */
        j = rand() / (RAND_MAX / N + 1);
        q = c[j] * p + d[j] * q + f[j];
        p = a[j] * p            + e[j];
        gr_wdot(p, q, BLACK);
    }
    gr_BMP("fracint.bmp");
    return 0;
}
```

[1] Michael Barnsley. *Fractals Everywhere*. Academic Press, 1988.

ブロック移動　block move

エディタの命令．たとえばテキスト

　　xyz12345abcdefg

中でブロック 12345 を abcd の後に移動すると

　　xyzabcd12345efg

となる．この操作は，12345 と abcd とを交換すること，あるいは 12345abcd を右に 4 文字だけ回転することでもある．

このような移動は，次のように文字列を逆転する操作を 3 回行うことで実現できる．

左 5 文字を逆転	54321abcd
右 4 文字を逆転	54321dcba
全体を逆転	abcd12345

いくつかのエディタでこのアルゴリズムが使われているようであるが，発案者は不明である [1,2]．

 movebloc.c

上述のことのデモンストレーションである．

```c
1  char a[] = "SUPERCALIFRAGILISTICEXPIALIDOCIOUS";       /* Mary Poppins の魔法の言葉 */
2
3  void reverse(int i, int j)
4  {
5      int t;
6
7      while (i < j) {
8          t = a[i];   a[i] = a[j];   a[j] = t;
9          i++;   j--;
10     }
11 }
12
13 void rotate(int left, int mid, int right)
14 {
15     reverse(left, mid);
16     reverse(mid + 1, right);
17     reverse(left, right);
18 }
19
20 #include <stdio.h>
21 #include <stdlib.h>
22
23 int main(void)
24 {
25     int i;
26
27     printf("%s\n", a);
28     for (i = 0; i < 17; i++) {
29         rotate(0, 5, 33);   printf("%s\n", a);
30     }
31     return 0;
32 }
```

[1] Brian W. Kernighan and P. J. Plauger. *Software Tools in Pascal*. Addison-Wesley, 1981. 194–195 ページ．

[2] Jon Bentley. *Programming Pearls*. Addison-Wesley, 1986. 13–15 ページ．

分割数　number of partitions

硬貨の種類が1円玉，2円玉，3円玉，…と何円玉でもあるとすると，n円を払うには何通りの払い方ができるだろうか．たとえば4円を払うには

$$4, \quad 1+3, \quad 2+2, \quad 1+1+2, \quad 1+1+1+1$$

の5通りの払い方ができる．この数5を正の整数4の分割数といい，以下では$p(4) = 5$のように書くことにする．

0円の払い方は1通り（払わない！）しかないから，$p(0) = 1$とする．以下，$p(1) = 1$，$p(2) = 2, p(3) = 3, p(4) = 5, p(5) = 7, \ldots$ と続く．

分割数$p(n)$を求めるために，補助的に，k円玉以下でn円を払う仕方の数$p(n,k)$を考える．これは，最初に1円玉を払って残り$n-1$円を1円玉だけで払う場合，最初に2円玉を払って残り$n-2$円を2円玉以下で払う場合，…に分けられるので，

$$p(n,k) = p(n-1, 1) + p(n-2, 2) + \cdots + p(n-k, k)$$

が成り立つ．このようにして次々に簡単な場合に分けていき，$p(1,k) = 1$または$p(k,1) = 1$に帰着させる．

⇒ †小銭の払い方．

 partit.c

partition(n) が n の分割数を求める関数である．

```
 1  static int p(int n, int k)
 2  {
 3      int i, s;
 4
 5      if (n < 0) return 0;
 6      if (n <= 1 || k == 1) return 1;
 7      s = 0;
 8      for (i = 1; i <= k; i++)
 9          s += p(n - i, i);
10      return s;
11  }
12
13  int partition(int n)
14  {
15      return p(n, n);
16  }
```

分割統治　divide and conquer

データをいくつかに分割して，その一つ一つについて自分自身を再帰的に適用すること．たとえば ⇒ †クイックソート．

分布数えソート　distribution counting sort

†整列アルゴリズムの一つ。実行時間は $O(n)$ で，高速である。安定である（同順位のものの順序関係が保たれる）。

アルゴリズムは，データを通読してキーの値の度数分布を求め，それを累積して順位に変換し，その順位の場所にデータを入れ直すだけである。

データ（整列のキー）は一定の範囲の整数でなければならないが，そうでないときでも，整数に丸めるなどしてこの方法で大まかに整列し，最後に†挿入ソートで仕上げるという手もある。

配列の参照が順を追って行われないため，仮想記憶上で大量のデータを整列しようとすると†クイックソートより遅くなることがある。同じ $O(n)$ の†逆写像ソートでもこの事情は同じである。

📄 distsort.c

整列すべき値（MIN 以上 MAX 以下の整数値）を a[0..n-1] に入れて呼び出すと，昇順（小さい順）に整列した値が b[0..n-1] に入る。配列 a[ ] の中身は変わらない。

```
 1  #define MAX 100                                    /* 最大のキー（任意）*/
 2  #define MIN   0                                    /* 最小のキー（任意）*/
 3
 4  void distsort(int n, const int a[], int b[])
 5  {
 6      int i, x;
 7      static int count[MAX - MIN + 1];
 8
 9      for (i = 0; i <= MAX - MIN; i++) count[i] = 0;
10      for (i = 0; i < n; i++) count[a[i] - MIN]++;
11      for (i = 1; i <= MAX - MIN; i++) count[i] += count[i - 1];
12      for (i = n - 1; i >= 0; i--) {                  /* 下の注参照 */
13          x = a[i] - MIN;  b[--count[x]] = a[i];
14      }
15  }
```

（注）ここを for (i = 0; i < N; i++) とすれば安定な整列でなくなる。

平均値・標準偏差　mean and standard deviation

n 個の数値 $x_1, x_2, \ldots, x_n$ の平均値 $\bar{x}$（"x バー"）とは，これらの数値の和を n で割ったものである。また，分散 s^2 とは，これら n 個の数値が平均値のまわりにどれくらいの幅で散らばっているかを表す量で，ここでは

$$s^2 = \frac{1}{n-1}\left\{(x_1 - \bar{x})^2 + (x_2 - \bar{x})^2 + \cdots + (x_n - \bar{x})^2\right\}$$

で定義する。標準偏差 s は分散 s^2 の平方根（$\geqq 0$）である。この定義どおりに平均値，分散，標準偏差を求めるプログラムが次の meansd1.c である。

なお，分散の定義で，右辺の最初の $\frac{1}{n-1}$ を $\frac{1}{n}$ とする流儀もある。$\frac{1}{n-1}$ とする利点は，与えられた n 個の値からでたらめに $k\,(>1)$ 個を選んだとき，その k 個の値の分散の期待値が n 個全部の分散に一致することである。$\frac{1}{n}$ としたのではこうはならない。

上の分散の定義式を少し変形すると

$$s^2 = \frac{1}{n-1}(x_1^2 + x_2^2 + \cdots + x_n^2 - n\bar{x}^2)$$

となる。この式を使えば下のプログラム meansd2.c のようにしてデータを 1 回通読（走査）するだけで平均値と分散が求められる。

上の二つの方法は数学的には同等であるが，数値計算上は全く違うものである。そのことを示すために，二つのプログラムに

$$1001, 999, 1001, 999, 1001, 999, \ldots$$

という 200 個の数値を与えて実験してみた。手持ちの処理系で，meansd1.c では正しい標準偏差 1.002509 を得たが，meansd2.c では 0.2835525 となってしまった（単精度で）。これは，meansd2.c 方式では二つの大きい数 $x_1^2 + \cdots + x_n^2$，$n\bar{x}_n^2$ の引き算で [†]桁落ちが生じるためである。

meansd2.c 方式でも，データからあらかじめ平均値に近い値（仮平均）を引き算しておけば，桁落ちが防げる。

現在までの平均値を仮平均とするのが meansd3.c である。この方式は，データを 1 回通読するだけで平均値と分散が求められ，しかも誤差が比較的小さい。先ほどのテストデータで試してみたところ，正しい標準偏差 1.002509 を得た。

以下の 3 通りのプログラムでは，誤差の評価をわかりやすくするために float を使っているが，実際の計算ではなるべく double を使う。

meansd1.c

空白またはタブまたは改行で区切った数値を標準入力から読み込み，数値以外の文字（またはファイル末）に出会うと，それまで読み込んだ数値の個数，平均値，標準偏差を出力し，実行を終了する。数値の個数は NMAX 以下とする。

```
1    int i, n;
2    float x, s1, s2;
3    static float a[NMAX];
4
5    s1 = s2 = n = 0;
6    while (scanf("%f", &x) == 1) {              /* 1回目の走査 */
7        if (n >= NMAX) return 1;
8        a[n++] = x;   s1 += x;
9    }
10   s1 /= n;                                     /* 平均 */
11   for (i = 0; i < n; i++) {                    /* 2回目の走査 */
12       x = a[i] - s1;   s2 += x * x;
13   }
14   s2 = sqrt(s2 / (n - 1));                     /* 標準偏差 */
15   printf("個数:_%d__平均:_%g__標準偏差:_%g\n", n, s1, s2);
```

meansd2.c

同上。データを1回通読するだけでよいが，桁落ちのため誤差が生じやすい。

```
1    s1 = s2 = n = 0;
2    while (scanf("%f", &x) == 1) {
3        n++;   s1 += x;   s2 += x * x;
4    }
5    s1 /= n;                                     /* 平均 */
6    s2 = (s2 - n * s1 * s1) / (n - 1);           /* 分散 */
7    if (s2 > 0) s2 = sqrt(s2);   else s2 = 0;    /* 標準偏差 */
8    printf("個数:_%d__平均:_%g__標準偏差:_%g\n", n, s1, s2);
```

meansd3.c

同上。誤差が比較的生じにくく，しかもデータを1回通読するだけでよい。

```
1    s1 = s2 = n = 0;
2    while (scanf("%f", &x) == 1) {
3        n++;                                     /* 個数 */
4        x -= s1;                                 /* 仮平均との差 */
5        s1 += x / n;                             /* 平均 */
6        s2 += (n - 1) * x * x / n;               /* 平方和 */
7    }
8    s2 = sqrt(s2 / (n - 1));                     /* 標準偏差 */
9    printf("個数:_%d__平均:_%g__標準偏差:_%g\n", n, s1, s2);
```

256　平方根

平方根　square root

実数の平方根 $s = \sqrt{x}$ は方程式 $f(s) = s^2 - x = 0$ を [†]Newton（ニュートン）法で解いて求めることが多い。具体的には，$\sqrt{x}$ より大きめの s の値から出発し，置換え $s \leftarrow (x/s + s)/2$ を減少が止まるまで繰り返す。一般に x がその機械で正確に表せる平方数（整数の2乗）なら，この方法で正確な $\sqrt{x}$ が得られるはずである。ちなみに，古いパソコンの BASIC インタープリタでは $\sqrt{x}$ を $\exp(\frac{1}{2}\log x)$ として求めていたことがあったが，これでは遅い上に誤差のため平方数の平方根が整数にならない。

long double の精度で平方根を求めるには，double で求めた値に対して Newton 法をもう1ステップ行ってもよい。Newton 法では，ある時点の相対誤差が ε ならば，次のステップで相対誤差はほぼ $\varepsilon^2/2$ になる。つまり1ステップごとに有効桁数が2倍になる。

整数 x の（非負の）平方根の整数部分 $\lfloor\sqrt{x}\rfloor$ を求めるには，大きめの初期値 $s \geqq \lfloor\sqrt{x}\rfloor$ から出発して，実数の Newton 法と同様な置換え $s \leftarrow \lfloor(\lfloor x/s\rfloor + s)/2\rfloor$ を繰り返し，減少が止まった直前の値を返す。実際，$s \geqq \lfloor\sqrt{x}\rfloor$ とすると，もし $\lfloor(\lfloor x/s\rfloor + s)/2\rfloor \geqq s$ なら $s = \lfloor\sqrt{x}\rfloor$ が容易に示せる。そうでないなら相加相乗平均の関係より $\lfloor\sqrt{x}\rfloor \leqq \lfloor(\lfloor x/s\rfloor + s)/2\rfloor < s$ となるので，この中辺を新しい s の値として繰り返す。

負の数や虚数の平方根については ⇒ [†]複素数。

📄 sqrt.c

mysqrt(x) はライブラリ関数 sqrt(x) の私家版。[†]Newton（ニュートン）法で $f(s) = s^2 - x = 0$ を解いて（非負の）実数 x の（非負の）平方根 $s = \sqrt{x}$ を求める。

lsqrt(x) は long double 版の平方根。double 版の mysqrt(x)（またはライブラリ関数 sqrt(x)）で概算して Newton 法をもう1ステップ行う。

```c
 1  #include <stdio.h>
 2  double mysqrt(double x)                              /* 自家版 √x */
 3  {
 4      double s, last;
 5
 6      if (x > 0) {
 7          if (x > 1) s = x;  else s = 1;
 8          do {
 9              last = s;  s = (x / s + s) / 2;
10          } while (s < last);
11          return last;
12      }
13      if (x != 0) fprintf(stderr, "mysqrt:_domain_error\n");
14      return 0;
15  }
16
17  long double lsqrt(long double x)                     /* long double 版 √x */
18  {
19      long double s;
20
```

```
21      if (x == 0) return 0;
22      s = mysqrt(x);                                      /* double 版 √x */
23      return (x / s + s) / 2;                             /* Newton 法を1ステップだけ */
24  }
```

  isqrt.c

isqrt(x) は（非負の）整数 x の（非負の）平方根の整数部分 $\lfloor \sqrt{x} \rfloor$ を求める。行 6–7 を単に s = x; とすると x = UINT_MAX のとき行 10 で桁あふれを起こす。

```
 1  unsigned int isqrt(unsigned int x)
 2  {
 3      unsigned int s, t;
 4
 5      if (x == 0) return 0;
 6      s = 1;  t = x;
 7      while (s < t) {  s <<= 1;  t >>= 1;  }
 8      do {
 9          t = s;
10          s = (x / s + s) >> 1;
11      } while (s < t);
12      return t;
13  }
```

ベータ関数　beta function

ベータ関数 $B(x,y)$ は積分 $\int_0^1 t^{x-1}(1-t)^{y-1}\,dt$ で定義される関数である。†ガンマ関数 $\Gamma(x)$ を使えば $\Gamma(x)\Gamma(y)/\Gamma(x+y)$ と表せる。

  gamma.c

†ガンマ関数の対数 loggamma(x) を通じてベータ関数を求める。

```
1  double beta(double x, double y)                          /* ベータ関数 */
2  {
3      return exp(loggamma(x) + loggamma(y) - loggamma(x + y));
4  }
```

ベータ分布　Beta distribution

密度関数が

$$f(x) = \frac{\Gamma(a+b)}{\Gamma(a)\Gamma(b)} x^{a-1}(1-x)^{b-1}, \qquad 0 \leqq x \leqq 1, \quad a > 0, \quad b > 0$$

の分布。特にパラメータが $a > 1$, $b > 1$ のとき，密度関数 $f(x)$ は $f(0) = f(1) = 0$ を満たし $x = (a-1)/(a+b-2)$ で最大値をとる山形である。分布関数（下側累積確率）

は [†]不完全ベータ関数の $I_x(a,b)$ である。[†]ガンマ分布が下限のある分布をあてはめるのに便利であるのに対して，ベータ分布は上下限のある分布（たとえば学力テストの点数）をあてはめるのに便利である。それには，範囲が $0 \leqq x \leqq 1$ になるように変換し，

$$平均 = \frac{a}{a+b}, \quad 分散 = \frac{ab}{(a+b)^2(a+b+1)}$$

からパラメータ a, b を定める。

random.c

ベータ分布の乱数を発生するには，次の方法が簡単であるが，パラメータ a, b の値が大きいと遅くなる。rnd() は 0 以上 1 未満の実数の一様[†]乱数である。

```c
double beta_rnd1(double a, double b)
{
    double x, y;

    do {
        x = pow(rnd(), 1 / a);  y = pow(rnd(), 1 / b);
    } while (x + y > 1);
    return x / (x + y);
}
```

次の方法は[†]ガンマ分布の乱数 gamma_rnd() を使ったものである。

```c
double beta_rnd(double a, double b)
{
    double temp;

    temp = gamma_rnd(a);
    return temp / (temp + gamma_rnd(b));
}
```

ベクトル vector

n 個の数 $v_1, v_2, \ldots, v_n$ を並べたもの $\vec{v} = (v_1, v_2, \ldots, v_n)$ を n 次元空間のベクトル，または n-ベクトルという。v_i をベクトル $\vec{v}$ の第 i 成分と呼ぶ。

計算機の言葉でいえば，ベクトルは 1 次元の配列である。

ベクトルの和・差は，成分ごとの和・差である。ベクトルの[†]内積 $\vec{v} \cdot \vec{w}$ とは，成分ごとの積の和 $v_1w_1 + v_2w_2 + \cdots + v_nw_n$ である。ベクトルのノルム $\|\vec{v}\|$ には何通りもの定義があるが，最もよく用いられる Euclid（ユークリッド）ノルム（ベクトルの大きさ）は，$|\vec{v}|$ とも書き，成分の 2 乗和の平方根

$$|\vec{v}| = \sqrt{\vec{v} \cdot \vec{v}} = \sqrt{v_1^2 + v_2^2 + \cdots + v_n^2}$$

である。

ほ

補間 interpolation

　たとえば水の蒸気圧を 0, 10, 20, 30, 40 ℃ で調べたところ，それぞれ 610.66, 1227.4, 2338.1, 4244.9, 7381.2 N/m² となった．15 ℃ での蒸気圧を推定したい．このような問題を扱うのが補間（内挿）である．

　データの誤差が大きいときは，適当な関数形を仮定し，最小 2 乗法などでこれをデータに当てはめることが補間に当たる（⇒ †回帰分析）．

　誤差が無視できるときは，すべてのデータ点を通る多項式などで補間する．上の例を多項式で補間すれば 15 ℃ での補間値は 1705.2 N/m² になる．実際の値は 1704.8 N/m² であるから，まずまずの出来であろう（データは『理科年表』1989 年版による）．多項式補間の具体的な方法については ⇒ †Lagrange（ラグランジュ）補間，†Newton（ニュートン）補間，†Neville（ネヴィル）補間．

　三角関数などを求める際にも，低精度でよければ，ライブラリ関数を呼び出す代わりに，数表を配列に入れておいて，次数の低い多項式で補間するのもよい．

　多項式補間は激しく振動することがあるので注意を要する（下図参照）．

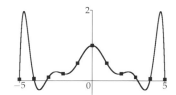

$y_i = 1/(1 + x_i^2)$
$(x_i = -5, -4, -3, \ldots, 5)$
の多項式補間．
振動してしまっている．

　多項式補間以外では，±∞ になる点の近くでは †連分数補間，周期関数では †三角関数による補間が便利である．三角関数による補間を高速に行うには †FFT（高速 Fourier 変換）を使う．†スプライン補間は多くの場合に安心して使える補間法である．†Bézier（ベジエ）曲線は活字のデザインにも使われる．

　与えられた y の値から x の値を求めるには，補間式 $y = f(x)$ を作ってからそれを †Newton（ニュートン）法などで解いてもよいが，x と y の関係が単調なら最初から x と y の立場を入れ換えて補間する方が速い．これを逆補間という．ただし，結果は同じではない．

　補間は，与えられた x の値に挟まれた範囲で適用すべきものである．そうでない場合——補外または外挿（extrapolation）という——は一般に誤差が大きい．

補間探索　interpolation search

人間が辞書でたとえば"アルゴリズム"という語を引くとき，[†]2分探索のようにまず中程のページを調べたりはしない。"ア"で始まることから考えて，初めの方のページを調べるであろう。この考え方に基づいた[†]探索が補間探索である。具体的には，昇順に並んだキー $a_l \leq a_{l+1} \leq \cdots \leq a_r$ の中から x に等しいものを見つけるには，区間 $[l, r]$ を $(x - a_l) : (a_r - x)$ に分ける点 $m = \lfloor l + (x - a_l)(r - l)/(a_r - a_l) \rfloor$ を求め，a_m と x を比較する。$a_m = x$ となれば成功，そうでなければ a_m と x の大小関係に応じて添字の範囲を $[l, m - 1]$ または $[m + 1, r]$ に限って上のことを繰り返す。

データの分布が十分一様なら，探索に要する時間は $\log \log n$ に比例する程度である（$n = r - l + 1$ は要素数）。

intsrch.c

left $\leq$ i $\leq$ right の範囲で a[i] = x を満たす i を返す。そのような i がなければ NOT_FOUND を返す。

```
 1  int intsrch(keytype x, keytype a[], int left, int right)
 2  {
 3      int mid;
 4
 5      if (left == right) {
 6          if (a[left] == x) return left;  else return NOT_FOUND;
 7      } else if (left > right || a[left] > x || a[right] < x)
 8          return NOT_FOUND;
 9      for ( ; ; ) {
10          mid = (int)((long)(x - a[left]) * (right - left)
11                  / (a[right] - a[left])) + left;
12          if (a[mid] < x) {
13              left = mid + 1;
14              if (a[left] > x) break;
15          } else if (a[mid] > x) {
16              right = mid - 1;
17              if (a[right] < x) break;
18          } else return mid;
19      }
20      return NOT_FOUND;
21  }
```

ポリトープ法　polytope method

多変数関数 $f(x_1, \ldots, x_m)$ を最小化する簡単な方法（J. A. Nelder and R. Mead. *Computer Journal*, 7: 308–313, 1965）。従来シンプレックス法と呼ばれることが多かったが，線形計画法のシンプレックス法と区別するためにこのように呼ぶことにする [1, 2]。偏導関数が不要であり，発散する心配もないが，収束は遅く，初期値によっては途中で止まって

しまうことがある。念のため得られた結果を初期値として再度実行してみるとよい。それでも結果が疑わしいときや，収束が遅いときは，初期値を変えてみる。

ここでいうポリトープ（シンプレックス，単体）とは m 次元空間で $m+1$ 個の頂点をもつ多面体（2次元平面では三角形，3次元空間では三角錐）のことである。しかし多面体を頭に描く必要はなく，単に $m+1$ 個の点を考えるだけでよい。

まず m 次元空間の適当な $m+1$ 個の点 $P_0, \ldots, P_m$ を選ぶ。ここでは P_0 の座標 $(x_1, \ldots, x_m)$（プログラムでは vertex[0][0..M-1]）と各座標の尺度因子 $s_1, \ldots, s_m$（プログラムでは scalefactor[0..M-1]）を与え，各点の座標を

$$P_1(x_1+s_1, x_2+cs_2, x_3+cs_3, \ldots, x_m+cs_m),$$
$$P_2(x_1+cs_1, x_2+s_2, x_3+cs_3, \ldots, x_m+cs_m),$$
$$\ldots$$
$$P_m(x_1+cs_1, x_2+cs_2, x_3+cs_3, \ldots, x_m+s_m)$$

と置き，どの2点間の距離も等しくなるように $c = 1/(\sqrt{m+1}+2)$ とした。

次に，各点で関数値を計算する。仮に $f(P_0) \geqq f(P_1) \geqq \ldots \geqq f(P_m)$ としよう。最悪の点 P_0 を除いた残りの m 点の重心を G とし，G に関して最悪の点を対称移動した点を R とする。ここで次のように場合分けする。

- $f(R) < f(P_m)$ のとき：G を R に関して対称移動した点 E と R とのうち良い方の点を新たに P_0 とする。P_0 は新しい最良の点になる。
- $f(P_1) \geqq f(R) \geqq f(P_m)$ のとき：R を新たに P_0 とする。P_0 は最悪の汚名を返上する。
- $f(R) > f(P_1)$ のとき：$f(R) < f(P_0)$ ならば R を新たに P_0 とする。いずれにせよ P_0 は依然として最悪の点である。そこで P_0 を最良の点 P_m（あるいは重心 G）に向かって移動する。それでもなお P_0 が最悪の点ならすべての点を最良の点 P_m に向かって移動することが多いが，ここでは単に最悪でなくなるまで P_0 を P_m に近づけるだけにした。

最良の点と最悪の点の座標の差が許容誤差以下になるまでこれを繰り返す。

polytope.c

例として，11個のデータ点

$(-10, 2.127), (-8, 2.520), (-6, 2.629), (-4, 2.938), (-2, 3.414),$
$(0, 4.669), (2, 8.014), (4, 6.372), (6, 4.596), (8, 4.296), (10, 4.291)$

に Lorentz 型のピーク（⇒ [†]Cauchy（コーシー）分布）＋1次式のバックグラウンド

$$y = \frac{h\gamma^2}{(x-M)^2+\gamma^2} + b + ax$$

262 ポリトープ法

を最小2乗法であてはめる。最小化すべき関数は

$$f(M, \gamma, h, b, a) = \sum_{i=1}^{11} \left(\frac{h\gamma^2}{(x_i - M)^2 + \gamma^2} + b + ax_i - y_i \right)^2$$

である。M がピークの中心，γ が半値幅，h がピークの高さである。

もっとも，このような連続な偏導関数を持つ問題にはもっと収束の速い方法がある。

▷ 最小化する関数

```
1  #define N 11                                         /* データ点の数 */
2  double x[N] = {-10, -8, -6, -4, -2, 0, 2, 4, 6, 8, 10};
3  double y[N] = {
4      2.127, 2.520, 2.629, 2.938, 3.414, 4.669,
5      8.014, 6.372, 4.596, 4.296, 4.291
6  };
7  double func(double parameter[])
8  {
9      int i;
10     double f, g2, dx, d;
11
12     f = 0.0;  g2 = parameter[1] * parameter[1];
13     for (i = 0; i < N; i++) {
14         dx = x[i] - parameter[0];
15         d = parameter[2] * g2 / (dx * dx + g2)
16             + parameter[3] + parameter[4] * x[i] - y[i];
17         f += d * d;
18     }
19     return f;
20 }
```

▷ 最小化

```
21 #include <stdio.h>
22 #include <stdlib.h>
23 #include <math.h>
24
25 #define M 5                                           /* パラメータ数 */
26 #define MAXITER 1000                                  /* 最大繰返し数 */
27 #define ALPHA 1.0                                     /* 反射係数 */
28 #define BETA  2.0                                     /* 拡大係数 */
29 #define GAMMA 0.5                                     /* 縮小係数 */
30
31 double vertex[M + 1][M] = {0.0, 1.0, 6.0, 3.5, 0.2};
32 double scalefactor[M] = {1.0, 1.0, 1.0, 1.0, 0.1};
33 double tolerance[M] = {0.001, 0.001, 0.001, 0.001, 0.001};
34
35 void initialize_vertices(void)                        /* 初期値の設定 */
36 {
37     int j, k;
38     const double c = 1 / (sqrt(M + 1) + 2);
39     double t;
40
41     for (j = 0; j < M; j++) {
42         t = vertex[0][j] + c * scalefactor[j];
43         for (k = 1; k <= M; k++) vertex[k][j] = t;
```

ポリトープ法　263

```c
44          vertex[j + 1][j] = vertex[0][j] + scalefactor[j];
45      }
46  }
47
48  int main(void)
49  {
50      int j, k, iter, kbest, kworst1, kworst2;
51      double x, fnew, *vbest, *vworst;
52      static double f[M + 1];                              /* 各頂点での関数値 */
53      static double vcenter[M], vnew[M];
54
55      initialize_vertices();
56      kbest = kworst1 = 0;  kworst2 = 1;
57      f[0] = func(vertex[0]);
58      for (k = 1; k <= M; k++) {
59          f[k] = func(vertex[k]);
60          if (f[k] < f[kbest]) kbest = k;
61          else if (f[k] >= f[kworst1]) {
62              kworst2 = kworst1;  kworst1 = k;
63          } else if (f[k] >= f[kworst2]) kworst2 = k;
64      }
65      vbest = vertex[kbest];  vworst = vertex[kworst1];
66      printf("iter___value\n");
67      printf("____1__%-14g", f[kbest]);
68      iter = 1;
69      while (f[kbest] != f[kworst1]) {
70          for (j = 0; j < M; j++)
71              if (fabs(vbest[j] - vworst[j]) > tolerance[j])
72                  break;
73          if (j == M) break;
74          if (++iter > MAXITER) {
75              printf("\n 収束しません\n");  break;
76          }
77          for (j = 0; j < M; j++) {
78              x = 0.0;
79              for (k = 0; k <= M; k++)
80                  if (k != kworst1) x += vertex[k][j];
81              vcenter[j] = x / M;
82              vnew[j] = vcenter[j] +
83                  ALPHA * (vcenter[j] - vworst[j]);
84          }
85          fnew = func(vnew);
86          if (fnew < f[kbest]) {                           /* vnew が新しい最良の点 */
87              for (j = 0; j < M; j++)
88                  vworst[j] = vcenter[j] +
89                      BETA * (vnew[j] - vcenter[j]);
90              f[kworst1] = func(vworst);
91              if (f[kworst1] >= fnew) {
92                  printf("R");                             /* 反射 */
93                  for (j = 0; j < M; j++) vworst[j] = vnew[j];
94                  f[kworst1] = fnew;
95              } else printf("E");                          /* 拡大 */
96              kbest = kworst1;  vbest = vworst;
97              printf("\n%5d__%-14g", iter, f[kbest]);
98              kworst1 = kworst2;  vworst = vertex[kworst1];
99              kworst2 = kbest;
```

```
            for (k = 0; k <= M; k++)
                if (k != kworst1 && f[k] > f[kworst2])
                    kworst2 = k;
        } else if (fnew <= f[kworst2]) {          /* vnew は新しい最悪の点ではない */
            printf("R");                          /* 反射 */
            for (j = 0; j < M; j++) vworst[j] = vnew[j];
            f[kworst1] = fnew;
            kworst1 = kworst2;   vworst = vertex[kworst1];
            kworst2 = kbest;
            for (k = 0; k <= M; k++)
                if (k != kworst1 && f[k] > f[kworst2])
                    kworst2 = k;
        } else {
            if (fnew < f[kworst1]) {
                for (j = 0; j < M; j++)
                    vworst[j] = vnew[j];
                f[kworst1] = fnew;
            }
            do {
                printf("C");                      /* 縮小 */
                for (j = 0; j < M; j++)
                    vworst[j] += (1 - GAMMA) *
                        (vbest[j] - vworst[j]);
                fnew = func(vworst);
            } while (fnew >= f[kworst1]);
            f[kworst1] = fnew;
            if (fnew < f[kbest]) {
                kbest = kworst1;   f[kbest] = fnew;
                vbest = vworst;
                printf("\n%5d  %-14g", iter, fnew);
            }
            if (fnew < f[kworst2]) {
                kworst1 = kworst2;
                vworst = vertex[kworst1];
                kworst2 = kbest;
                for (k = 0; k <= M; k++)
                    if (k != kworst1 && f[k] > f[kworst2])
                        kworst2 = k;
            }
        }
    }
    printf("\n\n繰返し: %d\n", iter);
    printf("最小値: %g\n", f[kbest]);
    printf("パラメータ:\n");
    for (j = 0; j < M; j++)
        printf("%5d  %g\n", j, vbest[j]);
    return 0;
}
```

[1] Philip E. Gill, Walter Murray, and Margaret H. Wright. *Practical Optimization*. Academic Press, 1981.

[2] 奥村 晴彦．『パソコンによるデータ解析入門』．技術評論社，1986．BASIC のプログラムが載っている．

ポリトープ法 **265**

[3] John C. Nash and Mary Walker-Smith, *Nonlinear Parameter Estimation: An Integrated System in BASIC*. Marcel Dekker, 1987. BASIC のプログラムが載っている.

ま

マージ　merge

整列した複数のデータをまとめて一つの整列したデータにすることをマージ（併合）という。

整列した大きなデータを更新するには，新しいデータを追加したあとで全体を整列するより，追加分のデータだけ別に整列して，すでに整列してある古いデータとマージする方がはるかに速い。

merge.c

小さい順に並んだ na 個の数 a[0], ..., a[na-1] と，やはり小さい順に並んだ nb 個の数 b[0], ..., b[nb-1] とをマージして，小さい順に並んだ一つの配列 c[0], ..., c[na+nb-1] にする。

```
1    int i, j, k;
2
3    i = j = k = 0;
4    while (i < na && j < nb)
5        if (a[i] <= b[j]) c[k++] = a[i++];
6        else              c[k++] = b[j++];
7    while (i < na) c[k++] = a[i++];
8    while (j < nb) c[k++] = b[j++];
```

fmerge.c

シーケンシャルファイルに対しては次のようにする。ファイル f1, f2 に入った昇順の整数データをマージして，ファイル f3 に書き出す。fscanf(...) がデータを 1 件読むのに成功すれば 1 を返すことを使ってファイルが尽きたかどうか調べている。

```
1    void fmerge(FILE *f1, FILE *f2, FILE *f3)
2    {
3        int x1, x2;                                      /* キー */
4        int r1, r2;                                      /* fscanf() の結果 */
5
6        r1 = fscanf(f1, "%d", &x1);
7        r2 = fscanf(f2, "%d", &x2);
8        for ( ; ; ) {
9            if (r1 == 1 && (r2 != 1 || x1 <= x2)) {
10               fprintf(f3, "_%d", x1);  r1 = fscanf(f1, "%d", &x1);
11           } else if (r2 == 1) {
12               fprintf(f3, "_%d", x2);  r2 = fscanf(f2, "%d", &x2);
13           } else break;
14       }
```

```
15  }
```

マージソート   merge sort, mergesort

実行時間 $O(n \log n)$ の †整列アルゴリズムである。同じ $O(n \log n)$ の †クイックソートや †ヒープソートと異なり，安定である（同順位のものの順序関係が保たれる）。また，クイックソートと異なり，どんな入力に対しても高速である。整列するデータの大きさと同程度（下のプログラムではデータの半分程度）の作業用記憶領域を必要とする。

John von Neumann（フォン・ノイマン）が 1945 年に EDVAC 用に書いたプログラムで最初にマージソートを使ったという。

mergsort.c

a[first..last] をマージソートで昇順に整列する。

マージソートが安定な整列法であることを示すために，データにはキー欄 key 以外に情報欄 info を持たせた。同じキーをもつ情報の順序関係が保たれることを確かめられたい。

整列すべき配列を中央で二つに分け（行 9），そのおのおのについて自分自身を再帰的に使って整列し（行 10–11），最後にその二つの配列をマージする（行 12–18）。

行 13 で配列 a の前半部分を作業用配列 work に移し，行 14 以降でこの work と元の配列 a の後半部分をマージして 1 本の整列した配列にする。行 17 では $k \leq i$ が成り立っているので，書き戻すことによってデータを壊してしまうことはない。行 18 で前半部分の残りだけ書き戻している。後半部分の残りは a の最後にあるので，書き戻す必要はない。

行 16 で，もし等しければ前半部分 work を優先して書き戻していることに注意されたい。こうしないと安定な整列にならない。

さらに高速にするには，行 8 をたとえば if (last - first < 10) とし，行 19 を } else *simplesort*(first, last); として，長さがある程度以下になれば単純な整列法 *simplesort*（†挿入ソート，†選択ソートなど）に切り替えるようにするとよい。

```
 1  struct {  int key;   int info;  } a[N], work[N / 2 + 1];
 2
 3  void mergesort(int first, int last)
 4  {
 5      int middle;
 6      static int i, j, k, p;
 7
 8      if (first < last) {
 9          middle = (first + last) / 2;
10          mergesort(first, middle);
11          mergesort(middle + 1, last);
12          p = 0;
13          for (i = first; i <= middle; i++) work[p++] = a[i];
14          i = middle + 1;   j = 0;   k = first;
```

```
15          while (i <= last && j < p)
16              if (work[j].key <= a[i].key) a[k++] = work[j++];
17              else                         a[k++] = a[i++];
18          while (j < p) a[k++] = work[j++];
19      }
20  }
```

魔方陣　magic square

n 次 ($n \times n$) の魔方陣とは，1 から n^2 までの整数を正方形状に並べて，どの行の和も，どの列の和も，どちらの対角線の和も $(n^3+n)/2$ に等しくなるようにしたものである。たとえば 3 次の魔方陣は ("憎しと思へど七五三，…")。魔法陣と書くのは誤り。

n が奇数のときは簡単な構成法があるが，偶数次の魔方陣は一般的な解法がないようである。

📄 magicsq.c

N 次（N は奇数）の魔方陣を作成（行 4–7），表示（行 8–11）する。

```
1   int i, j, k;
2   static int a[N][N];
3
4   k = 0;
5   for (i = - N / 2; i <= N / 2; i++)
6       for (j = 0; j < N; j++)
7           a[(j - i + N) % N][(j + i + N) % N] = ++k;
8   for (i = 0; i < N; i++) {
9       for (j = 0; j < N; j++) printf("%4d", a[i][j]);
10      printf("\n");
11  }
```

📄 magic4.c

4 次の魔方陣のすべての解を求めるプログラムである。しらみつぶしに調べれば $16! = 2 \times 10^{13}$ 回のチェックが必要で，ちょっと大変そうであるが，拘束条件を考えれば 7 重ループですむ。回転したり裏返したりしただけのものを重複して数えないために，四隅の数 a, d, m, p について $a < d < m, a < p$ が成り立つ場合だけを調べる。解は 880 通りある。紙面節約のため恐ろしいマクロの使い方をしているが勘弁願いたい。

```
1   #include <stdio.h>
2   #include <stdlib.h>
3   #define B(x) if (ok[x]) { ok[x]=0;
4   #define E(x) } ok[x]=1;
5   #define forall(x) for (x = 1; x <= 16; x++)
6   #define FORMAT \
```

魔方陣　**269**

```c
 7      "%4d%4d%4d%4d\n%4d%4d%4d%4d\n%4d%4d%4d%4d\n%4d%4d%4d%4d\n"
 8  int main(void)
 9  {
10      int a, b, c, d, e, f, g, h, i, j, k, l, m, n, o, p,
11          x, count = 0,
12          ok11[40], *ok = ok11 + 11;                        /* ok[-11..28] */
13
14      for (x = -11; x <= 0; x++) ok[x] = 0;
15      for (x =  1; x <= 16; x++) ok[x] = 1;
16      for (x = 17; x <= 28; x++) ok[x] = 0;
17      forall(a) {  ok[a] = 0;
18      for (d = a + 1; d <= 16; d++) {  ok[d] = 0;
19      for (m = d + 1; m <= 16; m++) {  ok[m] = 0;
20      p = 34 - a - d - m;
21      if (ok[p] && a < p) {  ok[p] = 0;
22      forall(b) B(b) c = 34 - a - b - d; B(c)
23      forall(f) B(f) k = 34 - a - f - p; B(k)
24      forall(g) B(g) j = 34 - d - g - m;
25      B(j) n = 34 - b - f - j; B(n) o = 34 - c - g - k; B(o)
26      forall(e) B(e) i = 34 - a - e - m;
27      B(i) h = 34 - e - f - g; B(h) l = 34 - i - j - k;
28      if (ok[l]) {
29          printf("解_%d\n", ++count);
30          printf(FORMAT, a,b,c,d,e,f,g,h,i,j,k,l,m,n,o,p);
31          E(h) E(i) E(e) E(o) E(n) E(j) E(g) E(k)
32          E(f) E(c) E(b) E(p) E(m) E(d) E(a)
33      }
34      return 0;
35  }
```

み

幹葉表示　stem-and-leaf display

　たとえば −3, 5, 6, 12, 12, 15, 23 という 7 個の数値の度数分布図をラインプリンタで描くとき下の 2 番目の図のように ∗ 印を並べることがあるが，せっかく並べるなら 3 番目の図のように数値の一の位を並べる方が，同じスペースで表せる情報量が増す。このような度数分布図の描き方は Tukey（テューキー）[1] が幹葉表示と呼ぶものの一種である。

データ	度数分布図	幹葉表示 (1)	幹葉表示 (2)
−3	-10..-1: ∗	-10..-1: 3	-0 | 3
5, 6	0.. 9: ∗∗	0.. 9: 56	0 | 56
12, 12, 15	10..19: ∗∗∗	10..19: 225	1 | 225
23	20..29: ∗	20..29: 3	2 | 3

　元祖 Tukey 流の幹葉表示は上の 4 番目の図のように縦棒の左側（幹）に十の位以上を，右側（葉）に一の位を書く。小数は切り捨てて 0 に近い方の整数に丸める。正負の値があるときは，$0 < x < 10$ の幹は '0'，$-10 < x < 0$ の幹は '-0'，$-20 < x \leqq -10$ の幹は '-1' という具合にし，0 は '0' と '-0' に半数ずつ入れる。

📄 stemleaf.c

　手続き stem_and_leaf(n, x) は，x[0] から x[n-1] までの n 個の数値を Tukey 流の幹葉表示で表す。数値が大きすぎるときは全体を 10 の累乗で割り，表示行数が MAXLINES を超えないようにする。

　初版の float はここでは double とした。

```
 1  #define MAXLINES  60
 2
 3  void stem_and_leaf(int n, vector x)
 4  {
 5      int h, i, j, k, kmin, kmax;
 6      static int histo[10 * MAXLINES];
 7      double xmin, xmax, factor;
 8
 9      xmin = xmax = x[0];
10      for (i = 1; i < n; i++)
11          if      (x[i] < xmin) xmin = x[i];
12          else if (x[i] > xmax) xmax = x[i];
13      factor = 1;
14      while (factor * xmax > 32767 || factor * xmin < -32767)
15          factor /= 10;
16      for ( ; ; ) {
17          kmin = (int)(factor * xmin) / 10 - (xmin < 0);
```

```
 18        kmax = (int)(factor * xmax) / 10;
 19        if (kmax - kmin + 1 <= MAXLINES) break;
 20        factor /= 10;
 21    }
 22    printf("10 * 幹 + 葉 = %.1g * データ\n", factor);
 23    for (k = 0; k < 10 * MAXLINES; k++) histo[k] = 0;
 24    for (i = 0; i < n; i++)
 25        histo[(int)(factor * x[i]) - (x[i] < 0) - 10 * kmin]++;
 26    if (kmin < 0 && kmax > 0) {
 27        k = 0;
 28        for (i = 0; i < n; i++) if (x[i] == 0) k++;
 29        histo[-10 * kmin     ] -= k / 2;
 30        histo[-10 * kmin - 1] += k / 2;
 31    }
 32    for (k = kmin; k <= kmax; k++) {
 33        if (k != -1) printf("%5d |", k + (k < 0));
 34        else         printf("   -0 |");
 35        for (j = 0; j <= 9; j++) {
 36            if (k >= 0) h = histo[10 * (k - kmin) + j];
 37            else h = histo[10 * (k - kmin) + 9 - j];
 38            for (i = 0; i < h; i++) printf("%d", j);
 39        }
 40        printf("\n");
 41    }
 42 }
```

[1] John W. Tukey. *Exploratory Data Analysis*. Addison-Wesley, 1977.

水をはかる問題

3 リットルの容器 A と 5 リットルの容器 B がある。これらを使って 1 リットルの水をはかりたい。ただし，容器 A でしか水を汲むことはできず，容器 B からは水を全部捨てることしかできない。

答え: まず容器 A を水で満たし，その水を容器 B に移し，再び容器 A に水を満たし，その水を容器 B が満杯になるまで容器 B に移す。この時点で，容器 A にちょうど 1 リットルの水が入っている。

一般に，はかりたい容積が両方の容器の容積の最大公約数の倍数であるとき，このような問題は解ける。解法は Euclid（ユークリッド）の互除法そのものである。

 water.c

水をはかる問題のプログラム。†最大公約数を求める関数 gcd(a, b) を使っている。

```
 1    int a, b, v, x, y;
 2
 3    printf("容器Aの容積? ");   scanf("%d", &a);
 4    printf("容器Bの容積? ");   scanf("%d", &b);
```

```
 5      printf("はかりたい容積?_");  scanf("%d", &v);
 6      if (v > a && v > b || v % gcd(a, b) != 0) {
 7          printf("はかれません\n");  return 1;
 8      }
 9      x = y = 0;
10      do {
11          if (x == 0) {
12              printf("Aに水を満たします\n");   x = a;
13          } else if (y == b) {
14              printf("Bを空にします\n");  y = 0;
15          } else if (x < b - y) {
16              printf("Aの水をすべてBに移します\n");
17              y += x;   x = 0;
18          } else {
19              printf("Aの水をBがいっぱいになるまで"
20                  "Bに移します\n");   x -= b - y;  y = b;
21          }
22      } while (x != v && y != v);
23      if      (x == v) printf("Aにはかれました\n");
24      else if (y == v) printf("Bにはかれました\n");
```

三山くずし　<u>nim</u>

　石の山を三つ作る。交互にどれか一つの山から1個以上の石を取る。最後に石を取った方が勝ちである。

　下のプログラムは，無敵ではないが，なかなか強い。

　各山の石の数を a_1，a_2，a_3 とすると，コンピュータは，$a_1 = a_2 = a_3 = 0$ とできれば勝ちであるが，もしそうできなければ，少なくともこの必要条件 $a_1 \oplus a_2 \oplus a_3 = 0$ に持っていこうとする。ここで $\oplus$ は †ビットごとの排他的論理和を表す。もしこの形に持っていけたならば，相手はどんな手を打っても $a_1 \oplus a_2 \oplus a_3 \neq 0$ となり，こちらの勝ちになる。もしこの形に持っていけなかったならば，最大の山から一つだけ取って，相手の敗着を待つ。

📄 nim.c

```
 1  #include <stdio.h>
 2  #include <stdlib.h>
 3  int main(void)
 4  {
 5      int a[4], i, j, imax, max, n, r, x, my_turn;
 6
 7      for (i = 1; i <= 3; i++) {
 8          printf("%d_番の山の石の数?_", i);  scanf("%d", &a[i]);
 9          if (a[i] <= 0) return 1;
10      }
11      for (my_turn = 1; ; my_turn ^= 1) {
12          max = 0;
```

```
13          for (i = 1; i <= 3; i++) {
14              printf(" %d ", i);
15              for (j = 1; j <= a[i]; j++) printf("*");
16              printf("\n");
17              if (a[i] > max) {
18                  max = a[i];   imax = i;
19              }
20          }
21          if (max == 0) break;
22          if (my_turn) {
23              printf("私の番です。\n");
24              x = a[1] ^ a[2] ^ a[3];                              /* 排他的論理和 */
25              j = 0;
26              for (i = 1; i <= 3; i++)
27                  if (a[i] > (a[i] ^ x)) j = i;
28              if (j != 0) a[j] ^= x;   else a[imax]--;
29          } else {
30              do {
31                  printf("何番の山からとりますか? ");
32                  r = scanf("%d", &i);   scanf("%*[^\n]");
33              } while (r != 1 || i < 1 || i > 3 || a[i] == 0);
34              do {
35                  printf("何個とりますか? ");
36                  r = scanf("%d", &n);   scanf("%*[^\n]");
37              } while (r != 1 || n <= 0 || n > a[i]);
38              a[i] -= n;
39          }
40      }
41      if (my_turn) printf("あなたの勝ちです!\n");
42      else         printf("私の勝ちです!\n");
43      return 0;
44  }
```

[1] 有澤 誠. 『プログラミングレクリエーション』. 近代科学社, 1978. 85–91 ページ.

[2] G. H. Hardy and E. M. Wright. *An Introduction to the Theory of Numbers*. Oxford University Press, fifth edition 1979. 117–120 ページ.

む

無作為抽出　random sampling

　街角で通行人に質問する類のアンケート調査では，場所，日時などによって結果に偏りが生じる。偏りを減らすためには，しかるべき名簿から†乱数で数百～数千人選んで調査する。このとき，名簿に載っている全員の集合が母集団（population），そこから選んだ人の集合が標本（sample）である。このように標本を乱数で選ぶことを無作為抽出という。

　大きさ（成員の数）n の母集団があり，その成員には '1', '2', ..., 'n' と番号が付けてあるとする。この母集団から大きさ m の標本を抽出し，選ばれた成員の番号を小さい順に出力するには，次のようにする。まず確率 $\frac{m}{n}$ で '1' を出力する。具体的には，$0 \leq U < 1$ の一様†乱数 U を作り，$U < \frac{m}{n}$ のときだけ '1' を出力する。もし '1' を出力したなら，'2' を確率 $\frac{m-1}{n-1}$ で出力する。'1' を出力しなかったなら，'2' を確率 $\frac{m}{n-1}$ で出力する。以下同様に，確率の分母は毎回 1 減らし，分子は番号を出力したときだけ 1 減らしていく（rndsamp1.c）。

　また，母集団の名簿がファイルの形で与えられているが，人数が不明のときは，次のようにすれば 1 回の通読で大きさ m の標本が抽出できる。m 個分の記憶場所を確保する。最初はファイルを読みながらどんどんこの場所に登録していく。場所が満杯になれば，n 個目のものは確率 $\frac{m}{n}$ で抜き出し，乱数で選んだ記憶場所に上書きする（rndsamp2.c）。

　3 番目の方法（R. W. Floyd による。[1] 参照）は $\{s_0, s_1, \ldots, s_{n-1}\}$ のうち無作為に選んだ m 個を 1 にする（rndsamp3.c）。ある時点で $\{s_0, \ldots, s_{i-1}\}$ から無作為に選んだ k 個が 1，残りが 0 になっていたとしよう。ここで s_i を追加して $\{s_0, \ldots, s_{i-1}, s_i\}$ から無作為に選んだ $k+1$ 個が 1 になるようにしたい。当然 s_i が 1 になる確率は $\frac{k+1}{i+1}$ でなければならない。これには次のようにする。とりあえず $s_i = 0$ としておき，$0 \leq j \leq i$ の範囲の整数の一様乱数 j を作り，もし $s_j = 0$ なら $s_j \leftarrow 1$ とし，もし $s_j = 1$ なら s_j には手をつけず $s_i \leftarrow 1$ とする。こうすれば，$s_i = 1$ になる確率は，$j = i$ になる確率 $\frac{1}{i+1}$ と，$j \neq i$ だが $s_j = 1$ になる確率 $\frac{k}{i+1}$ との和であるから，正しく $\frac{k+1}{i+1}$ になる。したがって，初め $s_0 = s_1 = \cdots = s_{n-1} = 0$ としておき，上のことを $i = n-m, n-m+1, \ldots, n-1$ について行えば，$\{s_0, \ldots, s_{n-1}\}$ から無作為に選んだ m 個が 1 になる。m 個の乱数しか消費しないので速い。

rndsamp1.c

番号 1, 2, ..., n から m 個 (m ≦ n) を無作為に選び小さい順に出力する。rnd() は 0 以上 1 未満の一様[†]乱数。

```
1    for (i = 0; i < n; i++)
2        if ((n - i) * rnd() < m) {
3            printf("%8d", i + 1);
4            if (--m <= 0) break;
5        }
```

 rndsamp2.c

標準入力からデータを読み込み，その中から m 個を無作為に選んで s[0..m-1] に登録する。番号の個数 n は入力を読みながら数える。入力はここでは整数としたが，住所・氏名などを使ってもよい。

```
1    n = 0;
2    while (scanf("%d", &x) == 1) {
3        if (++n <= m) s[n - 1] = x;
4        else {
5            i = (int)(n * rnd());
6            if (i < m) s[i] = x;
7        }
8    }
```

 rndsamp3.c

Floyd による方法。s[0], s[1], ..., s[N-1]（すべて 0 に初期化しておく）のうち無作為に選んだ M 個を 1 にする。

```
1    int i, j;
2    static char s[N];
3
4    for (i = N - M; i < N; i++) {
5        j = (int)((i + 1) * rnd());            /* j は 0 ≦ j ≦ i の範囲の一様乱数 */
6        if (s[j] == 0) s[j] = 1;
7        else           s[i] = 1;
8    }
```

 [1] Jon Bentley. *More Programming Pearls*. Addison-Wesley, 1988. 140–142 ページ.

め

迷路 maze

次の迷路は以下のアルゴリズムで †乱数で作成したものである。

乱数で壁上の始点を選び，方向を乱数で選びながら壁を成長させていく．対岸の壁と接触する直前まで伸ばしたら，また乱数で別の位置を選んでそこから壁を成長させる．これをもう延ばすところがなくなるまで続ける．

 maze.c

端末に迷路を描くプログラムである．ここではいったん配列 map[i][j] に迷路のイメージを作ってから壁を X で塗りつぶすようにしたが，実際はグラフィック画面に実時間で描くと壁が延びる様子が見えておもしろい．

```
 1  #include <stdio.h>
 2  #include <stdlib.h>
 3  #include <time.h>
 4
 5  #define XMAX    80                              /* 迷路の横の大きさ（偶数）*/
 6  #define YMAX    24                              /* 迷路の縦の大きさ（偶数）*/
 7  #define MAXSITE  (XMAX * YMAX / 4)              /* 最大サイト数 */
 8  char map[XMAX + 1][YMAX + 1];                   /* 地図 */
 9  int nsite = 0;                                  /* 登録サイト数 */
10  int xx[MAXSITE], yy[MAXSITE];                   /* 登録サイト座標 */
11  int dx[4] = { 2, 0, -2,  0 };                   /* 変位ベクトル */
12  int dy[4] = { 0, 2,  0, -2 };                   /* 変位ベクトル */
13  int dirtable[24][4] = {                         /* 方向表 */
14      0,1,2,3, 0,1,3,2, 0,2,1,3, 0,2,3,1, 0,3,1,2, 0,3,2,1,
15      1,0,2,3, 1,0,3,2, 1,2,0,3, 1,2,3,0, 1,3,0,2, 1,3,2,0,
16      2,0,1,3, 2,0,3,1, 2,1,0,3, 2,1,3,0, 2,3,0,1, 2,3,1,0,
17      3,0,1,2, 3,0,2,1, 3,1,0,2, 3,1,2,0, 3,2,0,1, 3,2,1,0 };
18
19  void add(int i, int j)                          /* サイトに加える */
20  {
21      xx[nsite] = i;  yy[nsite] = j;  nsite++;
22  }
23
24  int select(int *i, int *j)                      /* サイトを乱数で選ぶ */
25  {
```

面積　**277**

```c
26        int r;
27
28        if (nsite == 0) return 0;                              /* サイトが尽きた */
29        nsite--;   r = (int)(nsite * (rand() / (RAND_MAX + 1.0)));
30        *i = xx[r];   xx[r] = xx[nsite];
31        *j = yy[r];   yy[r] = yy[nsite];   return 1;           /* 成功 */
32   }
33
34   int main(void)
35   {
36        int i, j, i1, j1, d, t, *tt;
37
38        srand((unsigned)time(NULL));                           /* 時刻で乱数を初期化 */
39        for (i = 0; i <= XMAX; i++)                            /* 地図を初期化 */
40             for (j = 0; j <= YMAX; j++) map[i][j] = 1;
41        for (i = 3; i <= XMAX - 3; i++)
42             for (j = 3; j <= YMAX - 3; j++) map[i][j] = 0;
43        map[2][3] = 0;   map[XMAX - 2][YMAX - 3] = 0;
44        for (i = 4; i <= XMAX - 4; i += 2) {                   /* サイトを加える */
45             add(i, 2);   add(i, YMAX - 2);
46        }
47        for (j = 4; j <= YMAX - 4; j += 2) {
48             add(2, j);   add(XMAX - 2, j);
49        }
50        while (select(&i, &j)) {                               /* サイトを選ぶ */
51             for ( ; ; ) {                                     /* そこから延ばしていく */
52                  tt = dirtable[(int)(24 * (rand() / (RAND_MAX + 1.0)))];
53                  for (d = 3; d >= 0; d--) {
54                       t = tt[d];   i1 = i + dx[t];   j1 = j + dy[t];
55                       if (map[i1][j1] == 0) break;
56                  }
57                  if (d < 0) break;
58                  map[(i + i1) / 2][(j + j1) / 2] = 1;
59                  i = i1;   j = j1;   map[i][j] = 1;   add(i, j);
60             }
61        }
62        for (j = 2; j <= YMAX - 2; j++) {
63             for (i = 2;i <= XMAX - 2; i++)
64                  if (map[i][j]) putchar('X');   else putchar('_');
65             putchar('\n');
66        }
67        return 0;
68   }
```

面積　area

$y = f(x)$ のグラフと $y = g(x)$ のグラフで囲まれた $a \le x \le b$ の範囲の領域の面積は定積分 $\int_a^b |f(x) - g(x)|\,dx$ で求められる。

複雑な平面図形の面積は多角形で近似するのが一つの手である。まず，3点 O$(0,0)$，A(x_1, y_1)，B(x_2, y_2) を頂点とする三角形の面積は $\frac{1}{2}|x_1 y_2 - x_2 y_1|$ である。この絶対値の中身は OABO が左回りなら正，右回りなら負である。したがって，領域の境界上に左回

りに n 点 $(x_0, y_0), (x_1, y_1), \ldots, (x_{n-1}, y_{n-1})$ をとると，折れ線で囲まれる領域の面積は $\frac{1}{2} \sum_{k=0}^{n-1}(x_k y_{k+1} - x_{k+1} y_k)$ となる。ただし $(x_n, y_n) = (x_0, y_0)$ とする。

 area.c

平面図形の周上の点 $(x[i], y[i])$ $(i = 0, \ldots, n-1)$ を左回りに与え，面積の近似値を求める。右回りに与えた場合は負の値になる。

初版の float はここでは double とした。

```
 1  double area(int n, double x[], double y[])
 2  {
 3      int i;
 4      double a;
 5
 6      a = x[n - 1] * y[0] - x[0] * y[n - 1];
 7      for (i = 1; i < n; i++)
 8          a += x[i - 1] * y[i] - x[i] * y[i - 1];
 9      return 0.5 * a;
10  }
```

も

文字列照合　string matching

　文字列探索（string searching）ともいう。二つの文字列が与えられたとき，一方（テキスト文字列）に含まれるもう一方（照合文字列）の開始位置を求めることを指す。

　C 言語の慣習に従って，長さ n の文字列中の位置は $0, 1, 2, \ldots, n-1$ と数える。また，最後の文字の次には '\0'（ヌル文字）が入っているとする。

　たとえばテキスト文字列 $text = $ "CABACABAC" の中から照合文字列 $pattern = $ "BAC" を探すには，

```
012345678    012345678    012345678
CABACABAC    CABACABAC    CABACABAC
BAC          BAC          BAC
  失敗          失敗          成功
```

のように照合文字列を 1 文字ずつずらして比較するのが最も単純な方法である。結果は "2" である（テキスト文字列の位置 "2" から照合文字列が始まる）。

　上述の単純な方法のほか，[†]Knuth–Morris–Pratt 法，[†]Boyer–Moore 法などがある。

　文字列照合アルゴリズムの比較のため，32000 バイトの英文について，同じ文章からランダムに長さ 5 以上の単語を選び，その出現位置をすべて見つけるための時間を調べたところ，単純法 217, Knuth–Morris–Pratt 法 335, Boyer–Moore 法 59, 簡略 Boyer–Moore 法 52 という結果を得た。単純法以外は表作成の時間も含む。もちろん条件によって結果は変わるが，通常のテキストファイルについては簡略 Boyer–Moore 法が良さそうである。

📄 strmatch.c

　上述の単純法でテキスト文字列 text[ ] から照合文字列 pattern[ ] を探す。いくつか含まれている場合は最初のものを採る。見つかった場合はテキスト文字列中の先頭位置 $(0, 1, 2, \ldots)$，見つからなかった場合は -1 を返す。

```c
 1  int position(char text[], char pattern[])
 2  {
 3      int i, j;
 4
 5      i = j = 0;
 6      while (text[i] != '\0' && pattern[j] != '\0')
 7          if (text[i] == pattern[j]) {  i++;  j++;  }
 8          else {  i = i - j + 1;  j = 0;  }
 9      if (pattern[j] == '\0') return i - j;        /* 見つかった */
10      return -1;                                   /* 見つからなかった */
11  }
```

あるいは同じことだが，次のようにも書ける．

```
 1  int position(char text[], char pattern[])
 2  {
 3      int i, j, k, c;
 4
 5      c = pattern[0];  i = 0;
 6      while (text[i] != 0) {
 7          if (text[i++] == c) {
 8              k = i;  j = 1;
 9              while (text[k] == pattern[j] && pattern[j] != 0) {
10                  k++;  j++;
11              }
12              if (pattern[j] == '\0') return k - j;         /* 見つかった */
13          }
14      }
15      return -1;                                             /* 見つからなかった */
16  }
```

テキスト文字列の最後に照合文字列をコピーして[†]番人とするとループが少し簡単にできる．

[1] 野下 浩平, 高岡 忠雄, 町田 元. 『岩波講座情報科学 10 基本的算法』. 岩波書店, 1983. 84–97 ページ.

[2] 有川 節夫, 篠原 武. 文字列パターン照合アルゴリズム. 『コンピュータソフトウェア』, 4:2–23, 1987.

[3] 尹 志熙（ユン・ジヒ）, 高木 利久, 牛島 和夫. 5 種類のパターン・マッチング手法を C 言語の関数で実現する.『日経バイト』, 1987 年 8 月号 175–191, 9 月号 233–243.

モンテカルロ法　　Monte Carlo methods

確率的方法を使って非確率的な問題を解くこと 1949 年 Metropolis（メトロポリス）と Uram（ウラム）がギャンブル場で有名なモナコの町名にちなんで命名した．

モンテカルロ法の考え方はおそらく Buffon（ビュフォン）の針の問題（1733 年，発表は 1777 年）に始まる．机の上に間隔 1 の平行線をたくさん引き，長さ $L < 1$ の針をランダムに落とすと，針と線が交わる確率は $2L/\pi$ である．この確率を実験的に求めれば[†]円周率 π が計算できる．

次のプログラムは，モンテカルロ法で円周率を求める次の 3 通りの簡単な方法を試すものである．

1. いわゆる"あたりはずれ"（hit-or-miss）法．正方形領域 $0 \leq x < 1$, $0 \leq y < 1$ 内に一様乱数で点をとる．点が中心 $(0,0)$, 半径 1 の円内に入る確率が $\pi/4$ であることを使う．
2. 上の円上の点の x 座標を一様乱数でとり，その y 座標 $\sqrt{1-x^2}$ の期待値が $\pi/4$ に

等しいことを使う。

3. 適当な無理数 ϕ をとり，$\phi, 2\phi, 3\phi, \ldots$ の小数部分を第 2 の方法の乱数の代わりに使う。このような準乱数（quasirandom numbers）は通常の乱数より等間隔に分布するので数値積分には便利である。

適当な乱数発生ルーチンを使い，各方法で $n = 10000$ 回試みたところ，次のようになった。

$$
\begin{array}{ll}
方法 1 & pi = 3.1508 \ +- \ 0.0164 \\
方法 2 & pi = 3.1397 \ +- \ 0.0089 \\
方法 3 & pi = 3.1418
\end{array}
$$

乱数を用いる方法 1，2 では誤差は $1/\sqrt{n}$ に比例して減るが，乱数より等間隔な準乱数を用いる方法 3 では誤差はほぼ $1/n$ に比例して減る。もっと正確にするには，完全に等間隔な点 $x = 1/2n, 3/2n, 5/2n, \ldots, (2n-1)/2n$ を用いればよいが，これはもはやモンテカルロ法ではなく，数値積分の中点公式である。実際，このような 1 次元の数値積分ではモンテカルロ法を使う意味は全くない。しかし，これがたとえば 10 次元になると，各次元を 10 等分しても 10^{10} 回の計算をせねばならず，かなり大変である。さらに，積分の形に表せない複雑な問題でも，モンテカルロ法では比較的簡単に解けることがある。

上では pi について述べたが，e も類似の方法で求められる（⇒ †自然対数の底）。

monte.c

モンテカルロ法で円周率を求める。rnd() は 0 以上 1 未満の実数の一様 †乱数である。+- の後に出力される値は標準誤差（1σ 相当の誤差）である。

```
 1  void monte1(int n)                                    /* 方法 1 */
 2  {
 3      int i, hit;
 4      double x, y, p;
 5
 6      hit = 0;
 7      for (i = 0; i < n; i++) {
 8          x = rnd();  y = rnd();
 9          if (x * x + y * y < 1) hit++;
10      }
11      p = (double) hit / n;
12      printf("pi_=_%6.4f_+-_%6.4f\n",
13          4 * p, 4 * sqrt(p * (1 - p) / (n - 1)));
14  }
15
16  void monte2(int n)                                    /* 方法 2 */
17  {
18      int i;
19      double x, y, sum, sumsq, mean, sd;
20
21      sum = sumsq = 0;
```

282 モンテカルロ法

```c
22      for (i = 0; i < n; i++) {
23          x = rnd();
24          y = sqrt(1 - x * x);
25          sum += y;   sumsq += y * y;
26      }
27      mean = sum / n;
28      sd = sqrt((sumsq / n - mean * mean) / (n - 1));
29      printf("pi_=_%6.4f_+-_%6.4f\n", 4 * mean, 4 * sd);
30  }
31
32  void monte3(int n)                                          /* 方法 3 */
33  {
34      int i;
35      const double a = (sqrt(5) - 1) / 2;
36      double x, sum;
37
38      x = sum = 0;
39      for (i = 0; i < n; i++) {
40          if ((x += a) >= 1) x--;
41          sum += sqrt(1 - x * x);
42      }
43      printf("pi_=_%6.4f\n", 4 * sum / n);
44  }
```

[1] 津田 孝夫. 『モンテカルロ法とシミュレーション』. 培風館, 1977.

有限体　finite field

　Galois（ガロア）体（Galois field）ともいう。
　加減乗除ができる数の体系のことを体という。特に数が n 個しかないものが有限体 $GF(n)$ である。
　たとえば，偶数は 0，奇数は 1 に直すことにすれば，

$$0+0=0, \quad 0+1=1, \quad 1+0=1, \quad 1+1=0,$$
$$0-0=0, \quad 0-1=1, \quad 1-0=1, \quad 1-1=0,$$
$$0\times 0=0, \quad 0\times 1=0, \quad 1\times 0=0, \quad 1\times 1=1,$$
$$0\div 1=0, \qquad\qquad\qquad 1\div 1=1$$

のように 0 と 1 だけで閉じた世界ができる。このような"0 と 1 だけの世界"（"mod 2 の世界"）が $GF(2)$ である。
　計算機のビット列をこのような"0 と 1 だけの世界"の多項式とみることができる。たとえばビット列 11001 は多項式 $1x^4+1x^3+0x^2+0x+1$ すなわち x^4+x^3+1 とみる。このような多項式の加算・乗算は，普通に計算して，係数を偶数なら 0，奇数なら 1 に直す。†ビットごとの排他的論理和はこのような多項式の和に相当する。たとえばビット列 11001 と 10101 のビットごとの排他的論理和 $(11001)_2 \oplus (10101)_2 = (01100)_2$ は mod 2 の多項式の和 $(x^4+x^3+1)+(x^4+x^2+1)=x^3+x^2$ に当たる。また，左シフト演算は x^n との積，右シフト演算は x^n で割った商である。このような多項式の掛け算については ⇒ †整数の積。このような係数が 0 と 1 の多項式の加算・乗算は交換法則，結合法則，分配法則を満たす。また $a+a=0$ である。
　多項式 x^2+1 は普通の計算では因数分解できないが，"0 と 1 だけの世界"では $x^2+1=(x+1)^2$ と因数分解できる。なぜならば $(x+1)^2=x^2+2x+1$ と展開して偶数の係数を 0 に直すと x^2+1 になるからである。しかし x^2+x+1 はいずれにせよ因数分解できない。因数分解できない多項式を既約多項式という。これは整数の世界での素数に相当する。
　"0 と 1 を係数とする n 次未満の多項式の世界"も有限体をなす。このような多項式の演算は，上の mod 2 の計算をして得た結果をさらに n 次の既約多項式で割り，その余りを答えとする。たとえば 2 次の既約多項式 x^2+x+1 で割ることにすれば，$1, x, x^2, x^3, x^4, x^5, \ldots$ はそれぞれ $1, x, x+1, 1, x, x+1, \ldots$ となり，2 次未満の多項式（0 を除く）がすべて現れる。一般に，$1, x, x^2, x^3, \ldots$ をある n 次の既約多項式で割った余りがすべての n 次未満の多項式（0 を除く 2^n-1 通り）を尽くすとき，その既約多項式を原始多項式という。このような n 次の原始多項式で割った余りの世界を $GF(2^n)$ と呼ぶ。

16 ビットの †CRC では 17 次の多項式（既約多項式でなくてもよい）でビット列を割った余りを誤り検出用に使う。

原始多項式は †M 系列乱数の生成にも使われる。M 系列乱数の項目のプログラム mrnd.c では 521 次の原始多項式を使っているので $2^{521} - 1$ という非常に長い周期が得られる。

gf2fact.c

0 と 1 を係数とする $GF(2)$ 上の 1 次以上の多項式を順に生成し，因数分解する。たとえば $x^2 + 1 = (x+1)(x+1)$ は 101 = 11*11 のようにビット列の形で（係数だけ降べきの順に並べて）出力する。

プログラム内部では多項式をビット列として unsigned int で表している。割り算に便利なように，ビット列は左寄せにして，ビット列の終端の位置は別に憶えておく。多項式を表す変数名が p なら，ビット列の終端の位置を表す変数名は p_low で，たとえば多項式が $x^3 + x + 1$ であれば

$$p = (10110000\ldots0)_2$$
$$\mathtt{p\_low} = (00010000\ldots0)_2$$

とする。

```
1  #include <stdio.h>
2  #include <stdlib.h>
3  typedef unsigned int poly;            /* 多項式の型 */
4  poly quo, quo_low, res, res_low;      /* 商, 余り */
5  #define MSB (~(~0U >> 1))             /* 最上位ビット */
```

▷ 多項式を出力するルーチン。たとえば $x^3 + x + 1$ は 1011 と出力する。

```
6  void write_poly(poly p, poly p_low)
7  {
8      poly q;
9
10     q = MSB;
11     while (q >= p_low) {
12         putchar((p & q) ? '1' : '0');
13         q >>= 1;
14     }
15 }
```

▷ 多項式の割り算のルーチン。多項式 a を多項式 b で割り，商 quo, 余り res を求める。名前が _low で終わる変数は最下位ビットの位置を表す。割り切れるかどうかだけ分かればよいので余り res は左寄せにしない。余りを左寄せにするにはこのルーチンの最後に "res_low が MSB でなければ res_low と res を左に 1 桁シフトする" という命令を入れる。ちなみに，中ほどの res ^= b; を res -= b; とすると普通の（桁借りをする）割り算になる。

```
16 void divide(poly a, poly a_low, poly b, poly b_low)
17 {
18     quo = 0;  quo_low = MSB;  res = a;  res_low = a_low;
19     if (res_low > b_low) return;
20     for ( ; ; ) {
21         if (res & MSB) {
```

```
22              quo |= quo_low;  res ^= b;
23          }
24          if (res_low == b_low) break;
25          res_low <<= 1;  res <<= 1;  quo_low >>= 1;
26      }
27  }
```

▷ 多項式 p を因数分解するルーチン。

```
28  void factorize(poly p, poly p_low)
29  {
30      poly d, d_low;
31
32      d = MSB;  d_low = MSB >> 1;                      /* 多項式 d を 1x + 0 に初期化 */
33      while (d_low > p_low) {
34          divide(p, p_low, d, d_low);                            /* p を d で割る */
35          if (res == 0) {                                   /* 割り切れれば... */
36              write_poly(d, d_low);  printf("*");              /* 因子 d を出力 */
37              p = quo;  p_low = quo_low;                    /* 商をさらに割る */
38          } else {                               /* 割り切れなければ次の多項式 d を試す */
39              d += d_low;                              /* 次の多項式 d を生成する */
40              if (d == 0) {
41                  d = MSB;  d_low >>= 1;
42              }
43          }
44      }                               /* d の次数が p の次数以上になったら脱出 */
45      write_poly(p, p_low);                          /* 残った多項式 p を出力 */
46  }
47
48  int main(void)
49  {
50      poly p, p_low;
51
52      p = MSB;  p_low = MSB >> 1;                      /* p を 1x + 0 に初期化 */
53      while (p_low != 0) {
54          write_poly(p, p_low);  printf("_=_");
55          factorize(p, p_low);  printf("\n");                /* p を因数分解 */
56          p += p_low;                              /* 次の多項式 p を生成する */
57          if (p == 0) {
58              p = MSB;  p_low >>= 1;
59          }
60      }
61      return 0;
62  }
```

優先待ち行列　priority queue

　データをその優先度とともに登録しておき，優先度の大きいものから取り出す仕組み。本書では [†]Huffman（ハフマン）法のプログラムで使っている。

床・天井　floor, ceiling

x を超えない最大の整数を x の床（floor）と呼び $\lfloor x \rfloor$ と記す．また，x より小さくない最小の整数を x の天井（ceiling）と呼び $\lceil x \rceil$ と記す．たとえば

$$\lfloor 2.718 \rfloor = 2, \quad \lfloor -2.718 \rfloor = -3,$$
$$\lceil 2.718 \rceil = 3, \quad \lceil -2.718 \rceil = -2$$

である．

従来は $\lfloor x \rfloor$ の代わりに Gauss（ガウス）の記号 $[x]$ が使われ，$\lceil x \rceil$ に当たる記号は特になかった．記号 $\lfloor,\ \lceil$ は 1962 年にプログラム言語 APL の作者 K. E. Iverson が導入し，その後 D. E. Knuth が流行らせた．

床と天井には $\lceil x \rceil = -\lfloor -x \rfloor$ の関係がある．

C 言語の標準ライブラリには床関数と天井関数 floor(x)，ceil(x) がある．これらの戻り値は double 型であるが，戻り値が int 型でよければ

```
#define FLOOR(x) ((int)(x) > (x) ? (int)(x) - 1 : (int)(x))
#define CEIL(x)  ((int)(x) < (x) ? (int)(x) + 1 : (int)(x))
```

のようにマクロで作れる．

C 言語では正の整数 x，y の商 x/y は整数で，実数の商 x/y の床 $\lfloor x/y \rfloor$ に等しい（⇒ †整数の除算）．

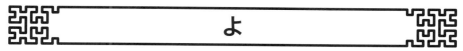

曜日　day of the week

西暦 y 年 m 月 d 日の曜日は，

$$(y + \lfloor y/4 \rfloor - \lfloor y/100 \rfloor + \lfloor y/400 \rfloor + \lfloor 2.6m + 1.6 \rfloor + d) \bmod 7$$

の値が 0 なら日曜日，1 なら月曜日，2 なら火曜日，…，6 なら土曜日である．ただし，1 月，2 月はそれぞれ前年の 13 月，14 月と見なす．これは Zeller（ツェラー）の公式と呼ばれるものの一種である．ちなみに Zeller の与えた元の形は，年の上 2 桁を J，下 2 桁を K，上のように修正した月を m，日を q として，$q + \lfloor 26(m+1)/10 \rfloor + K + \lfloor K/4 \rfloor + \lfloor J/4 \rfloor - 2J$ である．原論文（ドイツ語）は *Acta Mathematica* **7** (Stockholm, 1887) にある [3]．

地球が春分点を通過する周期（1 太陽年）は約 365.2422 日である．現在採用されているグレゴリオ暦はこれを

$$365.2422 \fallingdotseq 365.2425 = 365 + \frac{1}{4} - \frac{1}{100} + \frac{1}{400}$$

と近似し，

- 4 で割り切れるが 100 で割り切れない年，および 400 で割り切れる年は閏年（366 日）
- それ以外の年は平年（365 日）

としている．2 月を除く月の日数の平均は約 $30.6 = 7 \times 4 + 2.6$ である．そこで，1–2 月を前年の 13–14 月と見なし，定数を調整すれば，先に挙げた公式が得られる．

グレゴリオ暦はローマ教皇 Gregory XIII（グレゴリウス 13 世）が採用した．その初日は 1582 年 10 月 15 日（金曜日）である．上の公式はこの日以後の正しい曜日を与える．

ちなみに，1582 年 10 月 15 日の前日は 1582 年 10 月 4 日（木曜日）で，その日までは，紀元前 46 年に Julius Caesar（ユリウス・カエサル，ジュリアス・シーザー）が制定したユリウス暦（4 年に 1 度 2 月 24 日を繰り返す）を用いていたが，紀元 8 年以前は多少混乱があったようである．

 dayweek.c

年月日を入力すると曜日を出力する．

```
1  #include <stdio.h>
2  #include <stdlib.h>
3  int main(void)
```

```
 4  {
 5      int year, month, day, dayofweek;
 6      static char name[7][10] = {
 7          "Sunday", "Monday", "Tuesday", "Wednesday",
 8          "Thursday", "Friday", "Saturday" };
 9
10      printf("Year ? "); scanf("%d", &year);
11      printf("Month? "); scanf("%d", &month);
12      printf("Day ? "); scanf("%d", &day);
13      if (month < 3) { year--; month += 12; }
14      dayofweek = (year + year / 4 - year / 100 + year / 400
15          + (13 * month + 8) / 5 + day) % 7;
16      printf("It's %s.\n", name[dayofweek]);
17      return 0;
18  }
```

 [1] 一松 信．『教室に電卓を！』．海鳴社，1980．74–76 ページ．
 [2] 和田 秀男．『数の世界：整数論への道』．岩波書店，1981．
 [3] Jeff Duntemann. *Dr. Dobb's Journal*, October 1990, 139–143.

余弦積分　cosine integral

次の関数を余弦積分という（γ は Euler（オイラー）の定数 $0.57721\ldots$）。

$$ \mathrm{Ci}(x) = \gamma + \log x + \int_0^x \frac{\cos t - 1}{t}\, dt $$

余弦積分の値を求めるには，x の小さいところでは級数展開

$$ \mathrm{Ci}(x) = \gamma + \log x - \frac{x^2}{2!\cdot 2} + \frac{x^4}{4!\cdot 4} - \frac{x^6}{6!\cdot 6} + \cdots $$

が使える。x の大きいところでは，[†]正弦積分 $\mathrm{Si}(x)$ と同じ補助的な関数 $f(x)$，$g(x)$ を使って $\mathrm{Ci}(x) = f(x)\sin x - g(x)\cos x$ と表せる。

 ci.c

`Ci(x)` が余弦積分である。`Ci_series(x)`, `Ci_asympt(x)` は下請けである。

```
 1  #include <stdio.h>
 2  #include <math.h>
 3  #define EULER 0.57721566490153286060651209 0082        /* Euler（オイラー）の定数 γ */
 4
 5  static double Ci_series(double x)                      /* 級数展開 */
 6  {
 7      int k;
 8      double s, t, u;
 9
10      s = EULER + log(x);
```

```
11      x = - x * x;   t = 1;
12      for (k = 2; k < 1000; k += 2) {
13          t *= x / ((k - 1) * k);
14          u = s;   s += t / k;
15          if (s == u) return s;
16      }
17      printf("Si_series(): 収束しません。\n");
18      return s;
19  }
20
21  double Ci_asympt(double x)                              /* 漸近展開 */
22  {
23      int k, flag;
24      double t, f, g, fmax, fmin, gmax, gmin;
25
26      fmax = gmax = 2;   fmin = gmin = 0;
27      f = g = 0;   t = 1 / x;
28      k = flag = 0;
29      while (flag != 15) {
30          f += t;   t *= ++k / x;
31          if (f < fmax) fmax = f;   else flag |= 1;
32          g += t;   t *= ++k / x;
33          if (g < gmax) gmax = g;   else flag |= 2;
34          f -= t;   t *= ++k / x;
35          if (f > fmin) fmin = f;   else flag |= 4;
36          g -= t;   t *= ++k / x;
37          if (g > gmin) gmin = g;   else flag |= 8;
38      }
39      return 0.5 * ((fmax + fmin) * sin(x)
40                  - (gmax + gmin) * cos(x));
41  }
42
43  double Ci(double x)
44  {
45      if (x <  0) return -Ci(-x);
46      if (x < 18) return Ci_series(x);
47      return              Ci_asympt(x);
48  }
```

横形探索　breadth-first search

†グラフの点を漏れなくたどる方法の一つ。†縦形探索のように猛進せず，まず出発点から辺を一つ隔てた点をすべて訪ね，次に出発点から辺を二つ隔てた点をすべて訪ねるという具合に進む。

bfs.c

出発点 START (= 1) から横形探索でグラフをたどり，到達可能な各点について，最短距離（最短路の辺の数）distance，および最短路上の直前の点 prev を出力する。この prev をたどれば各点への最短路が（逆順に）求められる。グラフは隣接行列で表す（⇒ †グラ

290 横形探索

フ，†縦形探索）。

最短路については ⇒ †最短路問題。

```c
 1  #define NMAX 100                                        /* 点の数の上限 */
 2  char adjacent[NMAX + 1][NMAX + 1];                      /* 隣接行列 */
 3  int n;                                                  /* 点の数 */
 4
 5  struct queue {                                          /* 待ち行列 */
 6      int item;
 7      struct queue *next;
 8  } *head, *tail;
 9
10  void initialize_queue(void)                             /* 待ち行列の初期化 */
11  {
12      head = tail = malloc(sizeof(struct queue));
13      if (head == NULL) exit(1);
14  }
15
16  void addqueue(int x)                                    /* 待ち行列への挿入 */
17  {
18      tail->item = x;
19      tail->next = malloc(sizeof(struct queue));
20      if (tail->next == NULL) exit(1);
21      tail = tail->next;
22  }
23
24  int removequeue(void)                                   /* 待ち行列からの取出し */
25  {
26      int x;
27      struct queue *p;
28
29      p = head;  head = p->next;  x = p->item;  free(p);
30      return x;
31  }
32
33  #define START  1                                        /* 出発点の番号 */
34
35  int main(void)
36  {
37      int i, j;
38      static int distance[NMAX + 1], prev[NMAX + 1];
39
40      initialize_queue();
41      readgraph();
42      for (i = 1; i <= n; i++) distance[i] = -1;
43      addqueue(START);  distance[START] = 0;
44      do {
45          i = removequeue();
46          for (j = 1; j <= n; j++)
47              if (adjacent[i][j] && distance[j] < 0) {
48                  addqueue(j);  distance[j] = distance[i] + 1;
49                  prev[j] = i;
50              }
51      } while (head != tail);
52      printf("点␣␣直前の点␣␣最短距離\n");
```

```
53      for (i = 1; i <= n; i++)
54          if (distance[i] > 0)
55              printf("%2d%10d%10d\n", i, prev[i], distance[i]);
56      return 0;
57  }
```

ら

ライフ・ゲーム　life

Martin Gardner（ガードナー）が *Scientific American* 誌（日本語版は『サイエンス』）に J. H. Conway（コンウェイ）のライフ・ゲームを紹介したのは 1970 年のことであった [1]。それからかなりの間，世界中のパソコンやコンピュータ端末でこれが大流行したのは，周知のとおりである。

碁盤の目の上に，いくつかの石（"生命体"）を適当に配置する。これらの生命体は，以下に述べる簡単なルールに従って生々流転を続ける。それを見て楽しむ，というだけの単純な一人ゲームであるが，驚くほど変化に富み，見ていて飽きない。

盤面では，どの場所も縦・横・斜めに 8 個の場所と隣り合っているが。もしある場所が空いていて，しかもその場所と隣り合うちょうど 3 個の場所に生命体が存在するならば，次の世代にはその空いた場所に新しい生命体が誕生する。一方，すでに存在する生命体については，隣り合う場所に住む生命体が 1 個以下または 4 個以上になると，過疎または過密のため，次の世代には死んでしまう。

📄 life.c

初期状態として ╋ の形のペントミノを与えた（⇒ †テトロミノの箱詰め）。

実際はグラフィック画面を使ってもっと大きな盤面にする。盤面の縁は，左端を右端につなげ，上端を下端につなげた周期的境界条件（ドーナツの表面のような構造）にしてもよい。

```c
 1  #include <stdio.h>
 2  #include <stdlib.h>
 3  #define N  22                                         /* 縦方向 */
 4  #define M  78                                         /* 横方向 */
 5  char a[N + 2][M + 2], b[N + 2][M + 2];                /* 盤 */
 6
 7  int main(void)
 8  {
 9      int i, j, g;
10
11      a[N/2][M/2] = a[N/2-1][M/2] = a[N/2+1][M/2]
12          = a[N/2][M/2-1] = a[N/2-1][M/2+1] = 1;        /* 初期状態 */
13      for (g = 1; g <= 1000; g++) {
14          printf("Generation_%4d\n", g);               /* 世代 */
15          for (i = 1; i <= N; i++) {
16              for (j = 1; j <= M; j++)
17                  if (a[i][j]) {
18                      printf("*");
```

```
19                    b[i-1][j-1]++;  b[i-1][j]++;  b[i-1][j+1]++;
20                    b[i  ][j-1]++;                b[i  ][j+1]++;
21                    b[i+1][j-1]++;  b[i+1][j]++;  b[i+1][j+1]++;
22                } else printf(".");
23            printf("\n");
24        }
25        for (i = 0; i <= N + 1; i++)
26            for (j = 0; j <= M + 1; j++) {
27                if (b[i][j] != 2) a[i][j] = (b[i][j] == 3);
28                b[i][j] = 0;
29            }
30    }
31    return 0;
32 }
```

[1] マーチン・ガードナー．一松 信 訳．『別冊サイエンス 数学ゲーム I』．日本経済新聞社，1979．32–45 ページ．

ラディックス・ソート　radix sort

基数ソートともいう．キーの桁ごとに処理する [†]整列アルゴリズム．基数（radix）とは n 進法というときの n のことである．ここでは各桁の整列に [†]分布数えソートを使う．キーが m 桁ならば実行時間は $O(mn)$ である．安定である（同順位のものの順序関係が保たれる）．

ラディックス・ソートの原理を理解するために，2 桁の数を書いたカードを手で整列する方法を考えよう．

まずカード全体を 0 番台，10 番台，20 番台，... というように 10 個の山に分類し，そのあとで各山を数の順に並べ，最後に山を一つにまとめるという方法がある．

次のような方法もある．まずカード全体を一の位が 0 のもの，一の位が 1 のもの，... というように一の位だけで 10 個の山に分類し，いったん全部を重ねる．その際，一の位が 0 の山が一番上，一の位が 1 の山がその次，... という順にする．次に，重ねたカードを下から 1 枚ずつ取り，今度は十の位だけで 10 個の山に分類し，十の位が 0 の山を一番上にして全部を重ねる．これでカード全体が整列する．

前者の方法では桁数が増えると山の数が増えて収拾がつかなくなるが，後者の方法なら山の数はいつも 10 個以内である．この後者がラディックス・ソートの考え方である．

桁数が多いときは，最初の数桁についてラディックス・ソートし，仕上げを [†]挿入ソートで行うという手もある．

294 乱数

 radsort.c

　文字列をアルファベット順（†辞書式順序）に整列する。各文字を桁と見て，桁ごとの整列には†分布数えソートを使う。文字列は標準入力から読み込み，整列した結果は標準出力に書き出す。文字列は空白かタブか改行で区切って入力する。1000 個目以降の単語や文字列の 17 文字目以降は無視する。

　UNIX や MS-DOS では，単語リストをファイル *infile* に入れておき，

　　　radsort <*infile* >*outfile*

とすれば，アルファベット順に整列した単語のファイルが *outfile* に得られる。

```c
 1  #include <limits.h>                         /* UCHAR_MAX ≧ 255 */
 2  void radixsort(int n, int length,
 3                 unsigned char *a[], unsigned char *work[])
 4  {
 5      int i, j;
 6      static int count[UCHAR_MAX + 1];
 7  
 8      for (j = length - 1; j >= 0; j--) {
 9          for (i = 0; i <= UCHAR_MAX; i++) count[i] = 0;
10          for (i = 0; i < n; i++) count[a[i][j]]++;
11          for (i = 1; i <= UCHAR_MAX; i++) count[i] += count[i - 1];
12          for (i = n - 1; i >= 0; i--) work[--count[a[i][j]]] = a[i];
13          for (i = 0; i < n; i++) a[i] = work[i];
14      }
15  }
16  
17  #define N 1000
18  #include <stdio.h>
19  #include <stdlib.h>
20  int main(void)
21  {
22      int i, n;
23      static unsigned char *a[N], *work[N], s[N][17];
24  
25      for (n = 0; n < N; n++) {
26          if (scanf("%16s%*[^ \t\n]", s[n]) != 1) break;
27          a[n] = s[n];
28      }
29      radixsort(n, 16, a, work);
30      for (i = 0; i < n; i++) printf("%s\n", a[i]);
31      return 0;
32  }
```

乱数　random numbers

　乱数列 $x_1, x_2, x_3, \ldots$ とは，数が不規則に並んだ数列である。その中の任意の数 x_k が $x_k < c$ を満たす確率は c だけに依存し，x_{k-1} などに依存してはならない。乱数列の中の

一つ一つの数が乱数である。

コンピュータで作る擬似乱数（pseudorandom numbers）は，一定の規則で生成するので，厳密にいえば乱数ではないが，通常の応用には乱数と見なして差し支えない。

疑似乱数のうち最も基本的なものは，偏りのないさいころの目のように，ある範囲の整数値が等確率で現れる乱数である。このような乱数を，整数の一様分布の乱数，または整数の一様乱数という。C 言語の標準ライブラリには整数の一様乱数を発生するルーチン †rand() がある。整数の一様乱数の発生法の詳細については ⇒ †線形合同法，†Knuth の乱数発生法，†M 系列乱数，†Wichmann–Hill の乱数発生法。

これらの古典的方法に加えて，現在では松本眞らによるメルセンヌ・ツイスタ（Mersenne twister）およびそれから派生したアルゴリズムが推奨される。詳細およびコードは松本眞 "Mersenne Twister Home Page" 参照。

一般に実数の乱数 X が $X < x$ を満たす確率 $F(x)$ を X の分布関数という。$F(x)$ の導関数 $f(x) = F'(x)$ を密度関数という。ごく簡単にいえば，密度関数 $f(x)$ は乱数 X が $x \leqq X < x + \frac{1}{100}$ の範囲に入る確率を 100 倍した値にほぼ一致する。あるいは $x \leqq X < x + \frac{1}{1000}$ の範囲に入る確率を 1000 倍した値にほぼ一致するといってもよい。

$0 \leqq U < 1$ の範囲の実数の一様乱数 U の密度関数 $f(x)$ は，$0 \leqq x < 1$ で $f(x) = 1$，それ以外で $f(x) = 0$ である。この実数の一様乱数 U に近いものは，整数の一様乱数 rand() $(0 \leqq$ rand() $\leqq$ RAND_MAX) を使って

```
U = (1.0 / (RAND_MAX + 1.0)) * (rand() + 0.5);
```

のようにして作ることができる。こうすれば正確に 0 や 1 になることがないので，†対数 log(U) を求める際にも安心である。しかし，

```
U = (1.0 / (RAND_MAX + 1.0)) * rand();
```

でも通常は十分である。

実数の一様乱数 U $(0 \leqq U < 1)$ を使えば，原理的には任意の分布関数 $F(x)$ の乱数 X が $X = F^{-1}(U)$ として作れる（$F^{-1}(x)$ は $F(x)$ の逆関数）。逆関数が閉じた形で書けない場合には工夫が必要である。種々の分布の乱数の発生法については ⇒ †カイ 2 乗分布，†ガンマ分布，†幾何分布，†三角分布，†指数分布，†正規分布，†単位球上のランダムな点，†2 項分布，†2 変量正規分布，†ベータ分布，†ランダムな順列，†累乗分布，†ロジスティック分布，†Cauchy（コーシー）分布，†F 分布，†Poisson（ポアソン）分布，†t 分布，†Weibull（ワイブル）分布。

出来合いの乱数発生ルーチンには質の悪いものがある。乗数 65539 の †線形合同法ルーチン RANDU はかなり悪いものであるが，最近出た本でもこれを推賞するものがある。また，古いパソコンの BASIC の rnd() は初期値によっては周期が極端に短くなった。乱数で画面に多数の点をとると縞模様になるものもあった。悪い乱数を改良する方法について

は ⇒ †乱数の改良法。

乱数の応用については ⇒ †無作為抽出，†モンテカルロ法。

0から1までの実数の一様乱数 n 個の平均値はたいてい $0.5 \pm 2/\sqrt{12n}$ の範囲に入る。また，隣どうしの相関係数

$$C = \frac{nr - s_1^2}{ns_2 - s_1^2}, \quad \begin{cases} r = x_1 x_2 + x_2 x_3 + \cdots + x_{n-1} x_n + x_n x_1, \\ s_1 = x_1 + x_2 + \cdots + x_n, \\ s_2 = x_1^2 + x_2^2 + \cdots + x_n^2 \end{cases}$$

はたいてい $-1/(n-1) \pm 2\sqrt{n(n-3)/(n+1)}/(n-1)$ の範囲に入る。"たいてい"とは"ほぼ20回中19回"ということである。もしこの範囲から外れたならば"'正しい乱数である'という帰無仮説は危険率5%で棄却された"という。このことに基づいたごく簡単な乱数の検定法を下に挙げる。

rndtest.c

ライブラリ関数 rand()（$0 \leq$ rand() $\leq$ RAND_MAX の整数の一様乱数）を使って実数の一様乱数 rnd()（$0 \leq$ rnd() < 1）を作る方法と，ごく簡単な乱数のテストである。

```c
 1  #include <stdio.h>
 2  #include <stdlib.h>
 3  #include <math.h>
 4
 5  #define rnd() (1.0 / (RAND_MAX + 1.0)) * rand()        /* 0≦rnd()<1の一様乱数 */
 6
 7  int main(void)
 8  {
 9      unsigned seed;
10      unsigned long i, n;
11      double r, s1, s2, x, x0, xprev;
12
13      printf("乱数の種? ");  scanf("%u", &seed);
14      srand(seed);                                       /* 任意のunsigned intで初期化 */
15      printf("個数? ");  scanf("%lu", &n);
16
17      s1 = x0 = xprev = rnd() - 0.5;  s2 = x0 * x0;  r = 0;
18      for (i = 1; i < n; i++) {
19          x = rnd() - 0.5;
20          s1 += x;  s2 += x * x;  r += xprev * x;  xprev = x;
21      }
22      r = (n * (r + x * x0) - s1 * s1) / (n * s2 - s1 * s1);
23
24      printf("以下は期待値との差を標準誤差で割ったもの。\n");
25      printf("20回中19回は±2以内に入るはず。\n");
26      printf("平均値……………… %6.3f\n", s1 * sqrt(12.0 / n));
27      printf("隣どうしの相関係数… %6.3f\n",
28          ((n - 1) * r + 1) * sqrt((n + 1.0) / (n * (n - 3.0))));
29
30      return 0;
31  }
```

乱数の改良法 improving random numbers

個々の†乱数の分布が正しくても，隣接する乱数間に好ましくない相関があることがある。このような悪い乱数を改良するには，いったん乱数を配列にプールしておき，その配列から乱数で選んだ場所の乱数を使うとよい。使った場所には新しい乱数を入れておく。

 improve.c

関数 better_rnd() は，上述の意味での悪い乱数 $0 \leq$ rnd() < 1 を改良する。POOLSIZE 個の乱数を蓄えておき，乱数でかきまぜてから返す。最初に初期化の手続き init_better_rnd() を 1 回だけ実行し，あとは rnd() の代わりに better_rnd() を呼び出す。

```
1  #define POOLSIZE  97                               /* たとえば */
2  static double pool[POOLSIZE];
3
4  void init_better_rnd(void)
5  {
6      int i;
7
8      for (i = 0; i < POOLSIZE; i++) pool[i] = rnd();
9  }
10
11 double better_rnd(void)
12 {
13     static int i = POOLSIZE - 1;
14     double r;
15
16     i = (int)(POOLSIZE * pool[i]);
17     r = pool[i];  pool[i] = rnd();
18     return r;
19 }
```

ランダムな順列 random permutations

n 個の数 $v_0, v_1, v_2, \ldots, v_{n-1}$ をランダムに切り混ぜるには，まず $0 \leq X \leq n-1$ の整数の一様乱数 X ($\Rightarrow$ †乱数) を作り，v_{n-1} と v_X の値を交換する。新しい v_{n-1} が古い v_0, $v_1, \ldots, v_{n-1}$ のどの値になる確率も等しい。これで v_{n-1} は固定し，残り $n-1$ 個の数 v_0, $v_1, v_2, \ldots, v_{n-2}$ に対して同様な操作を行う。

 randperm.c

shuffle(n, v) は v[0..n-1] をランダムに切り混ぜる。rnd() は 0 以上 1 未満の実数の一様乱数である（$\Rightarrow$ †乱数）。

randperm(n, v) は $1, 2, 3, \ldots, n$ からなるランダムな順列 v[0..n-1] を作る。

298 ランダムな順列

```c
 1  void shuffle(int n, int v[])
 2  {
 3      int i, j, t;
 4
 5      for (i = n - 1; i > 0; i--) {
 6          j = (int)((i + 1) * rnd());
 7          t = v[i];   v[i] = v[j];   v[j] = t;
 8      }
 9  }
10
11  void randperm(int n, int v[])
12  {
13      int i;
14
15      for (i = 0; i < n; i++) v[i] = i + 1;
16      shuffle(n, v);
17  }
```

リスト list

データ構造の一種。データをポインタで 1 次元的につないだもの。

i 番のデータを配列要素 $info[i]$ に入れるという単純なデータ格納法では，途中に要素を 1 個挿入したり，途中の要素を 1 個削除したりするためには，後ろの要素を全部 1 個ずつ移動しなければならず，時間がかかる。挿入・削除を速くするためには，配列 $info[\,]$ には勝手な順でデータを入れておき，最初の要素の位置を表す変数 $head$ と，各要素の次の要素の位置を表す配列 $next[\,]$ を使えばよい。たとえば $info[5], info[8], info[3]$ の順にデータが入っているなら，

$$head = 5, next[5] = 8, next[8] = 3, next[3] = \mathbf{nil}$$

とする。ここで **nil** はリストの終端を表す特別な値で，たとえば $\mathbf{nil} = -1$ としておく。このようなデータ構造がリストである。

上述のリストでは要素を逆方向にたどるのは容易でない。逆方向にたどるためには，直後の要素を指す $next[\,]$ 以外に，直前の要素を指す配列 $prev[\,]$ も使う。このようなリストを双方向リストという。

実際にはリストは配列でなく 2 つ目の list2.c のように動的にメモリを割り振るのが普通である。

📄 list1.c

リストを使った簡単なデモンストレーションである。リストに 1 から 9 までの整数を登録して書き出し，逆順にして再び書き出す。

行 4 の NIL は，配列の大きさであるが。リストの終端を表すのにも使っている。

head はリストの頭を表す変数である。最初はリストは空であるので，特別な値 NIL を入れておく。次に，add_list() で 1 から 9 までの数を順にリストの頭に付け加える。show_list() でこのリストを表示すれば $9, 8, 7, \ldots, 1$ の順に現れる。reverse_list() でこのリストを逆順につなぎ直し，再び show_list() で表示する。

```
1  #include <stdio.h>
2  #include <stdlib.h>
3
4  #define NIL 100                                    /* 最大の添字 +1 */
5  typedef int indextype, infotype;                   /* ポインタも情報も整数 */
6
7  infotype info[NIL];                                /* リストに入れる情報 */
8  indextype next[NIL];                               /* 次の要素へのポインタ */
```

300 リスト

```
 9
10 indextype add_list(infotype x, indextype p)          /* リスト p に情報 x を登録 */
11 {
12     static indextype avail = 0;
13     indextype q;
14
15     q = avail++;
16     if (q == NIL) {
17         printf("満杯です。\n");  exit(1);
18     }
19     info[q] = x;  next[q] = p;
20     return q;
21 }
22
23 void show_list(indextype p)                           /* リスト p の全要素を表示 */
24 {
25     while (p != NIL) {
26         printf("_%d", info[p]);  p = next[p];
27     }
28     printf("\n");
29 }
30
31 indextype reverse_list(indextype p)                   /* リスト p を逆順に繋ぎ直す */
32 {
33     indextype q, t;
34
35     q = NIL;
36     while (p != NIL) {
37         t = q;  q = p;  p = next[p];  next[q] = t;
38     }
39     return q;
40 }
41
42 int main(void)
43 {
44     infotype x;
45     indextype head;
46
47     head = NIL;                                        /* リストの初期化（空のリスト）*/
48     for (x = 1; x <= 9; x++)
49         head = add_list(x, head);                                          /* 登録 */
50     show_list(head);                                                       /* 表示 */
51     head = reverse_list(head);                                     /* 逆順に並べ替える */
52     show_list(head);                                                       /* 表示 */
53     return 0;
54 }
```

📄 list2.c

　上のプログラムでは 2 本の固定長の配列 info[ ]，next[ ] を使ってリストを実現した
が，伸縮自在というリストの特徴を生かすには次のように動的に記憶領域を使う。してい
ることは上と全く同じである。参考までに，注釈に Pascal のコードを書いておく。

立方根 **301**

main() 部は，indextype が pointer になり，NIL が NULL になる以外は list1.c と同じである。

```
 1  #include <stdio.h>            /********* Pascal *********/
 2  #include <stdlib.h>           /* type infotype = int;    */
 3  typedef int infotype;         /*        pointer = ^item;  */
 4                                /*        item = record     */
 5  typedef struct item {         /*          info: infotype; */
 6      infotype info;            /*          next: pointer   */
 7      struct item *next;        /*        end;              */
 8  } *pointer;                   /**************************/
 9
10  pointer add_list(infotype x, pointer p)
11  {
12      pointer q;
13                                /***** Pascal ******/
14      q = malloc(sizeof *q);    /*  new(q);         */
15      if (q == NULL) {
16          printf("メモリ不足。\n");  exit(1);
17      }
18      q->info = x;  q->next = p;    /*  q^.info := x;  */
19      return q;                     /*  q^.next := p;  */
20  }                             /******************/
21
22  void show_list(pointer p)
23  {
24      while (p != NULL) {
25          printf("_%d", p->info);  p = p->next;
26      }
27      printf("\n");
28  }
29
30  pointer reverse_list(pointer p)
31  {
32      pointer q, t;
33
34      q = NULL;
35      while (p != NULL) {
36          t = q;  q = p;  p = p->next;  q->next = t;
37      }
38      return q;
39  }
```

り

立方根　cube root

3 乗すると x になる数を x の立方根（3 乗根）といい，$\sqrt[3]{x}$ または $x^{1/3}$ と書く。実数の範囲では，x の立方根は x と同符号である。[†]平方根と同様に [†]Newton（ニュートン）法で $f(t) = t^3 - x = 0$ または $f(t) = t^2 - x/t = 0$ を解いて求められる。後者の $f(t)$ の方が直線に近いので繰返し数は少なくなるがループの中の計算はやや増える。また，x が虚数のときも含めて $x^{1/3} = \exp(\frac{1}{3} \log_e x)$ としても求められる（⇒ [†]複素数）。

302 立方根

ちなみに，メモリや立方根キーはないが平方根キーがある電卓でたとえば $\sqrt[3]{5}$ を求めるには，

とキー入力すればよい。

📄 cuberoot.c

cuberoot(x) は Newton 法で x の立方根を求める。lcuberoot(x) は long double 版である。double 版で概算してから Newton 法をもう1ステップ分だけ行う。

```
 1  double cuberoot(double x)                                    /* ∛x */
 2  {
 3      double s, prev;
 4      int positive;
 5
 6      if (x == 0) return 0;
 7      if (x > 0) positive = 1;  else {  positive = 0;   x = -x;  }
 8      if (x > 1) s = x;   else s = 1;
 9      do {
10          prev = s;   s = (x / (s * s) + 2 * s) / 3;            /* 注 */
11      } while (s < prev);
12      if (positive) return prev;   else return -prev;
13  }
14
15  long double lcuberoot(long double x)                          /* ∛x */
16  {
17      long double s;
18
19      if (x == 0) return 0;
20      s = cuberoot(x);
21      return (x / (s * s) + 2 * s) / 3;
22  }
```

（注）この行は

```
10          prev = s;   t = s * s;   s += (x - t * s) / (2 * t + x / s);
```

とする方が繰返し数は減る（t は double 型の変数）。

📄 icubrt.c

整数 $x\,(\geqq 0)$ の立方根の整数部分 $\lfloor\sqrt[3]{x}\rfloor$ を求める（⇒ †平方根）。

```
 1  unsigned int icubrt(unsigned int x)
 2  {
 3      unsigned int s, t;
 4
 5      if (x == 0) return 0;
```

```
 6      s = 1;  t = x;
 7      while (s < t) {  s <<= 1;  t >>= 2;  }
 8      do {
 9          t = s;  s = (x / (s * s) + 2 * s) / 3;
10      } while (s < t);
11      return t;
12  }
```

累乗 power

累乗 x^y を求めるライブラリ関数は pow(x, y) である．自前で x^y を求めるには，まず $x > 0$ なら $x^y = e^{y \log x}$ とできる．$x = 0$，$y > 0$ なら $x^y = 0$ である．y が整数ならば x の符号によらず次のようにすると速い．たとえば x^{13} は $x^{8+4+1} = x^8 x^4 x^1$ と書けるから，$x^2 = x \cdot x$，$x^4 = x^2 \cdot x^2$，$x^8 = x^4 \cdot x^4$ を順に求め，必要なものだけ掛け算する．この計算時間は y のビット数 $\log_2 y$ に比例する．同様な方法は行列の整数乗にも使える（⇒ †Fibonacci（フィボナッチ）数列）．

$x < 0$ で y が整数でないとき，および $x = 0$ で $y \leq 0$ のときは，定義域エラーである．しかし $0^0 = 1$ と定めているプログラム言語もある．

 power.c

power(x, y) は上述の方法で x^y を求める．

```c
#include <stdio.h>                              /* fprintf() */
#include <stdlib.h>                             /* abs() */
#include <math.h>                               /* exp(), log() */
#include <limits.h>                             /* INT_MAX */

double ipower(double x, int n)                  /* 整数乗 */
{
    int abs_n;
    double r;

    abs_n = abs(n);  r = 1;
    while (abs_n != 0) {
        if (abs_n & 1) r *= x;
        x *= x;  abs_n >>= 1;
    }
    if (n >= 0) return r;  else return 1 / r;
}

double power(double x, double y)                /* 累乗 */
{
    if (y <= INT_MAX && y >= -INT_MAX && y == (int)y)
        return ipower(x, y);
    if (x > 0)
        return exp(y * log(x));
    if (x != 0 || y <= 0)
        fprintf(stderr, "power: domain error\n");
    return 0;
}
```

累乗分布　power distribution

一様乱数 U ($0 \leq U < 1$) を $n+1$ 個作れば，その最大値は密度関数 $f(x) = (n+1)x^n$ ($0 \leq x < 1$) の分布になる。この分布を累乗分布という。

累乗分布の乱数は，分布関数 $F(x) = x^{n+1}$ の逆関数 $F^{-1}(x) = x^{1/(n+1)}$ で一様乱数 U を変換しても作れる。

　random.c

密度関数 $(n+1)x^n$ ($0 \leq x < 1$) の累乗分布の乱数を発生するには，0以上1未満の一様†乱数 rnd() を使って，

```
1    int i;
2    double p, r;
3
4    p = rnd();
5    for (i = 0; i < n; i++)
6        if ((r = rnd()) > p) p = r;
7    return p;
```

あるいは

```
1    return pow(rnd(), 1.0 / (n + 1));
```

とする。

累乗法　power method

行列の固有値・固有ベクトルを求める簡単な方法（⇒ †固有値・固有ベクトル・対角化）。適当なベクトル x を選び，これに行列 A を何度も掛け算すると，x に含まれる A の絶対値最大の固有値に対応する固有ベクトルが最も速く成長する。桁あふれを防ぐため，毎回たとえば $|x| = 1$（大きさが1）になるように x を定数倍する。固有ベクトルは方向だけに意味があるので，定数倍するのは自由である。また，$|x| = 1$ とすれば，x が収束した時点で $|Ax|$ が固有値になる。

もし A が対称行列（$a_{ij} = a_{ji}$）であり，固有値 $\lambda_1, \lambda_2, \ldots, \lambda_n$ がすべて異なるならば，固有ベクトル $x_1, x_2, \ldots, x_n$ は互いに直交し，

$$A = \lambda_1 x_1 x_1^T + \lambda_2 x_2 x_2^T + \cdots + \lambda_n x_n x_n^T$$

が成り立つ（x^T は x の転置）。したがって，最大固有値 λ_1 と固有ベクトル x_1 が見つかったならば，$A - \lambda_1 x_1 x_1^T$ に累乗法を再度適用すれば，次に絶対値の大きい固有値と固有ベクトルが得られる。3番目以降の固有値・固有ベクトルも同様である。

簡単であり，余分な記憶領域を使わないので，絶対値の大きい少数の固有値と固有ベク

306 累乗法

トルを求めるには便利である。また，逆行列にしてから累乗法を用い，最後に固有値を逆
数にすると，絶対値最小の固有値が求められる。

　収束は遅い。特に絶対値のほぼ等しい固有値があると非常に遅くなる。

📄 poweigen.c

　行列 a[0..n-1][0..n-1] の絶対値の大きい方から m 個の固有値と固有ベクトルを累乗
法で求める。lambda[0..m-1] に固有値が絶対値の大きい順に入る。x[k][0..n-1] は固
有値 lambda[k] に対応する固有ベクトルである。ただし，m > 1 のときは A は対称行列
でなければならない。戻り値は実際に求められた固有値・固有ベクトルの数である。

```c
1  #include "matutil.c"                               /* 行列用小道具集。⇒ †行列 */
2  #include <math.h>
3  #define TEST                                          /* 途中経過を報告 */
4  #define EPS        1E-6                        /* 固有ベクトルの許容誤差 */
5  #define MAX_ITER   200                               /* 最大繰返し数 */
6  #define forall(i) for (i = 0; i < n; i++)
7  int power(int n, int m, matrix a, vector lambda, matrix x)
8  {
9      int i, j, k, kk, iter;
10     double s, s1, t, u, d, d1, e;
11     vector xk, y;
12
13     y = new_vector(n);                        /* y[0..n-1] の記憶領域を確保 */
14     kk = m;                             /* 実際に求められた固有値・固有ベクトルの個数 */
15     for (k = 0; k < m; k++) {               /* k 番目の固有値・固有ベクトルを求める */
16         xk = x[k];   t = 1 / sqrt(n);
17         forall(i) xk[i] = t;                     /* 大きさ 1 の初期値ベクトル */
18         d = s = 0;   iter = 0;
19         do {
20             d1 = d;   s1 = s;   s = e = 0;
21             forall(i) {
22                 t = 0;
23                 forall(j) t += a[i][j] * xk[j];
24                 y[i] = t;   s += t * t;                          /* y = Ax */
25             }
26             s = sqrt(s);   if (s1 < 0) s = -s;                  /* s = ±|y| */
27             forall(i) {
28                 t = y[i] / s;   u = xk[i] - t;
29                 e += u * u;   xk[i] = t;                  /* xk[]: 固有ベクトル */
30             }
31             if (e > 2) s = -s;             /* ベクトルが反転したなら固有値は負 */
32             d = sqrt(e);   d1 -= d;
33             #ifdef TEST
34                 printf("iter_=_%3d__lambda[%d]_=_%10.6f__"
35                     "||x'_-_x||_=_%10.8f\n", iter, k, s, d);
36             #endif
37         } while (++iter < MAX_ITER && e > EPS * d1);
38         if (iter >= MAX_ITER && kk == m) kk = k;
39         lambda[k] = s;                                         /* 固有値 */
40         if (k < m - 1)
41             forall(i) forall(j)
```

```
42              a[i][j] -= s * xk[i] * xk[j];
43      }
44      free_vector(y);
45      return kk;                              /* 収束した固有ベクトルの数 */
46 }
```

れ

連長圧縮　run-length encoding

ランレングス圧縮，ランレングス符号化ともいう。簡単な [†] データ圧縮の方法の一つ。同じ文字が連続して現れるとき，それを"文字, 個数"のペアで置き換える。たとえば AAAAABBCCC は A5B2C3 とする。テキストデータには不向きであるが，画像データならこれだけでかなり圧縮できることがある。

連分数　continued fraction

連分数とは次の形の分数である。

$$b_0 + \cfrac{c_1}{b_1 + \cfrac{c_2}{b_2 + \cfrac{c_3}{b_3 + \cfrac{c_4}{b_4 + \cdots}}}}$$

これはまた

$$b_0 + \frac{c_1}{b_1 +} \; \frac{c_2}{b_2 +} \; \frac{c_3}{b_3 +} \; \frac{c_4}{b_4 +} \; \cdots$$

あるいは

$$b_0 + \frac{c_1}{b_1 +} \frac{c_2}{b_2 +} \frac{c_3}{b_3 +} \frac{c_4}{b_4 +} \cdots$$

とも書く。

特に $c_1 = c_2 = \cdots = 1$（分子がすべて 1）のものを単純連分数といい，$[b_0, b_1, b_2, \ldots]$ とも書く。

📄 evalcf.c

連分数

$$b_0 + \frac{c_1}{b_1 +} \; \frac{c_2}{b_2 +} \; \frac{c_3}{b_3 +} \; \frac{c_4}{b_4 +} \; \cdots \; \frac{c_n}{b_n}$$

の値を求めるには，右端の c_n/b_n から次のように計算していくのが最も簡単である。

```
1  double cf_ascend(int n, double c[], double b[])
2  {
3      double f;
4
```

```
5       f = 0;
6       while (n > 0) {
7           f = c[n] / (b[n] + f);  n--;
8       }
9       return f + b[0];
10  }
```

収束の様子を見ながら n を増すには次のようにする.P_k, Q_k ($k = -1, 0, 1, 2, \ldots$) を,初期値 $P_{-1} = 1$, $Q_{-1} = 0$, $P_0 = b_0$, $Q_0 = 1$ から始めて,漸化式

$$P_k = P_{k-2}a_k + P_{k-1}b_k, \quad Q_k = Q_{k-2}a_k + Q_{k-1}b_k$$

で求める.連分数の値は P_n/Q_n となる.ただし n が大きくなると P_k, Q_k が桁あふれを起こす可能性があるので,ときどき適当な数で割る.たとえば毎回 Q_k で割れば P_k がそのまま連分数の値となるので便利である.

```
1       int i;
2       double p1, q1, p2, q2, t;
3
4       p1 = 1;  q1 = 0;  p2 = b[0];  q2 = 1;
5       printf("  0: %g\n", p2);
6       for (i = 1; i <= n; i++) {
7           t = p1 * c[i] + p2 * b[i];  p1 = p2;  p2 = t;
8           t = q1 * c[i] + q2 * b[i];  q1 = q2;  q2 = t;
9           if (q2 != 0) {
10              p1 /= q2;  q1 /= q2;  p2 /= q2;  q2 = 1;
11              printf("%3d: %g\n", i, p2);
12          } else
13              printf("%3d: 無限大\n", i);
14      }
```

テスト用には,たとえば

```
c[1] = x;  b[0] = 0;
for (i = 2; i <= n; i++) c[i] = -x * x;
for (i = 1; i <= n; i++) b[i] = 2 * i - 1;
```

とすれば $\tan x$ が求められる.

📄 contfrac.c

与えられた実数 x を単純連分数 $[b_0, b_1, \ldots, b_n]$ に直すには次のようにする.

```
1       int i;
2
3       b[0] = floor(x);                                /* b_0 = ⌊x⌋ */
4       for (i = 1; i <= n; i++) {
5           x = 1 / (x - b[i - 1]);
6           b[i] = floor(x);                            /* b_i = ⌊x⌋ */
7       }
```

たとえば $\sqrt{2} = 1.41421356\cdots$ は $[1, 2, 2, 2, 2, \ldots]$ となり,†自然対数の底

$e = 2.718281828459\cdots$ は $[2, 1, 2, 1, 1, 4, 1, 1, 6, 1, 1, 8, 1, 1, 10, 1, 1, 12, \ldots]$ となるといった具合に，規則性が見られることがある．もっとも，演算誤差のため，途中から規則性が消失してしまう．

逆に，単純連分数を普通の分数に直すには，次のようにする．最大公約数を求める関数 gcd(x, y) は [†]最大公約数の項目で挙げたものの int を long にしたものである．

```
1    int i;
2    long f, g, temp, d;
3
4    f = b[n];  g = 1;
5    for (i = n - 1; i >= 0; i--) {
6        temp = b[i] * f + g;  g = f;  f = temp;
7        d = gcd(f, g);  f /= d;  g /= d;
8    }
9    printf("%ld_/_%ld_=_%g\n", f, g, (double)f / g);
```

[1] Peter Henrici. *Applied and Computational Complex Analysis*. Volume 2: *Special Functions—Integral Transforms–Asymptotics—Continued Fractions*. John Wiley & Sons, 1977. 473–641 ページ．

連分数補間　continued-fraction interpolation

たとえば 4 点 $(x_0, y_0), \ldots, (x_3, y_3)$ を [†]連分数で [†]補間するには，まず次のような表を作る．

$$
\begin{array}{c|c|c|c|c}
x_0 & y_0 & & & \\
    &   & y_{01} & & \\
x_1 & y_1 & & y_{012} & \\
    &   & y_{02} & & y_{0123} \\
x_2 & y_2 & & y_{013} & \\
    &   & y_{03} & & \\
x_3 & y_3 & & & \\
\end{array}
$$

ここで

$$ y_{ij} = \frac{x_i - x_j}{y_i - y_j}, \quad y_{ijk} = \frac{x_j - x_k}{y_{ij} - y_{ik}}, \quad y_{ijkl} = \frac{x_k - x_l}{y_{ijk} - y_{ijl}} $$

である．この表から，連分数補間

$$ f(x) = y_0 + \cfrac{x - x_0}{y_{01} + \cfrac{x - x_1}{y_{012} + \cfrac{x - x_2}{y_{0123}}}} $$

が得られる．

$\pm\infty$ になる点が近くにあると一般に多項式補間より正確である．たとえば $0°$ から $80°$ まで $20°$ ごとに $\tan x$ の値を表にしておき，連分数補間で $1°$ ごとの値を求めると，最大誤差は 0.006 程度である．同じことを多項式補間で行えば最大誤差は 1 を超える．

y の値が等しい点があると使えない.

 cfint.c

N 個の点 $(\mathtt{x}[i], \mathtt{y}[i])$ $(0 \leqq i < \mathtt{N})$ を通る連分数で補間する. `maketable()` で係数を求め, `interpolate(`t`)` で $x = t$ での補間連分数の値を求める.

```
 1  double x[N], y[N];                              /* N 個の点の x 座標, y 座標 */
 2
 3  void maketable(void)                            /* 係数を求め y[] に上書き */
 4  {
 5      int i, j;
 6
 7      for (j = 0; j < N - 1; j++)
 8          for (i = j + 1; i < N; i++)
 9              y[i] = (x[i] - x[j]) / (y[i] - y[j]);
10  }
11
12  double interpolate(double t)                    /* 補間 */
13  {
14      int i;
15      double r;
16
17      r = y[N - 1];
18      for (i = N - 2; i >= 0; i--) r = (t - x[i]) / r + y[i];
19      return r;
20  }
```

連立 1 次方程式 <u>system of linear equations</u>

たとえば
$$\begin{cases} a_{11}x_1 + a_{12}x_2 + a_{13}x_3 = b_1, \\ a_{21}x_1 + a_{22}x_2 + a_{23}x_3 = b_2, \\ a_{31}x_1 + a_{32}x_2 + a_{33}x_3 = b_3 \end{cases}$$

は 3 個の未知数 x_1, x_2, x_3 についての連立 1 次方程式である. 行列

$$A = \begin{pmatrix} a_{11} & a_{12} & a_{13} \\ a_{21} & a_{22} & a_{23} \\ a_{31} & a_{32} & a_{33} \end{pmatrix}, \quad x = \begin{pmatrix} x_1 \\ x_2 \\ x_3 \end{pmatrix}, \quad b = \begin{pmatrix} b_1 \\ b_2 \\ b_3 \end{pmatrix}$$

を使えば $Ax = b$ と書ける. A を係数行列という.

連立 1 次方程式を解く代表的な方法は †Gauss (ガウス) 法である. その原理と簡単なプログラムは ⇒ †Gauss (ガウス) 法, 一般的なプログラムは ⇒ †LU 分解. †Gauss (ガウス)–Jordan (ジョルダン) 法は簡単であるが †Gauss (ガウス) 法よりやや遅い.

ろ

ロジスティック分布　logistic distribution

分布関数 $F(x) = 1/(1 + e^{-x})$，密度関数 $f(x) = e^{-x}/(1 + e^{-x})^2$ の分布。平均 0，分散 $\pi^2/3$ である。正規分布に似ているが，裾は正規分布より長い。

この分布の †乱数は，分布関数の逆関数 $F^{-1}(x) = \log(x/(1-x))$ で一様乱数 $0 \leq$ rnd() < 1 を変換して作れる。

 random.c

ロジスティック分布の乱数を発生する。rnd() は 0 以上 1 未満の実数の一様 †乱数である。rnd() がぴったり 0 になったときの対策は省略してある。

```
1  double logistic_rnd(void)
2  {
3      double r;
4
5      r = rnd();
6      return log(r / (1 - r));
7  }
```

Ackermann（アッカーマン）関数　Ackermann's function

下のプログラムのように再帰的に定義された関数。

$$A(1,y) = y + 2, \quad A(2,y) = 2y + 3, \quad A(3,y) = 2^{y+3} - 3, \tag{1}$$

$$A(4,y) = 2^{2^{\cdot^{\cdot^{2}}}} - 3 \quad (2 \text{ が } y+3 \text{ 個}) \tag{2}$$

のように急速に増える。$A(3,3) = 61$ を計算するだけで $A(x,y)$ は 2432 回も呼び出される。

 acker.c

```
1  int A(int x, int y)
2  {
3      if (x == 0) return y + 1;
4      if (y == 0) return A(x - 1, 1);
5      return A(x - 1, A(x, y - 1));
6  }
```

Aitken（エイトケン）の Δ^2 法　Aitken's Δ^2 process

Aitken の δ^2 法ともいう。数列 $a_0, a_1, a_2, \ldots$ が与えられたとき極限値 $a = \lim_{k \to \infty} a_k$ を推定する方法の一つ。数列 a_k とその極限値 a との差が等比数列的に減少すると仮定し，連立方程式

$$a_k - a = r(a_{k-1} - a), \quad a_{k-1} - a = r(a_{k-2} - a)$$

を解いて極限値 a を推定する。

この方法は，収束の遅い数列の収束を加速するだけでなく，本来収束しない数列を強引に収束させる働きもある。たとえば，Euler（オイラー）の級数 $1 - 1!\, x + 2!\, x^2 - 3!\, x^3 + \cdots + (-1)^n n!\, x^n$ で，$x = 0.1$, $n = 0, 1, 2, \ldots, 49$ として作った数列は，最初 0.915 か 0.916 に収束しそうな気配を見せるが，そのうち次第に激しく振動し，$n = 49$ では 10^{13} 程度になる。しかし，この方法で加速すると，0.915633339397881 に収束するという結果が得られる。

この種のアルゴリズムは多数ある [1]。

Aitken（エイトケン）の Δ^2 法

  delta2.c

delta2(n, a) は a[0],..., a[n-1] の収束を加速する。例として上に述べた Euler の振動級数の"極限値"を求めている。

```
 1  #include <stdio.h>
 2
 3  void delta2(int n, double a[])
 4  {
 5      int i, j;
 6      double p, q;
 7
 8      for (j = 0; j < n; j++) {
 9          for (i = j; i >= 2; i -= 2) {
10              q = a[i] - 2 * a[i - 1] + a[i - 2];
11              if (q == 0) {
12                  printf("収束しました。\n");  return;
13              }
14              p = a[i] - a[i - 1];
15              a[i - 2] = a[i] - p * p / q;
16          }
17          printf("%3d:_%_.14e\n", j, a[i]);
18      }
19  }
20
21  #include <stdlib.h>
22  #define N 50
23
24  main()
25  {
26      int i;
27      double t;
28      static double a[N];
29                              /* Euler の級数 $1 - 1!x + 2!x^2 - 3!x^3 + \cdots$, $x = 0.1$ */
30      a[0] = t = 1;
31      for (i = 1; i < N; i++) {
32          t *= i * (-0.1);   a[i] = a[i - 1] + t;
33          printf("%2d_%_.14e\n", i, a[i]);
34      }
35      delta2(N, a);
36      return 0;
37  }
```

  [1] Ernst Joachim Weniger. Nonlinear sequence transformations for the acceleration of convergence and the summation of divergent series. *Computer Physics Reports* 10: 189–371, 1989.

B

B木　B-tree

通常の†2分探索木は，もしノード（節点）をキーの昇順（または降順）に挿入したならば，右（または左）ばかりに枝が伸び，†木というよりは†リストに似てしまい，探索が著しく遅くなる（$O(\log n)$ が $O(n)$ になる）。そこで，どのような順序でキーを挿入してもバランスが崩れない木構造がいろいろ工夫されている。R. Bayer たちによる B 木もその一つである。B 木やその変形は特にディスクなどの二次記憶上で実現するのに都合がよいので，データベースソフトなどでよく用いられる。

言葉での説明はやや難解であるが，次のデモンストレーションプログラムを実行して B 木の成長の様子をしばらく眺めていれば意外に簡単であることがわかる。

B 木は，ページ（たとえばランダムアクセスファイルの 1 レコード）単位で情報を格納する。各ページは次の要素から成る。

- そのページが現在含むキーの個数 n
- キー $key[0], \dots, key[n-1]$
- 各キーに付随する情報 $info[0], \dots, info[n-1]$（以下では省略する）
- 他のページを指す $n+1$ 個のポインタ $branch[0], \dots, branch[n]$

各ページのキーの個数の上限を $2M$ とすると，B 木は次の性質を満たす。

- ページ当たりのキーの個数 n は $M \leq n \leq 2M$ を満たす。つまり各ページは少なくとも半分詰まっていなければならない。ただし，根（一つだけある特別なページ）については $0 \leq n \leq 2M$ でよい。
- 各ページ上のキーは昇順に並べる（$key[0] < key[1] < \cdots < key[n-1]$）。
- $k = 1, 2, \dots, n-1$ について，ポインタ $branch[k]$ の指すページが含むすべてのキーは $key[k-1]$ より大きく $key[k]$ より小さい。
- $branch[0]$ の指すページが含むすべてのキーは $key[0]$ より小さい。
- $branch[n]$ の指すページが含むすべてのキーは $key[n-1]$ より大きい。
- 木の高さは至るところ一定である。つまり，根から末端のページ（葉）まで行くのにたどらなければならないポインタの数は，どの葉についても等しい。

検索は，根から初めて，ページごとに行う。そのページになければ，キーの大小関係で次にどのページを調べればよいかわかる。末端のページ（葉）から出るポインタはすべて特別な値 NULL にしておけば，NULL に出会ったらそのキーは登録されていないことがわ

316 B木

かる。

　挿入は，探索と同じように根から調べていき，挿入したいキーがすでに存在すれば何もしないで戻る。そうでなければ必ず NULL にたどり着くので，その前のページ（葉）に戻って，そのページが満杯でなければそこに収納する。そのページが満杯（すでに $2M$ 個入っている）なら，新しいキーを入れると $2M+1$ 個になってしまうので，その $2M+1$ 個のうち小さい M 個は元のページに残し，大きい M 個で新しいページを作り，中央の 1 個は元のページから根に向かって 1 歩戻ったページに追加する。キーを 1 個追加すればポインタも 1 個増えるので，先ほど作った新しいページを指すようにする。こうすることによって再び定員オーバーのページができれば，上のことを繰り返す。

　削除は次のようにする。葉でないページのキーについては，そのキーの次に大きいキーは必ず葉にあるので，両方の項目を入れ換えれば，削除は必ず葉で起こるようにできる。葉からキーを削除してキーが M 個未満になったならば，一歩前（根に近い側）のページに戻って，過疎になったページの左右どちらかのページから 1 個キーを持ってくる。左右どちらもキーが M 個しかなければ，どちらかと結合してページ数を減らす。すぐ下（葉に近い側）のページ数が減れば，そのページのポインタ数も減らさねばならず，したがってデータも減らさなければならないので，データを 1 個，一つ下の今結合したページに送る。こうすることによって再び過疎のページができれば，上のことを繰り返す。

📄 btree.c

　B木の成長の様子を表示するデモンストレーションプログラムである。In, Dn, Sn でそれぞれ整数 n を挿入（登録），削除，探索する。たとえば 25 という数を登録するには I25 と入力する。いろいろな数を入力して B木の成長の様子をしばらく眺めていれば，アルゴリズムが自然に納得できるであろう。

　$M=2$ としたので各ページには $2M=4$ 件までのデータが入る。

```c
 1  #include <stdio.h>
 2  #include <stdlib.h>
 3
 4  #define M  2                                      /* 1ページのデータ数の上限の半分 */
 5
 6  typedef int keytype;                              /* 探索のキーの型 */
 7  typedef enum {FALSE, TRUE} boolean;               /* FALSE = 0, TRUE = 1 */
 8
 9  typedef struct page {                             /* ページの定義 */
10      int n;                                        /* データ数 */
11      keytype key[2 * M];                           /* キー */
12      struct page *branch[2 * M + 1];               /* 他ページへのポインタ */
13  } *pageptr;                                       /* pageptr はページへのポインタの型 */
14
15  pageptr root = NULL;                              /* B木の根 */
16  keytype key;                                      /* キー */
17  boolean done, deleted, undersize;                 /* 論理型の変数 */
```

```
18  pageptr newp;                                    /* insert() の生成した新しいページ */
19  char *message;                                   /* 関数の返すメッセージ */
20
```

▷ 新しいページの生成

```
21  pageptr newpage(void)
22  {
23      pageptr p;
24
25      if ((p = malloc(sizeof *p)) == NULL) {
26          printf("メモリ不足。\n");   exit(1);
27      }
28      return p;
29  }
30
```

▷ キー key を B 木から探す

```
31  void search(void)
32  {
33      pageptr p;
34      int k;
35
36      p = root;
37      while (p != NULL) {
38          k = 0;
39          while (k < p->n && p->key[k] < key) k++;
40          if (k < p->n && p->key[k] == key) {
41              message = "見つかりました";   return;
42          }
43          p = p->branch[k];
44      }
45      message = "見つかりません";
46  }
47
```

▷ key を p->key[k] に挿入する

```
48  void insertitem(pageptr p, int k)
49  {
50      int i;
51
52      for (i = p->n; i > k; i--) {
53          p->key[i] = p->key[i - 1];
54          p->branch[i + 1] = p->branch[i];
55      }
56      p->key[k] = key;   p->branch[k + 1] = newp;   p->n++;
57  }
58
```

▷ key を p->key[k] に挿入し，ページ p を割る

```
59  void split(pageptr p, int k)
60  {
61      int j, m;
62      pageptr q;
63
64      if (k <= M) m = M; else m = M + 1;
```

318　B 木

```
65       q = newpage();
66       for (j = m + 1; j <= 2 * M; j++) {
67           q->key[j - m - 1] = p->key[j - 1];
68           q->branch[j - m] = p->branch[j];
69       }
70       q->n = 2 * M - m;  p->n = m;
71       if (k <= M) insertitem(p, k);
72       else          insertitem(q, k - m);
73       key = p->key[p->n - 1];
74       q->branch[0] = p->branch[p->n];  p->n--;
75       newp = q;                                    /* 新しいページを newp に入れて戻る */
76   }
77
```

▷　ページ p から木を再帰的にたどって挿入する

```
78   void insertsub(pageptr p)
79   {
80       int k;
81
82       if (p == NULL) {
83           done = FALSE;  newp = NULL;  return;
84       }
85       k = 0;
86       while (k < p->n && p->key[k] < key) k++;
87       if (k < p->n && p->key[k] == key) {
88           message = "もう登録されています";  done = TRUE;
89           return;
90       }
91       insertsub(p->branch[k]);
92       if (done) return;
93       if (p->n < 2 * M) {                          /* ページが割れない場合 */
94           insertitem(p, k);  done = TRUE;
95       } else {                                     /* ページが割れる場合 */
96           split(p, k);  done = FALSE;
97       }
98   }
99
```

▷　キー key を B 木に挿入する

```
100  void insert(void)
101  {
102      pageptr p;
103
104      message = "登録しました";
105      insertsub(root);  if (done) return;
106      p = newpage();  p->n = 1;  p->key[0] = key;
107      p->branch[0] = root;  p->branch[1] = newp;  root = p;
108  }
109
```

▷　p->key[k], p->branch[k+1] を外す。ページが小さくなりすぎたら undersize フラグを立てる。

B木 **319**

```
110  void removeitem(pageptr p, int k)
111  {
112      while (++k < p->n) {
113          p->key[k - 1] = p->key[k];
114          p->branch[k] = p->branch[k + 1];
115      }
116      undersize = --(p->n) < M;
117  }
118
```

▷ p->branch[k-1] の最右要素を p->key[k-1] 経由で p->branch[k] に動かす。

```
119  void moveright(pageptr p, int k)
120  {
121      int j;
122      pageptr left, right;
123
124      left = p->branch[k - 1];  right = p->branch[k];
125      for (j = right->n; j > 0; j--) {
126          right->key[j] = right->key[j - 1];
127          right->branch[j + 1] = right->branch[j];
128      }
129      right->branch[1] = right->branch[0];
130      right->n++;
131      right->key[0] = p->key[k - 1];
132      p->key[k - 1] = left->key[left->n - 1];
133      right->branch[0] = left->branch[left->n];
134      left->n--;
135  }
136
```

▷ p->branch[k] の最左要素を p->key[k-1] 経由で p->branch[k-1] に動かす。

```
137  void moveleft(pageptr p, int k)
138  {
139      int j;
140      pageptr left, right;
141
142      left = p->branch[k - 1];  right = p->branch[k];
143      left->n++;
144      left->key[left->n - 1] = p->key[k - 1];
145      left->branch[left->n] = right->branch[0];
146      p->key[k - 1] = right->key[0];
147      right->branch[0] = right->branch[1];
148      right->n--;
149      for (j = 1; j <= right->n; j++) {
150          right->key[j - 1] = right->key[j];
151          right->branch[j] = right->branch[j + 1];
152      }
153  }
154
```

▷ p->branch[k-1], p->branch[k] を結合する。

320 B 木

```
155  void combine(pageptr p, int k)
156  {
157      int j;
158      pageptr left, right;
159
160      right = p->branch[k];
161      left = p->branch[k - 1];
162      left->n++;
163      left->key[left->n - 1] = p->key[k - 1];
164      left->branch[left->n] = right->branch[0];
165      for (j = 1; j <= right->n; j++) {
166          left->n++;
167          left->key[left->n - 1] = right->key[j - 1];
168          left->branch[left->n] = right->branch[j];
169      }
170      removeitem(p, k - 1);
171      free(right);
172  }
173
```

▷ 小さくなりすぎたページ p->branch[k] を修復する。

```
174  void restore(pageptr p, int k)
175  {
176      undersize = FALSE;
177      if (k > 0) {
178          if (p->branch[k - 1]->n > M) moveright(p, k);
179          else combine(p, k);
180      } else {
181          if (p->branch[1]->n > M) moveleft(p, 1);
182          else combine(p, 1);
183      }
184  }
185
```

▷ ページ p から再帰的に木をたどり削除する。

```
186  void deletesub(pageptr p)
187  {
188      int k;
189      pageptr q;
190
191      if (p == NULL) return;                              /* 見つからなかった */
192      k = 0;
193      while (k < p->n && p->key[k] < key) k++;
194      if (k < p->n && p->key[k] == key) {                 /* 見つかった */
195          deleted = TRUE;
196          if ((q = p->branch[k + 1]) != NULL) {
197              while (q->branch[0] != NULL) q = q->branch[0];
198              p->key[k] = key = q->key[0];
199              deletesub(p->branch[k + 1]);
200              if (undersize) restore(p, k + 1);
201          } else removeitem(p, k);
202      } else {
203          deletesub(p->branch[k]);
204          if (undersize) restore(p, k);
205      }
206  }
207
```

▷ キー key を B 木から外す．
```
208  void delete(void)
209  {
210      pageptr p;
211
212      deleted = undersize = FALSE;
213      deletesub(root);                              /* 根から再帰的に木をたどり削除する */
214      if (deleted) {
215          if (root->n == 0) {                                   /* 根が空になった場合 */
216              p = root;  root = root->branch[0];  free(p);
217          }
218          message = "削除しました";
219      } else message = "見つかりません";
220  }
221
```

▷ デモ用に B 木を表示する．
```
222  void printtree(pageptr p)
223  {
224      static int depth = 0;
225      int k;
226
227      if (p == NULL) { printf(".");  return; }
228      printf("(");  depth++;
229      for (k = 0; k < p->n; k++) {
230          printtree(p->branch[k]);                              /* 再帰呼出し */
231          printf("%d", p->key[k]);
232      }
233      printtree(p->branch[p->n]);                               /* 再帰呼出し */
234      printf(")");  depth--;
235  }
236
237  #include <ctype.h>
238
239  int main(void)
240  {
241      char s[2];
242
243      for ( ; ; ) {
244          printf("挿入_In,_検索_Sn,_削除_Dn_(n:整数)_?_");
245          if (scanf("%1s%d", s, &key) != 2) break;
246          switch (s[0]) {
247          case 'I':  case 'i':  insert();  break;
248          case 'S':  case 's':  search();  break;
249          case 'D':  case 'd':  delete();  break;
250          default :  message = "???";  break;
251          }
252          printf("%s\n\n", message);
253          printtree(root);  printf("\n\n");
254      }
255      return 0;
256  }
```

 [1] Robert L. Kruse. *Data Structures and Program Design*. Prentice-Hall, 1984. 384–400

ページ．

[2] Niklaus Wirth．片山 卓也 訳．『アルゴリズム＋データ構造＝プログラム』．マイクロソフトウェア／日本コンピュータ協会，1979．280–293 ページ．

Bernoulli（ベルヌーイ）数 Bernoulli numbers

タンジェント（⇒ †三角関数）の級数展開

$$\tan z = \sum_{n=0}^{\infty} \frac{(-1)^{n-1} 4^n (4^n - 1) B_{2n}}{(2n)!} z^{2n-1} \tag{1}$$

など種々の展開式の係数として現れる重要な数である．具体的な値は，$B_0 = 1$, $B_1 = -\frac{1}{2}$, $B_2 = \frac{1}{6}$, $B_4 = -\frac{1}{30}$, $B_6 = \frac{1}{42}$, $B_8 = -\frac{1}{30}$, $B_{10} = \frac{5}{66}$, $B_{12} = -\frac{691}{2730}$, $\ldots$; $B_3 = B_5 = B_7 = \cdots = 0$．本によって多少定義が違うことがある．

Bernoulli 数を求める一つの方法を述べる．まず

$$\frac{\sin z + x \cos z}{\cos z - x \sin z} = \sum_{n=0}^{\infty} \frac{T_n(x)}{n!} z^n \tag{2}$$

と置く．ここで $x = 0$ とすると左辺は $\tan z$ であるから，式 (1) と比べて

$$T_{2n-1}(0) = \frac{(-1)^{n-1} 4^n (4^n - 1) B_{2n}}{2n} \tag{3}$$

を得る．また，(2) を x, z で別々に微分して比べると，漸化式

$$T_{n+1}(x) = (1 + x^2) T_n'(x)$$

を得る．これと $T_0(x) = x$ とから $T_1(x)$, $T_2(x)$, $\ldots$ を求め，式 (3) を使えば B_{2n} が得られる．

 bernoull.c

上述の方法で Bernoulli 数 B_2, B_4, B_6, $\ldots$, B_N を求める．結果が分数で正確に求められれば分数で，そうでなければ小数で出力する．double 型で 1/DBL_EPSILON 未満の整数を正確に表せると仮定し，double 型で整数計算をした（DBL_EPSILON は double 型の †機械エプシロン）．

```
1  #include <stdio.h>
2  #include <stdlib.h>
3  #include <math.h>
4  #include <float.h>
5
6  double gcd(double x, double y)                          /* 最大公約数 */
7  {
```

```c
 8      double t;
 9
10      while (y != 0) {   t = fmod(x, y);   x = y;   y = t;   }
11      return x;
12 }
13
14 #define N 40
15
16 int main(void)
17 {
18      int i, n;
19      double q, b1, b2, d;
20      static double t[N + 1];
21
22      q = 1;
23      t[1] = 1;
24      for (n = 2; n <= N; n++) {
25          for (i = 1; i < n; i++) t[i - 1] = i * t[i];
26          t[n - 1] = 0;
27          for (i = n; i >= 2; i--) t[i] += t[i - 2];
28          if (n % 2 == 0) {
29              q *= 4;
30              b1 = n * t[0];   b2 = q * (q - 1);
31              if (b1 < 1 / DBL_EPSILON && b2 < 1 / DBL_EPSILON) {
32                  d = gcd(b1, b2);   b1 /= d;   b2 /= d;
33                  printf("|B(%2d)|_=_%.0f/%.0f\n", n, b1, b2);
34              } else
35                  printf("|B(%2d)|_=_%g\n", n, b1 / b2);
36          }
37      }
38      return 0;
39 }
```

Bessel（ベッセル）関数　Bessel functions

　振動する円形の太鼓の皮の，ある瞬間での変位は，極座標 (r, θ) を使って $J_m(r) \sin m\theta$ $(m = 0, 1, 2, \ldots)$ という形の関数の重ね合せで表せる。この動径部分 $J_m(r)$ は（第1種）Bessel 関数と呼ばれ，Bessel の微分方程式

$$J_m''(r) + \frac{1}{r}J_m'(r) + \left(1 - \frac{m^2}{r^2}\right)J_m(r) = 0$$

を満たす。

　Bessel 関数 $J_n(x)$ は級数展開

$$J_n(x) = \sum_{s=0}^{\infty} \frac{1}{s!\,(n+s)!}(-1)^s \left(\frac{x}{2}\right)^{n+2s}$$

でも求められるが，正の項と負の項が交互に現れるので，x が大きいとき [†]桁落ちが生じる。なお，この式の $(n+s)!$ を [†]ガンマ関数 $\Gamma(n+s+1)$ で置き換えると，n が整数でな

324 Bessel（ベッセル）関数

いときも $J_n(x)$ が定義できる。

次のプログラムでは漸化式

$$J_{n-1}(x) - \frac{2n}{x} J_n(x) + J_{n+1}(x) = 0$$

を使って求めている。この漸化式には二つの独立な解がある。そのうち $n \to \infty$ で 0 に近づくものが $J_n(x)$ であり，$n \to \infty$ で発散するものが後述の第 2 種 Bessel 関数である。漸化式の一般解はこれら二つの重ね合せである。このことを使って，十分大きい整数 N と小さい実数 ε を適当に選び，$J_N(x) = \varepsilon$，$J_{N+1}(x) = 0$ のような勝手な初期条件から出発して，次々に漸化式で $J_{N-1}(x), J_{N-2}(x), \dots, J_0(x)$ を求めていくと，目的の解だけ成長し，不要な解は減衰するので，初期条件にかかわらず十分正確な値が（定数因子を除いて）求められる。最後に

$$J_0(x) + 2\big(J_2(x) + J_4(x) + J_6(x) + \cdots\big) = 1$$

を満たすように定数因子を定める。

出発点の N の決め方は，下のプログラムでは，ごく大ざっぱに，$J_0(x)$ から $J_x(x)$ 程度までは同じ大きさで，$n > x$ では n の増加に伴い $J_n(x) \doteqdot (x/2n)J_{n-1}(x)$ のように減衰すると考えて，$J_N(x)/J_n(x)$ が許容相対誤差以下になるように選んでいる。

Bessel の微分方程式には $x \to \infty$ で発散する解もある。これを第 2 種 Bessel 関数または Neumann（ノイマン）関数または Weber（ウェーバー）の関数といい，$Y_n(x)$ または $N_n(x)$ と表す。この求め方は，まず $J_0(x), J_1(x), \dots$ から

$$Y_0(x) = \frac{2}{\pi} \left(\log \frac{x}{2} + \gamma \right) J_0(x) \tag{1}$$

$$+ \frac{4}{\pi} \left(\frac{J_2(x)}{1} - \frac{J_4(x)}{2} + \frac{J_6(x)}{3} - \frac{J_8(x)}{4} + \cdots \right), \tag{2}$$

$$Y_1(x) = \frac{2}{\pi} \left(-\frac{J_0(x)}{x} + \left(\log \frac{x}{2} + \gamma - 1 \right) J_1(x) \right. \tag{3}$$

$$\left. + \frac{3J_3(x)}{1 \cdot 2} - \frac{5J_5(x)}{2 \cdot 3} + \frac{7J_7(x)}{3 \cdot 4} - \cdots \right) \tag{4}$$

で $Y_0(x), Y_1(x)$ を求め，これらを初期値として漸化式

$$Y_{n+1}(x) = \frac{2n}{x} Y_n(x) - Y_{n-1}(x)$$

により次々に $Y_n(x)$ を求める。

上述の $J_n(x)$ の計算は漸化式の数値計算の好例である。もう一つ似た例を挙げよう。定積分 $I_n = \int_0^1 x^n e^x \, dx$ は漸化式 $I_n = e - nI_{n-1}$ を満たすが，$I_0 = e - 1$ から始めると誤差が大きい。逆に $I_\infty = 0$ から出発し，$I_{n-1} = (e - I_n)/n$ で降りてくるとよい。∞ を 10 としても I_0 が 7 桁ほど正しく求められる。

Bessel（ベッセル）関数　**325**

📄 `bessel.c`

BesJ(n, x) は $J_n(x)$, BesY(n, x) は $Y_n(x)$ である。

```c
 1  #include <stdio.h>
 2  #include <math.h>
 3
 4  #define EPS      1e-10                                    /* 許容相対誤差 */
 5  #define odd(x)   ((x) & 1)                                        /* 奇数? */
 6  #define PI       3.14159265358979324                               /* π */
 7  #define EULER    0.577215664901532861           /* Euler（オイラー）の定数 γ */
 8
 9  double BesJ(int n, double x)                                   /* J_n(x) */
10  {
11      int k;
12      double a, b, r, s;
13      const double x_2 = x / 2;
14
15      if (x < 0) {
16          if (odd(n)) return -BesJ(n, -x);
17          /* else */ return  BesJ(n, -x);
18      }
19      if (n < 0) {
20          if (odd(n)) return -BesJ(-n, x);
21          /* else */ return  BesJ(-n, x);
22      }
23      if (x == 0) return (n == 0);
24      a = s = 0;  b = 1;
25      k = n;  if (k < x) k = x;
26      do { k++; } while ((b *= x_2 / k) > EPS);
27      if (odd(k)) k++;                             /* 奇数なら偶数にする */
28      while (k > 0) {
29          s += b;
30          a = 2 * k * b / x - a;  k--;                      /* a = J_k(x) */
31          if (n == k) r = a;                                 /* k 奇数 */
32          b = 2 * k * a / x - b;  k--;                      /* b = J_k(x) */
33          if (n == k) r = b;                                 /* k 偶数 */
34      }
35      return r / (2 * s + b);        /* J_0 + 2(J_2 + J_4 + ···) = 1 となるように規格化 */
36  }
37
38  double BesY(int n, double x)                                   /* Y_n(x) */
39  {
40      int k;
41      double a, b, s, t, u;
42      const double x_2 = x / 2;
43      const double log_x_2 = log(x_2);
44
45      if (x <= 0) {
46          printf("BesY(n, x): x は正でなければなりません。\n");
47          return 0;
48      }
49      if (n < 0) {
50          if (odd(n)) return -BesY(-n, x);
51          /* else */ return  BesY(-n, x);
```

```
52      }
53      k = x;  b = 1;
54      do { k++; } while ((b *= x_2 / k) > EPS);
55      if (odd(k)) k++;                                    /* 奇数なら偶数にする */
56      a = 0;                                              /* $a = J_{k+1}(x) = 0$, $b = J_k(x)$, $k$ 偶数 */
57      s = 0;                                              /* 規格化の因子 */
58      t = 0;                                              /* $Y_0(x)$ */
59      u = 0;                                              /* $Y_1(x)$ */
60      while (k > 0) {
61          s += b;   t = b / (k / 2) - t;
62          a = 2 * k * b / x - a;   k--;                   /* $a = J_k(x)$, $k$ 奇数 */
63          if (k > 2) u = (k * a) / ((k / 2) * (k / 2 + 1)) - u;
64          b = 2 * k * a / x - b;   k--;                   /* $b = J_k(x)$, $k$ 偶数 */
65      }
66      s = 2 * s + b;
67      a /= s;  b /= s;  t /= s;  u /= s;                  /* $a = J_1(x)$, $b = J_0(x)$ */
68      t = (2 / PI) * (2 * t + (log_x_2 + EULER) * b);     /* $Y_0(x)$ */
69      if (n == 0) return t;
70      u = (2 / PI) * (u + ((EULER - 1) + log_x_2) * a - b / x);  /* $Y_1(x)$ */
71      for (k = 1; k < n; k++) {
72          s = (2 * k) * u / x - t;   t = u;   u = s;
73      }
74      return u;
75  }
```

Bézier（ベジエ）曲線 Bézier curve

平面や空間のいくつかの点を †補間する曲線の一種。

たとえば 3 点が与えられたとし，各点の位置ベクトルを $\vec{z}_1$, $\vec{z}_2$, $\vec{z}_3$ とする。このとき

$$\vec{z}(t) = (1-t)^2 \vec{z}_1 + 2(1-t)t\vec{z}_2 + t^2 \vec{z}_3, \qquad 0 \leq t \leq 1$$

のような補間多項式（2 次 Bernshteĭn（ベルンシュテイン）多項式）を考える。明らかに $\vec{z}(0) = \vec{z}_1$, $\vec{z}(1) = \vec{z}_3$ である。また，両端点での微分係数が $\vec{z}'(0) = 2(\vec{z}_2 - \vec{z}_1)$, $\vec{z}'(1) = 2(\vec{z}_3 - \vec{z}_2)$ であることもすぐ示せる。したがって，t を 0 から 1 まで動かしたとき $\vec{z}(t)$ が作る曲線は両端点 $\vec{z}_1$, $\vec{z}_3$ を通るが一般に $\vec{z}_2$ は通らず，両端点で 3 点を結ぶ折れ線に接する（図）。

同様に，4 点が与えられていれば 3 次の Bernshteĭn 多項式

$$\vec{z}(t) = (1-t)^3 \vec{z}_1 + 3(1-t)^2 t \vec{z}_2 + 3(1-t)t^2 \vec{z}_3 + t^3 \vec{z}_4, \qquad 0 \leq t \leq 1$$

を使う。このような Bernshteĭn 多項式で生成される曲線が Bézier 曲線である。一般に係数は 2 項係数（†組合せの数）にする。

3次のBézier曲線は本書初版の英文フォント（KnuthのComputer Modernフォント）の生成にも使われた[2]。改訂新版の時点では，和文フォントも含め，ほとんどのフォントは2次または3次のBézier曲線で生成されている。

[1] 市田 浩三，吉本 富士市．『スプライン関数とその応用』．教育出版，1979．
[2] Donald E. Knuth. *The METAFONTbook*. Addison Wesley, 1986.

Boyer–Moore法　Boyer–Moore method

R. S. Boyer（ボイヤー），J. S. Moore（ムーア）（*Commun. ACM*, 20: 762–772, 1977）による†文字列照合アルゴリズム。略してBM法ともいう（⇒ D. E. Knuth, J. H. Morris, and V. R. Pratt, *SIAM Journal on Computing*, 6: 323–350, 1977; W. Rytter, *SIAM Journal on Computing*, 9: 509–512, 1980）。

完全なBoyer–Moore法は表を2個使う。表作成が面倒な割には，通常のテキストファイルでは表1個の簡略版より必ずしも速くない。以下では簡略版の一つについて解説する。

テキスト文字列 PQRSTUABBA... の中で照合文字列 AABBA を探そう。あらかじめすべての文字 A–Z について，それが照合文字列の右端以外の場所に現れるか，現れるなら右から何文字目に初めて現れるかを調べ，表にしておく。この場合，Aが右から4文字目，Bが右から2文字目に現れる。次に，左端を揃える。

```
PQRSTUABBA...
AABBA
    ↑
```

照合文字列の最後の文字 A とその上のテキスト文字列の T とを比べる。これらは一致しない。最初に作った表を引けば T が照合文字列中に現れないことがわかるので，照合文字列を一挙に5文字分ずらす。

```
PQRSTUABBA...
     AABBA
         ↑
```

ここでまた照合文字列の右端から調べていく。今度は一致するので，左に向かって順に1文字ずつ調べていくと，照合文字列の左端で一致しなくなる。この場合，本書の簡略Boyer–Moore法では，照合文字列の右端と比べたテキスト文字列のAが照合文字列の右から4文字目にもあることを表で調べ，この両者が重なるように照合文字列を3文字分ずらす。

```
            PQRSTUABBA...
                 AABBA
```

以下同様に続ける。

このように，たった 1 文字の比較で何文字も読み飛ばすことができるのが Boyer–Moore 法の類の特徴である。

 sboymoo.c

簡略 Boyer–Moore 法。とりあえずテキスト文字列の後には少なくとも照合文字列の長さと同じだけのヌル文字 '\0' が付いているとする（プログラム後の注参照）。

```c
 1  #include <stdio.h>
 2  #include <stdlib.h>
 3  #include <string.h>
 4  #include <limits.h>                                  /* #define UCHAR_MAX 255 */
 5
 6  int position(unsigned char text[], unsigned char pattern[])
 7  {
 8      int i, j, k, len;
 9      static int skip[UCHAR_MAX + 1];
10      unsigned char c, tail;
11
12      len = strlen((char *)pattern);                   /* 文字列の長さ */
13      if (len == 0) return -1;                         /* エラー: 長さ 0 */
14      tail = pattern[len - 1];                         /* 最後の文字 */
15      if (len == 1) {                                  /* 長さ 1 なら簡単! */
16          for (i = 0; text[i] != '\0'; i++)
17              if (text[i] == tail) return i;
18      } else {                                         /* 長さ 2 以上なら表を作って... */
19          for (i = 0; i <= UCHAR_MAX; i++) skip[i] = len;
20          for (i = 0; i < len - 1; i++)
21              skip[pattern[i]] = len - 1 - i;
22          /* i = len - 1; */                           /* いよいよ照合 */
23          while ((c = text[i]) != '\0') {              /* 下の注参照 */
24              if (c == tail) {
25                  j = len - 1;   k = i;
26                  while (pattern[--j] == text[--k])
27                      if (j == 0) return k;            /* 見つかった */
28              }
29              i += skip[c];
30          }
31      }
32      return -1;                                       /* 見つからなかった */
33  }
```

（注）Boyer–Moore 法の類ではテキストを 1 文字ごとに調べないので，テキスト文字列の終端に 1 個しか '\0'（'¥0'，ヌル文字）がないと終端を突破してしまう。上ではテキストの後ろに少なくとも照合文字列の長さと同じ個数のヌル文字があると仮定したが，テキストの後ろに照合文字列をコピーして†番人としてもよい。あるいは，テキスト文字列の長さ n = strlen(text) を調べておき，行 23 を while (i < n) { c = text[i]; のように修

正してもよい。

[1] 有川 節夫, 篠原 武. 文字列パターン照合アルゴリズム. 『コンピュータソフトウェア』, 4: 2–23, 1987.

[2] R. Wiggins and P. Wolberg. Boyer–Moore 法による文字列の探索. 『アスキー』, 1987 年 9 月号, 226–235.

C

C 曲線　C curve

右図のような C 形の曲線。位数 order が大きくなるほど複雑な曲線になる。

 ccurve.c

C 曲線を画面に描く。プロッタシミュレーションルーチン svgplot.c または epsplot.c（⇒ [†]グラフィックス）を使っている。

```
 1  #include "svgplot.c"                         /* または epsplot.c ⇒ †グラフィックス */
 2
 3  void c(int i, double dx, double dy)
 4  {
 5      if (i == 0) draw_rel(dx, dy);
 6      else {
 7          c(i - 1, (dx + dy) / 2, (dy - dx) / 2);
 8          c(i - 1, (dx - dy) / 2, (dy + dx) / 2);
 9      }
10  }
11
12  int main(void)
13  {
14      int order = 10;                                              /* 位数 */
15
16      plot_start(400, 250);
17      move(100, 200);   c(order, 200, 0);
18      plot_end(0);
19      return 0;
20  }
```

Cauchy（コーシー）分布　Cauchy distribution

密度関数 $f(x) = 1/\{(1+x^2)\pi\}$ の分布。Cauchy より前にポアソン（Poisson）がこの分布について論じている（1824 年）。自由度 1 の [†]t 分布でもある。物理ではこの密度関数を Lorentz（ローレンツ）型共鳴曲線あるいは Breit–Wigner（ブライト・ウィグナー）共鳴曲線という。$x = 0$ について対称な滑らかな山形の分布であるが，正規分布より裾が広く，積分 $\int_0^\infty x^n f(x)\,dx$ $(n \geq 1)$ は発散するので分散は定義できない。

この分布の乱数は，分布関数 $F(x) = \frac{1}{\pi}\arctan x$ の逆関数 $F^{-1}(x) = \tan \pi x$ で一様乱数 U $(0 \leq U < 1)$ を変換して発生できる（$\tan \pi U$ または $\tan \pi(U - \frac{1}{2})$）。あるいは，原

点を中心とする半径 1 の円の内部で一様に点 (x,y) をとり，y/x としてもよい．

 random.c

Cauchy 分布の乱数を発生する．rnd() は 0 以上 1 未満の実数の一様[†]乱数．

```
1  double Cauchy_rnd(void)
2  {
3      double x, y;
4
5      do {
6          x = 1 - rnd();   y = 2 * rnd() - 1;
7      } while (x * x + y * y > 1);
8      return y / x;
9  }
```

$x = 0$ になると行 8 でエラーになるので，行 6 で念のため x = 1 - rnd(); とした．rnd() が 0 にならないなら行 6 の前半は単に x = rnd(); でよい．

Collatz（コラッツ）の予想　Collatz conjecture

どんな整数 n に対しても次のプログラムは必ず停止するという予想．角谷予想ともいう．証明も反例も見つかっていない．

 collatz.c

```
1      while (n > 1)
2          if (n & 1) n = 3 * n + 1;
3          else n /= 2;
```

[1] J. ニーバージェルト，J. C. ファーラー，E. M. レインゴールド．『数学問題へのコンピュータアプローチ』．浦 昭二，近藤 頌子 訳．培風館，1976．228–233 ページ．

[2] 和田 秀男．『数の世界：整数論への道』．岩波，1981．22–23 ページ．

CRC　CRC, cyclic redundancy check

巡回冗長検査ともいう．[†]チェックサムに代わって広く使われるようになった誤り検出法である．データをあらかじめ定めた数で割り算し，その余りをチェック用に使う．ただし，割り算は，次の例に示すように，途中の引き算の代わりに[†]ビットごとの排他的論理和を使う．たとえば，データが 10110 というビット列で，割る数が 1101（2 進）なら，割る数のビット数より 1 ビット少ない 3 ビットの 0 をデータに補って 10110000 とし，これ

332 CRC

を次のように割り算する。余りは，たかだか，割る数のビット数より 1 個少ない 3 ビットである。

$$
\begin{array}{r}
11001 \\
1101\,\big)\,\overline{10110000} \\
1101 \\
\hline
1100000 \\
1101 \\
\hline
1000 \\
1101 \\
\hline
101
\end{array}
$$

この余り 101（2 進）が CRC 値である。元の（000 を補う前の）データの最後にこの 3 桁のチェックビットをつけた 10110101 を送る。

　受信側は，受け取った 10110101 をデータ 10110 とチェックビット 101 に分け，データに 3 個の 0 を補って 1101 で割り算し，余りをチェックビット 101 と比較してもいいが，単に 10110101 をそのまま 1101 で割るだけでもいい。後者の場合は，誤りがなければ余りは 0 になる。

　なお，このような計算では，ビット列を，降べきの順に書いた多項式の係数とみなすことがある。たとえばビット列 1101 は $1x^3 + 1x^2 + 0x + 1$，つまり $x^3 + x^2 + 1$ とみなす。この多項式の一つ一つの係数は "0 と 1 だけの世界" $GF(2)$ に属する。また，この 3 次の多項式で割った余りはたかだか 2 次の多項式で，係数（0 か 1）が 3 個あるだけである。このような 0 か 1 が 3 個の世界を $GF(2^3)$ という（⇒ †有限体）。

　上の例ではチェックビットが 3 個であった。一般にはチェックビットが 16 個のものをよく使う。16 ビットの場合は，データの後に 16 ビットの 0 を補い，その値をあらかじめ定めた 17 ビットの数で割り算し，余り（16 ビット）をチェックビットとする。

　割る数（17 ビット）としては，CCITT（comité consultatif international télégraphique et téléphonique，国際電信電話諮問委員会）の X.25 という規格では 0x11021（16 進）を挙げている。多項式で表せば $x^{16} + x^{12} + x^5 + 1$ となる。このほかによく使われるものに CRC-ANSI（いわゆる CRC-16）多項式 $x^{16} + x^{15} + x^2 + 1$ がある。

　CCITT や ANSI の多項式は，データが 32767 ビットまでのとき，1 ビットまたは隣り合う 2 ビットだけの誤りなら，CRC 値から誤りの位置が一意的に定まる。これに対して，mod 2 の原始多項式（⇒ †有限体）というものを用いれば，データが 65535 ビットまでのとき，誤りが 1 ビットだけなら CRC 値から誤りの位置が一意的に定まる。

　上述の方式では，ファイルの頭に余分なビット 0 がいくつ付いても検出されない。この点を改善するために，CCITT 方式では，最初の 16 ビットを 0 ↔ 1 反転（1 の補数化）してから計算し，結果（割り算の余り，16 ビット）を再び 0 ↔ 1 反転する。なお，同一バ

イト内では右側（通常の下位ビット側）を上位ビットとみて割り算する．

　パソコン通信でバイナリファイルを送るときに使われた XMODEM プロトコルでは，[†]チェックサムまたは CCITT 多項式による CRC を使うが，CRC 計算は左送り（左が上位ビット）で，ビットの $0 \leftrightarrow 1$ 反転は行わない．

　多項式，送り方向以外にも，以下のプログラムで r の初期値を 0 にするか 0xFFFF にするか，最後にビット反転を行うかどうかで，いろいろな変種がある．

　ファイルの改竄防止には CRC でなく暗号学的ハッシュ関数（⇒ [†]ハッシュ法）を使う．⇒ [†]誤り検出符号

 crc16.c

n バイトの文字列 c[0], c[1], ..., c[n-1] の CRC 値を求める．CRC 多項式は CCITT 勧告のものである．左送りのものが crc1()，右送りのもの（正しい CCITT 方式）が crc2() である．右送りの場合，0x1021 のビットを逆順にした 0x8408 を用いる．最初の 2 バイトをビット反転する代わりに初期値を 0xFFFF とした．XMODEM 方式にするには crc1() で初期値を 0 とし，最後のビット反転 ~r は行わない．

　このプログラムは簡単であるが遅いので，実際にはこのプログラムの次に挙げる表引き CRC を用いるのがよい．

```
 1  #include <limits.h>
 2  #define CRCPOLY1  0x1021U              /* x^16 + x^12 + x^5 + 1 */
 3  #define CRCPOLY2  0x8408U              /* 左右逆転 */
 4  typedef unsigned char byte;
 5
 6  unsigned int crc1(int n, byte c[])
 7  {
 8      unsigned int i, j, r;
 9
10      r = 0xFFFFU;
11      for (i = 0; i < n; i++) {
12          r ^= (unsigned int)c[i] << (16 - CHAR_BIT);
13          for (j = 0; j < CHAR_BIT; j++)
14              if (r & 0x8000U) r = (r << 1) ^ CRCPOLY1;
15              else             r <<= 1;
16      }
17      return ~r & 0xFFFFU;
18  }
19
20  unsigned int crc2(int n, byte c[])
21  {
22      unsigned int i, j, r;
23
24      r = 0xFFFFU;
25      for (i = 0; i < n; i++) {
26          r ^= c[i];
27          for (j = 0; j < CHAR_BIT; j++)
28              if (r & 1) r = (r >> 1) ^ CRCPOLY2;
```

334 CRC

```
29            else        r >>= 1;
30      }
31      return r ^ 0xFFFFU;
32 }
```

crc16t.c

CRC 計算をバイトごとに表引きにして高速化したものである。左送りの crc1() を使う前には makecrctable1()，右送りの crc2() を使う前には makecrctable2() を呼び出して，0–255 の各文字について CRC 値を計算しておく。

```
1  #include <limits.h>
2  #define CRCPOLY1   0x1021U                        /* x^16 + x^12 + x^5 + 1 */
3  #define CRCPOLY2   0x8408U                        /* 左右逆転 */
4  typedef unsigned char byte;
5  unsigned int crctable[UCHAR_MAX + 1];
6
7  void makecrctable1(void)
8  {
9      unsigned int i, j, r;
10
11     for (i = 0; i <= UCHAR_MAX; i++) {
12         r = i << (16 - CHAR_BIT);
13         for (j = 0; j < CHAR_BIT; j++)
14             if (r & 0x8000U) r = (r << 1) ^ CRCPOLY1;
15             else             r <<= 1;
16         crctable[i] = r & 0xFFFFU;
17     }
18 }
19
20 unsigned int crc1(int n, byte c[])
21 {
22     unsigned int r;
23
24     r = 0xFFFFU;
25     while (--n >= 0)
26         r = (r << CHAR_BIT) ^
27             crctable[(byte)(r >> (16 - CHAR_BIT)) ^ *c++];
28     return ~r & 0xFFFFU;
29 }
30
31 void makecrctable2(void)
32 {
33     unsigned int i, j, r;
34
35     for (i = 0; i <= UCHAR_MAX; i++) {
36         r = i;
37         for (j = 0; j < CHAR_BIT; j++)
38             if (r & 1) r = (r >> 1) ^ CRCPOLY2;
39             else       r >>= 1;
40         crctable[i] = r;
41     }
42 }
```

CRC **335**

```
43
44  unsigned int crc2(int n, byte c[])
45  {
46      unsigned int r;
47
48      r = 0xFFFFU;
49      while (--n >= 0)
50          r = (r >> CHAR_BIT) ^ crctable[(byte)r ^ *c++];
51      return r ^ 0xFFFFU;
52  }
```

📄 crc32.c

CRC 多項式に $x^{32} + x^{26} + x^{23} + x^{22} + x^{16} + x^{12} + x^{11} + x^{10} + x^8 + x^7 + x^5 + x^4 + x^2 + x + 1$ を使った 32 ビットの CRC である。この多項式はバイナリ・テキスト変換ソフト ish やデータ圧縮ソフト PKZIP，その後の ZIP などで用いられている。

crc1() が左送り，crc2() が右送りである。

```
 1  #include <limits.h>
 2  #define CRCPOLY1 0x04C11DB7UL                          /* 本文参照 */
 3  #define CRCPOLY2 0xEDB88320UL                          /* 左右逆転 */
 4  typedef unsigned char byte;
 5
 6  unsigned long crc1(int n, byte c[])
 7  {
 8      unsigned int i, j;
 9      unsigned long r;
10
11      r = 0xFFFFFFFFUL;
12      for (i = 0; i < n; i++) {
13          r ^= (unsigned long)c[i] << (32 - CHAR_BIT);
14          for (j = 0; j < CHAR_BIT; j++)
15              if (r & 0x80000000UL) r = (r << 1) ^ CRCPOLY1;
16              else                  r <<= 1;
17      }
18      return ~r & 0xFFFFFFFFUL;
19  }
20
21  unsigned long crc2(int n, byte c[])
22  {
23      unsigned int i, j;
24      unsigned long r;
25
26      r = 0xFFFFFFFFUL;
27      for (i = 0; i < n; i++) {
28          r ^= c[i];
29          for (j = 0; j < CHAR_BIT; j++)
30              if (r & 1) r = (r >> 1) ^ CRCPOLY2;
31              else       r >>= 1;
32      }
33      return r ^ 0xFFFFFFFFUL;
34  }
```

336 CRC

 crc32t.c

前のものを表引きにして高速化したものである。

```
1  #include <limits.h>
2  #define CRCPOLY1 0x04C11DB7UL                    /* 本文参照 */
3  #define CRCPOLY2 0xEDB88320UL                    /* 左右逆転 */
4  typedef unsigned char byte;
5  unsigned long crctable[UCHAR_MAX + 1];
6
7  void makecrctable1(void)
8  {
9      unsigned int i, j;
10     unsigned long r;
11
12     for (i = 0; i <= UCHAR_MAX; i++) {
13         r = (unsigned long)i << (32 - CHAR_BIT);
14         for (j = 0; j < CHAR_BIT; j++)
15             if (r & 0x80000000UL) r = (r << 1) ^ CRCPOLY1;
16             else                  r <<= 1;
17         crctable[i] = r & 0xFFFFFFFFUL;
18     }
19 }
20
21 unsigned long crc1(int n, byte c[])
22 {
23     unsigned long r;
24
25     r = 0xFFFFFFFFUL;
26     while (--n >= 0)
27         r = (r << CHAR_BIT) ^
28             crctable[(byte)(r >> (32 - CHAR_BIT)) ^ *c++];
29     return ~r & 0xFFFFFFFFUL;
30 }
31
32 void makecrctable2(void)
33 {
34     unsigned int i, j;
35     unsigned long r;
36
37     for (i = 0; i <= UCHAR_MAX; i++) {
38         r = i;
39         for (j = 0; j < CHAR_BIT; j++)
40             if (r & 1) r = (r >> 1) ^ CRCPOLY2;
41             else       r >>= 1;
42         crctable[i] = r;
43     }
44 }
45
46 unsigned long crc2(int n, byte c[])
47 {
48     unsigned long r;
49
50     r = 0xFFFFFFFFUL;
51     while (--n >= 0)
52         r = (r >> CHAR_BIT) ^ crctable[(byte)r ^ *c++];
53     return r ^ 0xFFFFFFFFUL;
54 }
```

[1] Dilip V. Sarwate. Computation of cyclic redundancy checks via table look-up. *Communications of the ACM*, 31: 1008–1013, 1988.

E

Eratosthenes（エラトステネス）のふるい　sieve of Eratosthenes

†素数を列挙する簡単で高速な方法。ギリシアの Eratosthenes（276?–194 B.C.）による。

2 以上の整数を列挙しておく。最小の数 2 を残して，その倍数をすべて消す。残った最小の数 3 を残して，その倍数をすべて消す。残った最小の数 5 を残して，その倍数をすべて消す。以下同様に，まだ消えていない最小の数を残してその倍数を消すことを繰り返せば，素数だけが残る。

2 通りのプログラム例を挙げる。

 sieve1.c

偶数の素数は 2 だけであるから，2 だけ特別扱いにして，3 以上の奇数だけ調べる。flag[i] は $2i+3$ が素数かどうかを表す（$i=0,\ldots,\mathtt{N}$）。$\mathtt{N}=8190$ なら $2\times\mathtt{N}+3=16383$ まで調べるので 1900 番目の素数 16381 まで見つかる。

このプログラムは 1980 年代に *BYTE* 誌が処理系の速度試験に使っていた sieve ベンチマークプログラムと実質的に同じものである [1, 2]。ベンチマークでは，行 10 の宣言に iter を加え，行 12, 18 を外し，全体を

```
for (iter = 1; iter <= 100; iter++) { ... }
```

で囲み，実行時間を測定する（ただし *BYTE* 誌は誤って count を 1 でなく 0 に初期化していた）。本書初版当時のコンピュータはこれでけっこうな時間がかかったが，改訂新版時点では iter の上限を 1000 倍（100000）にしても数秒で終了する。簡易的なベンチマーク実行は，UNIX 類似の環境でコンパイルコマンドが gcc の場合，たとえば

```
gcc -O3 sieve1.c -o sieve1
time ./sieve1
```

とする（-On は最適化レベルの指定）。実際の時間が "real" として表示される。

行 19 を $p \leq \lfloor\sqrt{2\times\mathtt{N}+3}\rfloor$ のときだけ実行するようにすれば若干速くなる。また，この行の k = i + p; は k = (p * p - 3) / 2; でもよい。

ほかに，2 と 3 を特別扱いにして $6i\pm 1$（$i=1,2,\ldots$）だけ調べる方法 [3]，次の sieve2.c の方法など，いろいろな工夫が考えられる。

Eratosthenes（エラトステネス）のふるい　**339**

```c
1  #include <stdio.h>
2  #include <stdlib.h>
3  #define FALSE 0
4  #define TRUE  1
5  #define N 8190
6  char flag[N + 1];                        /* flag[i] は 2i + 3 が素数なら TRUE */
7
8  int main(void)
9  {
10     int i, p, k, count;
11
12     printf("%8d", 2);
13     count = 1;
14     for (i = 0; i <= N; i++) flag[i] = TRUE;
15     for (i = 0; i <= N; i++)
16         if (flag[i]) {
17             p = i + i + 3;
18             printf("%8d", p);
19             for (k = i + p; k <= N; k += p) flag[k] = FALSE;
20             count++;
21         }
22     printf("\n%d_primes\n", count);
23     return 0;
24 }
```

📄 sieve2.c

このプログラムは Peng [4] に基づく。要素数 N = 5000 の配列 flag[i] ($i = 0, \ldots,$ N − 1) を L = 100 回使うことにより，$2 \times L \times N = 10^6$ 以下の素数を数え上げる。各 n ($= 0, \ldots, L - 1$) について，flag[i] は $10000n + 2i + 1$ が素数なら TRUE ($= 1$)，素数でないなら FALSE ($= 0$) とする。

10^6 以下の素数を調べるためには，$S = \sqrt{10^6} = 10^3$ 以下の素数の倍数を消すだけで十分である。2 の倍数は最初から除外しているので，3 から 997 までの $m = 167$ 個の素数について，倍数を消せばよい。これらは配列 pp[j] ($j = 0, \ldots, m - 1$) に入れておく。どこまで消したかは配列 kk[j] ($j = 0, \ldots, m - 1$) で憶えておく。個数 m はプログラム中で数えているが，配列 pp[ ]，kk[ ] の大きさ M ($\geq m$) はあらかじめ適当に（大きめに）見積っておくか，先ほどのプログラム sieve1.c で調べておく。

x 以下の素数の個数 $\pi(x)$ は

$$\pi(x) \doteqdot \int_2^x \frac{dt}{\ln t} = \frac{x}{\ln x} + \frac{1!\, x}{(\ln x)^2} + \frac{2!\, x}{(\ln x)^3} + \cdots$$

で見積もれる（Knuth [5]）。

N は大きいほど速くなるが，逆に N = 1 とすると Wirth [6] の方法に帰着する。

340 Eratosthenes（エラトステネス）のふるい

```
1   #include <stdio.h>
2   #include <stdlib.h>
3   #define FALSE 0
4   #define TRUE  1
5   #define S 1000
6   #define N 5000
7   #define L 100
8   #define M 167
9
10  char flag[N];
11  int  kk[M], pp[M];
12
13  int main(void)
14  {
15      int  i, j, k, m, n, p, count;
16
17      for (i = 0; i < N; i++) flag[i] = TRUE;
18      count = 1;                                              /* 2 は素数 */
19      m = 0;
20      for (i = 1; i < N; i++) {
21          if (flag[i]) {
22              p = i + i + 1;                                  /* p は素数 */
23              count++;
24              if (p <= S) {
25                  k = i + p;
26                  while (k < N) {
27                      flag[k] = FALSE;  k += p;
28                  }
29                  /* assert(m < M); */
30                  pp[m] = p;  kk[m] = k - N;
31                  m++;
32              }
33          } else flag[i] = TRUE;
34      }
35      printf("      1 -   10000: %4d\n", count);
36      for (n = 1; n < L; n++) {
37          count = 0;
38          for (j = 0; j < m; j++) {
39              p = pp[j];  k = kk[j];
40              while (k < N) {
41                  flag[k] = FALSE;  k += p;
42              }
43              kk[j] = k - N;
44          }
45          for (i = 0; i < N; i++)
46              if (flag[i]) count++;                           /* 2Nn + 2i + 1 は素数 */
47              else flag[i] = TRUE;
48          printf("%3d0001 - %3d0000: %4d\n", n, n + 1, count);
49      }
50      return 0;
51  }
```

[1] J. Gilbreath and G. Gilbreath. Eratosthenes revisited: Once more through the sieve. *BYTE*, January 1983, 283.

[2] R. Grehan *et al*. Introducing the new BYTE benchmarks. *BYTE*, June 1988, 239–266.
[3] Xuedong Luo. A practical sieve algorithm for finding prime numbers. *Communications of the ACM*, 32: 344–346, March 1989. 追記: 32: 1367, November 1989.
[4] T. A. Peng. One million primes through the sieve, *Inside the IBM PCs*, *BYTE*, Fall 1985, 243–244.
[5] Donald E. Knuth. *The Art of Computer Programming*. Volume 2: *Seminumerical Algorithms*. Addison-Wesley, third edition 1997. 381 ページ以降.
[6] Niklaus Wirth. 斉藤 信男 訳.『Modula-2 プログラミング（改訂第 3 版）』. マイクロソフトウェア／日本コンピュータ協会，1986. 56–57 ページ.

Euler（オイラー）の関数 Euler's (totient) function

Euler の関数 $\varphi(x)$ (x は整数) とは，$k = 1, 2, \ldots, x$ のうち x と互いに素（$\gcd(k, x) = 1$，⇒ [†]最大公約数）なものの個数である．

$n \geqq 3$ なら $\varphi(n)$ は偶数である．

a と n が互いに素なら $a^{\varphi(n)} \equiv 1 \pmod{n}$ が成り立つ（⇒ [†]合同式）．

 totient.c

$\varphi(x)$ を次のようにして求める．仮に 1 から x までの整数がすべて x と互いに素なら $\varphi(x) = x$ である（行 5）．もし x が 2 の倍数なら，1 から x までの整数のうち半分は x と互いに素でない（行 7）．また，もし x が 3 の倍数なら，1 から x までの整数のうち 1/3 は x と互いに素でない（行 13）．以下同様にして，x が $d = 5, 7, 9, \ldots$ の倍数であるかどうか調べ，それに応じて $\varphi(x)$ の値を減らしていく．

```
1  unsigned phi(unsigned x)
2  {
3      unsigned d, t;
4
5      t = x;
6      if (x % 2 == 0) {
7          t /= 2;
8          do { x /= 2; } while (x % 2 == 0);
9      }
10     d = 3;
11     while (x / d >= d) {
12         if (x % d == 0) {
13             t = t / d * (d - 1);
14             do { x /= d; } while (x % d == 0);
15         }
16         d += 2;
17     }
18     if (x > 1) t = t / x * (x - 1);
19     return t;
20 }
```

Euler（オイラー）の数　Eulerian numbers

Euler の数 $\langle {n \atop k} \rangle$ とは $\{1, 2, \ldots, n\}$ の順列のうち隣どうしの数を比べて右側が大きいところがちょうど k か所あるものの数である（左側が大きいところがちょうど k か所あると言っても同じである）。たとえば $\{1,2,3\}$ の順列のうち右側の数が大きいところが 1 か所あるものは 1<u>32</u>, 2<u>13</u>, <u>23</u>1, <u>31</u>2 の 4 個であるから，$\langle {3 \atop 1} \rangle = 4$ となる。

初版で挙げた Knuth [2] 第 2 版 34–40 ページの定義では，$\{1, 2, \ldots, n\}$ の順列のうち上昇する連（run）の数がちょうど k 個のものの個数であった。これは，隣どうし比べて右側が小さいところがちょうど $k-1$ 個あることと同じであるので，現在の定義の $\langle {n \atop k-1} \rangle$ に相当する。

 eulerian.c

```
1  int Eulerian(int n, int k)                          /* n ≧ 0 */
2  {
3      if (k == 0) return 1;
4      if (k < 0 || k >= n) return 0;
5      return (k + 1) * Eulerian(n - 1, k)
6             + (n - k) * Eulerian(n - 1, k - 1);
7  }
```

[1] Ronald L. Graham, Donald E. Knuth, and Oren Patashnik. *Concrete Mathematics*. Addison-Wesley, second edition 1994. 267–271 ページ．

[2] Donald E. Knuth. *The Art of Computer Programming*. Volume 3: *Sorting and Searching*. Addison-Wesley, third edition 1997. 35–40 ページ．

F

F 分布　_F distribution_

二つの確率変数（乱数）U, V の分布がそれぞれ自由度 ν_1, ν_2 の †カイ 2 乗分布であるとき，$(U/\nu_1)/(V/\nu_2)$ の分布を自由度 (ν_1, ν_2) の F 分布という。密度関数は

$$f(x) = \frac{\Gamma(a+b)c^a}{\Gamma(a)\Gamma(b)} \frac{x^{a-1}}{(1+cx)^{a+b}}, \qquad x \geqq 0$$

である。ただし $a = \nu_1/2$, $b = \nu_2/2$, $c = \nu_1/\nu_2$ と置いた。自由度 ν_1, ν_2 は正の整数である。この密度関数の積分は，$ct = \tan^2\theta$ と置けば

$$\frac{2\Gamma(a+b)}{\Gamma(a)\Gamma(b)} \int \sin^{\nu_1-1}\theta \, \cos^{\nu_2-1}\theta \, d\theta$$

となる。この積分は，部分積分ですぐに導ける公式

$$\int \sin^m\theta \, \cos^n\theta \, d\theta =$$
$$-\frac{\sin^{m-1}\theta \, \cos^{n-1}\theta}{n+1} + \frac{m-1}{n+1} \int \sin^{m-2}\theta \, \cos^{n+2}\theta \, d\theta$$

を何度も使って $\sin\theta$ の次数を減らしていけば，m が奇数なら

$$\int \sin\theta \, \cos^n\theta \, d\theta = -\frac{\cos^{n+1}\theta}{n+1}$$

に，m が偶数なら $\int \cos^n\theta \, d\theta$ に帰着する。したがって，ν_1 が偶数なら，F 分布の上側累積確率 $Q(F; \nu_1, \nu_2) = \int_F^\infty f(t)\, dt$ は

$$\cos^{\nu_2}\theta \left(1 + \frac{\nu_2}{2}\sin^2\theta + \ldots + \frac{\nu_2(\nu_2+2)\ldots(\nu_1+\nu_2-4)}{2 \cdot 4 \ldots (\nu_1-2)} \sin^{\nu_1-2}\theta \right)$$

となる。この θ は $\nu_1 F/\nu_2 = \tan^2\theta$ を満たすように選ぶ。なお，三角関数を使わなくても

$$\cos^2\theta = \frac{1}{1+\nu_1 F/\nu_2}, \quad \sin^2\theta = 1 - \cos^2\theta$$

として導ける。

ν_1 が奇数でも ν_2 が偶数なら $Q(F; \nu_1, \nu_2) = 1 - Q(1/F; \nu_2, \nu_1)$ を使って上の場合に帰着できる。

344 *F* 分布

ν_1, ν_2 がともに奇数の場合は，$\int \cos^{\nu_2-1}\theta\,d\theta$ を $^\dagger t$ 分布のときと同様に計算して求める。最終的な 0 から F までの積分の結果は

$$\frac{2}{\pi}\left(\theta + sc + \frac{2}{3}sc^3 + \cdots + \frac{2\cdot 4\ldots(\nu_2-3)}{3\cdot 5\ldots(\nu_2-2)}sc^{\nu_2-2}\right.$$

$$-\frac{2\cdot 4\ldots(\nu_2-3)(\nu_2-1)}{3\cdot 5\ldots(\nu_2-2)\cdot 1}sc^{\nu_2} - \cdots$$

$$\left.-\frac{2\cdot 4\ldots(\nu_2-3)(\nu_2-1)(\nu_2+1)\ldots(\nu_1+\nu_2-4)}{3\cdot 5\ldots(\nu_2-2)\cdot 1\cdot 3\ldots(\nu_1-2)}s^{\nu_1-2}c^{\nu_2}\right)$$

となる $(s = \sin\theta,\ c = \cos\theta)$。

F 分布の乱数は，最初に挙げた定義どおりに生成できる。

📄 fdist.c

自由度 df1，df2 の F 分布の累積確率を求める。

```c
 1  #include <math.h>
 2  #define PI 3.14159265358979323846264
 3
 4  double q_f(int df1, int df2, double f)          /* 上側累積確率 */
 5  {
 6      int i;
 7      double cos2, sin2, prob, temp;
 8
 9      if (f <= 0) return 1;
10      if (df1 % 2 != 0 && df2 % 2 == 0)
11          return 1 - q_f(df2, df1, 1 / f);
12      cos2 = 1 / (1 + df1 * f / df2);  sin2 = 1 - cos2;
13      if (df1 % 2 == 0) {
14          prob = pow(cos2, df2 / 2.0);  temp = prob;
15          for (i = 2; i < df1; i += 2) {
16              temp *= (df2 + i - 2) * sin2 / i;
17              prob += temp;
18          }
19          return prob;
20      }
21      prob = atan(sqrt(df2 / (df1 * f)));
22      temp = sqrt(sin2 * cos2);
23      for (i = 3; i <= df1; i += 2) {
24          prob += temp;  temp *= (i - 1) * sin2 / i;
25      }
26      temp *= df1;
27      for (i = 3; i <= df2; i += 2) {
28          prob -= temp;
29          temp *= (df1 + i - 2) * cos2 / i;
30      }
31      return prob * 2 / PI;
32  }
33
34  double p_f(int df1, int df2, double f)          /* 下側累積確率 */
35  {
```

```
36      if (f <= 0) return 0;
37      return q_f(df2, df1, 1 / f);
38  }
```

random.c

自由度 n1, n2 の F 分布の乱数を発生する。chisq_rnd(k) は自由度 k の [†]カイ 2 乗分布の乱数を発生する関数である。

```
1   double F_rnd(double n1, double n2)
2   {
3       return (chisq_rnd(n1) * n2) / (chisq_rnd(n2) * n1);
4   }
```

FFT（高速 Fourier 変換）　fast Fourier transform

離散 Fourier（フーリエ）変換（⇒ [†]三角関数による補間）

$$c_k = \frac{1}{n} \sum_{h=0}^{n-1} \omega^{-kh} f_h, \qquad \omega = e^{2\pi i/n}$$

を高速に求めるアルゴリズム。単純に n 個の c_k について n 項の和を求めれば $O(n^2)$ の時間を要するが，FFT では右辺の h や k をいわばビットごとに扱うので $O(n \log n)$ の時間で済む。

以下では Cooley（クーリー）–Tukey（テューキー）のアルゴリズムを解説する。たとえば $n = 8$ としよう。$k = 4p + 2q + r$, $h = 4s + 2t + u$ と置いて $\omega^8 = 1$ を用いると，次のように変形できる（$f_{4s+2t+u}$ を f_{stu} と略記した）。

$$\sum_{h=0}^{n-1} \omega^{-kh} f_h = \sum_{s=0}^{1} \sum_{t=0}^{1} \sum_{u=0}^{1} \omega^{-(4p+2q+r)(4s+2t+u)} f_{stu} \tag{1}$$

$$= \sum_{s=0}^{1} \sum_{t=0}^{1} \sum_{u=0}^{1} \omega^{-r \cdot 4s} \omega^{-(2q+r) \cdot 2t} \omega^{-(4p+2q+r) \cdot u} f_{stu} \tag{2}$$

$$= \sum_{u=0}^{1} \omega^{-(4p+2q+r)u} \left\{ \sum_{t=0}^{1} \omega^{-(4q+2r)t} \left(\sum_{s=0}^{1} \omega^{-4rs} f_{stu} \right) \right\} \tag{3}$$

この計算を次の 4 段階に分けて行う。

1. $c_{uts} \leftarrow f_{stu}$（添字のビット反転）
2. $c_{utr} \leftarrow \sum_{s=0}^{1} \omega^{-4rs} c_{uts}$
3. $c_{uqr} \leftarrow \sum_{t=0}^{1} \omega^{-(4q+2r)t} c_{utr}$
4. $c_{pqr} \leftarrow \sum_{u=0}^{1} \omega^{-(4p+2q+r)u} c_{uqr}$

FFT（高速 Fourier 変換）

一般には $\log_2 n$ ビットについて n 個の c_k を求めるので，$n \log_2 n$ の程度の計算量になる。

より一般に，$n = n_1 n_2 n_3 \ldots$ と素因数分解できれば，計算量は $n(n_1 + n_2 + n_3 + \cdots)$ に比例する程度になる。

計算の順序を適当に入れ換えれば，添字のビット反転を最後にもっていくこともできる（Sande–Tukey のアルゴリズム）。

fft.c

fft(n, x, y) は Cooley–Tukey のアルゴリズムで高速 Fourier 変換を行う。標本点の数 n（$\geqq 4$）は 2 の整数乗に限る。x[k] が実部，y[k] が虚部（$k = 0, 1, 2, \ldots, |n| - 1$）。結果は x[ ]，y[ ] に上書きする。n = 0 なら表のメモリを解放する。n < 0 なら逆変換を行う。前回の呼出しと異なる |n| の値で呼び出すと，三角関数とビット反転の表を作るために多少余分に時間がかかる。この表のための記憶領域獲得に失敗すると 1 を返す（正常終了時の戻り値は 0）。これらの表の記憶領域を解放するには n = 0 として呼び出す（このときは x[ ]，y[ ] の値は変わらない）。

初版の float はここでは double とした。

```
1  #include <stdio.h>
2  #include <stdlib.h>
3  #include <math.h>
4  #define PI 3.14159265358979323846
```
▷ 関数 fft() の下請けとして三角関数表を作る。ライブラリ関数の sin(x) は 1 回しか呼び出していないことに注目されたい。
```
5  static void make_sintbl(int n, double sintbl[])
6  {
7      int i, n2, n4, n8;
8      double c, s, dc, ds, t;
9
10     n2 = n / 2;  n4 = n / 4;  n8 = n / 8;
11     t = sin(PI / n);
12     dc = 2 * t * t;  ds = sqrt(dc * (2 - dc));
13     t = 2 * dc;  c = sintbl[n4] = 1;  s = sintbl[0] = 0;
14     for (i = 1; i < n8; i++) {
15         c -= dc;  dc += t * c;
16         s += ds;  ds -= t * s;
17         sintbl[i] = s;  sintbl[n4 - i] = c;
18     }
19     if (n8 != 0) sintbl[n8] = sqrt(0.5);
20     for (i = 0; i < n4; i++) {
21         sintbl[n2 - i] = sintbl[i];
22         sintbl[i + n2] = - sintbl[i];
23     }
24 }
```
▷ 関数 fft() の下請けとしてビット反転表を作る。

FFT（高速 Fourier 変換）　**347**

```c
25  static void make_bitrev(int n, int bitrev[])
26  {
27      int i, j, k, n2;
28
29      n2 = n / 2;  i = j = 0;
30      for ( ; ; ) {
31          bitrev[i] = j;
32          if (++i >= n) break;
33          k = n2;
34          while (k <= j) {  j -= k;  k /= 2;  }
35          j += k;
36      }
37  }
```

▷ 高速 Fourier 変換（Cooley–Tukey のアルゴリズム）。詳細は本文参照。

```c
38  int fft(int n, double x[], double y[])
39  {
40      static int    last_n = 0;                              /* 前回呼出し時の n */
41      static int    *bitrev = NULL;                          /* ビット反転表 */
42      static double *sintbl = NULL;                          /* 三角関数表 */
43      int i, j, k, ik, h, d, k2, n4, inverse;
44      double t, s, c, dx, dy;
45
46                                                             /* 準備 */
47      if (n < 0) {
48          n = -n;  inverse = 1;                              /* 逆変換 */
49      } else inverse = 0;
50      n4 = n / 4;
51      if (n != last_n || n == 0) {
52          last_n = n;
53          if (sintbl != NULL) free(sintbl);
54          if (bitrev != NULL) free(bitrev);
55          if (n == 0) return 0;                              /* 記憶領域を解放した */
56          sintbl = malloc((n - n4) * sizeof(double));
57          bitrev = malloc(n * sizeof(int));
58          if (sintbl == NULL || bitrev == NULL) {
59              fprintf(stderr, "記憶領域不足\n");  return 1;
60          }
61          make_sintbl(n, sintbl);
62          make_bitrev(n, bitrev);
63      }
64      for (i = 0; i < n; i++) {                              /* ビット反転 */
65          j = bitrev[i];
66          if (i < j) {
67              t = x[i];  x[i] = x[j];  x[j] = t;
68              t = y[i];  y[i] = y[j];  y[j] = t;
69          }
70      }
71      for (k = 1; k < n; k = k2) {                           /* 変換 */
72          h = 0;  k2 = k + k;  d = n / k2;
73          for (j = 0; j < k; j++) {
74              c = sintbl[h + n4];
75              if (inverse) s = - sintbl[h];
76              else         s =   sintbl[h];
77              for (i = j; i < n; i += k2) {
78                  ik = i + k;
```

```
79              dx = s * y[ik] + c * x[ik];
80              dy = c * y[ik] - s * x[ik];
81              x[ik] = x[i] - dx;   x[i] += dx;
82              y[ik] = y[i] - dy;   y[i] += dy;
83          }
84          h += d;
85      }
86  }
87  if (! inverse)                                        /* 逆変換でないならnで割る */
88      for (i = 0; i < n; i++) {  x[i] /= n;   y[i] /= n;  }
89  return 0;                                             /* 正常終了 */
90 }
```

次に挙げるのは簡単なテスト用ルーチンである。$f_h = 6\cos(3 \times 2\pi h/n) + 4\sin(9 \times 2\pi h/n)$ ($n = 64$) で作った人工データの離散 Fourier 変換を求め，さらにその逆変換を行って元に戻ることを確かめる。

```
1  #define N 64
2
3  int main(void)
4  {
5      int i;
6      static double x1[N], y1[N], x2[N], y2[N], x3[N], y3[N];
7
8      for (i = 0; i < N; i++) {
9          x1[i] = x2[i] = 6 * cos( 6 * PI * i / N)
10                       + 4 * sin(18 * PI * i / N);
11         y1[i] = y2[i] = 0;
12     }
13     if (fft(N, x2, y2)) return 1;
14     for (i = 0; i < N; i++) {
15         x3[i] = x2[i];   y3[i] = y2[i];
16     }
17     if (fft(-N, x3, y3)) return 1;
18     printf("      元のデータ    フーリエ変換  逆変換\n");
19     for (i = 0; i < N; i++)
20         printf("%4d | %6.3f %6.3f |"
21                " %6.3f %6.3f | %6.3f %6.3f\n",
22             i, x1[i], y1[i], x2[i], y2[i], x3[i], y3[i]);
23     return 0;
24 }
```

結果は，0の部分は省き，次のようになる。

$$c_3 = 3, \quad c_9 = -2i, \quad c_{55} = 2i, \quad c_{61} = 3$$

このように，データが実数の場合には，結果の後半（$n/2 = 32$ 番目以降）は単に前半の裏返しである。$2c_3 = 6$ から $\cos(3 \times 2\pi/n)$ の係数が 6 であることがわかり，$2c_9 = -4i$ から $\sin(9 \times 2\pi/n)$ の係数が 4 であることがわかる。つまり，実数部分の 2 倍がコサインの係数，虚数部分の -2 倍がサインの係数である。

[1] Ronald N. Bracewell. *The Fourier Transform and its Applications*. McGraw-Hill, sec-

ond edition, revised, 1986.

Fibonacci（フィボナッチ）数列　Fibonacci sequence

$F_1 = 1$, $F_2 = 1$ から始めて，漸化式

$$F_{n+2} = F_{n+1} + F_n, \qquad n = 1, 2, 3, \ldots$$

で作られる数列

　　1, 1, 2, 3, 5, 8, 13, 21, 34, 55, …

のこと。Fibonacci（Leonardo of Pisa，1180–1250 頃）が著した算術書 *Liber abaci*（1202年）に次のような問題がある。

> 1 つがいのうさぎは，毎月 1 つがいの子を生む。新しく生まれたうさぎは，1 か月後から子を生み始める。最初 1 つがいのうさぎがいたとすると，1 年後には何つがいになるか。

n か月目のつがいの数が Fibonacci 数列の F_n になる。

Fibonacci 数列の一般項は次の式で与えられる。

$$F_n = \frac{1}{\sqrt{5}} \left\{ \left(\frac{1+\sqrt{5}}{2} \right)^n - \left(\frac{1-\sqrt{5}}{2} \right)^n \right\}$$

この後半 $(1/\sqrt{5})((1-\sqrt{5})/2)^n$ の絶対値は 0.5 未満であるので，次のようにもできる。

$$F_n = \left\lfloor \frac{1}{\sqrt{5}} \left(\frac{1+\sqrt{5}}{2} \right)^n + 0.5 \right\rfloor$$

また，Fibonacci の漸化式は，行列を使えば

$$\begin{pmatrix} F_{n+2} \\ F_{n+1} \end{pmatrix} = \begin{pmatrix} 1 & 1 \\ 1 & 0 \end{pmatrix} \begin{pmatrix} F_{n+1} \\ F_n \end{pmatrix}$$

と書くことができる。したがって，Fibonacci 数列の第 n 項を求める問題は行列を n 乗する問題に帰着し，速い †累乗のアルゴリズムを使えば $\log_2 n$ 程度の手間で求められる（詳細は下のプログラム参照）。これなら実数計算の誤差の心配もない。

 `fib.c`

Fibonacci 数列の最初の数項を求める素直なアルゴリズム：

350 Fibonacci（フィボナッチ）探索

```
1    a = 1;  b = 0;
2    while (a < 100) {
3        printf("_%d", a);
4        t = a + b;  b = a;  a = t;
5    }
```

次のようにすれば余分な変数 t を追い出せる：

```
1    a = 1;  b = 0;
2    while (a < 100) {
3        printf("_%d", a);
4        a += b;  b = a - b;
5    }
```

Fibonacci 数列の第 n 項を求める簡単な方法：

```
1  int fib1(int n)
2  {
3      return (int)(pow((1 + sqrt(5)) / 2, n) / sqrt(5) + 0.5);
4  }
```

Fibonacci 数列の第 n 項を $O(\log n)$ で求める方法：

```
1  int fib2(int n)
2  {
3      int a, a1, b, b1, c, c1, x, x1, y, y1;
4
5      a = 1;  b = 1;  c = 0;  x = 1;  y = 0;  n--;
6      while (n > 0) {
7          if (n & 1) {
8              x1 = x;  y1 = y;
9              x = a * x1 + b * y1;  y = b * x1 + c * y1;
10         }
11         n /= 2;
12         a1 = a;  b1 = b;  c1 = c;
13         a = a1 * a1 + b1 * b1;
14         b = b1 * (a1 + c1);
15         c = b1 * b1 + c1 * c1;
16     }
17     return x;
18 }
```

Fibonacci（フィボナッチ）探索　Fibonacci search

区間 $a < x < b$ で $f(x)$ を最小にする x の値 $x_{\min}$ を求める簡単な方法。$f(x)$ は連続関数でなくてもかまわないが，$a < x < x_{\min}$ で減少し $x_{\min} < x < b$ で増加すると仮定する（単峰性）。[†]Fibonacci（フィボナッチ）数列

$$1, 1, 2, 3, 5, 8, 13, 21, 34, 55, \ldots$$

を用いる。たとえば区間 $a \leqq x \leqq b$ を 55 等分する点 $x_0 \,(= a), x_1, x_2, \ldots, x_{55} \,(= b)$ のど

こで $f(x)$ が最小か調べたいとする。まず $f(x_{21})$ と $f(x_{34})$ を比べる。$f(x_{21}) < f(x_{34})$ なら $f(x_{13})$ と $f(x_{21})$ を比べ，$f(x_{21}) > f(x_{34})$ なら $f(x_{34})$ と $f(x_{55-13})$ を比べ，... という具合に Fibonacci 数列の項を使って探索する。

fibonacc.c

fibonacci(a, b, tolerance, f) は，区間の下限 a，上限 b，許容誤差 tolerance，関数 f を与えると，その関数を最小にする x の値を返す。

```
 1  double fibonacci(double a, double b,
 2                   double tolerance, double (*f)(double x))
 3  {
 4      long int ic, id, ib, ia;
 5      double fc, fd, t;
 6
 7      if (a > b) {  t = a;   a = b;   b = t;  }
 8      ia = (long int)((b - a) / tolerance);
 9      ic = 1;   id = 2;   ib = 3;
10      while (ib < ia) {  ic = id;   id = ib;   ib = ic + id;  }
11      ia = 0;   tolerance = (b - a) / ib;
12      fc = f(a + ic * tolerance);   fd = f(a + id * tolerance);
13      for ( ; ; ) {
14          if (fc > fd) {
15              ia = ic;   ic = id;   id = ib - (ic - ia);
16              if (ic == id) return a + id * tolerance;
17              fc = fd;   fd = f(a + id * tolerance);
18          } else {
19              ib = id;   id = ic;   ic = ia + (ib - id);
20              if (ic == id) return a + ic * tolerance;
21              fd = fc;   fc = f(a + ic * tolerance);
22          }
23      }
24  }
```

G

Gauss（ガウス）の整数　Gaussian integer

x, y が整数のとき，$x + iy$ の形の数を Gauss の整数という（$i = \sqrt{-1}$ は虚数単位 ⇒ [†]複素数）。

普通の整数としては素数でも，Gauss の整数としては，たとえば $2 = (1+i)(1-i)$ のように，素因数分解できるものがある。

cprimes.c

このプログラムは，[†]Eratosthenes（エラトステネス）のふるいを複素数に拡張して，Gauss の整数の素数 $x + iy$ を求め，$x^2 + y^2 \leq N^2$ の範囲で複素平面上にプロットする。こうしてできた美しい模様（下図）はテーブルクロスにも使われたことがあるという [1]。

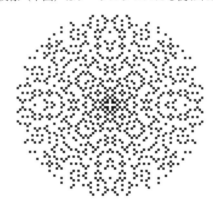

下のプログラムでは単に * を印字するようにしてあるが，適宜工夫されたい。

```
1  #include <stdio.h>
2  #include <stdlib.h>
3  #define N 39
4  #define SQRTN 6   /* floor(sqrt(N)) */
5  char a[N + 1][N + 1];
6  int main(void)
7  {
8      int i, j, p, q, x, y;
9  
10     for (i = 0; i <= N; i++)
11         for (j = 0; j <= N; j++) a[i][j] = 1;
12     a[0][0] = a[1][0] = a[0][1] = 0;
13     for (i = 1; i <= SQRTN; i++) {
```

```
14        for (j = 0; j <= i; j++) {
15            if (a[i][j]) {
16                p = i;   q = j;
17                do {
18                    x = p;   y = q;
19                    do {
20                        a[x][y] = a[y][x] = 0;
21                    } while ((x -= j) >= 0 && (y += i) <= N);
22                    x = p;   y = q;
23                    do {
24                        a[x][y] = a[y][x] = 0;
25                    } while ((x += j) <= N && (y -= i) >= 0);
26                    p += i;   q += j;
27                } while (p <= N);
28                a[i][j] = a[j][i] = 1;
29            }
30        }
31    }
32    for (i = -N; i <= N; i++) {
33        for (j = -N; j <= N; j++) {
34            if (a[abs(i)][abs(j)] && i * i + j * j <= N * N)
35                printf("*");
36            else
37                printf("␣");
38        }
39        printf("\n");
40    }
41    return 0;
42 }
```

$x + y(1 + \sqrt{3}i)/2$ の形の素数（x, y は整数）でも同様な図が描ける.

[1] M. R. Schroeder. *Number Theory in Science and Communication*. Springer, 1984.
[2] 高木 貞治. 『初等整数論講義』. 共立出版, 第 2 版 1971.

Gauss（ガウス）法 Gausssian elimination

†連立 1 次方程式を解く代表的な方法. この項目では基本的な考え方と簡単なプログラムを挙げる. 実用的な Gauss 法プログラムは ⇒ †LU 分解.

3 個の未知数 x_1, x_2, x_3 についての連立方程式

$$\begin{cases} a_{11}x_1 + a_{12}x_2 + a_{13}x_3 = b_1 \\ a_{21}x_1 + a_{22}x_2 + a_{23}x_3 = b_2 \\ a_{31}x_1 + a_{32}x_2 + a_{33}x_3 = b_3 \end{cases}$$

を例にとって説明する. 話を具体的にするために, 以下の数値で考えよう.

$$\begin{cases} 2x_1 + 5x_2 + 7x_3 = 23 \\ 4x_1 + 13x_2 + 20x_3 = 58 \\ 8x_1 + 29x_2 + 50x_3 = 132 \end{cases}$$

Gauss（ガウス）法

これを Gauss 法で解くには，まず 1 番目の式の 2 倍を 2 番目の式から引き，1 番目の式の 4 倍を 3 番の式から引く：

$$2x_1 + 5x_2 + 7x_3 = 23$$
$$3x_2 + 6x_3 = 12$$
$$9x_2 + 22x_3 = 40$$

次に 2 番の式の 3 倍を 3 番の式から引く：

$$2x_1 + 5x_2 + 7x_3 = 23$$
$$3x_2 + 6x_3 = 12$$
$$4x_3 = 4$$

ここまでが Gauss の消去法と呼ばれる部分である．後半は，後退代入といって，下の式から順に次のように解いていく．まず，3 番目の式の両辺を 4 で割れば，直ちに

$$x_3 = 1$$

が得られる．次に，これを 2 番目の式に代入し，移項して解くと，

$$x_2 = (12 - 6x_3)/3 = (12 - 6 \times 1)/3 = 2$$

が得られる．最後に，これらを 1 番目の式に代入し，移項して解くと

$$x_1 = (23 - 5x_2 - 7x_3)/2 = (23 - 5 \times 2 - 7 \times 1)/2 = 3$$

が得られる．

ピボット選択という操作を行わないと計算途中で係数行列の対角成分 a_{ii} が 0 に近くなったとき不都合が起こるが，この項目では省略する．ピボット選択については ⇒ †LU 分解．

 gauss.c

ピボット選択なしの Gauss 法で連立 1 次方程式を解く．上の説明の a_{ij} と b_j をまとめて n 行 n+1 列の行列 a[0..n-1][0..n] とした．添字は上の説明と 1 ずつ違う：上の説明の係数 a_{ij} がプログラムの a[$i-1$][$j-1$] に相当し，上の説明の右辺 b_j がプログラムの a[$j-1$][n] に相当する．解 x_j は a[$j-1$][n] に上書きされる．

```
1    int i, j, k;
2    double t;
3
4    for (k = 0; k < n - 1; k++) {
5        for (i = k + 1; i < n; i++) {
6            t = a[i][k] / a[k][k];
7            for (j = k + 1; j <= n; j++)
8                a[i][j] -= t * a[k][j];
9        }
```

```
10        }
11        for (i = n - 1; i >= 0; i--) {
12            t = a[i][n];
13            for (j = i + 1; j < n; j++) t -= a[i][j] * a[j][n];
14            a[i][n] = t / a[i][i];
15        }
```

Gauss（ガウス）–Jordan（ジョルダン）法

Gauss–Jordan elimination

[†]連立 1 次方程式の解法の一つ。[†]Gauss（ガウス）法より若干遅いがプログラムが簡単である。

3 個の未知数 x_1, x_2, x_3 についての連立方程式

$$\begin{cases} a_{11}x_1 + a_{12}x_2 + a_{13}x_3 = b_1 \\ a_{21}x_1 + a_{22}x_2 + a_{23}x_3 = b_2 \\ a_{31}x_1 + a_{32}x_2 + a_{33}x_3 = b_3 \end{cases}$$

を例にとって説明する。

まず，1 番目の式の両辺を a_{11} で割ることによってこの式の x_1 の係数を 1 にする。

次に，第 1 の式の a_{21} 倍を第 2 の式から，a_{31} 倍を第 3 の式から，それぞれ引く。すると，

$$\begin{aligned} x_1 + a'_{12}x_2 + a'_{13}x_3 &= b'_1 \\ a'_{22}x_2 + a'_{23}x_3 &= b'_2 \\ a'_{32}x_2 + a'_{33}x_3 &= b'_3 \end{aligned}$$

のように，第 2，第 3 の式の x_1 の係数は 0 になる。

さらに，新しい第 2 の式の両辺を a'_{22} で割ることによってこの式の x_2 の係数を 1 にする。

次に，第 2 の式の a'_{12} 倍を第 1 の式から，a_{32} 倍を第 3 の式から，それぞれ引く。すると，

$$\begin{aligned} x_1 \quad + a''_{13}x_3 &= b''_1 \\ x_2 + a''_{23}x_3 &= b''_2 \\ + a''_{33}x_3 &= b''_3 \end{aligned}$$

のように，第 1，3 の式の x_2 の係数は 0 になる。

最後に，第 3 の式の両辺を a''_{33} で割り，その a''_{13} 倍を第 1 の式から，a''_{23} 倍を第 2 の式から，それぞれ引くと，

$$\begin{aligned} x_1 \quad &= b'''_1 \\ x_2 \quad &= b'''_2 \\ x_3 &= b'''_3 \end{aligned}$$

となり，解 x_1, x_2, x_3 は元の方程式の右辺 b_1, b_2, b_3 に上書きされる。

ピボット選択という操作を行わないと計算途中で係数行列の対角成分 a_{ii} が 0 に近くなったとき不都合が起こるが，この項目では省略する。ピボット選択については ⇒ [†]LU分解。

 gaussjor.c

ピボット選択なしの Gauss–Jordan 法で連立 1 次方程式を解く。上の説明の a_{ij} と b_j をまとめて n 行 n + 1 列の行列 a[0..n-1][0..n] とした。添字は上の説明と 1 ずつ違う。上の説明の係数 a_{ij} がプログラムの a[$i-1$][$j-1$] に相当し，上の説明の右辺 b_j がプログラムの a[$j-1$][n] に相当する。解 x_j は a[$j-1$][n] に上書きされる。

```
1    int i, j, k;
2
3    for (k = 0; k < n; k++) {
4        for (j = k + 1; j <= n; j++) a[k][j] /= a[k][k];
5        for (i = 0; i < n; i++)
6            if (i != k)
7                for (j = k + 1; j <= n; j++)
8                    a[i][j] -= a[i][k] * a[k][j];
9    }
```

Gauss（ガウス）–Seidel（ザイデル）法 Gauss–Seidel method

[†]連立 1 次方程式 $Ax = b$ を解く一方法。係数行列 A を対角成分が 0 の行列 A' と対角行列 D との和に分解すれば，方程式は $(A' + D)x = b$，すなわち $x = D^{-1}(b - A'x)$ と書ける。したがって，置換え $x \leftarrow D^{-1}(b - A'x)$ を繰り返し，収束すればその x が解である。いつも収束するわけではないが，行列 A が正定値（固有値がすべて正）であれば収束する。特に，対角成分が非対角成分より大きい行列なら収束する。一般には [†]Gauss（ガウス）法が速いことが多いが，この方法は係数の書き換えがないので，成分の多くが 0 であるような行列（疎行列）で便利である。Gauss 法ではせっかくの疎行列が疎行列でなくなってしまう。

Gauss–Seidel 法の置換えは，より一般的な置換え

$$x \leftarrow x + c(D^{-1}(b - A'x) - x)$$

の $c = 1$ の場合と考えられるが，この c を 1 より少し大きくすると収束が速くなることがある。このような方法を SOR（successive over-relaxation）法という。

gseidel.c

```c
#include <math.h>
#define EPS       1E-6                                    /* 許容誤差 */
#define MAX_ITER  500                                     /* 最大繰返し数 */

int gseidel(int n, matrix a, vector x, vector b)
{
    int j, i, ok, iter;
    double s;

    for (iter = 1; iter <= MAX_ITER; iter++) {
        ok = 1;
        for (i = 0; i < n; i++) {
            s = b[i];
            for (j = 0    ; j < i; j++) s -= a[i][j] * x[j];
            for (j = i + 1; j < n; j++) s -= a[i][j] * x[j];
            s /= a[i][i];                /* あらかじめ対角成分を1にしておけば不要 */
            if (ok && fabs(x[i] - s) > EPS * (1 + fabs(s)))
                ok = 0;
            x[i] = s;                    /* SOR法ならたとえば x[i] += 1.2 * (s - x[i]); */
        }
        if (ok) return 0;                                 /* 成功 */
    }
    return 1;                                             /* 収束せず */
}
```

Gray（グレイ）符号　Gray code

スイッチのオン，オフの状態をそれぞれ '1'，'0' で表せば，たとえば3個のスイッチのとりうる状態は

　　000, 001, 010, 011, 100, 101, 110, 111

の 2^3 通りある。これらの状態をすべて試したいとき，このままの順では，次の状態に移行する際に2個以上のスイッチを同時に動かさなければならないことがある。

毎回1個だけスイッチを動かしてすべての状態を重複なく生成するようにしたのが Gray 符号である。たとえば3桁の Gray 符号は

　　000, 001, 011, 010, 110, 111, 101, 100

となる。隣どうしの違いは1ビットだけである。

gray1.c

N 桁のグレイ符号を生成する。

358 Gray（グレイ）符号

```c
1  #include <stdio.h>
2  #include <stdlib.h>
3  #define N  6                                        /* 桁数 */
4
5  int main(void)
6  {
7      int i;
8      char binary[N + 1], Gray[N];
9
10     for (i = 0; i < N; i++) binary[i] = Gray[i] = 0;
11     binary[N] = 0;                                   /* †番人 */
12     printf("%*s␣␣%*s\n", N, "binary", N, "Gray");
13     for ( ; ; ) {
14         for (i = N - 1; i >= 0; i--) printf("%d", binary[i]);
15         printf("␣␣");
16         for (i = N - 1; i >= 0; i--) printf("%d", Gray[i]);
17         printf("\n");
18         for (i = 0; binary[i] == 1; i++) binary[i] = 0;
19         if (i == N) break;
20         binary[i] = 1;
21         Gray[i] ^= 1;                    /* 1 個変えるだけで次の Gray 符号が得られる */
22     }
23     return 0;
24 }
```

📑 gray2.c

　ある番号に対応する Gray 符号を直接求めるには，左（上位）のビットから順に見ていき，'1' が現れたならば次の桁からはビットを反転（0 ↔ 1）する。反転したビットが '1' なら，次の桁からは反転しない。

　次のプログラムはこの方法でたかだか N ビットの番号 x を Gray 符号に変換する。

```c
1  #define HIGHBIT   (1U << (N - 1))
2
3  unsigned int num_to_Gray(unsigned int x)
4  {
5      unsigned int mask;
6      enum {Off, On} sw;
7
8      sw = Off;
9      for (mask = HIGHBIT; mask != 0; mask >>= 1)
10         if (sw) {
11             x ^= mask;                               /* ビット反転（0 ↔ 1）*/
12             if (x & mask) sw = Off;
13         } else
14             if (x & mask) sw = On;
15     return x;
16 }
```

Gray 符号を対応する番号に直すにはこの逆をすればよい。

Gray（グレイ）符号　359

```
 1 unsigned int Gray_to_num(unsigned int x)
 2 {
 3     unsigned int mask;
 4     enum {Off, On} sw;
 5
 6     sw = Off;
 7     for (mask = HIGHBIT; mask != 0; mask >>= 1)
 8         if (sw) {
 9             if (x & mask) sw = Off;
10             x ^= mask;                              /* ビット反転 (0 ↔ 1) */
11         } else
12             if (x & mask) sw = On;
13     return x;
14 }
```

この二つについて，初版の読者より次のような方法を教えていただいた：

```
 1 unsigned int num_to_Gray(unsigned int x)
 2 {
 3     return x ^ (x >> 1);
 4 }
```

```
 1 unsigned int Gray_to_num(unsigned int x)
 2 {
 3     unsigned int ret = x;
 4
 5     while (x >>= 1)
 6         ret ^= x;
 7     return ret;
 8 }
```

H

Hamming（ハミング）の問題 Hamming's problem

7以上の素数で割り切れない正の整数を小さい順に N 個求めよという問題である。R. W. Hamming によるとされる [1, 2]。

最小のものは1である。また，$k+1$ 番目のものは，k 番目までのものを2倍，3倍，5倍したもののうちで，k 番目のものより大きい最小のものである。

この考え方に従って，小さい要素から順に次のように生成することができる。

 hamming.c

7以上の素数で割り切れない正の整数を小さい順に q[0..N-1] に求める。

```c
int q[N];

void hamming(void)
{
    int i, j2, j3, j5, min, x2, x3, x5;

    j2 = j3 = j5 = 0;   x2 = x3 = x5 = 1;
    for (i = 0; i < N; i++) {
        min = x2;
        if (x3 < min) min = x3;
        if (x5 < min) min = x5;
        q[i] = min;
        while (x2 <= min) x2 = 2 * q[j2++];
        while (x3 <= min) x3 = 3 * q[j3++];
        while (x5 <= min) x5 = 5 * q[j5++];
    }
}
```

[1] E. W. ダイクストラ．浦 昭二，土居 範久，原田 賢一 訳．『プログラミング原論：いかにしてプログラムを作るか』．サイエンス社，1983．原著は Edsger W. Dijkstra. *A Discipline of Programming*. Prentice-Hall, 1976.

[2] David Gries. *The Science of Programming*. Springer, 1981.

Hilbert（ヒルベルト）曲線 Hilbert curve

次の図は位数5の Hilbert 曲線。位数 order が大きくなるほど複雑な曲線になり，order $\to \infty$ で正方形を埋め尽くす。

Hilbert（ヒルベルト）曲線　**361**

以下のプログラムでは，プロッタシミュレーションルーチン svgplot.c または epsplot.c（⇒ †グラフィックス）を使っている。

📄 hilbert.c

```c
 1  #include "svgplot.c"              /* または epsplot.c */
 2  double h;                         /* 刻み幅 */
 3
 4  void rul(int i), dlu(int i), ldr(int i), urd(int i);
                                      /* 後出 */
 5
 6  void rul(int i)                   /* right-up-left */
 7  {
 8      if (i == 0) return;
 9      urd(i - 1);  draw_rel( h, 0);
10      rul(i - 1);  draw_rel( 0, h);
11      rul(i - 1);  draw_rel(-h, 0);
12      dlu(i - 1);
13  }
14
15  void dlu(int i)                                        /* down-left-up */
16  {
17      if (i == 0) return;
18      ldr(i - 1);  draw_rel( 0, -h);
19      dlu(i - 1);  draw_rel(-h,  0);
20      dlu(i - 1);  draw_rel( 0,  h);
21      rul(i - 1);
22  }
23
24  void ldr(int i)                                        /* left-down-right */
25  {
26      if (i == 0) return;
27      dlu(i - 1);  draw_rel(-h,  0);
28      ldr(i - 1);  draw_rel( 0, -h);
29      ldr(i - 1);  draw_rel( h,  0);
30      urd(i - 1);
31  }
32
33  void urd(int i)                                        /* up-right-down */
34  {
35      if (i == 0) return;
36      rul(i - 1);  draw_rel( 0,  h);
37      urd(i - 1);  draw_rel( h,  0);
38      urd(i - 1);  draw_rel( 0, -h);
39      ldr(i - 1);
40  }
41
42  int main(void)
43  {
44      int i, order = 5, n = 310;                         /* 位数 5, 辺 310 */
45
46      plot_start(n + 2, n + 2);
47      h = n;
48      for (i = 2; i <= order; i++) h = h / (2 + h / n);
```

```
49      move(1, 1);   rul(order);
50      plot_end(0);
51      return 0;
52  }
```

Horner（ホーナー）法 <u>Horner's method</u>

たとえば $3x^3 + 4x^2 + 5x + 6$ を 3*x*x*x*x + 4*x*x + 5*x + 6 とすると掛け算が 6 回必要であるが，((3*x + 4)*x + 5)*x + 6 のように括弧でくくれば掛け算が 3 回ですむ。このような計算法を Horner 法という。Horner より先に Isaac Newton（ニュートン）がこの方法を使っている。

高校数学の参考書によく載っている組立除法で多項式 $f(x)$ を $x - a$ で割り算して余り $f(a)$ を求めるのと全く同じことである。

 horner.c

多項式 $a[n]x^n + a[n-1]x^{n-1} + \cdots + a[2]x^2 + a[1]x + a[0]$ の値 p を Horner 法で求めるプログラム。

```
1   p = a[n];
2   for (i = n - 1; i >= 0; i--) p = p * x + a[i];
```

Householder（ハウスホルダー）変換 <u>Householder transformation</u>

ベクトル $\vec{v}$ に垂直な平面鏡に映ったベクトル $\vec{x}$ の像は
$$\vec{x}' = \vec{x} - 2(\vec{u} \cdot \vec{x})\vec{u}, \qquad \vec{u} = \vec{v}/|\vec{v}|$$
である。ベクトルの代わりに $n \times 1$ 行列 v, x を使えば
$$x' = Px, \qquad P = I - 2vv^T/(v^T v) \tag{1}$$
と書ける（I は単位行列，v^T は v の転置）。このような変換を Householder 変換という。変換行列 P は対称（$P^T = P$），直交（$P^T P = I$）である。

特に $x = (x_1, x_2, x_3, \ldots, x_n)^T$ を $x' = (x_1', 0, 0, \ldots, 0)^T$, $x_1' = \mp|x|$ に移す変換は重要である。このときの式 (1) の v は
$$v = c(x - x') = c(x_1 \pm |x|, x_2, x_3, \ldots, x_n)^T$$
となる（$c \neq 0$）。$\pm$ は [†]桁落ちを防ぐため x_1 と同符号にする。
$$|v|^2 = c^2((x_1 \pm |x|)^2 + x_2^2 + \cdots + x_n^2) = 2c^2|x|(|x| \pm x_1)$$
であるから，$c = 1/\sqrt{|x|(|x| \pm x_1)}$ とすると，$v^T v = 2$，したがって $P = I - vv^T$ となる。

house.c

house(n, x) は，ベクトル $x = (\mathtt{x[0]}, \ldots, \mathtt{x[n-1]})$ を与えると，x を式 (1) のベクトル v で上書きする（$v^T v = 2$）。戻り値は変換後のベクトル x' の最初の成分 x'_1 である。x' の他の成分はすべて 0 になる。

このルーチンは [†]3 重対角化で使う。

```
 1  #include "matutil.c"                       /* 行列用小道具集。⇒ †行列 */
 2  #include <math.h>
 3
 4  double house(int n, vector x)
 5  {
 6      int i;
 7      double s, t;
 8
 9      s = sqrt(innerproduct(n, x, x));       /* 内積の平方根，すなわちベクトル x の大きさ */
10      if (s != 0) {
11          if (x[0] < 0) s = -s;
12          x[0] += s;  t = 1 / sqrt(x[0] * s);
13          for (i = 0; i < n; i++) x[i] *= t;
14      }
15      return -s;
16  }
```

Huffman（ハフマン）法 <u>Huffman coding</u>

[†]データ圧縮の古典的な方法。Huffman 圧縮，Huffman 符号化ともいう。D. A. Huffman（*Proceedings of the Institute of Radio Engineers*, 40: 1098–1101, 1952）による。

普通のファイルではどの文字もたとえば 8 ビットで表すが，頻繁に現れる文字はたとえば 4 ビットで表し，あまり現れない文字はたとえば 10 ビットで表すならば，ファイル全体の大きさは小さくできる。この考え方に基づき，ファイルが全体として最も小さくなるような符号（"文字 → 符号語" の対応）を求めるのが Huffman のアルゴリズムである。

まず，圧縮したいファイルを 1 回通読して，各文字の出現確率の比を調べる。これは適当な推定値で代用してもよい。仮にアルファベットが A, B, C の 3 文字しかなく，各文字の出現確率の比が 4 : 2 : 1 であったとしよう。これを次のように，文字にひも（枝）を付け，ひもに "重み" を付けて表す。

次に，最も重みの小さい 2 本のひもを 1 本に束ねる。2 本のひもに付いた重みを合計し，束ねたひもに付ける。

これを繰り返せば，最後には次のような 1 本の †木（Huffman 木）ができる。

これを繰り返せば，最後には次のような 1 本の †木（Huffman 木）ができる。

この木を使って次のように符号化する：各文字ごとに，木の根（上端）から出発し，その文字に対応する葉（下に並んだ各文字）に向かって進みながら，枝分かれのところで左に行くならビット '0'，右に行くならビット '1' を出力する。上の木では，A は根のすぐ左にあるので 1 ビットの符号語 '0' になり，B は根の右の左にあるので 2 ビットの符号語 '10' になり，C は根の右の右にあるので 2 ビットの符号語 '11' になる。したがって，たとえば "ABABACA" を符号化すると '0100100110' となる。

復号（復元）は，根から出発して，符号化されたファイルを 1 ビットずつ読み，'0' なら左，'1' なら右の枝に進む。葉に到着したら，その文字を出力し，根に戻って繰り返す。

Huffman 符号は，符号語のビット数が一定でない可変長の符号でありながら，一意的に復号（復元）できる。上の例で 0, 10, 11 という符号語はあるが 01 はないことに注意されたい。もし 01 という符号語があれば，010 という圧縮文を復号する際に 0-10 か 01-0 かわからなくなる。このように頭から読んでいって一意的に復号できる符号を接頭符号（prefix code）という。

Huffman 法の変形として，ファイル内の局所的な確率分布の変化に追随して Huffman 木を変化させる動的 Huffman 法（dynamic Huffman coding）がある [2,3,4]。この方法では，木の初期状態と木を変化させる規則とを定めておき，符号化する側は各文字を符号化した後で木を変化させ，復号する側も各文字を復号した後で木を変化させる。こうすれば符号表（Huffman 木）を圧縮文に付ける必要がなくなる。

 huffman.c

Huffman 法でファイルを圧縮するプログラム。この下に挙げるビットごとの入出力ルーチン bitio.c を #include して用いている。使い方は，

   huffman e *file1* *file2* ⋯ *file1* を *file2* に圧縮する
   huffman d *file2* *file1* ⋯ *file2* から元の *file1* を復元する

である。

重み最小の要素を見つけるために †優先待ち行列を使っている。

Huffman（ハフマン）法　**365**

```c
 1  #include "bitio.c"                                    /* ビット入出力（このプログラムの下） */
 2
 3  #define N         256                                              /* 文字の種類 */
 4  #define CHARBITS  8                                        /* 1バイトのビット数 */
 5  int heapsize, heap[2*N-1],                              /* 優先待ち行列用ヒープ */
 6      parent[2*N-1], left[2*N-1], right[2*N-1];                   /* Huffman木 */
 7  unsigned long int freq[2*N-1];                          /* 各文字の出現頻度 */
 8
 9  static void downheap(int i)                             /* 優先待ち行列に挿入 */
10  {
11      int j, k;
12
13      k = heap[i];
14      while ((j = 2 * i) <= heapsize) {
15          if (j < heapsize && freq[heap[j]] > freq[heap[j + 1]])
16              j++;
17          if (freq[k] <= freq[heap[j]]) break;
18          heap[i] = heap[j];  i = j;
19      }
20      heap[i] = k;
21  }
22
23  void writetree(int i)                                             /* 枝を出力 */
24  {
25      if (i < N) {                                                       /* 葉 */
26          putbit(0);
27          putbits(CHARBITS, i);                              /* 文字そのもの */
28      } else {                                                          /* 節 */
29          putbit(1);
30          writetree(left[i]);  writetree(right[i]);            /* 左右の枝 */
31      }
32  }
33
34  void encode(void)                                                  /* 圧縮 */
35  {
36      int i, j, k, avail, tablesize;
37      unsigned long int incount, cr;
38      static char codebit[N];                                       /* 符号語 */
39
40      for (i = 0; i < N; i++) freq[i] = 0;                   /* 頻度の初期化 */
41      while ((i = getc(infile)) != EOF) freq[i]++;             /* 頻度数え */
42      heap[1] = 0;                                      /* 長さ0のファイルに備える */
43      heapsize = 0;
44      for (i = 0; i < N; i++)
45          if (freq[i] != 0) heap[++heapsize] = i;           /* 優先待ち行列に登録 */
46      for (i = heapsize / 2; i >= 1; i--) downheap(i);           /* ヒープ作り */
47      for (i = 0; i < 2 * N - 1; i++) parent[i] = 0;              /* 念のため */
48      k = heap[1];                    /* 以下のループが1回も実行されない場合に備える */
49      avail = N;                        /* 以下のループでHuffman木を作る */
50      while (heapsize > 1) {                       /* 2個以上残りがある間 */
51          i = heap[1];                              /* 最小の要素を取り出す */
52          heap[1] = heap[heapsize--];  downheap(1);          /* ヒープ再構成 */
53          j = heap[1];                          /* 次に最小の要素を取り出す */
54          k = avail++;                              /* 新しい節を生成する */
55          freq[k] = freq[i] + freq[j];                      /* 頻度を合計 */
56          heap[1] = k;  downheap(1);                      /* 待ち行列に登録 */
```

366 Huffman（ハフマン）法

```c
57          parent[i] = k;  parent[j] = -k;              /* 木を作る */
58          left[k] = i;  right[k] = j;                       /* 〃 */
59      }
60      writetree(k);                                      /* 木を出力 */
61      tablesize = (int) outcount;                     /* 表の大きさ */
62      incount = 0;  rewind(infile);                       /* 再走査 */
63      while ((j = getc(infile)) != EOF) {
64          k = 0;
65          while ((j = parent[j]) != 0)
66              if (j > 0) codebit[k++] = 0;
67              else {      codebit[k++] = 1;  j = -j;   }
68          while (--k >= 0) putbit(codebit[k]);
69          if ((++incount & 1023) == 0)
70              printf("%12lu\r", incount);                /* 状況報告 */
71      }
72      putbits(7, 0);                        /* バッファの残りをフラッシュ */
73      printf("In:_%lu_bytes\n", incount);                /* 結果報告 */
74      printf("Out:_%lu_bytes_(table:_%d_bytes)\n",
75          outcount, tablesize);
76      if (incount != 0) {                        /* 圧縮比を求めて報告 */
77          cr = (1000 * outcount + incount / 2) / incount;
78          printf("Out/In:_%lu.%03lu\n", cr / 1000, cr % 1000);
79      }
80  }
81
82  int readtree(void)                                    /* 木を読む */
83  {
84      int i;
85      static int avail = N;
86
87      if (getbit()) {                            /* bit＝1なら葉でない節 */
88          if ((i = avail++) >= 2 * N - 1) error("表が間違っています");
89          left [i] = readtree();                      /* 左の枝を読む */
90          right[i] = readtree();                      /* 右の枝を読む */
91          return i;                                    /* 節を返す */
92      } else return (int) getbits(CHARBITS);             /* 文字 */
93  }
94
95  void decode(unsigned long int size)                    /* 復元 */
96  {
97      int j, root;
98      unsigned long int k;
99
100     root = readtree();                                 /* 木を読む */
101     for (k = 0; k < size; k++) {                    /* 各文字を復元 */
102         j = root;                                        /* 根 */
103         while (j >= N)
104             if (getbit()) j = right[j];  else j = left[j];
105         putc(j, outfile);
106         if ((k & 1023) == 0) printf("%12lu\r", k);   /* 出力バイト数 */
107     }
108     printf("%12lu\n", size);                      /* 復元したバイト数 */
109 }
110
111 int main(int argc, char *argv[])
```

Huffman（ハフマン）法　**367**

```
112 {
113     int c;
114     unsigned long int size;                                      /* 元のバイト数 */
115
116     if (argc != 4 || ((c = *argv[1]) != 'E' && c != 'e'
117                         && c != 'D' && c != 'd'))
118         error("使用法は本文を参照してください");
119     if ((infile  = fopen(argv[2], "rb")) == NULL)
120         error("入力ファイルが開きません");
121     if ((outfile = fopen(argv[3], "wb")) == NULL)
122         error("出力ファイルが開きません");
123     if (c == 'E' || c == 'e') {
124         fseek(infile, 0L, SEEK_END);                          /* infile の末尾を探す */
125         size = ftell(infile);                                /* infile のバイト数 */
126         fwrite(&size, sizeof size, 1, outfile);
127         rewind(infile);
128         encode();                                                        /* 圧縮 */
129     } else {
130         fread(&size, sizeof size, 1, infile);                  /* 元のバイト数 */
131         decode(size);                                                    /* 復元 */
132     }
133     fclose(infile);  fclose(outfile);
134     return 0;
135 }
```

📄 bitio.c

Huffman 法，†算術圧縮，†LZ 法で使うビットごとの入出力ルーチン。出力ルーチン
は 8 ビットたまるごとに書き出すので，出力ビット数が 8 の倍数でないと全部書き出され
ない。そこで，ビット出力の最後に putbits(7, 0); として残りのビットを吐き出させる
ことが必要である。

```
 1 #include <stdio.h>
 2 #include <stdlib.h>
 3
 4 FILE *infile, *outfile;                                    /* 入出力ファイル */
 5 unsigned long outcount = 0;                              /* 出力バイト数カウンタ */
 6 static int getcount = 0, putcount = 8;                   /* ビット入出力カウンタ */
 7 static unsigned getbitbuf = 0, putbitbuf = 0;           /* ビット入出力バッファ */
 8 #define rightbits(n, x) ((x) & ((1U << (n)) - 1U))        /* x の右 n ビット */
```

▷ 入力ファイルから 1 ビット読み，0 または 1 を返す。入力エラーの際にも処理系に依存するが 0 または
　1 を返す。このようにしたのは，†算術圧縮で最後の不定ビットの並びの出力を省略するためである。

```
 9 unsigned getbit(void)
10 {
11     if (--getcount >= 0) return (getbitbuf >> getcount) & 1U;
12     getcount = 7;  getbitbuf = getc(infile);
13     return (getbitbuf >> 7) & 1U;
14 }
```

▷ 入力ファイルから n ビット読み，その値を右詰めにして返す。

```
15 unsigned getbits(int n)
16 {
```

Huffman（ハフマン）法

```
17      unsigned x;
18
19      x = 0;
20      while (n > getcount) {
21          n -= getcount;
22          x |= rightbits(getcount, getbitbuf) << n;
23          getbitbuf = getc(infile);   getcount = 8;
24      }
25      getcount -= n;
26      return x | rightbits(n, getbitbuf >> getcount);
27  }
```

▷ 出力ファイルに 1 ビット（bit = 0 または 1）を書き出す．

```
28  void putbit(unsigned bit)
29  {
30      putcount--;
31      if (bit != 0) putbitbuf |= (1 << putcount);
32      if (putcount == 0) {
33          if (putc(putbitbuf, outfile) == EOF) error("書けません");
34          putbitbuf = 0;   putcount = 8;   outcount++;
35      }
36  }
```

▷ 出力ファイルに x の右側 n ビットを書き出す．たとえば，6 は 2 進法で 110 なので， putbits(3, 6); は putbit(1); putbit(1); putbit(0); と同じことである．

```
37  void putbits(int n, unsigned x)
38  {
39      while (n >= putcount) {
40          n -= putcount;
41          putbitbuf |= rightbits(putcount, x >> n);
42          if (putc(putbitbuf, outfile) == EOF) error("書けません");
43          putbitbuf = 0U;   putcount = 8;   outcount++;
44      }
45      putcount -= n;
46      putbitbuf |= rightbits(n, x) << putcount;
47  }
```

[1] ジョナサン・アムステルダム．ハフマン・コーディングによるデータ圧縮：テキスト情報を圧縮する方法とプログラム例．『日経バイト』，1986 年 10 月号，151–162.

[2] Donald E. Knuth. Dynamic Huffman coding. *Journal of Algorithms*, 6: 163–180, 1985.

[3] Jeffrey Scott Vitter. Design and analysis of dynamic Huffman codes. *Journal of the Association for Computing Machinery*, 34(4): 825–845, 1987.

[4] Jeffrey Scott Vitter. Algorithm 673: Dynamic Huffman coding. *ACM Transactions on Mathematical Software*, 15(2): 158–167, 1989.

I

ISBN International Standard Book Number

本書初版時点では，本に付いていた 4-87408-852-X のような ISBN という 10 桁の番号は，誤り検出のため，各数字に右から順に 1, 2, 3, ... を掛けた重み付き合計

$$10 \times 4 + 9 \times 8 + 8 \times 7 + 7 \times 4 + 6 \times 0 + 5 \times 8 + 4 \times 8 + 3 \times 5 + 2 \times 2 + 1 \times \overset{10}{\text{X}}$$

が 11 の倍数になるように，最右桁（チェックディジット）を調整してあった。11 の倍数では最右桁を 10 にしなければならないことがあるが，10 は X で表した。

この 10 桁 ISBN はすでに廃止され，2007 年以降は 13 桁 ISBN が使われている。チェックディジットの仕組みも，右から順に 1, 3, 1, 3, ... を掛けた重み付き合計が 10 の倍数になるように最右桁を調整する方式に変わった（次ページの isbn13.c）。

isbn.c

10 桁 ISBN 番号のチェックは，次のように掛け算を使わないで行うことができる。
行 19，20 が全く同じであるが間違いではない。

```c
 1  #include <stdio.h>
 2  #include <stdlib.h>
 3
 4  int main(void)
 5  {
 6      int i, c, d[11];
 7
 8      printf("ISBN book number: ");
 9      for (i = 1; i <= 10; i++) {
10          c = getchar();
11          if (c >= '0' && c <= '9')
12              d[i] = c - '0';
13          else if (i == 10 && (c == 'x' || c == 'X'))
14              d[i] = 10;
15          else
16              return 1;
17      }
18      d[0] = 0;
19      for (i = 1; i <= 10; i++) d[i] += d[i - 1];
20      for (i = 1; i <= 10; i++) d[i] += d[i - 1];
21      if (d[10] % 11 == 0) puts("Valid");                /* 有効な番号 */
22      else                 puts("Wrong");                /* 無効な番号 */
23      return 0;
24  }
```

isbn13.c

13 桁 ISBN のチェックは次のようになる。

```c
#include <stdio.h>
#include <string.h>

int main(void)
{
    char *isbn = "9784774196909";                        /* 13 桁 ISBN */
    int i, s = 0, w = 1;

    for (i = strlen(isbn) - 1; i >= 0; i--) {
        s += w * (isbn[i] - '0');   w = 4 - w;
    }
    if (s % 10 == 0) puts("Valid");                      /* 有効な番号 */
    else             puts("Wrong");                      /* 無効な番号 */
    return 0;
}
```

J

Jacobi（ヤコビ）法　Jacobi method

実数の対称行列 A の固有値・固有ベクトルを同時にすべて求める簡単な反復法（⇒ †固有値・固有ベクトル・対角化）。適当な直交行列 X_1 により $A \leftarrow X_1^T A X_1$ と変換し，A のどれか一つの非対角成分を 0 にする。次にまた適当な直交行列 X_2 により別の非対角成分を 0 にする。その際，以前に 0 にした成分は 0 でなくなるが，最初よりは 0 に近いことが多い。このようなもぐら叩きを，A のすべての非対角成分がほぼ 0 になるまで繰り返すと，対角化

$$X_m^T \ldots X_2^T X_1^T A X_1 X_2 \ldots X_m = \Lambda$$

が完成する。

A の非対角成分 a_{pq} を 0 にする直交行列 X は pq 平面内の回転

$$\begin{cases} x_{pp} = \cos\theta, & x_{pq} = \sin\theta, \\ x_{qp} = -\sin\theta, & x_{qq} = \cos\theta, \\ \text{他の対角成分} = 1, & \text{他の非対角成分} = 0 \end{cases}$$

とし，変換後の a_{pq} が 0 になるという条件から θ を定める。

A の非対角成分を消す順序については，

(1) 絶対値の大きい非対角成分から順に消していく。
(2) 0 でない非対角成分を片っ端から消していく。
(3) 絶対値がある値 K 以上の非対角成分を片っ端から消し，K を次第に 0 に近づける。

などの方法が考えられる。下のプログラムでは (2) の方法を使った。

jacobi.c

a[0..n-1][0..n-1] に入った対称行列 A の固有値と固有ベクトルを Jacobi 法で求める。a[i][j] で実際に参照されるのは $i \leq j$ の部分だけで，この部分は対角行列 $X^T A X = \Lambda$ で上書きされる。w[0..n-1][0..n-1] には X^T が入る。つまり，出口では a[k][k] に固有値が入り，それに対応する固有ベクトルは w[k][0..n-1] に入る（$0 \leq k < $ n）。

```c
1  #include "matutil.c"                    /* 行列用小道具集。⇒ †行列 */
2  #include <math.h>
3
4  #define EPS      1E-6                                /* 許容誤差 */
5  #define TINY     1E-20                       /* 0 と見なしてよい値 */
```

372 Jacobi（ヤコビ）法

```c
 6  #define MAX_ITER    100                                         /* 最大の繰返し数 */
 7  #define forall(i)   for (i = 0; i < n; i++)
 8  #define rotate(a, i, j, k, l) {          \
 9      double x = a[i][j], y = a[k][l]; \
10      a[i][j] = x * c - y * s;         \
11      a[k][l] = x * s + y * c;         }
12
13  int jacobi(int n, matrix a, matrix w)
14  {
15      int i, j, k, iter;
16      double t, c, s, tolerance, offdiag;
17      vector v;
18
19      s = offdiag = 0;
20      forall(j) {
21          forall(k) w[j][k] = 0;
22          w[j][j] = 1;  s += a[j][j] * a[j][j];
23          for (k = j + 1; k < n; k++)
24              offdiag += a[j][k] * a[j][k];
25      }
26      tolerance = EPS * EPS * (s / 2 + offdiag);
27      for (iter = 1; iter <= MAX_ITER; iter++) {
28          offdiag = 0;
29          for (j = 0; j < n - 1; j++)
30              for (k = j + 1; k < n; k++)
31                  offdiag += a[j][k] * a[j][k];
32          #ifdef TEST                                 /* 収束の様子を見るにはここを生かす */
33              printf("%4d:_%g\n",
34                  iter, sqrt(2 * offdiag / (n * (n - 1))));
35          #endif
36          if (offdiag < tolerance) break;
37          for (j = 0; j < n - 1; j++) {
38              for (k = j + 1; k < n; k++) {
39                  if (fabs(a[j][k]) < TINY) continue;
40                  t = (a[k][k] - a[j][j]) / (2 * a[j][k]);
41                  if (t >= 0) t = 1 / (t + sqrt(t * t + 1));
42                  else        t = 1 / (t - sqrt(t * t + 1));
43                  c = 1 / sqrt(t * t + 1);
44                  s = t * c;  t *= a[j][k];
45                  a[j][j] -= t;  a[k][k] += t;  a[j][k] = 0;
46                  for (i = 0; i < j; i++)      rotate(a, i, j, i, k)
47                  for (i = j + 1; i < k; i++)  rotate(a, i, j, k, i)
48                  for (i = k + 1; i < n; i++)  rotate(a, j, i, k, i)
49                  forall(i)                    rotate(w, j, i, k, i)
50              }
51          }
52      }
53      if (iter > MAX_ITER) return 1;                              /* 収束せず */
54      for (i = 0; i < n - 1; i++) {
55          k = i;  t = a[k][k];
56          for (j = i + 1; j < n; j++)
57              if (a[j][j] > t) { k = j;  t = a[k][k];  }
58          a[k][k] = a[i][i];  a[i][i] = t;
59          v = w[k];  w[k] = w[i];  w[i] = v;
60      }
61      return 0;                                                   /* 成功 */
62  }
```

Josephus（ヨセフス）の問題　Josephus problem

　ユダヤの歴史家・軍人 Flavius Josephus（37?–100 頃）を含む 41 人のユダヤ人は，ローマ人に捉えられそうになり自決を企てる。輪になって 2 人おきに死んでいくのであるが，彼とその共謀者が最後に残るような並び方をしていたので，生き残ることができたということである。

　日本にもこれに似た"継子立（ままこだて）"という遊びがあり，『徒然草』第 137 段もこれについて触れている。江戸時代のポピュラーな数学書『塵劫記』には次のようにある [1]。

> 　子が 30 人いた。うち 15 人は継子（先妻の子），残る 15 人は実の子である。母は子たちをある順序で輪に並べ，ある子から数えて 10 人目を外し，また次から数えて 10 人目を外すというようにして，最後に残った一人に家督を継がせることにした。ところが母は実の子に都合がよいように並べたので，継子ばかりが次々に外されていく。次に外されることになった 15 人目の継子はこれに抗議して，「これからは私から数えて 10 人ごとに外していってください」と願う。やむをえず願いを聞いたところ，今度は実の子ばかり外され，結局この継子が残った。

　n 人の輪から p 人ごと（$p-1$ 人おき）に外していったとき，最後に残るのは $J_p(n)$ 番の者であるとする（$1 \leq J_p(n) \leq n$）。冒頭の Josephus の問題は $n = 41$，$p = 3$ にあたる。この場合，3 番，6 番，9 番，… が次々に外されていき，$J_3(41) = 31$ 番の者が残る。一般の $J_p(n)$ を求める方法を以下に記す [2]。

　明らかに $J_p(1) = 1$ である。また，$n > 1$ ならば，最初の一人が外されたあとは $p+1$ 番目から数えて $J_p(n-1)$ 番目の者が残るはずであるから，

$$J_p(n) \equiv J_p(n-1) + p \pmod{n}, \qquad n > 1, \quad 1 \leq J_p(n) \leq n$$

が成り立つ。この漸化式を使ったプログラムが次の jos1.c である。

　もう一つの考え方は，たとえば $n = 10$，$p = 3$ なら，次のような表を書いて考える。

29	28	27	26	25	24	23	22	21	20
19	18		17	16		15	14		13
12			11	10			9		8
			7	6					5
			4						3
			2						

まず $n = 10$ 人に $np - 1 = 29$ から始まり 1 ずつ減る番号をつける。その中で p の倍数をまず外す。残った者に，$n(p-1) - 1$ から始まり 1 ずつ減る番号をつける。その中からさらに p の倍数を外す。同様に続け，番号が p より小さくなったら生き残れる。この表の各行で，$3j$ 番（j は整数）は外されるが，$3j + 1$ 番は次の行では $2j$ 番になり，$3j + 2$

の者は次の行では $2j+1$ 番になる．したがって，ある行で k 番の者は，その上の行では $\lfloor pk/(p-1) \rfloor + 1$ 番である．このことを利用したプログラムが jos2.c である．p が小さく n が大きいときはこちらの方法の方が速い．

jos1.c

```
1    int j, k, n, p;
2
3    printf("人数？_");   scanf("%d", &n);
4    printf("何人ごと？_");   scanf("%d", &p);
5    k = 1;
6    for (j = 2; j <= n; j++) {
7        k = (k + p) % j;
8        if (k == 0) k = j;
9    }
10   printf("%d_番の人が残ります\n", k);
```

jos2.c

```
1    int k, n, p;
2
3    printf("人数？_");   scanf("%d", &n);
4    printf("何人ごと？_");   scanf("%d", &p);
5    k = p - 1;
6    while (k < (p - 1) * n)
7        k = (p * k) / (p - 1) + 1;
8    printf("%d_番の人が残ります\n", p * n - k);
```

[1] 竹内 均 訳．『地球物理学者竹内均の現代語版塵劫記』．同文書院，1989．157–158 ページ．

[2] Ronald L. Graham, Donald E. Knuth, and Oren Patashnik. *Concrete Mathematics*. Addison-Wesley, second edition 1994. 8–16 ページ．

Julia（ジュリア）集合 Julia set

与えられた漸化式を複素数の初期値 z_0 に繰り返し適用して $z_1, z_2, \ldots$ を作り出す．$n \to \infty$ での z_n の振舞いが初期値によっていくつかに分かれるとき，その分け目となる初期値 z_0 の集合がこの漸化式の Julia 集合である．

たとえば Newton 法で $f(z) = z^3 - 1$ が 0 になる z の値を求めるには，任意の初期値 z_0 から始めて，漸化式

$$z_{n+1} = z_n - \frac{f(z_n)}{f'(z_n)} = z_n - \frac{z_n^3 - 1}{3z_n}$$

を繰り返し適用する．$n \to \infty$ で z_n が $z^3 - 1 = 0$ の三つの解 $1, (-1 \pm \sqrt{3}i)/2$ のどれに収束するかによって，初期値 z_0 は三つに分類できる．その境い目がこの漸化式の Julia 集合である．

📄 julia.c

先の Newton 法の漸化式で，初期値 z_0 によってどの極限値に収束するかを色分けする．横軸，縦軸がそれぞれ初期値 z_0 の実数部分，虚数部分である．色の境界が Julia 集合である．具体的には，z_{15} といずれかの極限値との距離が 0.05 以内になればその解に収束したと見なす．

gr_dot(i, j, c) は画面の座標 (i, j) の点に色 c を付ける手続きである（$0 \leqq i <$ XMAX, $0 \leqq j <$ YMAX, $c =$ RED, GREEN, BLUE, ...）．基本グラフィックスルーチン grBMP.c（⇒ †グラフィックス）を使っている．

```
 1  #include "grBMP.c"                                /* ⇒ †グラフィックス */
 2  #include <math.h>
 3
 4  double dist2(double x, double y)
 5  {
 6      return x * x + y * y;
 7  }
 8
 9  int main(void)
10  {
11      int k, j, i, jmid;
12      double x, y, x2, y2, t, d, ya, x0, c;
13
14      gr_clear(WHITE);
15      c = 4.0 / XMAX;   jmid = YMAX / 2;
16      ya = sqrt(3) / 2;
17      for (i = 0; i < XMAX; i++) {
18          x0 = c * i - 2.0;
19          for (j = 0; j < jmid; j++) {
20              y = c * j;   x = x0;
21              for (k = 0; k <= 15; k++) {
22                  x2 = x * x;   y2 = y * y;
23                  d = x2 + y2;   if (d < 1E-10) break;
24                  d *= d;
25                  t = (1.0/3.0) * (2 * x + (x2 - y2) / d);
26                  y = (2.0/3.0) * y * (1 - x / d);   x = t;
27                  if (dist2(x - 1, y) < 0.0025) {
28                      gr_dot(i, jmid + j, RED);
29                      gr_dot(i, jmid - j, RED);
30                      break;
31                  }
32                  if (dist2(x + 0.5, y + ya) < 0.0025) {
33                      gr_dot(i, jmid + j, GREEN);
```

376 Julia（ジュリア）集合

```
34                  gr_dot(i, jmid - j, BLUE);
35                  break;
36              }
37              if (dist2(x + 0.5, y - ya) < 0.0025) {
38                  gr_dot(i, jmid + j, BLUE);
39                  gr_dot(i, jmid - j, GREEN);
40                  break;
41              }
42          }
43      }
44  }
45  gr_BMP("julia.bmp");
46  return 0;
47 }
```

K

Knuth の乱数発生法 Knuth's random number generator

Knuth [1] の引き算法（subtractive method）による移植性の良い乱数発生法である。X_1 から X_{55} までに 0 以上 10^9 未満の任意の整数を入れておき，漸化式 $X_i = X_{i-24} - X_{i-55}$ により乱数を生成する。ただし，引き算の結果が負になると 10^9 を加えて非負にする。10^9 という値に特に意味はないが，これが偶数なら，最下位ビットは原始多項式 $x^{55} + x^{24} + 1$ による [†]M 系列乱数になるので，最下位ビットの周期は $2^{55} - 1$，したがって全体としての周期はこの倍数になる。

krnd.c

irnd() は 0 以上 MRND $= 10^9$ 未満の整数の一様乱数，rnd() は 0 以上 1 未満の実数の一様乱数を生成する。あらかじめ初期化の手続き init_rnd(seed) を実行しておく（$0 \leq seed < 10^9$）。

```c
 1  #define MRND  1000000000L
 2  static int jrand;
 3  static long ia[56];  /* ia[1..55] */
 4
 5  static void irn55(void)
 6  {
 7      int i;
 8      long j;
 9
10      for (i = 1; i <= 24; i++) {
11          j = ia[i] - ia[i + 31];
12          if (j < 0) j += MRND;
13          ia[i] = j;
14      }
15      for (i = 25; i <= 55; i++) {
16          j = ia[i] - ia[i - 24];
17          if (j < 0) j += MRND;
18          ia[i] = j;
19      }
20  }
21
22  void init_rnd(unsigned long seed)
23  {
24      int i, ii;
25      long k;
26
27      ia[55] = seed;
28      k = 1;
29      for (i = 1; i <= 54; i++) {
30          ii = (21 * i) % 55;
```

```
31        ia[ii] = k;
32        k = seed - k;
33        if (k < 0) k += MRND;
34        seed = ia[ii];
35    }
36    irn55();  irn55();  irn55();  /* warm up */
37    jrand = 55;
38 }
39
40 long irnd(void)  /* 0 <= irnd() < MRND */
41 {
42    if (++jrand > 55) { irn55(); jrand = 1; }
43    return ia[jrand];
44 }
45
46 double rnd(void)  /* 0 <= rnd() < 1 */
47 {
48    return (1.0 / MRND) * irnd();
49 }
```

なお，long の代わりに unsigned long を使い，MRND を語長いっぱい（32 ビットなら 2^{32}）にとれば，負になったとき MRND を加える操作（行 12, 17, 33）は不要になる．その際，行 48 は

```
48    return (1 / (1.0 + ULONG_MAX)) * irnd();
```

とする（<limits.h> をインクルードしておく）．

また，long をすべて double にし，MRND を 1 にすれば，実数の乱数が直接得られる．その際，行 28 の右辺は double の †機械エプシロンとする．行 36 のウォームアップの回数は実数の精度に応じて適宜増す．

[1] Donald E. Knuth. *The Art of Computer Programming*. Volume 2: *Seminumerical Algorithms*. Addison-Wesley, second edition 1981. 171–172 ページ.

Knuth–Morris–Pratt 法 <u>Knuth–Morris–Pratt algorithm</u>

D. E. Knuth（クヌース），J. H. Morris（モリス），V. R. Pratt（プラット）による †文字列照合アルゴリズム（*SIAM Journal on Computing*, 6: 323–350, 1977）．略して KMP 法ともいう．

n 文字のテキスト文字列から m 文字の照合文字列を探すとき，単純なアルゴリズム（⇒ †文字列照合）では最悪の場合 $O(nm)$ の手間がかかるが，この方法では $O(n+m)$ の手間ですむ．また，テキスト文字列を遡って読むことがない．

単純なアルゴリズムでも KMP 法でも，テキスト文字列 ABCABCABA から照合文字列 ABCABA 探すときは，まず，左端を合わせて，左から 1 文字ずつ比較する（各文字の右下

に小さく書いたのは参照番号である）：

$$A_0 B_1 C_2 A_3 B_4 C_5 A_6 B_7 A_8$$
$$A_0 B_1 C_2 A_3 B_4 A_5$$
$$\uparrow$$

すると，5 番の位置で合わなくなる．ここで，単純な方法では，照合文字列を右に 1 字ずらして，また照合文字列の最初から調べ直す．しかし，照合文字列の $A_3 B_4$ が照合文字列の先頭 $A_0 B_1$ と一致することを知っていれば，照合文字列の先頭の 2 文字は調べ直す必要がない．その次の C_2 から始めて，テキスト文字列の現在の位置 C_5 から比較を続ければよい．つまり，

$$A_0 B_1 C_2 A_3 B_4 C_5 A_6 B_7 A_8$$
$$A_0 B_1 C_2 A_3 B_4 A_5$$
$$\uparrow$$

のようにテキスト文字列の現在位置と照合文字列の C_2 とを揃え，そこから調べ直せばよい．

このことを能率よく行うためには，"照合文字列の位置 5 で一致しなくなったなら，照合文字列の位置 2 から調べ始めればよい"ということを "$next[5] = 2$" のような形で表にまとめておけばよい．この表 $next[j]$ は，照合文字列 *pattern* の先頭の j 文字について，その頭と尾が何文字一致するかを調べたものであるともいえる．つまり，

ABCAB
　　　ABCAB

のように頭と尾が 2 文字一致するので，$next[5] = 2$ ということになる．ほかの j についてもやってみれば，照合文字列 *pattern* = "ABCABA" については

$$next[1] = next[2] = next[3] = 0,$$
$$next[4] = next[6] = 1, \quad next[5] = 2$$

であることがわかる．

なお，この表を作ることは，照合文字列の中で自分自身を照合していることにほかならないので，$next[1] = 0$ から始めて KMP 法自身を使って行うことができる．

 kmp.c

KMP 法による文字列照合のプログラム．定数 M は照合文字列の長さ以上にとっておく．

```
1  #include <stdio.h>
2  #include <stdlib.h>
3  #define M  100                              /* M ≥ strlen(pattern) */
4
5  int position(char text[], char pattern[])
6  {
7      int i, j;
```

```
 8      static int next[M + 1];
 9
10      if (pattern[0] == '\0') return 0;
11      i = 1;  j = 0;  next[1] = 0;
12      while (pattern[i] != '\0') {
13          if (i >= M) return -1;                          /* エラー: pattern が長すぎる */
14          if (pattern[i] == pattern[j]) {  i++;   j++;   next[i] = j;  }
15          else if (j == 0) {  i++;  next[i] = j;  }
16          else j = next[j];
17      }
18      i = j = 0;
19      while (text[i] != '\0' && pattern[j] != '\0') {
20          if (text[i] == pattern[j]) {   i++;   j++;  }
21          else if (j == 0) i++;
22          else j = next[j];
23      }
24      if (pattern[j] == '\0') return i - j;               /* 見つかった */
25      return -1;                                          /* 見つからない */
26 }
```

Koch（コッホ）曲線　<u>Koch curve</u>

ある向きに距離 d だけ進むべきところを，まず $d/3$ だけ進み，次に左に $60°$ 曲がって $d/3$ だけ進み，さらに右に $120°$ 曲がって $d/3$ だけ進み，最後に左に $60°$ 曲がって $d/3$ だけ進むことにすれば，到着点は同じであるが，進む道のりは $4/3$ 倍になる．こうしてできた四つの短い線分のおのおのについて同様なことをすれば，進む道のりは元の $(4/3)^2$ 倍になる．

このようなことを無限に繰り返せば，進む道のりは限りなく増え，全体の形は雪片の一部のような形になる（右図）．この曲線を Koch 曲線という．

Koch 曲線は，その一部分が自分自身に相似であるという性質（自己相似性）を持つ．

いくら拡大しても元と同程度に複雑な図形（フラクタル）の例である．

📄 koch.c

Koch 曲線を画面に描く．プロッタシミュレーションルーチン svgplot.c または epsplot.c （⇒ †グラフィックス）を使っている．

```
1 #include "svgplot.c"                    /* または epsplot.c ⇒ †グラフィックス */
2 #include <math.h>
3 #define PI 3.141592653589793
4 #define DMAX 3
5 unsigned int a;
```

Koch（コッホ）曲線　381

```c
 6  double d;
 7
 8  void koch(void)
 9  {
10      if (d > DMAX) {
11          d /= 3;  koch();  a++;  koch();
12          a += 4;  koch();  a++;  koch();
13          d *= 3;
14      } else {
15          draw_rel(d * cos((a % 6) * PI / 3), d * sin((a % 6) * PI / 3));
16      }
17  }
18
19  int main(void)
20  {
21      plot_start(400, 120);
22      move(0, 0);  d = 400;  a = 0;  koch();
23      plot_end(0);
24      return 0;
25  }
```

Lagrange（ラグランジュ）補間　Lagrange interpolation

n 個の点 (x_i, y_i) $(i = 0, 1, \ldots, n-1)$ が与えられれば，$y_i = P(x_i)$ $(i = 0, 1, \ldots, n-1)$ を満たす $n-1$ 次の多項式 $P(x) = c_{n-1} x^{n-1} + c_{n-2} x^{n-2} + \cdots + c_1 x + c_0$ が一意的に定まる。ただしどの二つの x_i も等しくないとする。この多項式を表す閉じた式

$$P(x) = \sum_{i=0}^{N-1} \left(y_i \prod_{j \neq i} \frac{x - x_j}{x_i - x_j} \right)$$

を Lagrange の補間公式という。右辺の $\prod_{j \neq i}(x - x_j)/(x_i - x_j)$ は，$(x - x_j)/(x_i - x_j)$ を $j = i$ 以外のすべての j について掛け合わせたものを意味する。この公式が成り立つことは，x に各 x_i を代入すれば右辺の分数がすべて約分できて 1 になることから示せる。

Lagrange の補間公式は概念的には簡単であるが，実際には，数値的に計算の楽な †Neville（ネヴィル）補間，†Newton（ニュートン）補間を使うことが多い。

 lagrange.c

N 個のデータ点 $(\mathtt{x[0]}, \mathtt{y[0]}), \ldots, (\mathtt{x[N-1]}, \mathtt{y[N-1]})$ を与えると，$x = \mathtt{t}$ における y の値を求める。データは x[i]，y[i] が対応していればどのような順序でもよい。

```
 1  double lagrange(double t)
 2  {
 3      int i, j;
 4      double sum, prod;
 5
 6      sum = 0;
 7      for (i = 0; i < N; i++) {
 8          prod = y[i];
 9          for (j = 0; j < N; j++)
10              if (j != i) prod *= (t - x[j]) / (x[i] - x[j]);
11          sum += prod;
12      }
13      return sum;
14  }
```

Lissajous（リサジュー）図形　Lissajous figures

媒介変数 t により

$$x = A \cos(Bt + C),$$
$$y = D \sin(Et + F)$$

の形に書ける平面図形。ただし $B:E$ は整数比。右図は一例である。

z 座標も加えれば3次元の Lissajous 図形ができる。

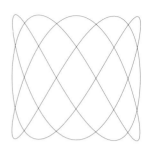

lissaj.c

画面に Lissajous 図形を描く。プロッタシミュレーションルーチン svgplot.c または epsplot.c (⇒ †グラフィックス) を使っている。

```c
#include "svgplot.c"                          /* または epsplot.c ⇒ †グラフィックス */
#include <math.h>                             /* sin, cos */
#define PI 3.141592653589793

int main(void)
{
    int i;
    double t;

    plot_start(420, 420);                                             /* 座標指定 */
    move(210 + 200 * cos(0), 210 + 200 * sin(0));                     /* 初期ペン位置 */
    for (i = 1; i <= 360; i++) {
        t = (PI / 180) * i;
        draw(210 + 200 * cos(3 * t), 210 + 200 * sin(5 * t));         /* ペン移動 */
    }
    plot_end(0);
    return 0;
}
```

Lorenz（ローレンツ）アトラクタ　Lorenz attractor

気象学者 E. N. Lorenz (*J. Atmos. Sci.* 20: 130, 1963) は気象現象を次の連立微分方程式でモデル化した。

$$\frac{dx}{dt} = a(y-x), \quad \frac{dy}{dt} = bx - y - xz, \quad \frac{dz}{dt} = xy - cz$$

ここで，x, y, z は時間 t の関数で，$a = 10$，$b = 28$，$c = \frac{8}{3}$ である。この方程式を数値的に解いてみると，初期値にかかわらず，解は二つの渦巻から成る領域（"奇妙なアトラクタ"）に捉えられることがわかる。

初期条件のごく僅かの違いも指数関数的に拡大され，どれだけ正確に初期条件を定めても，時間がたてば (x, y, z) の位置は全く予測不可能になる。これが天気予報が当たらない理由である（⇒ †カオスとアトラクタ）。

lorenz.c

Lorenz アトラクタを画面に描く。プロッタシミュレーションルーチン svgplot.c または epsplot.c (⇒ †グラフィックス) を使っている。

```c
 1  #include "svgplot.c"
                    /* または epsplot.c ⇒ †グラフィックス */
 2
 3  #define A  10.0
 4  #define B  28.0
 5  #define C  (8.0 / 3.0)
 6  #define D  0.01
 7
 8  int main(void)
 9  {
10      int k;
11      double x, y, z, dx, dy, dz;
12
13      plot_start(200, 230);
14      x = y = z = 1;
15      for (k = 0; k < 3000; k++) {
16          dx = A * (y - x);
17          dy = x * (B - z) - y;
18          dz = x * y - C * z;
19          x += D * dx;  y += D * dy;  z += D * dz;
20          if (k > 100) draw(5 * x + 100, 5 * z - 20);
21          else         move(5 * x + 100, 5 * z - 20);
22      }
23      plot_end(0);
24      return 0;
25  }
```

[1] 高安 秀樹.『フラクタル』. 朝倉書店, 1986.
[2] K.-H. Becker and M. Dörfler. *Dynamical Systems and Fractals: Computer Graphics Experiments in Pascal*. Translated by Ian Stewart. Cambridge University Press, 1989.

LU 分解　LU decomposition

†連立 1 次方程式 $Ax = b$ を解く際に，係数行列 A が同じ連立方程式を幾組も解くなら，まず †逆行列 A^{-1} を求めて $x = A^{-1}b$ とせよといわれることがあるが，それより，†Gauss（ガウス）法 の前半部分を A について行ってその結果を残しておき，連立方程式の右辺 b が与えられるごとに Gauss 法の残りの部分を行う方が速い。

具体的に説明しよう。†Gauss（ガウス）法 の項で挙げた例の係数行列は

$$A = \begin{pmatrix} 2 & 5 & 7 \\ 4 & 13 & 20 \\ 8 & 29 & 50 \end{pmatrix}$$

であった。Gauss 法では，この係数行列の行をある一定の順序で"2 倍，4 倍，3 倍"して他の行から引いて，

$$\begin{pmatrix} 2 & 5 & 7 \\ 0 & 3 & 6 \\ 0 & 0 & 4 \end{pmatrix}$$

のように左下部分を全部 0 にするのであった。この左下部分の 0 はもう不要であるから，ここに先ほどの"2 倍，4 倍，3 倍"という情報を

$$A' = \begin{pmatrix} 2 & 5 & 7 \\ 2 & 3 & 6 \\ 4 & 3 & 4 \end{pmatrix}$$

のように入れておけば，右辺 b が与えられたとき，簡単に連立方程式を解くことができる。

ちなみに，こうして求めた A' を左下部分 L（対角成分は 1 にする）と右上部分 U に分けると，元の A はちょうど L と U を掛けたものになっている：

$$\underbrace{\begin{pmatrix} 2 & 5 & 7 \\ 4 & 13 & 20 \\ 8 & 29 & 50 \end{pmatrix}}_{A} = \underbrace{\begin{pmatrix} 1 & 0 & 0 \\ 2 & 1 & 0 \\ 4 & 3 & 1 \end{pmatrix}}_{L} \underbrace{\begin{pmatrix} 2 & 5 & 7 \\ 0 & 3 & 6 \\ 0 & 0 & 4 \end{pmatrix}}_{U}$$

このように A を L と U に分解することを LU 分解という（L は lower，U は upper の意）。

上で述べた LU 分解のアルゴリズムは次のように書ける（Gauss 法の前半とほぼ同じである）：

```
int i, j, k;
double t, u;

for (k = 0; k < n; k++) {
    u = a[k][k];
    for (i = k + 1; i < n; i++) {
        t = (a[i][k] /= u);
        for (j = k + 1; j < n; j++)
            a[i][j] -= t * a[k][j];
    }
}
```

ここでピボット選択（pivoting）という操作について説明しよう。

†Gauss（ガウス）法，†Gauss（ガウス）–Jordan（ジョルダン）法に共通していえることであるが，係数行列の対角成分 a_{kk} が 0 になると計算できなくなる。たとえば

$$2x_2 = 4 \tag{1}$$
$$3x_1 + x_2 = 5 \tag{2}$$

は a_{11}（プログラムでは a[0][0]）が 0 なので計算できなくなる。しかし，上下の式を交換すれば簡単に $x_1 = 1$，$x_2 = 2$ と解ける。

386　LU 分解

対角成分 a_{kk} が 0 に等しくなくても 0 に近いと解の誤差が増える。そこで，a_{kk} の絶対値がなるべく大きくなるように A, b の行を交換しながら解く。この操作を部分ピボット選択という。

なお，行だけでなく列も交換する完全ピボット選択という方法もあるが，通常は部分ピボット選択で十分である。

lu.c

部分ピボット選択を使った LU 分解と，それを使って連立方程式を解くルーチンである。

```
 1  #include "matutil.c"                              /* 行列操作の小道具集。⇒ †行列. */
 2  #include <math.h>
```

▷ a[0..n-1][0..n-1] に入った行列 A を LU 分解する。部分ピボット選択を行うが，実際に行を交換するのではなく，行の番号だけを交換し，その情報を整数のベクトル ip[0..n-1] に入れて戻る。この ip は後出の solve() を使って実際に連立方程式を解く際に必要になるものである。関数の戻り値は A の行列式で，これが 0 なら LU 分解できないことを意味する。

```
 3  double lu(int n, matrix a, int *ip)
 4  {
 5      int i, j, k, ii, ik;
 6      double t, u, det;
 7      vector weight;
 8
 9      weight = new_vector(n);                       /* weight[0..n-1] の記憶領域確保 */
10      det = 0;                                      /* 行列式 */
11      for (k = 0; k < n; k++) {                     /* 各行について */
12          ip[k] = k;                                /* 行交換情報の初期値 */
13          u = 0;                                    /* その行の絶対値最大の要素を求める */
14          for (j = 0; j < n; j++) {
15              t = fabs(a[k][j]);  if (t > u) u = t;
16          }
17          if (u == 0) goto EXIT;                    /* 0 なら行列は LU 分解できない */
18          weight[k] = 1 / u;                        /* 最大絶対値の逆数 */
19      }
20      det = 1;                                      /* 行列式の初期値 */
21      for (k = 0; k < n; k++) {                     /* 各行について */
22          u = -1;
23          for (i = k; i < n; i++) {                 /* より下の各行について */
24              ii = ip[i];                           /* 重み×絶対値 が最大の行を見つける */
25              t = fabs(a[ii][k]) * weight[ii];
26              if (t > u) {  u = t;   j = i;  }
27          }
28          ik = ip[j];
29          if (j != k) {
30              ip[j] = ip[k];   ip[k] = ik;          /* 行番号を交換 */
31              det = -det;                           /* 行を交換すれば行列式の符号が変わる */
32          }
33          u = a[ik][k];  det *= u;                  /* 対角成分 */
34          if (u == 0) goto EXIT;                    /* 0 なら行列は LU 分解できない */
35          for (i = k + 1; i < n; i++) {             /* Gauss 消去法 */
36              ii = ip[i];
37              t = (a[ii][k] /= u);
```

```
38              for (j = k + 1; j < n; j++)
39                  a[ii][j] -= t * a[ik][j];
40          }
41      }
42 EXIT:
43      free_vector(weight);                              /* 記憶領域を解放 */
44      return det;                                       /* 戻り値は行列式 */
45 }
```

▷ 上の lu() で LU 分解した a[0..n-1][0..n-1] を使って連立 1 次方程式 $Ax = b$ を解く。b[0..n-1] は
連立方程式の右辺。ip[0..n-1] は lu() からの行交換情報。解は x[0..n-1] に入る。

```
46 void solve(int n, matrix a, vector b, int *ip, vector x)
47 {
48      int i, j, ii;
49      double t;
50
51      for (i = 0; i < n; i++) {                         /* Gauss 消去法の残り */
52          ii = ip[i];  t = b[ii];
53          for (j = 0; j < i; j++) t -= a[ii][j] * x[j];
54          x[i] = t;
55      }
56      for (i = n - 1; i >= 0; i--) {                    /* 後退代入 */
57          t = x[i];  ii = ip[i];
58          for (j = i + 1; j < n; j++) t -= a[ii][j] * x[j];
59          x[i] = t / a[ii][i];
60      }
61 }
```

▷ 上の lu(), solve() を順に呼び出して連立方程式 $Ax = b$ を解く。連立方程式が 1 組だけならこれを使
えばよいが，何組もあるなら最初に 1 回だけ lu() を呼び出し，あとで solve() を必要なだけ呼び出す
方が速い。a[0..n-1][0..n-1] には係数行列 A を入れ，b[0..n-1] には連立方程式の右辺を入れて呼
び出すと，解が x[0..n-1] に求められる。戻り値は A の†行列式で，これが 0 なら連立方程式は不定
（解が定まらない）または不能（解が存在しない）。

```
62 double gauss(int n, matrix a, vector b, vector x)
63 {
64      double det;                                        /* 行列式 */
65      int *ip;                                           /* 行交換の情報 */
66
67      ip = malloc(sizeof(int) * n);                      /* 記憶領域確保 */
68      if (ip == NULL) error("記憶領域不足");
69      det = lu(n, a, ip);                                /* LU 分解 */
70      if (det != 0) solve(n, a, b, ip, x);     /* LU 分解の結果を使って連立方程式を解く */
71      free(ip);                                          /* 記憶領域の解放 */
72      return det;                                        /* 戻り値は行列式 */
73 }
```

LZ 法 <u>Lempel–Ziv compression</u>

Ziv と Lempel の提案 [1,2] に基づく †データ圧縮法の総称。実際には 2 通りの方法
がある。ここでは Storer [3] に従って，[1] に基づくものをスライド辞書法（sliding-
dictionary method），[2] に基づくものを動的辞書法（dynamic dictionary method）と

呼ぶ。以下の解説は Ziv–Lempel の論文 [1, 2] とは若干異なる。

スライド辞書法では，以前に現れた文字列を〈位置, 長さ〉のペアで置き換える。たとえば "ABCPQABCRS" では 2 回目に現れた ABC は 5 文字前の 3 文字と一致するので ABCPQ⟨5, 3⟩RS と符号化する。両文字列は重なっていてもよい。たとえば "ABABABA" は AB⟨2, 5⟩ とできる。非常に簡単なため，特に復号（復元）プログラムは小さく速くできる。吉崎栄泰氏の圧縮ソフト LHarc やその新版 LHA は前段にこの方法を使っている（後段は [†]Huffman（ハフマン）法）。

下の最初のプログラム slide.c では，圧縮するファイルは環状バッファにためておき，バッファ内の文字列と一致する長さ 3 以上の文字列を〈位置, 長さ〉で置き換える。次に来るビット列が単なる文字コードか〈位置, 長さ〉のペアかを区別するために，余分に 1 ビットを挿入する。

最長一致文字列の検索には [†]2 分探索木 [5] を用いている。これは LHarc の旧版と同じ方法であるが，新版 LHA では trie（トライ）という木構造の変形にした [6]。

動的辞書法では，最近出会った語を辞書に登録しておき，同じ語が現れたら辞書の項目番号を出力する。どのような語を登録するか，辞書が満杯になったときどの項目から捨てるかによって，いくつかの亜種がある。UNIX の compress やパソコンの arc 系アーカイバで使われている LZW 法 [7] もこの類である。LZW 法については日本語の解説と C 言語のプログラムが文献 [8] にある。

2 番目のプログラム squeeze.c は動的辞書法の一種で，LZW 法を改良したものである [3]。初期状態として，256 種類の文字すべてを，辞書の 0 番から 255 番までの項目に登録しておく。たとえば A は 65 番，B は 66 番の項目に登録する。これでメッセージ "ABAB" を圧縮すると次のようになる。最初の文字 A は辞書の 65 番の項目にあるので，65 を出力する。次に B の 66 を出力する。この時点で，前回と今回の文字列を合わせた AB を辞書の空いている 256 番の項目に登録する。次に出会う AB は辞書にあるので，その番号 256 を出力する。ここで，前回の一致文字列 B と今回の一致文字列 AB とでできる文字列 BA，BAB を辞書の 257，258 番の項目に登録する。

別の例を挙げると，前回の一致文字列が ABC，今回の一致文字列が DEF なら，新たに登録するのは ABCD，ABCDE，ABCDEF である。

辞書が満杯になったら，最長時間未使用（LRU, least recently used）の項目から捨てる。これは辞書の各項目を待ち行列で管理し，項目を使うたびに待ち行列の最後部に移すことによって実現する。

⇒ [†]データ圧縮。

slide.c

スライド辞書法による圧縮プログラム。圧縮するファイルは長さ N の環状バッファ text[ ] にためておき，N 文字前までに現れた長さ 3 以上 F 以下の文字列を〈位置,長さ〉のペアで置き換える。

main() は †Huffman（ハフマン）法のものと同じでよいので省略した。エラーメッセージを表示して実行を終了する手続き void error(char *message) も省略した。

```
 1  #include <stdio.h>
 2  #include <stdlib.h>
 3
 4  #define N    4096                              /* 環状バッファの大きさ */
 5  #define F     18                               /* 最長一致長 */
 6
 7  FILE *infile, *outfile;                        /* 入力ファイル，出力ファイル */
 8  unsigned long outcount = 0;                    /* 出力バイト数カウンタ */
 9  unsigned char text[N+F-1];                     /* テキスト用バッファ */
10  int dad[N+1], lson[N+1], rson[N+257];          /* 木 */
11  #define NIL    N                               /* 木の末端 */
12
13  void init_tree(void)                           /* 木の初期化 */
14  {
15      int i;
16
17      for (i = N + 1; i <= N + 256; i++) rson[i] = NIL;
18      for (i = 0; i < N; i++) dad[i] = NIL;
19  }
20
21  int matchpos, matchlen;                        /* 最長一致位置，一致長 */
22
23  void insert_node(int r)                        /* 節 r を木に挿入 */
24  {
25      int i, p, cmp;
26      unsigned char *key;
27
28      cmp = 1;  key = &text[r];  p = N + 1 + key[0];
29      rson[r] = lson[r] = NIL;  matchlen = 0;
30      for ( ; ; ) {
31          if (cmp >= 0) {
32              if (rson[p] != NIL) p = rson[p];
33              else { rson[p] = r;  dad[r] = p;  return; }
34          } else {
35              if (lson[p] != NIL) p = lson[p];
36              else { lson[p] = r;  dad[r] = p;  return; }
37          }
38          for (i = 1; i < F; i++)
39              if ((cmp = key[i] - text[p + i]) != 0) break;
40          if (i > matchlen) {
41              matchpos = p;
42              if ((matchlen = i) >= F) break;
43          }
44      }
45      dad[r] = dad[p];  lson[r] = lson[p];  rson[r] = rson[p];
```

390 LZ法

```
46      dad[lson[p]] = r;   dad[rson[p]] = r;
47      if (rson[dad[p]] == p) rson[dad[p]] = r;
48      else                   lson[dad[p]] = r;
49      dad[p] = NIL;                                        /* p を外す */
50  }
51
52  void delete_node(int p)                                 /* 節 p を木から消す */
53  {
54      int  q;
55
56      if (dad[p] == NIL) return;                          /* 見つからない */
57      if (rson[p] == NIL) q = lson[p];
58      else if (lson[p] == NIL) q = rson[p];
59      else {
60          q = lson[p];
61          if (rson[q] != NIL) {
62              do {  q = rson[q];  } while (rson[q] != NIL);
63              rson[dad[q]] = lson[q];  dad[lson[q]] = dad[q];
64              lson[q] = lson[p];  dad[lson[p]] = q;
65          }
66          rson[q] = rson[p];  dad[rson[p]] = q;
67      }
68      dad[q] = dad[p];
69      if (rson[dad[p]] == p) rson[dad[p]] = q;
70      else                   lson[dad[p]] = q;
71      dad[p] = NIL;
72  }
73
74  void encode(void)                                       /* 圧縮 */
75  {
76      int i, c, len, r, s, lastmatchlen, codeptr;
77      unsigned char code[17], mask;
78      unsigned long int incount = 0, printcount = 0, cr;
79
80      init_tree();                                        /* 木を初期化 */
81      code[0] = 0;  codeptr = mask = 1;
82      s = 0;  r = N - F;
83      for (i = s; i < r; i++) text[i] = 0;                /* バッファを初期化 */
84      for (len = 0; len < F ; len++) {
85          c = getc(infile);  if (c == EOF) break;
86          text[r + len] = c;
87      }
88      incount = len;  if (incount == 0) return;
89      for (i = 1; i <= F; i++) insert_node(r - i);
90      insert_node(r);
91      do {
92          if (matchlen > len) matchlen = len;
93          if (matchlen < 3) {
94              matchlen = 1; code[0] |= mask; code[codeptr++] = text[r];
95          } else {
96              code[codeptr++] = (unsigned char) matchpos;
97              code[codeptr++] = (unsigned char)
98                  (((matchpos >> 4) & 0xf0) | (matchlen - 3));
99          }
100         if ((mask <<= 1) == 0) {
101             for (i = 0; i < codeptr; i++) putc(code[i], outfile);
```

LZ 法　391

```
102            outcount += codeptr;
103            code[0] = 0;  codeptr = mask = 1;
104          }
105          lastmatchlen = matchlen;
106          for (i = 0; i < lastmatchlen; i++) {
107            c = getc(infile);  if (c == EOF) break;
108            delete_node(s);  text[s] = c;
109            if (s < F - 1) text[s + N] = c;
110            s = (s + 1) & (N - 1);  r = (r + 1) & (N - 1);
111            insert_node(r);
112          }
113          if ((incount += i) > printcount) {
114            printf("%12lu\r", incount);  printcount += 1024;
115          }
116          while (i++ < lastmatchlen) {
117            delete_node(s);
118            s = (s + 1) & (N - 1);  r = (r + 1) & (N - 1);
119            if (--len) insert_node(r);
120          }
121        } while (len > 0);
122        if (codeptr > 1) {
123          for (i = 0; i < codeptr; i++) putc(code[i], outfile);
124          outcount += codeptr;
125        }
126        printf("In : %lu bytes\n", incount);                    /* 結果報告 */
127        printf("Out: %lu bytes\n", outcount);
128        if (incount != 0) {                                     /* 圧縮比を求めて報告 */
129          cr = (1000 * outcount + incount / 2) / incount;
130          printf("Out/In: %lu.%03lu\n", cr / 1000, cr % 1000);
131        }
132 }
133
134 void decode(unsigned long int size)                           /* 復元 */
135 {
136      int i, j, k, r, c;
137      unsigned int flags;
138
139      for (i = 0; i < N - F; i++) text[i] = 0;
140      r = N - F;  flags = 0;
141      for ( ; ; ) {
142        if (((flags >>= 1) & 256) == 0) {
143          if ((c = getc(infile)) == EOF) break;
144          flags = c | 0xff00;
145        }
146        if (flags & 1) {
147          if ((c = getc(infile)) == EOF) break;
148          putc(c, outfile);  text[r++] = c;  r &= (N - 1);
149        } else {
150          if ((i = getc(infile)) == EOF) break;
151          if ((j = getc(infile)) == EOF) break;
152          i |= ((j & 0xf0) << 4);  j = (j & 0x0f) + 2;
153          for (k = 0; k <= j; k++) {
154            c = text[(i + k) & (N - 1)];  putc(c, outfile);
155            text[r++] = c;  r &= (N - 1);
156          }
157        }
```

```
158      }
159      printf("%12lu\n", size);
160  }
```

 squeeze.c

動的辞書法によるデータ圧縮プログラム。Storer の本 [3] に基づいたものである。

ビットごとの入出力ルーチン bitio.c (⇒ †Huffman（ハフマン）法) を #include して使っている。

main() は †Huffman（ハフマン）法のものと同じでよいので省略した。

より高速化するには，木のノード p の文字 c に当たる子の位置を見つけるために p, c による †ハッシュ法を使う。

```c
 1  #include "bitio.c"
 2  #define N         256              /* 文字の種類 (0..N-1) */
 3  #define MAXDICT 4096               /* 辞書サイズ 4096, 8192, ... */
 4  #define MAXMATCH 100               /* 最大一致長 */
 5  #define NIL    MAXDICT             /* ノード番号として存在しない値 */
 6
 7  static unsigned char character[MAXDICT];
 8  static int parent[MAXDICT], lchild[MAXDICT],     /* 親, 左の子 */
 9             rsib[MAXDICT], lsib[MAXDICT],         /* 右左のきょうだい */
10             dictsize = N;                         /* 現在の辞書サイズ */
11  static int newer[MAXDICT], older[MAXDICT];       /* 待ち行列ポインタ */
12  static int qin = NIL, qout = NIL;                /* 待ち行列の入口, 出口 */
13  static int match[MAXMATCH];                      /* 一致文字列 */
14  static int bitlen = 1;                           /* 現在の符号語の長さ */
15  static int bitmax = 2;                           /* 1 << bitlen */
```
▷ ノード p を LRU 待ち行列から外す（p は最後でない）。
```c
16  void dequeue(int p)
17  {
18      int n, o;
19
20      if (p == qout) {                             /* 先頭の場合 */
21          qout = newer[p];  older[qout] = NIL;
22      } else {
23          o = older[p];  n = newer[p];
24          newer[o] = n;  older[n] = o;
25      }
26  }
```
▷ ノード p を待ち行列の要素 q の後ろに挿入（q が NIL なら最初に）
```c
27  void enqueue(int p, int q)
28  {
29      if (qin == NIL) {                            /* 待ち行列が空 */
30          older[p] = newer[p] = NIL;  qin = qout = p;
31      } else if (q == NIL) {                       /* 待ち行列の最初に付ける */
32          older[p] = NIL;  newer[p] = qout;
33          qout = older[qout] = p;
34      } else if (q == qin) {                       /* 待ち行列の最後に付ける */
```

LZ 法   393

```
35          older[p] = qin;   newer[p] = NIL;
36          qin = newer[qin] = p;
37      } else {                                    /* 待ち行列の途中に割り入る */
38          older[p] = q;
39          newer[p] = newer[q];
40          newer[q] = older[newer[p]] = p;
41      }
42 }
```

▷ ノード p の文字 c に当たる子を返す（なければ NIL）

```
43 int child(int p, int c)
44 {
45      p = lchild[p];
46      while (p != NIL && c != character[p]) p = rsib[p];
47      return p;
48 }
```

▷ 親ノード parp の文字 c に当たる子として葉ノード p を挿入

```
49 void addleaf(int parp, int p, int c)
50 {
51      int q;
52
53      character[p] = c;
54      parent[p] = parp;
55      lchild[p] = lsib[p] = NIL;
56      q = lchild[parp];   rsib[p] = q;
57      if (q != NIL) lsib[q] = p;
58      lchild[parp] = p;
59 }
```

▷ 葉ノード p を削除

```
60 void deleteleaf(int p)
61 {
62      int left, right;
63
64      left = lsib[p];   right = rsib[p];
65      if (left != NIL) rsib[left] = right;
66      else      lchild[parent[p]] = right;
67      if (right != NIL) lsib[right] = left;
68 }
```

▷ 辞書木の初期化

```
69 void init_tree(void)
70 {
71      int i;
72
73      for (i = 0; i < N; i++) {
74          character[i] = i;
75          parent[i] = lchild[i] = lsib[i] = rsib[i] = NIL;
76      }
77 }
```

▷ 木の更新

394 LZ 法

```c
78  void update(int *match, int curlen, int prevp, int prevlen)
79  {
80      int p, c, i;
81
82      if (prevp == NIL) return;
83      for (i = 0; i < curlen; i++) {
84          if (++prevlen > MAXMATCH) return;
85          c = match[i];
86          if ((p = child(prevp, c)) == NIL) {
87              if (dictsize < MAXDICT) p = dictsize++;       /* dictsize < NIL */
88              else {
89                  if (prevp == qout) return;
90                  p = qout;  dequeue(p);  deleteleaf(p);
91              }
92              addleaf(prevp, p, c);
93              if (prevp < N) enqueue(p, qin);
94              else           enqueue(p, older[prevp]);
95          }
96          prevp = p;
97      }
98  }
99
100 void output(int p)
101 {
102     if (p < N) {
103         putbit(0);  putbits(8, p);
104     } else {
105         while ((dictsize - N) >= bitmax) {
106             bitlen++;  bitmax <<= 1;
107         }
108         putbit(1);  putbits(bitlen, p - N);
109     }
110 }
111
112 int input(void)
113 {
114     int i;
115
116     if ((dictsize - N) >= bitmax) {
117         bitmax <<= 1;  bitlen++;
118     }
119     if ((i = getbit()) == EOF) return EOF;
120     if (i == 0) return getbits(8);
121     if ((i = getbits(bitlen)) == EOF) return EOF;
122     return i + N;
123 }
124
125 void encode(void)                                         /* 圧縮 */
126 {
127     int p, c, q, curptr, curlen, prevptr, prevlen;
128     unsigned long int incount, printcount, cr;
129
130     init_tree();  curptr = NIL;  curlen = 0;
131     incount = printcount = 0;  c = getc(infile);
132     while (c != EOF) {
133         prevptr = curptr;  prevlen = curlen;  curlen = 0;
```

```
134         q = qin;  p = c;
135         do {
136             if (p >= N)
137                 if (p == q) q = older[p];
138                 else { dequeue(p);  enqueue(p, q); }
139             match[curlen++] = c;  curptr = p;
140             c = getc(infile);  p = child(curptr, c);
141         } while (p != NIL);
142         output(curptr);
143         update(match, curlen, prevptr, prevlen);
144         if ((incount += curlen) > printcount) {
145             printf("%12lu\r", incount);  printcount += 1024;
146         }
147     }
148     putbits(7, 0);                              /* ビットバッファをフラッシュ */
149     printf("In : %lu bytes\n", incount);
150     printf("Out: %lu bytes\n", outcount);
151     if (incount != 0) {
152         cr = (1000 * outcount + incount / 2) / incount;
153         printf("Out/In: %1lu.%03lu\n", cr / 1000, cr % 1000);
154     }
155 }
156
157 void decode(unsigned long int size)             /* 復元 */
158 {
159     int p, i, curptr, curlen, prevptr, prevlen, *base;
160     unsigned long int count, printcount;
161
162     init_tree();
163     curptr = NIL;  curlen = 0;  count = printcount = 0;
164     while (count < size) {
165         if ((p = input()) == EOF) error("読めません");
166         if (p >= dictsize) error("入力エラー");
167         prevptr = curptr;  prevlen = curlen;
168         curptr = p;  curlen = 0;
169         while (p != NIL) {
170             if (p >= N && p != qin) {
171                 dequeue(p);  enqueue(p, qin);
172             }
173             curlen++;
174             match[MAXMATCH - curlen] = character[p];
175             p = parent[p];
176         }
177         base = &match[MAXMATCH - curlen];
178         for (i = 0; i < curlen ; i++) putc(base[i], outfile);
179         update(base, curlen, prevptr, prevlen);
180         if ((count += curlen) > printcount) {
181             printf("%12lu\r", count);  printcount += 1024;
182         }
183     }
184     printf("%12lu\n", count);
185 }
```

[1] Jacob Ziv and Abraham Lempel. A universal algorithm for sequential data com-

pression. *IEEE Transactions on Information Theory*, IT-23(3): 337–343, 1977.

[2] Jacob Ziv and Abraham Lempel. Compression of individual sequences via variable-rate coding. *IEEE Transactions on Information Theory*, IT-24(5): 530–536, 1978.

[3] James A. Storer. *Data Compression: Methods and Theory*. Computer Science Press, Rockville, MD, 1988.

[4] James A. Storer and Thomas G. Szymanski. Data compression via textual substitution. *Journal of the Association for Computing Machinery*, 29(4): 928–951, 1982.

[5] Timothy C. Bell. Better OPM/L text compression. *IEEE Transactions on Communications*, COM-34(12): 1176–1182, 1986.

[6] Edward R. Fiala and Daniel H. Greene. Data compression with finite windows. *Communications of the ACM*, 32(4): 490–505, 1989.

[7] Terry A. Welch. A technique for high-performance data compression. *IEEE Computer*, 17(6): 8–19, 1984.

[8] AP-Labo 編著. 『ハードディスク・クックブック』. 翔泳社, 1987.

M

M 系列乱数　M-sequence random numbers

たとえば 521 個のビット $b_0, b_1, \ldots, b_{520}$ を適当に初期化しておく。ただし全部 0 ではいけない。ビット b_{521} 以降を排他的論理和 $\oplus$ の漸化式

$$b_i = b_{i-32} \oplus b_{i-521}, \qquad i = 521, 522, \ldots$$

で生成する。このようにして作ったビット列 $b_0, b_1, \ldots$ の中の連続した 521 ビットは，全部 0 という状態を除く可能な $2^{521} - 1$ 通りのすべての状態をとり得る。したがって，ビット列全体の周期は $2^{521} - 1$ である。これはこのような漸化式で作り得る周期のうちで最大であるので，このような列を最大周期列（maximal-period sequence）または M 系列（M-sequence）という。

上の漸化式が最大周期列を生成するのは $x^{521} + x^{32} + 1$ が mod 2 での原始多項式であるからで，でたらめに選んだ漸化式ではこうはならない（⇒ †有限体）。

上の漸化式でビットを整数にして †ビットごとの排他的論理和を用いれば，整数の各ビットが M 系列になる。この整数を乱数として使えば，†線形合同法よりはるかに周期の長い乱数が得られる。このような乱数発生法を GFSR（generalized feedback shift register）法ともいう。この乱数は，周期が長いだけでなく，初期値を正しく選べば多次元分布も良いので，線形合同法に代わって広く用いられるようになった。

ただし，一つの原始多項式で生成できる M 系列は 1 通りしかないので，整数の各ビットが M 系列中のできるだけ離れた部分を走るように初期設定しなければならない。そのための方法では伏見 [1] の方法が優れている。

次のプログラムでは，各 x_i を 32 ビットの符号なし整数として，初期値 $x_0, \ldots, x_{520}$ の選び方は伏見 [1] に従って次のようにした。まず

$$x_0 = (b_0 b_1 \ldots b_{31})_2, \tag{1}$$
$$x_1 = (b_{32} b_{33} \ldots b_{63})_2, \tag{2}$$
$$\vdots \tag{3}$$
$$x_{520} = (b_{16640} b_{16641} \ldots b_{16671})_2 \tag{4}$$

のように 2 進表示し，b_0 から b_{520} までのビットは任意に選ぶ。ここでは線形合同法乱数の最上位ビットを使っている。残りのビットは $b_i = b_{i-32} \oplus b_{i-521}$ を使って生成する。

原始多項式の表は文献 [2] の巻末や [3] の 28 ページにある。

M 系列乱数

mrnd.c

　M 系列乱数発生ルーチンの例。irnd() は 32 ビット符号なし整数の一様乱数，rnd() は 0 以上 1 未満の実数の一様乱数を発生する。あらかじめ init_rnd(seed) を呼び出して乱数を初期化する。seed には任意の unsigned long 型の整数を与える。

```c
1  #define M32(x)   (0xffffffff & (x))
2  static int jrnd;
3  static unsigned long x[521];
4
5  static void rnd521(void)
6  {
7      int i;
8
9      for (i =  0; i <  32; i++) x[i] ^= x[i + 489];
10     for (i = 32; i < 521; i++) x[i] ^= x[i -  32];
11 }
12
13 void init_rnd(unsigned long seed)
14 {
15     int i, j;
16     unsigned long u;
17
18     u = 0;
19     for (i = 0; i <= 16; i++) {
20         for (j = 0; j < 32; j++) {
21             seed = seed * 1566083941UL + 1;
22             u = (u >> 1) | (seed & (1UL << 31));
23         }
24         x[i] = u;
25     }
26     x[16] = M32(x[16] << 23) ^ (x[0] >> 9) ^ x[15];
27     for (i = 17; i <= 520; i++)
28         x[i] = M32(x[i-17] << 23) ^ (x[i-16] >> 9) ^ x[i-1];
29     rnd521();   rnd521();   rnd521();                        /* warm up */
30     jrnd = 520;
31 }
32
33 unsigned long irnd(void)
34 {
35     if (++jrnd >= 521) { rnd521();  jrnd = 0; }
36     return x[jrnd];
37 }
38
39 double rnd(void)                                             /* 0 ≤ rnd() < 1 */
40 {
41     return (1.0 / (0xffffffff + 1.0)) * irnd();
42 }
```

[1] 伏見 正則．『乱数』．東京大学出版会，1989．
[2] W. Wesley Peterson and E. J. Weldon, Jr. *Error-Correcting Codes*. MIT Press, second edition 1972.

[3] Donald E. Knuth. *The Art of Computer Programming*. Volume 2: *Seminumerical Algorithms*. Addison-Wesley, second edition 1981.

Mandelbrot（マンデルブロート）集合　Mandelbrot set

$z_0 = 0$, $z_{n+1} = z_n^2 - c$ ($n = 0, 1, \ldots$) で定義される複素数の数列 $\{z_n\}$ が有界である ($n \to \infty$ で $|z_n|$ が発散しない) ような複素数 c の集合。c の前の符号を $+$ とすることもある。この集合は複素平面上で非常に複雑な形をしており，どんなに拡大しても入り組んだ境界が見られる。

計算機では，ある領域の点 (x, y) について，

 $z \leftarrow x + iy$; $count \leftarrow M$;
 while ($|z| \leq 4$) **and** ($count > 0$) **do begin**
  $z \leftarrow z^2 - (x + iy)$; $count \leftarrow count - 1$
 end;
 点 (x, y) に $count$ で決まる色（$count = 0$ なら黒）を付ける；

とする。黒い部分が Mandelbrot 集合で，それ以外の色は，その点と Mandelbrot 集合との"近さ"を表す光背である。

Benoît B. Mandelbrot はポーランド → フランス → アメリカの数学者。フランス語風に表記すればマンデルブロー，ドイツ語風に表記すればマンデルブロート。"Mandelbrot" はドイツ語でアーモンド・パンの意。

ちなみに，c が Mandelbrot 集合 M に属するなら $|c| \leq 2$ であり，c が M に属さないことの判定基準を"ある n について $|z_n| > R$"とするなら R の下限は 2 である。実際，$|c| > 2$ とすると，$|z_2| = |c^2 - c| = |c||c - 1| \geq |c|(|c| - 1)$，よって $|z_2| > |c|$ である。同様にして $|z_3|, |z_4|, \ldots$ も $> |c|$ であるので，$|z_n/c| > 1$ ($n = 2, 3, \ldots$) となる。これと $|z_{n+1}/c| > |z_n/c|^2$ とから，$|c| > 2$ なら $|z_n/c| \to \infty$ がわかる。そこで $|c| \leq 2$ とすると，$|z_m| = 2 + \delta$ ($\delta > 0$) なら $|z_{m+1}| > 2 + 4\delta$ である。これを繰り返せば $|z_n| \to \infty$ となる。$c = 2$ なら $z_2 = z_3 = \cdots = 2$ であるので，$|z_n| > 2$ がぎりぎりの条件であることがわかる。

mandel.c

xmin $\leq x \leq$ xmax, ymin $\leq y \leq$ ymax の範囲の Mandelbrot 集合の光背を画面に描く。最大繰返し数は M である。光背の色はすべて白としたが，18 行目の WHITE を i の関数とすることによって，より芸術的な絵になる（例：50 * i あるいは WHITE + (double) i / M * (BLUE - WHITE)）。

Mandelbrot 集合の全景（左下図）を見るには $-1 \leq x \leq 2.2$, $-1 \leq y \leq 1$ 程度にす

る。最大繰返し数は 100 程度でよい。海馬の谷（seahorse valley）を含む拡大図（右下図）はたとえば $0.6 \leq x \leq 1.24$, $0 \leq y \leq 0.4$ にする。

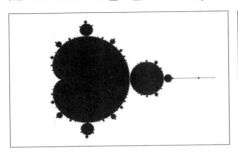

`gr_dot(i, j, c)` は画面の座標 (i, j) の点に色 c を付ける手続きである（$0 \leq i <$ XMAX, $0 \leq j <$ YMAX, $c =$ WHITE, BLACK, ...）。基本グラフィックスルーチン grBMP.c （⇒ †グラフィックス）を使っている。

```c
#include "grBMP.c"              /* ⇒ †グラフィックス */
#define M  1000                 /* 最大繰返し数 */

int main(void)
{
    int i, j, imax, jmax, count;
    double x, y, a, b, a2, b2, dx, dy,
        xmin = -1, xmax = 2.2, ymin = -1, ymax = 1;
    unsigned long color[M + 1];
    dx = xmax - xmin;  dy = ymax - ymin;
    if (dx * YMAX > dy * XMAX) {
        imax = XMAX;   jmax = (int)(XMAX * dy / dx + 0.5);
    } else {
        imax = (int)(YMAX * dx / dy + 0.5);   jmax = YMAX;
    }
    dx /= imax;   dy /= jmax;
    color[0] = BLACK;
    for (i = 1; i <= M; i++) color[i] = WHITE;
    for (i = 0; i <= imax; i++) {
        x = xmin + i * dx;
        for (j = 0; j <= jmax; j++) {
            y = ymin + j * dy;   a = x;   b = y;
            a2 = a * a;   b2 = b * b;   count = M;
            while (a2 + b2 <= 4 && count) {
                b = 2 * a * b - y;   a = a2 - b2 - x;
                a2 = a * a;   b2 = b * b;   count--;
            }
            gr_dot(i, j, color[count]);
        }
    }
    gr_BMP("mandel.bmp");
    return 0;
}
```

[1] A. K. Dewdney. Computer Recreations. *Scientific American*, August 1985.
[2] K.-H. Becker and M. Dörfler. *Dynamical Systems and Fractals: Computer Graphics Experiments in Pascal*. Translated by Ian Stewart. Cambridge University Press, 1989.

McCarthy（マッカーシー）関数 McCarthy's function

再帰的に定義された次のような関数。定数 N をたとえば 100 にし，100 以下の整数 x を与えると，いつも 91 が返る。これ以外に効用はない。

mccarthy.c

```c
int McCarthy(int x)
{
    if (x > N) return x - 10;
    /* else */ return McCarthy(McCarthy(x + 11));
}
```

Neville（ネヴィル）補間   Neville interpolation

†Lagrange（ラグランジュ）補間や†Newton（ニュートン）補間と同様な多項式による†補間のアルゴリズム。

📄 neville.c

N個のデータ点 (x[0],y[0]),…,(x[N-1],y[N-1]) を与え，$x = t$ における y の値を求める。データは x[i]，y[i] が対応していればどのような順序でもよい。もし y[ ] に上書きしてよいなら，w[ ] は不要で，行7は削除，w はすべて y に置き換える。

外側のループの i が多項式の次数にあたる。

```
 1  double neville(double t)
 2  {
 3      int i, j;
 4      static double w[N];
 5
 6      for (i = 0; i < N; i++) {
 7          w[i] = y[i];
 8          for (j = i - 1; j >= 0; j--)
 9              w[j] = w[j + 1] +
10                  (w[j + 1] - w[j]) * (t - x[i]) / (x[i] - x[j]);
11      }
12      return w[0];
13  }
```

(参考) 次の Aitken（エイトケン）補間としばしば混同される。歴史的には Aitken のほうが早いようである。

```
1      for (i = 0; i <= N - 1; i++) w[i] = y[i];
2      for (j = 1; j <= N - 1; j++)
3          for (i = N - 1; i >= j; i--)
4              w[i] = (w[i-1]*(x[i]-t) - w[i]*(x[i-j]-t))
5                      / (x[i]-x[i-j]);
6      return w[N - 1];
```

Newton（ニュートン）法   Newton's method

Newton–Raphson（ニュートン・ラフソン）法ともいう。関数 $f(x)$ とその導関数 $f'(x)$ が与えられたとき，方程式 $f(x) = 0$ の解 x を数値的に求める。次のプログラム newt2.c のように導関数を数値微分で代用することもできる。

まず，適当な出発点 x_0 を与え，関数値 $f(x_0)$ と導関数の値 $f'(x_0)$ を計算する．$x = x_0$ の近くで $f(x) \doteqdot f(x_0) + (x - x_0) f'(x_0)$ と近似し，これを $f(x) = 0$ に代入して x について解くと，方程式 $f(x) = 0$ の近似解 $x \doteqdot x_0 - f(x_0)/f'(x_0)$ が得られる．この右辺の値を x_1 とする．次に，この値 x_1 から出発し，同様に考えて $x_2 = x_1 - f(x_1)/f'(x_1)$ を求めると，x_2 はさらによい近似解となる．以下同様に，置換え $x_{n+1} = x_n - f(x_n)/f'(x_n)$ を収束するまで続ける．

十分素直な関数については，Newton 法の収束は非常に速い．解の近くでは 1 回の置換えごとに有効桁数が 2 倍になる．ただし，解 x が $f'(x) = 0$ を満たすとき（重複解のとき）は収束が遅くなる．

関数の形によっては，出発点が解から遠いと，収束しないことがある．たとえば $\arctan x = 0$ では出発点が解 $x = 0$ から遠いと激しく振動してしまう．このようなときは，置換えの式を $x_{n+1} = x_n - \omega f(x_n)/f'(x_n)$, $0 < \omega < 1$ と修正するとよい．下の newt2.c では，$|f(x)|$ が増加してしまったときは $\omega = \frac{1}{2}$ で試み，それでもだめなら $\omega = \frac{1}{4}, \frac{1}{8}, \ldots$ と減らしていく．逆に，重複解の近くではこの ω を重複度に等しくすると収束が速くなる．

下の newt2.c は導関数 $f'(x)$ を $\bigl(f(x + f(x)) - f(x)\bigr)/f(x)$ で代用している．これでも通常の Newton 法と同程度の速さで収束する．

Newton 法は x, $f(x)$ が複素数でも使える．また，多変数の関数 $f(x_1, x_2, \ldots)$ にも拡張できる．

ちなみに，たとえば $x^3 - x = 0$ を Newton 法で解こうとすると，$x < -1/\sqrt{3}$ の範囲の x から始めれば $x = -1$ に収束し，$-1/\sqrt{5} < x < 1/\sqrt{5}$ から始めれば $x = 0$ に収束し，$1/\sqrt{3} < x$ から始めれば $x = 1$ に収束する．しかし，$-1/\sqrt{3} < x < -1/\sqrt{5}$, $1/\sqrt{5} < x < 1/\sqrt{3}$ では収束する値が無限に交代し，カオス（⇒ †カオスとアトラクタ）の様相を呈する．この様子は複素平面で考えればさらに面白い（⇒ †Julia（ジュリア）集合）．

newt1.c

Newton 法で 3 次方程式 $ax^3 + bx^2 + cx + d = 0$ を解くプログラム．初期値の与え方および Cardano の公式によるプログラムは ⇒ †3 次方程式．

```
1  #include <stdio.h>
2  #include <stdlib.h>
3  #include <math.h>
4  double b, c, d;
5
6  double f(double x)                               /* ゼロ点を求める関数 f(x) */
7  {
8      return ((b + x) * x + c) * x + d;
9  }
```

404 Newton（ニュートン）法

```c
10
11  double f_prime(double x)                                          /* f'(x) */
12  {
13      return (2 * b + 3 * x) * x + c;
14  }
15
16  double newton(double x)                        /* 初期値 x を与えて f(x) = 0 の解を返す */
17  {
18      double fx, fp, xprev, xprev2 = x;
19
20      do {
21          fx = f(x);
22          printf("␣␣x␣=␣%␣-24.16g␣␣f(x)␣=␣%␣-.2g\n", x, fx);
23          if ((fp = f_prime(x)) == 0) fp = 1;                      /* 強引にずらす */
24          xprev2 = xprev;  xprev = x;  x -= fx / fp;
25      } while (x != xprev && x != xprev2);                         /* 振動の回避 */
26      return (x + xprev) / 2;                              /* 振動した場合は平均を返す */
27  }
28
29  int main(void)
30  {
31      double a, x1, x2, x3;
32
33      printf("ax^3+bx^2+cx+d=0 を解きます。\na␣b␣c␣d␣?␣");
34      scanf("%lf%lf%lf%lf", &a, &b, &c, &d);
35      b /= a;  c /= a;  d /= a;
36      a = b * b - 3 * c;
37      if (a > 0) {
38          a = (2.0 / 3.0) * sqrt(a);
39          x1 = newton(-a - b / 3);                                /* 左側から */
40          printf("x1␣=␣%g\n", x1);
41          x2 = newton(a - b / 3);                                 /* 右側から */
42          if (x2 == x1) return 0;
43          printf("x2␣=␣%g\n", x2);
44          x3 = newton(b / (-3));                                  /* 変曲点から */
45          printf("x3␣=␣%g\n", x3);
46      } else {
47          x1 = newton(0);                                         /* 適当な点から */
48          printf("x␣=␣%g\n", x1);
49      }
50      return 0;
51  }
```

📄 newt2.c

導関数を $\bigl(f(x + f(x)) - f(x)\bigr)/f(x)$ で代用し，$|f(x)|$ が増加するときは $x \leftarrow x - \omega f(x)/f'(x)$，$\omega = \frac{1}{2}, \frac{1}{4}, \frac{1}{8}, \ldots$ とする。

```c
1  double newton(double x)                        /* 初期値 x から f(x) = 0 の解を求める */
2  {
3      int i;
4      double h, fx, df, x_prev, fx_prev;
5
```

```
 6        fx = f(x);
 7        while (fx != 0) {
 8            df = f(x + fx) - fx;  h = fx * fx / df;
 9            x_prev = x;  fx_prev = fx;  i = 0;
10            do {
11                x = x_prev - h;  fx = f(x);  h /= 2;  i++;
12                printf("(%d) x = %-24.16g f(x) = %-.2g\n",
13                       i, x, fx);
14            } while (fabs(fx) > fabs(fx_prev));
15            if (i == 1 && x == x_prev) break;
16        }
17        return x;
18    }
```

Newton（ニュートン）補間　Newton interpolation

多項式による†補間のアルゴリズム。まず多項式の係数を求めてから補間する。いくつもの x で補間値を求めるのなら †Neville（ネヴィル）補間より速い。

たとえば 3 点 (x_0, y_0), (x_1, y_1), (x_2, y_2) を通る 2 次多項式を求めるには，次のような表を作る。

$$\begin{array}{c|c} x_0 & y_0 \\ x_1 & y_1 \\ x_2 & y_2 \end{array} \quad \begin{array}{l} c_0 = \frac{y_1 - y_0}{x_1 - x_0} \\ c_1 = \frac{y_2 - y_1}{x_2 - x_1} \end{array} \quad d_0 = \frac{c_1 - c_0}{x_2 - x_0}$$

この c_0, c_1, d_0 を使って，求める 2 次関数は

$$y = y_0 + (x - x_0)(c_0 + d_0(x - x_1))$$

となる。この多項式は展開せずに計算する方が速い（⇒ †Horner（ホーナー）法）。

x の値は大きさの順に並べる必要はない。Horner 法の計算の形から考えれば，どちらかといえば $|x - x_0| \leq |x - x_1| \leq |x - x_2| \leq \cdots$ の順に並んでいる方が誤差が少ないであろう。

newton.c

手続き `maketable()` は上述の方法で補間多項式

$$P(x) = a_0 + a_1(x - x_0) + a_2(x - x_0)(x - x_1) + \cdots \tag{1}$$
$$+ a_{n-1}(x - x_0)(x - x_1)\ldots(x - x_{n-2}) \tag{2}$$

の係数を `a[i]` に求める。これは最初に 1 回だけ呼び出せばよい。`y[]` を上書きしてよければ `w[]` は不要である。

関数 `interpolate(t)` は $x = $ `t` における補間値を求める。

406　N 王妃の問題

```c
 1  double a[N];                              /* 補間多項式の係数 */
 2
 3  void maketable(void)
 4  {
 5      int i, j;
 6      static double w[N];
 7
 8      for (i = 0; i < N; i++) {
 9          w[i] = y[i];
10          for (j = i - 1; j >= 0; j--)
11              w[j] = (w[j + 1] - w[j]) / (x[i] - x[j]);
12          a[i] = w[0];
13      }
14  }
15
16  double interpolate(double t)
17  {
18      int i;
19      double p;
20
21      p = a[N - 1];
22      for (i = N - 2; i >= 0; i--)
23          p = p * (t - x[i]) + a[i];
24      return p;
25  }
```

（参考）maketable() は y[ ] から w[ ] にコピーした後

```c
        for (j = 1; j < N; j++)
            for (i = N - 1; i >= j; i--)
                w[i] = (w[i]-w[i-1]) / (x[i]-x[i-j]);
```

としても同じである（[†]Neville（ネヴィル）補間と Aitken（エイトケン）補間の違いに対応する）。

N 王妃の問題　N queens

　チェスのクイーンは，将棋の飛車と角を合わせたような駒で，縦，横，斜めにいくらでも進める。$N \times N$ の盤面にチェスのクイーンを N 駒並べ，どの二つのクイーンも互いに張り合わないような局面を数え上げるのが問題である。元来はチェスであるから $N = 8$ で，八王妃の問題といった。$N = 8$ では 92 個の解がある。大数学者 Gauss が数え間違えたという問題である。

nqueens.c

　N 王妃のすべての解を求めるプログラムである。a[i] はまっすぐに張り合っているかどうか，b[i]，c[i] は斜めに張り合っているかどうかを調べるために用いる。

```
1  #include <stdio.h>
2  #include <stdlib.h>
3
4  #define N  8                                         /* N×Nの盤面 */
5  int a[N], b[2 * N - 1], c[2 * N - 1], x[N];
6
7  void found(void)
8  {
9      int i, j;
10     static solution = 0;
11
12     printf("\n解 %d\n", ++solution);
13     for (i = 0; i < N; i++) {
14         for (j = 0; j < N; j++)
15             if (x[i] == j) printf(" Q");
16             else           printf(" .");
17         printf("\n");
18     }
19 }
20
21 void try(int i)
22 {
23     int j;
24
25     for (j = 0; j < N; j++)
26         if (a[j] && b[i + j] && c[i - j + N - 1]) {
27             x[i] = j;
28             if (i < N - 1) {
29                 a[j] = b[i + j] = c[i - j + N - 1] = 0;
30                 try(i + 1);
31                 a[j] = b[i + j] = c[i - j + N - 1] = 1;
32             } else found();
33         }
34 }
35
36 int main(void)
37 {
38     int i;
39
40     for (i = 0; i < N; i++)         a[i] = 1;
41     for (i = 0; i < 2 * N - 1; i++) b[i] = 1;
42     for (i = 0; i < 2 * N - 1; i++) c[i] = 1;
43     try(0);
44     return 0;
45 }
```

   [1] 有澤 誠.『プログラミングレクリエーション』.近代科学社,1978. 29–34 ページ.

NP 完全   NP-complete

データを入力すると yes または no と答えるプログラムを考えよう.適当な単位で測った入力データのサイズを n とする.データを入れてから答えが出るまでの時間がたかだ

かnの多項式（たとえばn^2とかn^{100}とか）に比例する程度であるとき，その問題はクラスPに属するという．Pはpolynomial-time（多項式時間）の意である．Pに属する問題は"やさしい"問題であり，そうでない問題，たとえば実行時間が2^nや$n!$に比例する問題は"難しい"（intractableな）問題であるといえる．

NPはnondeterministic polynomial-timeの意で，クラスNPに属する問題は非決定的（nondeterministic）な方法（"当てずっぽう＋幸運"!!）で多項式時間で解ける．たとえば，n個の点と長さlが与えられたとき，これらの点をすべて通る閉じた道筋（巡回路）で長さがl以下のものが存在するかどうか調べる問題を考えよう．可能な巡回路は$(n-1)!$通りもあるので，正直に一つ一つ調べる方法ではnの多項式に比例する時間で答えが出せるとは限らない．しかし，もし幸運なことに当て推量で最初に選んだ巡回路がたまたま長さ$\leq l$であったならば，多項式時間でyesと答えられる．このような問題はNPに属するという．

クラスNPに属するある問題xがNP完全であるとは，NPに属するどの問題もこの問題xを経由して"xを解く時間＋多項式時間"で解けることをいう．したがって，もし一つのNP完全問題が多項式時間で解ければ，NPに属するどんな問題も多項式時間で解け，P＝NPが成り立つ．長さl以下の巡回路があるかどうか調べる問題はNP完全問題の一つである．

一般に（yes, noで答える問題に限らず）NP完全問題と同程度以上に難しい問題をNP困難問題（NP-hard problem）という．たとえばn点を通る最短の巡回路を求める問題（巡回セールスマン問題）はNP困難である．

$P \neq NP$であると予想されているが，証明はまだない．

文献[1]には数百のNP完全問題，NP困難問題が列挙されている．

[1] Michael R. Garey and David S. Johnson. *Computers and Intractability: A Guide to the Theory of NP-Completeness.* W. H. Freeman, 1979.

O記法 O notation

値の増え方の程度（order, 位数）を表す記法。O は小文字 o と区別するためにビッグ・オーとも読む。

たとえば，データの個数 n が 2 倍，3 倍，… になると実行時間が $2^2 = 4$ 倍，$3^2 = 9$ 倍，… になるプログラムの実行時間は $O(n^2)$ であるという。

もっと正確にいえば，定数 $c\,(>0)$, N が存在して，$n \geq N$ ならば必ず $|f(n)| \leq c|g(n)|$ が成り立つとき，"$n \to \infty$ のとき $f(n) = O(g(n))$ である" という。したがって，$O(n^2)$ も $O(100n^2)$ も同じ意味であり，$O(n^2)$ を $O(n^3)$ といっても間違いではない。

数学では，ドイツの数学者 E. G. H. Landau（ランダウ）に因んで O を Landau の記号という。

Pascal（パスカル）の三角形 Pascal's triangle

次の左のように無限に続く数の三角形。右側はその意味。

```
        1                              ₀C₀
       1 1                         ₁C₀     ₁C₁
      1 2 1                     ₂C₀    ₂C₁    ₂C₂
     1 3 3 1                 ₃C₀    ₃C₁    ₃C₂    ₃C₃
    1 4 6 4 1             ₄C₀    ₄C₁    ₄C₂    ₄C₃    ₄C₄
```

両側がすべて 1 で，内側の数はその左上と右上の和である。上から $n+1$ 段目の左から $k+1$ 個目の数が †組合せの数 $_nC_k$ になる。この奇数の部分だけ塗りつぶすと †Sierpiński（シェルピンスキー）の三角形ができる。

Poisson（ポアソン）分布 Poisson distribution

互いに無関係に単位時間あたり平均して λ 回起こるランダムな事象が，実際に単位時間に起こった回数を k とすると，k の確率分布は $P_k = e^{-\lambda} \lambda^k / k!$ である。この分布を Poisson 分布という。Poisson 分布に従う事象間の時間間隔は †指数分布に従う。

単位時間に受付の窓口に来る客の人数，すいている高速道路で単位時間に通る車の台数などは Poisson 分布に従う。

 irandom.c

平均 λ の Poisson 分布の †乱数を発生する。rnd() は 0 以上 1 未満の実数の一様乱数。

```c
 1  int Poisson_rnd(double lambda)
 2  {
 3      int k;
 4
 5      lambda = exp(lambda) * rnd();
 6      k = 0;
 7      while (lambda > 1) {
 8          lambda *= rnd();   k++;
 9      }
10      return k;
11  }
```

Q

QR 分解 QR decomposition

たとえば $n \times 3$ 型の縦長（$n \geq 3$）の行列 X があったとしよう．この X の 3 個の列をベクトルとみて，それぞれ $\vec{x}_1$, $\vec{x}_2$, $\vec{x}_3$ と表す．もしこれらが 1 次独立なら，これらが張る部分空間に適当な正規直交基底（互いに直交する大きさ 1 のベクトルの組）$\vec{q}_1$, $\vec{q}_2$, $\vec{q}_3$ をとって，

$$\vec{x}_1 = \vec{q}_1 r_{11}, \tag{1}$$
$$\vec{x}_2 = \vec{q}_1 r_{12} + \vec{q}_2 r_{22}, \tag{2}$$
$$\vec{x}_3 = \vec{q}_1 r_{13} + \vec{q}_2 r_{23} + \vec{q}_3 r_{33} \tag{3}$$

となるようにできる．この $\vec{q}_1$, $\vec{q}_2$, $\vec{q}_3$ を並べた $n \times 3$ 行列を Q とし，

$$R = \begin{pmatrix} r_{11} & r_{12} & r_{13} \\ 0 & r_{22} & r_{23} \\ 0 & 0 & r_{33} \end{pmatrix}$$

とすると，

$$X = QR$$

の形に分解できたことになる．このような分解を QR 分解という．

R の各列は X の各列を n 次元空間で回転したものにほかならない．このような座標変換として，以下のプログラムでは，特定の要素以外を 0 にする †Householder（ハウスホルダー）変換を使っている．

 qrdecomp.c

qrdecomp(n, m, x) は，x[0..m-1][0..n-1] に X^T を入れて呼び出すと QR 分解 $X = QR$ を行い，x[0..m-1][0..n-1] を結果の転置 R^T で上書きする．つまり，プログラムの x[$j-1$][$i-1$] は，入口では上の説明の x_{ij} に相当し，出口では上の説明の r_{ij} になる．ただし，$i > j$ のところは $r_{ij} = 0$ に決まっているので，特に 0 にしない（無意味な値が入る）．

X の性質のうち座標系によらないものは R が受け継いでいるで Q は不要のことが多いであろうが，もし Q が必要なら，次の xtoq(n, m, x, r) を使って X と R とから導く．これは，x[0..m-1][0..n-1], r[0..m-1][0..n-1] にそれぞれ X^T, R^T を入れて呼び出すと，x[0..m-1][0..n-1] を Q^T で上書きする．

412 QR 法

```c
 1  #include "matutil.c"                              /* 行列用小道具集。⇒ ⁺行列 */
 2  #include <math.h>
 3
 4  void qrdecomp(int n, int m, matrix x)
 5  {
 6      int i, j, r;
 7      double s, t, u;
 8      vector v, w;
 9
10      for (r = 0; r < m; r++) {
11          v = x[r];
12          u = sqrt(innerproduct(n - r, &v[r], &v[r]));
13          if (v[r] < 0) u = -u;
14          v[r] += u;   t = 1 / (v[r] * u);
15          for (j = r + 1; j < m; j++) {
16              w = x[j];
17              s = t * innerproduct(n - r, &v[r], &w[r]);
                                   /* 内積 v[r] × w[r] + ⋯ + v[n-1] × w[n-1] */
18              for (i = r; i < n; i++) w[i] -= s * v[i];
19          }
20          v[r] = -u;
21      }
22  }
23
24  void xtoq(int n, int m, matrix x, matrix r)
25  {
26      int i, j, k;
27
28      for (k = 0; k < m; k++) {
29          for (i = 0; i < n; i++) x[k][i] /= r[k][k];
30          for (j = k + 1; j < m; j++)
31              for (i = 0; i < n; i++)
32                  x[j][i] -= r[j][k] * x[k][i];
33      }
34  }
```

QR 法 QR algorithm

　行列の対角化（⇒ ⁺固有値・固有ベクトル・対角化）の代表的なアルゴリズム。ここでは実対称行列（成分が実数で $a_{ij} = a_{ji}$ を満たすもの）に限って説明する。まず，与えられた行列 A を ⁺3 重対角化する。この時点でたとえば 4×4 行列なら次のようになる：

$$
X^T A X = T = \begin{pmatrix} d_0 & e_1 & p & r \\ e_1 & d_1 & e_2 & q \\ p & e_2 & d_2 & e_3 \\ r & q & e_3 & d_3 \end{pmatrix}, \quad p = q = r = 0.
$$

e_1, e_2, e_3 を消すために，⁺Jacobi（ヤコビ）法と同様の座標回転を行う。しかし，$(1,2)$ 平面で回転して e_1 を消そうとすると，p が e_2 と混じり合い，0 でなくなってしまう。そこで今度は $(2,3)$ 平面で回転して $p = 0$ にする。すると q が e_4 と混ざり合って 0 でなくな

るので,最後に (3,4) 平面で回転して $q = 0$ とする。これを繰り返して対角化する。

収束を速くするために次のような工夫をする。上述の e_1, p, q を順に消す変換を

$$U^T T U = U^T (T - \mu I) U + \mu I$$

と書く(I は単位行列)。μ は任意なので,T の右下隅の d_2, d_3, e_3 から成る 2×2 行列の二つの固有値のうち d_3 に近い方を μ の値とし,最初に e_1 を消すために行う (1,2) 平面の回転は T でなく $T - \mu I$ を扱っているふりをして決め,実際の回転は $T - \mu I$ でなく T に対して行う。こうすれば $e_3 \to 0$ の収束が速くなる(implicit Wilkinson shift)。

e_3 が十分 0 に近づけば,もう e_3 には手をつけずに,最下行・最右列を除いた行列に対して上のことを行う。このようにして行列のサイズを次第に小さくしていけば対角化が完成する。

 eigen.c

eigen(n, a, d, e) は,†3 重対角化のルーチン tridiagonalize() を使って,a[0..n-1][0..n-1] に入った対称行列 A の対角化 $X^T A X = \Lambda$ を行う。d[0..n-1] に固有値 $\lambda_1, \ldots, \lambda_n$ を大きい順に求め,a[][] を X^T で上書きする。したがって,a[k][i] は第 $k+1$ 固有ベクトルの第 $i+1$ 成分になる。e[0..n-1] は作業用である。

```
 1  #include "matutil.c"                              /* 行列用小道具集。⇒ †行列 */
 2  #include <math.h>
 3
 4  #define EPS         1E-6                           /* 非対角成分の許容誤差 */
 5  #define MAX_ITER    100                            /* 最大の繰返し数 */
 6
 7  int eigen(int n, matrix a, vector d, vector e)
 8  {
 9      int i, j, k, h, iter;
10      double c, s, t, w, x, y;
11      vector v;
12
13      tridiagonalize(n, a, d, &e[1]);                /* ⇒ †3 重対角化 */
14      e[0] = 0;                                      /* †番人 */
15      for (h = n - 1; h > 0; h--) {                  /* 行列のサイズを小さくしていく */
16          j = h;
17          while (j > 0 && fabs(e[j]) > EPS * (fabs(d[j - 1]) + fabs(d[j])))
18              j--;                                   /* e[j]≠0 のブロックの始点を見つける */
19          if (j == h) continue;
20          iter = 0;
21          do {
22              if (++iter > MAX_ITER) return 1;
23              w = (d[h - 1] - d[h]) / 2;
24              t = e[h] * e[h];
25              s = sqrt(w * w + t);  if (w < 0) s = -s;
26              x = d[j] - d[h] + t / (w + s);  y = e[j + 1];
27              for (k = j; k < h; k++) {
28                  if (fabs(x) >= fabs(y)) {
29                      t = -y / x;  c = 1 / sqrt(t * t + 1);
```

414 QR 法

```c
30              s = t * c;
31          } else {
32              t = -x / y;  s = 1 / sqrt(t * t + 1);
33              c = t * s;
34          }
35          w = d[k] - d[k + 1];
36          t = (w * s + 2 * c * e[k + 1]) * s;
37          d[k] -= t;  d[k + 1] += t;
38          if (k > j) e[k] = c * e[k] - s * y;
39          e[k + 1] += s * (c * w - 2 * s * e[k + 1]);
40          /* 次の 5 行は固有ベクトルを求めないなら不要 */
41          for (i = 0; i < n; i++) {
42              x = a[k][i];  y = a[k + 1][i];
43              a[k    ][i] = c * x - s * y;
44              a[k + 1][i] = s * x + c * y;
45          }
46          if (k < h - 1) {
47              x = e[k + 1];  y = -s * e[k + 2];
48              e[k + 2] *= c;
49          }
50      }
51  } while (fabs(e[h]) >
52           EPS * (fabs(d[h - 1]) + fabs(d[h])));
53  }
```

▷ 以下は固有値の降順に整列しているだけ。必要なければ省く。固有ベクトルを求めないなら固有ベクトルの整列はもちろん不要。なお，matutil.c 中で行列の各行をベクトルへのポインタとして定義しているので，行交換はポインタのすげ替えだけで済む。

```c
54      for (k = 0; k < n - 1; k++) {
55          h = k;  t = d[h];
56          for (i = k + 1; i < n; i++)
57              if (d[i] > t) {  h = i;  t = d[h];  }
58          d[h] = d[k];  d[k] = t;
59          v = a[h];  a[h] = a[k];  a[k] = v;
60      }
61      return 0;
62  }
```

R

rand()

0 以上 RAND_MAX 以下の整数の一様分布の [†]乱数を発生する C 言語の標準ライブラリ関数。RAND_MAX は整数の定数式（≥ 32767）で，<stdlib.h> で定義されている。

下のプログラムは ANSI/ISO/IEC C 規格書が挙げている定義例と本質的に同じものである。[†]線形合同法では下位ビットほどランダムでないので，下位 16 ビットを捨てている。

 rand.c

rand() は 0 以上 RAND_MAX（= 32767）以下の整数の一様乱数を生成する。

srand() は初期化ルーチンである。たとえば srand((unsigned)time(NULL)); のようにして使う。

```
 1  #define RAND_MAX   32767
 2  static unsigned long next = 1;
 3
 4  int rand(void)
 5  {
 6      next = next * 1103515245 + 12345;
 7      return (unsigned)(next / 65536) % 32768;
 8  }
 9
10  void srand(unsigned seed)
11  {
12      next = seed;
13  }
```

Riemann（リーマン）のゼータ関数   Riemann zeta function

Riemann のゼータ（ジータ，ツェータ）関数は

$$\zeta(x) = 1/1^x + 1/2^x + 1/3^x + 1/4^x + \cdots, \qquad x > 1$$

で定義される。x が偶数のときは閉じた式

$$\zeta(2n) = \frac{(2\pi)^{2n}}{2(2n)!} |B_{2n}|$$

で表せる。ここで $B_2 = 1/6$, $B_4 = -1/30$, $B_6 = 1/42$, ... は [†]Bernoulli（ベルヌーイ）数である。たとえば $\zeta(2) = \pi^2/6$, $\zeta(4) = \pi^4/90$ となる。

416 Riemann（リーマン）のゼータ関数

$\zeta(x)$ の計算は，定義式通りでは収束が遅いので，下のプログラムでは次の式を使っている．

$$\zeta(x) = \frac{1}{1^x} + \frac{1}{2^x} + \cdots + \frac{1}{N^x} + \frac{1}{(x-1)N^{x-1}} \tag{1}$$

$$- \frac{1}{2N^x} + \frac{B_2}{2!}\frac{x}{N^{x+1}} + \frac{B_4}{4!}\frac{x(x+1)(x+2)}{N^{x+3}} \tag{2}$$

$$+ \frac{B_6}{6!}\frac{x(x+1)(x+2)(x+3)(x+4)}{N^{x+5}} + \cdots \tag{3}$$

N の値は精度（および x）によって決める．単精度で $N = 4$，倍精度で $N = 8$ 程度の付近で微調整する．N が小さすぎると収束しないことがある．

 zeta.c

zeta(x) は Riemann のゼータ関数 $\zeta(x)$ を求める．

係数 $\text{coef}[k] = B_{2k+2}/(2k+2)!$ は念のため多めに（しかもかなりの桁数）挙げておいたが，通常の単精度や倍精度では最初の数個しか使わない．

```
 1  #include <math.h>
 2  #define N 8
 3  static double coef[20] = {                /* 多めに挙げてある */
 4       8.3333333333333333333333333333e-2,   /* 1/12 */
 5      -1.3888888888888888888888888889e-3,   /* -1/720 */
 6       3.3068783068783068783068783307e-5,   /* 1/30240 */
 7      -8.2671957671957671957671957767e-7,   /* -1/1209600 */
 8       2.0876756987868098979210090032e-8,   /* 1/47900160 */
 9      -5.2841901368749318484768220200e-10,
10       1.3382536530684678832826980980e-11,
11      -3.3896802963225828668301953910e-13,
12       8.5860620562778445641359054500e-15,
13      -2.1748686985580618730415164240e-16,
14       5.5090028283602295152026526090e-18,
15      -1.3954464685812523340707686260e-19,
16       3.5347070396294674716932299770e-21,
17      -8.9535174270375468504026112510e-23,
18       2.2679524523376830603109500580e-24,
19      -5.7447906688722024452638295030e-26,
20       1.4551724756148649018662445720e-27,
21      -3.6859949406653101781300507280e-29,
22       9.3367342570950446686601531060e-31,
23      -2.3650224157006298864840295500e-32
24  };
25
26  double zeta(double x)
27  {
28      int i;
29      double powNx, w, z, zprev;
30
31      z = 1;
32      for (i = 2; i < N; i++) {
```

Riemann（リーマン）のゼータ関数　417

```
33          zprev = z;
34          z += pow(i, -x);
35          if (z == zprev) return z;
36      }
37      powNx = pow(N, x);
38      w = x / (N * powNx);
39      z += 0.5 / powNx + N / ((x - 1) * powNx) + coef[0] * w;
40      for (i = 1; i < 20 && z != zprev; i++) {
41          w *= (x + 2 * i - 1) * (x + 2 * i) / (N * N);
42          zprev = z;
43          z += coef[i] * w;
44      }
45      return z;
46  }
```

S

Shell ソート　Shellsort

D. L. Shell [*Communications of the ACM*, 2: 30–32, 1959] による [†]整列アルゴリズム。安定ではない（同順位のものの順序関係は保たれない）。実行時間は，ここに挙げる版ではほぼ $O(n^{1.25})$ である。

下のプログラムの行 10–15 で h を 1 に固定するなら，これは [†]挿入ソートと全く同じである。この h を初めは比較的大きい値にして行 10–15 を実行し，次第に小さくしていって，最後に 1（挿入ソート）にする。つまり，おおざっぱに整列してから挿入ソートで仕上げる。

h の値の系列としては，いろいろ考えられるが，ここでは $h_1 = 1$, $h_n = 3h_{n-1} + 1$ で定義される数列を使った。

📄 shelsort.c

```c
 1  void shellsort(int n, keytype a[])
 2  {
 3      int h, i, j;
 4      keytype x;
 5
 6      h = 13;
 7      while (h < n) h = 3 * h + 1;
 8      h /= 9;
 9      while (h > 0) {
10          for (i = h; i < n; i++) {
11              x = a[i];
12              for (j = i - h; j >= 0 && a[j] > x; j -= h)
13                  a[j + h] = a[j];
14              a[j + h] = x;
15          }
16          h /= 3;
17      }
18  }
```

Sierpiński（シェルピンスキー）曲線　Sierpiński curve

次の図のような閉曲線。位数 order が大きくなるほど複雑な曲線になり，order → ∞ で正方形を埋め尽くす。

Sierpiński（シェルピンスキー）曲線　419

📄 sierpin.c

Sierpiński 曲線を画面に描く。プロッタシミュレーション
ルーチン svgplot.c または epsplot.c（⇒ †グラフィックス）
を使っている。

```c
 1 #include "svgplot.c"
                     /* または epsplot.c ⇒ †グラフィックス */
 2 double h;                                        /* 刻み幅 */
 3
 4 void urd(int i), lur(int i), dlu(int i), rdl(int i);          /* 後出 */
 5
 6 void urd(int i)                                 /* up-right-down */
 7 {
 8     if (i == 0) return;
 9     urd(i - 1);  draw_rel(h, h);
10     lur(i - 1);  draw_rel(2 * h, 0);
11     rdl(i - 1);  draw_rel(h, -h);
12     urd(i - 1);
13 }
14
15 void lur(int i)                                 /* left-up-right */
16 {
17     if (i == 0) return;
18     lur(i - 1);  draw_rel(-h, h);
19     dlu(i - 1);  draw_rel(0, 2 * h);
20     urd(i - 1);  draw_rel(h, h);
21     lur(i - 1);
22 }
23
24 void dlu(int i)                                 /* down-left-up */
25 {
26     if (i == 0) return;
27     dlu(i - 1);  draw_rel(-h, -h);
28     rdl(i - 1);  draw_rel(-2 * h, 0);
29     lur(i - 1);  draw_rel(-h, h);
30     dlu(i - 1);
31 }
32
33 void rdl(int i)                                 /* right-down-left */
34 {
35     if (i == 0) return;
36     rdl(i - 1);  draw_rel(h, -h);
37     urd(i - 1);  draw_rel(0, -2 * h);
38     dlu(i - 1);  draw_rel(-h, -h);
39     rdl(i - 1);
40 }
41
42 int main(void)
43 {
44     int i, order = 4;                              /* 位数 */
45
46     plot_start(242, 242);
47     h = 1;
```

```
48      for (i = 2; i <= order; i++) h = 3 * h / (6 + h);
49      h *= 40;
50      move(h + 1, 1);
51      urd(order);   draw_rel( h,  h);
52      lur(order);   draw_rel(-h,  h);
53      dlu(order);   draw_rel(-h, -h);
54      rdl(order);   draw_rel( h, -h);
55      plot_end(1);
56      return 0;
57  }
```

Sierpiński（シェルピンスキー）の三角形

Sierpiński triangle (gasket)

自己相似性をもつ図形の一種。

[†]Pascal（パスカル）の三角形で $_nC_r$ が奇数の所に小三角形を描くと，右図のような無限に続く三角形の入り子ができる。これを Sierpiński の三角形という。

 gasket.c

Sierpiński の三角形を画面に描く。基本グラフィックスルーチン window.c（⇒ [†]グラフィックス）を使っている。

```
 1  #include "window.c"                       /* ⇒ †グラフィックス */
 2  #define N  65
 3
 4  void triangle(int i, int j)
 5  {
 6      gr_wline(i, j+1, i-1, j, BLACK);
 7      gr_wline(i-1, j, i+1, j, BLACK);
 8      gr_wline(i+1, j, i, j+1, BLACK);
 9  }
10
11  int main(void)
12  {
13      int i, j;
14      static char a[2 * N + 1], b[2 * N + 1];
15
16      gr_clear(WHITE);  gr_window(0, 0, 2 * N, N, 1);
17      for (i = 0; i <= 2 * N; i++) a[i] = 0;
18      a[N] = 1;
19      for (j = 1; j < N; j++) {
20          for (i = N - j; i <= N + j; i++)
21              if (a[i]) triangle(i, N - j);
22          for (i = N - j; i <= N + j; i++)
23              b[i] = (a[i - 1] != a[i + 1]);
```

```
24          for (i = N - j; i <= N + j; i++)
25              a[i] = b[i];
26      }
27      gr_BMP("gasket.bmp");
28      return 0;
29  }
```

Stirling（スターリング）数 Stirling numbers

異なる n 個のものを r 個の空でない部分集合に分割する仕方の数を第 2 種 Stirling 数という。本書では $\{{n \atop r}\}$ という記号で表す。たとえば，4 個の数 $\{1,2,3,4\}$ を 2 個の空でない部分集合に分割する仕方は

$$\{1\} \cup \{2,3,4\}, \quad \{2\} \cup \{1,3,4\}, \quad \{3\} \cup \{1,2,4\}, \quad \{4\} \cup \{1,2,3\},$$
$$\{1,2\} \cup \{3,4\}, \quad \{1,3\} \cup \{2,4\}, \quad \{1,4\} \cup \{2,3\}$$

の 7 通りあるので，$\{{4 \atop 2}\} = 7$ である。

正の整数 n について，明らかに

$$\left\{{n \atop 0}\right\} = 0, \quad \left\{{n \atop 1}\right\} = \left\{{n \atop n}\right\} = 1$$

である。また，n 人を r 組に分ける仕方は，もし n 番の人が一匹狼になるなら，残り $n-1$ 人を $r-1$ 組に分ければいいので，$\{{n-1 \atop r-1}\}$ 通りになる。そうでなければ，残り $n-1$ 人を r 組に分けておいて n 番の人をそのどれかに入れればよいので，$r\{{n-1 \atop r}\}$ 通りになる。これらを合わせて，漸化式

$$\left\{{n \atop r}\right\} = r \left\{{n-1 \atop r}\right\} + \left\{{n-1 \atop r-1}\right\}$$

ができる。

上の分割で，たとえば $\{1,2,3\}$ と $\{1,3,2\}$ のように，循環しても同じにならないものを別のものとして数えたときの個数を第 1 種 Stirling 数といい，$[{n \atop r}]$ と記す。これも上と同様にして求められる。

以下のプログラムは漸化式をそのまま使ったものであるが，†組合せの数 ${}_nC_r$ の場合と同様の改善が可能である。

stirling.c

漸化式を使って第 2 種，第 1 種の Stirling 数を求める。

```
1  int Stirling2(int n, int k)                                    /* n > 0 */
2  {
3      if (k < 1 || k > n) return 0;
4      if (k == 1 || k == n) return 1;
```

```
 5      return k * Stirling2(n - 1, k)
 6             + Stirling2(n - 1, k - 1);
 7  }
 8
 9  int Stirling1(int n, int k)                              /* n > 0 */
10  {
11      if (k < 1 || k > n) return 0;
12      if (k == n) return 1;
13      return (n - 1) * Stirling1(n - 1, k)
14             + Stirling1(n - 1, k - 1);
15  }
```

SWEEP 演算子法　SWEEP operator method

線形最小 2 乗 †回帰分析の一解法。Beaton（ビートン）法ともいう。

列ベクトル y と縦長の行列 X が与えられたとき，$y \doteqdot Xb$ を最小 2 乗法の意味でできるだけ正確に満たす列ベクトル b（回帰係数）やその誤差分散，共分散を求めるには，$X^T X$, $X^T y$, $y^T y$ が分かれば十分である。これらの値は，X, y を主記憶に一度に読み込まなくても，ファイル中の X, y を 1 回だけ走査（通読）して求めることができる。回帰係数の誤差分散，共分散を求めるには $(X^T X)^{-1}$ が必要であるが，†Gauss（ガウス）–Jordan（ジョルダン）法をうまく使えば，連立方程式 $X^T X b = X^T y$ を b について解くと同時に，$(X^T X)^{-1}$ を，余分な記憶領域を使わずに，今まで $X^T X$ が入っていた場所に上書きすることができる（⇒ †逆行列）。このことは昔から知られていたと思われるが，回帰分析の文脈でこの操作に SWEEP（掃出し）演算子という名前をつけたのは A. E. Beaton ("The use of special matrix operators in statistical calculus," Ph. D. dissertation, Harvard University, 1964; Educational Testing Service RB-64-51, 1964) である。この方法とその変種は Goodnight の総合報告 [1] に詳しい解説がある。著名な統計の教科書 [2] にも取り上げられて有名になった。

この種の計算は †桁落ちが生じやすいのでなるべく double 型を使うようにする。

sweep.c

SWEEP 演算子法による対話型線形最小 2 乗回帰分析プログラム。

コマンド行で sweep *datafile* のようにデータファイル名を指定する。データファイルには，行の数 n，列の数 m に続いて，$n \times m$ の行列が入っているとする（⇒ †多変量データ）。これを m 変量 n 件のデータと見て，回帰分析を行う。

データを読み込んでからはすべて対話的に指示する。$j (= 1, \ldots, m)$ 番の変数を説明変数（回帰モデルの右辺）に加えるためにはキーボードから Xj と入力する。定数項を回帰モデルに加えるなら X0 と入力する。逆に，すでに説明変数に加えたものを外すときはやはり Xj と入力する。定数項を外すときも X0 でよい。j 番の変数を基準変数にして，回帰

SWEEP 演算子法 **423**

係数とその標準誤差，残差 2 乗和などを求めるには，Y*j* と入力する。残差の積和行列を出
力するには R，終了は Q である。大文字，小文字は区別しない。

たとえば 4 変数のデータファイル foo.dat を読んで，定数項を含ませ，第 1–3 変数を
説明変数とし，第 4 変数を基準変数として回帰分析を行うには，

```
sweep foo.dat
X0
X1
X2
X3
Y4
```

と入力する。

```c
 1  #include <stdio.h>
 2  #include <stdlib.h>
 3  #include <ctype.h>
 4  #include <math.h>
 5
 6  #define SCALAR double                              /* メモリ不足なら float に */
 7  #include "statutil.c"                              /* 多変量データ入力ルーチン */
 8
 9  int n, m, ndf;                              /* データの件数，変数の数，自由度 */
10  char *added;                                       /* 説明変数に採用したか */
11  matrix a;                                          /* 積和行列 */
12
13  void sweep(int k)                                  /* 掃出し演算 */
14  {
15      int i, j;
16      double b, d;
17
18      if ((d = a[k][k]) == 0) {
19          printf("変数 %d: 一次従属。\n", k);  return;
20      }
21      for (j = 0; j <= m; j++) a[k][j] /= d;
22      for (j = 0; j <= m; j++) {
23          if (j == k) continue;
24          b = a[j][k];
25          for (i = 0; i <= m; i++) a[j][i] -= b * a[k][i];
26          a[j][k] = -b / d;
27      }
28      a[k][k] = 1 / d;
29      if (added[k]) {  added[k] = 0;  ndf++;  }
30      else          {  added[k] = 1;  ndf--;  }
31  }
32
33  void regress(int k)                    /* 基準変数 k について回帰係数などを出力 */
34  {
35      int j;
36      double s, rms;
37
38      if (added[k]) {  printf("???\n");  return;  }
39      rms = (ndf > 0 && a[k][k] >= 0) ? sqrt(a[k][k] / ndf) : 0;
```

424 SWEEP 演算子法

```c
40      printf("変数␣␣回帰係数␣␣␣␣␣␣␣␣標準誤差␣␣␣␣␣␣␣␣␣t\n");
41      for (j = 0; j <= m; j++) {
42          if (! added[j]) continue;
43          s = (a[j][j] >= 0) ? sqrt(a[j][j]) * rms : 0;
44          printf("%4d␣␣%␣#-14g␣%␣#-14g", j, a[j][k], s);
45              if (s > 0) printf("␣␣%␣#-11.3g", fabs(a[j][k] / s));
46          printf("\n");
47      }
48      printf("基準変数:␣%d␣␣残差2乗和:␣%g␣␣自由度:␣%d␣␣"
49              "残差RMS:␣%g\n", k, a[k][k], ndf, rms);
50  }
51
52  void residuals(void)                                    /* 残差の積和行列を出力 */
53  {
54      int i, j, k;
55
56      for (i = 0; i <= m; i += 5) {
57          for (k = i; k < i + 5 && k <= m; k++)
58              printf("␣␣␣␣␣␣%-8d", k);
59          printf("\n");
60          for (j = 0; j <= m; j++) {
61              printf("%4d␣␣", j);
62              for (k = i; k < i + 5 && k <= m; k++)
63                  printf("%␣-14g", a[j][k]);
64              printf("\n");
65          }
66      }
67  }
68
69  int main(int argc, char *argv[])
70  {
71      int i, j, k, c;
72      FILE *datafile;
73      vector x;
74
75      printf("**********␣対話型回帰分析␣**********\n\n");
76      if (argc != 2) error("使用法:␣reg␣datafile");
77      datafile = fopen(argv[1], "r");
78      if (datafile == NULL) error("ファイルが読めません。");
79      n = ndf = getnum(datafile);  m = getnum(datafile);
80      printf("%d␣件␣×␣%d␣変数\n", n, m);
81      if (n < 1 || m < 1) error("データ不良");
82      if ((added = malloc(m + 1)) == NULL
83       || (a = newmat(m + 1, m + 1)) == NULL
84       || (x = newvec(m + 1)) == NULL) error("記憶領域不足");
85      for (j = 0; j <= m; j++) {
86          added[j] = 0;
87          for (k = j; k <= m; k++) a[j][k] = 0;
88      }
89      for (i = 0; i < n; i++) {
90          printf(".");   x[0] = 1;
91          for (j = 1; j <= m; j++) {
92              x[j] = getnum(datafile);
93              if (missing(x[j])) error("データ不良");
94          }
```

```
 95          for (j = 0; j <= m; j++)
 96              for (k = j; k <= m; k++) a[j][k] += x[j] * x[k];
 97      }
 98      printf("\n");  fclose(datafile);
 99      for (j = 0; j <= m; j++)
100          for (k = 0; k < j; k++) a[j][k] = a[k][j];
101      c = '\n';
102      do {
103          if (c == 'X' || c == 'Y')
104              if (scanf("%d", &j) != 1 || j < 0 || j > m)
105                  c = '\0';
106          switch (c) {
107          case 'X':   sweep(j);    break;
108          case 'Y':   regress(j);  break;
109          case 'R':   residuals(); break;
110          case '\n':  printf("命令 (Xj/Yj/R/Q)?_");
111                      break;
112          default:    printf("???\n"); break;
113          }
114      } while ((c = toupper(getchar())) != EOF && c != 'Q');
115      return 0;
116  }
```

[1] James H. Goodnight. A tutorial on the SWEEP operator. *The American Statistician*, 33(3): 149–158, August 1979.

[2] George W. Snedecor and William G. Cochran. *Statistical Methods*. The Iowa State University Press, seventh edition 1980. 344–347 ページ.

T

TEX（テック，テフ）

Donald E. Knuth 作の文書清書プログラム。普通のテキストエディタで作成した文書を整形し，DVI（<u>d</u>evice <u>i</u>ndependent）ファイルというものに変換する。この DVI ファイルをデバイスドライバというプログラムに与えると，プリンタや写植機，ディスプレイ装置の類に文書が出力される。キーボードにない文字や整形のための命令は '\'（フォントによっては '¥'）で始まる文字列で表す。たとえば積分記号 $\int$ は \int と書く。LATEX（ラテック，ラテフ）は Leslie Lamport が TEX をそのマクロ言語で拡張した扱いやすいシステムである。本書の版下は LATEX で作成した。TEX は American Mathematical Society（米国数学会）の商標である。TEX の 'X' はドイツ語の Bach（バッハ）の 'ch' のように後舌面を硬口蓋に近づけて発音するのが正統とされるが，英語にない音なのでテックという読みも広く行われている。

[1] Donald E. Knuth. *The TEXbook*. Addison-Wesley, 1984.
[2] Leslie Lamport. *LATEX: A Document Preparation System*. Addison-Wesley, 1986.
[3] 大野 義夫 編．『TEX 入門』．共立出版，1989.
[4] 野寺 隆志．『楽々 LATEX』．共立出版，1990.

初版以来 TEX は大きく変貌している。現在の状況は次の本（の最新版）を参照されたい。

[5] 奥村晴彦，黒木裕介．『［改訂第 7 版］LATEX 2_ε 美文書作成入門』．技術評論社，2017.

t 分布　*t* distribution

X が平均 0，分散 1 の †正規分布（標準正規分布）に従い，Y が自由度 ν の †カイ 2 乗分布に従うとき，$X/\sqrt{Y/\nu}$ の分布を自由度 ν の（"Student" の）t 分布という（"Student" は W. S. Gosset の筆名）。密度関数は

$$f(t) = \frac{\Gamma((\nu+1)/2)}{\sqrt{\pi\nu}\,\Gamma(\nu/2)} \left(1 + \frac{t^2}{\nu}\right)^{-(\nu+1)/2}, \quad \nu = 1, 2, 3, \ldots$$

で，正規分布に似た山の形をしているが，正規分布より少しすそが広い。$\nu \to \infty$ で t 分布は標準正規分布になる。$\nu = 1$ のときは †Cauchy（コーシー）分布である。

累積確率を求める積分 $\int f(t)\,dt$ は，$t^2/\nu = \tan^2\theta$ と置けば $\cos^{\nu-1}\theta$ の積分になるので，

$$\int \cos^m\theta\,d\theta = \frac{1}{m}\sin\theta\,\cos^{m-1}\theta + \frac{m-1}{m}\int \cos^{m-2}\theta\,d\theta$$

を使って $\cos\theta$ の次数を下げていくと，途中に出て来る係数がうまくガンマ関数と消し合う。$\sin\theta$, $\cos\theta$ をそれぞれ s, c と書くと，ν が奇数のときは

$$\int_0^t f(u)\,du = \frac{1}{\pi}\left(\theta + sc + \frac{2}{3}sc^3 + \cdots + \frac{2\cdot 4\ldots(\nu-3)}{3\cdot 5\ldots(\nu-2)}sc^{\nu-2}\right),$$

ν が偶数のときは

$$\int_0^t f(u)\,du = \frac{s}{2}\left(1 + \frac{1}{2}c^2 + \cdots + \frac{1\cdot 3\ldots(\nu-3)}{2\cdot 4\ldots(\nu-2)}c^{\nu-2}\right)$$

となる。$\cos\theta$, $\sin\theta$ は三角関数を使わなくても $\cos^2\theta = \nu/(\nu+t^2)$ から出せる。

t 分布の †乱数は最初に挙げた定義通りに標準正規分布の乱数，カイ 2 乗分布の乱数を使っても作れるが，$\nu > 2$ のときは下のプログラムの Marsaglia [1] のアルゴリズムが簡単で速い。

 tdist.c

自由度 df の t 分布の分布関数（下側累積確率）$\int_{-\infty}^t f(u)\,du$，上側累積確率 $\int_t^\infty f(u)\,du$ を求める。

```
 1  #include <math.h>
 2  #define PI 3.14159265358979323846264
 3  double p_t(int df, double t)                           /* 下側累積確率 */
 4  {
 5      int i;
 6      double c2, p, s;
 7
 8      c2 = df / (df + t * t);                             /* cos^2 θ */
 9      s = sqrt(1 - c2);   if (t < 0) s = -s;              /* sin θ */
10      p = 0;
11      for (i = df % 2 + 2; i <= df; i += 2) {
12          p += s;   s *= (i - 1) * c2 / i;
13      }
14      if (df & 1)
15          return 0.5+(p*sqrt(c2)+atan(t/sqrt(df)))/PI;    /* 自由度が奇数 */
16      else
17          return (1 + p) / 2;                             /* 自由度が偶数 */
18  }
19
20  double q_t(int df, double t)                            /* 上側累積確率 */
21  {
22      return 1 - p_t(df, t);
23  }
```

random.c

自由度 n の t 分布の乱数を発生する。行 6 以下が Marsaglia [1] のアルゴリズムである。なお，$\nu < 6$ 程度のときは行 10 を

```
    } while (b >= 1 || exp(-b-c) > 1 - b);
```

とするとさらに速くなるようである [1]。

```
1  double t_rnd(double n)
2  {
3      double a, b, c;
4
5      if (n <= 2) return nrnd() / sqrt(chisq_rnd(n) / n);
6      do {
7          a = nrnd();
8          b = a * a / (n - 2);
9          c = log(1 - rnd()) / (1 - 0.5 * n);
10     } while (exp(-b-c) > 1 - b);
11     return a / sqrt((1 - 2.0 / n) * (1 - b));
12 }
```

[1] George Marsaglia. Generating random variables with a *t*-distribution. *Mathematics of Computation* 34: 235–236, 1980.

Weibull(ワイブル)分布   Weibull distribution

機械の故障率が時間によらず,平均して毎月1回故障するなら,購入して x カ月以内に最初の故障が起こる確率は $F(x) = 1 - e^{-x}$ である。これは †指数分布の分布関数である。しかし,機械によっては導入直後に故障が起こりやすいものや,逆に古くなるにつれて壊れやすくなるものがある。このことを考慮に入れるため,W. Weibull(ワイブル)はパラメータ α を導入して,分布関数を $F(x) = 1 - \exp(-x^\alpha)$ と修正した。この分布がWeibull 分布である。$\alpha < 1$ のとき初期故障型,$\alpha = 1$(指数分布)のとき偶発故障型,$\alpha > 1$ のとき摩耗故障型という。機械に限らず人間の故障(病気)にも用いることがある。

Weibull 分布の平均は $\Gamma(1/\alpha + 1)$,分散は $\Gamma(2/\alpha + 1) - \left(\Gamma(1/\alpha + 1)\right)^2$ である($\Gamma(x)$ は †ガンマ関数)。

Weibull 分布の乱数は,分布関数の逆関数 $F^{-1}(x) = \left(-\log(1-x)\right)^{1/\alpha}$ で一様分布の乱数 U ($0 \leq U < 1$) を変換して生成できる。

random.c

Weibull 分布の乱数を発生する。rnd() は実数の一様 †乱数である($0 \leq$ rnd() < 1)。$0 <$ rnd() < 1 ならば 1 - rnd() は単に rnd() でよい。

```
1  double Weibull_rnd(double alpha)
2  {
3      return pow(-log(1 - rnd()), 1 / alpha);
4  }
```

Wichmann–Hill の乱数発生法
Wichmann and Hill's random number generator

16 ビット整数しか使えない処理系でも十分な精度と周期が得られるように工夫された乱数発生法である [1]。初期値

$$x_0 = 918999161 \times \text{ix} + 917846887 \times \text{iy} + 917362583 \times \text{iz},$$

漸化式

$$x_i = 16555425264690 x_{i-1} \bmod 27817185604309$$

の †線形合同法で乱数 x_i を発生し,$x_i/27817185604309$ を返すことに相当する。周期は約 6.95×10^{12} である。

Wichmann–Hill の乱数発生法

 whrnd.c

rnd() は $0 < x < 1$ の範囲の実数の一様乱数を発生する。

init_rnd(x, y, z) は初期化ルーチン。引数 x, y, z には 1 以上 30000 以下の整数を与える (0 ではいけない)。

```
1   static int ix = 1, iy = 1, iz = 1;            /* 1–30000 の任意の整数 */
2
3   void init_rnd(int x, int y, int z)            /* 1 ≦ x,y,z ≦ 30000 */
4   {
5       ix = x;   iy = y;   iz = z;
6   }
7
8   double rnd(void)                               /* 0 < rnd() < 1 */
9   {
10      double r;
11
12      ix = 171 * (ix % 177) -  2 * (ix / 177);
13      iy = 172 * (iy % 176) - 35 * (iy / 176);
14      iz = 170 * (iz % 178) - 63 * (iz / 178);
15      if (ix < 0) ix += 30269;
16      if (iy < 0) iy += 30307;
17      if (iz < 0) iz += 30323;
18      r = ix / 30269.0 + iy / 30307.0 + iz / 30323.0;
19      while (r >= 1) r = r - 1;
20      return r;
21  }
```

処理系の整数の上限が 5212632 以上なら

```
12      ix = (int)((171 * ix) % 30269);
13      iy = (int)((172 * iy) % 30307);
14      iz = (int)((170 * iz) % 30323);
```

として行 15–17 を削除すると速くなることが多い。

[1] B. A. Wichmann and I. D. Hill. Algorithm AS 183, An efficient and portable pseudo-random number generator. In P. Griffiths and I. D. Hill, editors, *Applied Statistics Algorithms*, pages 238–242. Ellis Horwood Limited, West Sussex, England. 1985. Distributed by John Wiley & Sons. 初出は *Applied Statistics*, 31:188, 1982. 言語は FORTRAN.

索引

■ ·················· 数字 ·················· ■

105.c	228
3dgraph.c	91
5num.c	78

■ ·················· A ·················· ■

acker.c	313
Ackermann 関数	*313*
AES	3
Aitken の Δ^2 法	138, *313*
Aitken 補間	402, 406
al-Khwārizmī	3
area.c	278
arith.c	98
atan.c	43

■ ·················· B ·················· ■

Barnsley	247
Beaton 法	422
bernoull.c	322
Bernoulli 数	31, 32, 241, 242, *322*, 415
Bernshteĭn 多項式	326
bessel.c	325
Bessel 関数	*323*
Bessel の微分方程式	*323*
Bézier 曲線	131, 259, *326*
bfs.c	289
bifur.c	30
big-endian	18
binomial.c	205
binormal.c	213
bisect.c	212
bitio.c	367
BMP	63
BM 法	327
Box–Muller 法	135
Boyer	327
Boyer–Moore 法	279, *327*
Breit–Wigner 共鳴曲線	330
bsrch.c	207

btree.c	316
bubsort.c	221
Buffon の針	280
B 木	34, *315*

■ ·················· C ·················· ■

Caesar 暗号	3
Camellia	3
cannibal.c	142
cardano.c	93
Cauchy 分布	261, 295, *330*, 426
CCITT	332
ccurve.c	330
cfint.c	311
change.c	79
chaos.c	30
chi2.c	28
ci.c	288
circle.c	65
collatz.c	331
Collatz の予想	*331*
combinat.c	60
common.c	46
complex.c	235
condnum.c	123
contain.c	59
contfrac.c	309
contour.c	197
Conway	292
Cooley–Tukey のアルゴリズム	345
Coppersmith–Winograd のアルゴリズム	52
corrcoef.c	157
cprimes.c	352
CRC	2, 189, 284, *331*
crc16.c	333
crc16t.c	334
crc32.c	335
crc32t.c	336
crnd.c	152
crypt.c	4
cuberoot.c	302
C 曲線	*330*

D

Damm のアルゴリズム	2
Dantzig	144
dayweek.c	287
delta2.c	314
DES	3
dfs.c	179
diag	47
Dijkstra	85
dijkstra.c	85
distsort.c	253
dragon.c	200
dragon2.c	201

E

e.c	110
EDVAC	267
egypfrac.c	16
eigen.c	413
ellipse.c	66
endian.c	18
EPS	63
epsplot.c	69
Eratosthenes のふるい	162, *338*, 352
Euclid のアルゴリズム	82
Euclid の互除法	75, 271
Euclid ノルム	258
Euler	224
euler.c	224
eulerian.c	342
Euler の関数	76, *341*
Euler の級数	313
Euler の公式	234
Euler の数	*342*
Euler の定数	288, 325
Euler 法	125
eval.c	102
evalcf.c	308
exp.c	108

F

factanal.c	13
factoriz.c	156
factrep.c	27
fdist.c	344
Fermat の定理	72
FFT（高速 Fourier 変換）	89, 259, *345*
fft.c	346
fib.c	349
fibonacc.c	351
Fibonacci	16

Fibonacci 数	9
Fibonacci 数列	9, 304, *349*, 350
Fibonacci 探索	*350*
float.c	245
float.ie3	246
fmerge.c	266
Fourier 変換	89
fracint.c	249
fukumen.c	239
F 分布	23, 232, 295, *343*

G

Galois 体	283
gamma.c	31, 257
Gardner	292
gasket.c	420
Gauss	229, 406
gauss.c	354
gauss3.c	96
gauss5.c	77
gaussjor.c	356
Gauss–Jordan 法	38, 311, *355*, 385, 422
Gauss–Seidel 法	*356*
Gauss の記号	286
Gauss の公式	17
Gauss の整数	352
Gauss 法	77, 96, 311, *353*, 355, 356, 384, 385
gcd.c	82
gencomb.c	61
genperm.c	120
gf2fact.c	284
GF(*n*)	283
GFSR 法	397
gjmatinv.c	40
GnuPG	4
goldsect.c	20
Gosset	426
gray1.c	357
gray2.c	358
Gray 符号	*357*
grBMP.c	63
gseidel.c	357

H

hamming.c	360
Hamming の問題	*360*
hanoi.c	220
Hausdorff 距離	247
heapsort.c	223
Heywood の場合	12
hilbert.c	361
Hilbert 曲線	*360*

Hoare	56, 153
horner.c	362
Horner 法	362, 405
house.c	363
Householder 変換	94, 95, *362*, 411
huffman.c	364
Huffman 法	97, 98, 193, 285, *363*, 388, 389, 392
hyperb.c	45, 159
hypot.c	191

■ ⋯⋯⋯⋯⋯⋯⋯⋯ I ⋯⋯⋯⋯⋯⋯⋯⋯ ■

ibeta.c	232
icubrt.c	302
IEEE 754	243
IFS	247, 249
ifs.c	247
igamma.c	230
implicit Wilkinson shift	413
improve.c	297
inssort.c	160
intsrch.c	260
inv.c	76
invr.c	41
irandom.c	35, 205, 410
ISBN	2, *369*
isbn.c	369
isbn13.c	370
ishi1.c	8
ishi2.c	9
isomer.c	11
isqrt.c	257
Iverson	286

■ ⋯⋯⋯⋯⋯⋯⋯⋯ J ⋯⋯⋯⋯⋯⋯⋯⋯ ■

jacobi.c	371
Jacobi 法	81, 94, *371*, 412
JIS コード	110
jos1.c	374
jos2.c	374
Josephus の問題	*373*
julia.c	375
Julia 集合	*374*, 403

■ ⋯⋯⋯⋯⋯⋯⋯⋯ K ⋯⋯⋯⋯⋯⋯⋯⋯ ■

Karmarkar	144
kmp.c	379
KMP 法	378
knapsack.c	203
knight.c	36
Knuth	37, 286, 327, 378, 426

Knuth–Morris–Pratt 法	279, *378*
Knuth の乱数発生法	295, *377*
koch.c	380
Koch 曲線	*380*
komachi.c	80
krnd.c	377

■ ⋯⋯⋯⋯⋯⋯⋯⋯ L ⋯⋯⋯⋯⋯⋯⋯⋯ ■

lagrange.c	382
Lagrange 補間	259, *382*, 402
Laguerre の多項式	229
Landau の記号	409
LaTeX	426
LHA	193, 388
LHarc	193, 388
life.c	292
line.c	64
lissaj.c	383
Lissajous 図形	*382*
list1.c	299
list2.c	300
little-endian	18
log.c	165
Lorentz	261
Lorentz 型共鳴曲線	330
lorenz.c	384
Lorenz アトラクタ	*383*
lu.c	386
lucas.c	163
luhn.c	2
Luhn のアルゴリズム	2
LU 分解	40, 123, 311, 353, 354, 356, *384*
LZ 法	193, 367, *387*
l_1 解	22
l_∞ 解	22

■ ⋯⋯⋯⋯⋯⋯⋯⋯ M ⋯⋯⋯⋯⋯⋯⋯⋯ ■

maceps.c	34
Machin の公式	17
macrornd.c	152
magic4.c	268
magicsq.c	268
mandel.c	399
Mandelbrot 集合	*399*
mapsort.c	44
marriage.c	6
Mathematica	180
matinv.c	40
matmult.c	52
matutil.c	48
maxmin.c	83
maze.c	276

mccarthy.c	401	permfac.c	119
McCarthy 関数	*401*	permnum.c	118
MD5	217	permsign.c	189
meansd1.c	255	pi1.c	17
meansd2.c	255	pi2.c	18
meansd3.c	255	plotter.c	57
merge.c	266	Pochhammer の記号	230
mergsort.c	267	Poisson 分布	205, 295, *410*
Mersenne 数	162	poly.c	166
minimum	83	polygam.c	242
monte.c	281	polytope.c	261
Moore	327	postfix.c	74
Morris	378	poweigen.c	306
movebloc.c	251	power.c	304
mrnd.c	398	Pratt	378
MS-DOS	110	primes.c	162
Muller	135	primroot.c	72
multiply.c	140	princo.c	114
multprec.c	180	pspline.c	133
M 系列乱数	152, 284, 295, 377, *397*	pspline2.c	134

■ ················· **N** ················· ■   ■ ················· **Q** ················· ■

NaN	243	qrdecomp.c	411
Neumann 関数	324	QR 分解	23, 24, *411*
neville.c	402	QR 法	13, 81, 114, *412*
Neville 補間	259, 382, *402*, 405, 406	qsort1.c	57
newt1.c	403	qsort2.c	57
newt2.c	404	quadeq.c	206
newton.c	405		
Newton–Raphson 法	402		
Newton 法	93, 197, 256, 259, 301, *402*	■ ············· **R** ············· ■	
Newton 補間	259, 382, 402, *405*		
nextperm.c	118	radconv.c	38
nim.c	272	radsort.c	294
normal.c	136	rand()	152, 295, *415*
NP 完全	*407*	rand.c	415
NP 困難	408	random.c	29, 33, 91, 109, 136, 258, 305, 312, 331,
nqueens.c	406		345, 428, 429
numint.c	130	randperm.c	297
N 王妃の問題	216, *406*	randvect.c	187
		rank1.c	117
		rank2.c	117
■ ············· **O** ············· ■		Reduce	180
		regress.c	23
optmult.c	53	regula.c	215
orddif.c	126	repdec.c	124
O 記法	141, *409*	Riemann のゼータ関数	*415*
		rndsamp1.c	275
		rndsamp2.c	275
■ ············· **P** ············· ■		rndsamp3.c	275
		rndtest.c	296
partit.c	252	roundoff.c	106
Pascal	140	Runge–Kutta–Fehlberg 法	125
Pascal の三角形	60, *410*, 420	Runge–Kutta 法	125

索引　**435**

■ ⋯⋯⋯⋯⋯⋯⋯ S ⋯⋯⋯⋯⋯⋯⋯ ■

Sande–Tukey のアルゴリズム	346
sboymoo.c	328
Seidel	356
select.c	153
seqsrch.c	190
SHA-1, SHA-256, SHA-512	217
Shapley	5
Shell ソート	142, *418*
shelsort.c	418
si.c	138
sierpin.c	419
Sierpiński 曲線	*418*
Sierpiński の三角形	410, *420*
sieve1.c	338
sieve2.c	339
simplex.c	147
Simpson 則	130
skanji.c	112
slctsort.c	154
slide.c	389
solst.c	104
SOR 法	356
sosrch.c	104
spline.c	131
spline2.c	132
sqrt.c	256
squeeze.c	392
srchmat.c	206
statutil.c	184
stemleaf.c	270
stirling.c	421
Stirling 数	*421*
Störmer の公式	17
Strassen のアルゴリズム	52
strmatch.c	279
"Student"	426
sum.c	128
SVG	63
svgplot.c	68
swap.c	1
sweep.c	422
SWEEP 演算子法	23, 40, *422*
Swift	18

■ ⋯⋯⋯⋯⋯⋯⋯ T ⋯⋯⋯⋯⋯⋯⋯ ■

tarai.c	186
tbintree.c	226
tdist.c	427
tetromin.c	194
tetromin.dat	196
TEX	*426*
toposort.c	199

totient.c	341
tree.c	209
treecurv.c	116
tridiag.c	94
trie	388
trig.c	87
trigint.c	90
ts.txt	178
Tukey	78, 270
t 分布	23, 232, 295, 330, 344, *426*

■ ⋯⋯⋯⋯⋯⋯⋯ U ⋯⋯⋯⋯⋯⋯⋯ ■

UBASIC	156, 180
ukanji.c	111
ulps.c	245
UTF-8	111
utmult.c	53

■ ⋯⋯⋯⋯⋯⋯⋯ V ⋯⋯⋯⋯⋯⋯⋯ ■

von Neumann	267

■ ⋯⋯⋯⋯⋯⋯⋯ W ⋯⋯⋯⋯⋯⋯⋯ ■

warshall.c	129
Warshall のアルゴリズム	129
water.c	271
WEB	37
Weber の関数	324
Weibull 分布	295, *429*
weights.c	214
whrnd.c	430
Wichmann–Hill の乱数発生法	152, 295, *429*
window.c	66
wordcnt.c	217

■ ⋯⋯⋯⋯⋯⋯⋯ X ⋯⋯⋯⋯⋯⋯⋯ ■

X.25	332

■ ⋯⋯⋯⋯⋯⋯⋯ Z ⋯⋯⋯⋯⋯⋯⋯ ■

Zeller の公式	287
zeta.c	416
ZIP	193

■ ················· あ〜お ················· ■

アークコサイン	42
アークサイン	42
アークタンジェント	42
値の交換	*1*
アトラクタ	29, 247, 249, 383
アフィン変換	247, 249
誤り検出符号	*1*, 189, 333
アルゴリズム	3
アル・コワリズミ，アル・フワリズミ	
	→ al-Khwārizmī
アルプ	244
暗号	3
暗号学的ハッシュ関数	217
アンダーフロー	244
安定な結婚の問題	5
石取りゲーム 1	*8*, 216
石取りゲーム 2	*8*, 216
位数	116, 200, 330, 360, 409, 418
異性体の問題	*10*
一様分布	295
一様乱数	151, 295
一般相対性理論	178
因子分析	*12*, 114
陰線消去	91
ウェーバー	→ Weber
上三角行列	40, 47, 51
上ヒンジ	78
エイトケン	→ Aitken
エジプトの分数	*16*
枝	34, 62
エラトステネス	→ Eratosthenes
円周率	*16*, 180, 280
エンディアンネス	*18*
オイラー	→ Euler
黄金分割比	20
黄金分割法	20
オーバーフロー	243

■ ················· か〜こ ················· ■

ガードナー	→ Gardner
カーマーカー	→ Karmarkar
回帰係数	22
回帰分析	22, 146, 259, 422
下位桁あふれ	244
階乗	117
階乗進法	27, 119, 122
外挿	259
解読	3

カイ 2 乗分布	27, 229, 295, 343, 345, 426
ガウス	→ Gauss
カオスとアトラクタ	29, 383, 403
鍵	3
角谷予想	331
仮数部	243
画像圧縮	247
カテナリー	159
ガリバー旅行記	*18*
ガロア	→ Galois
完全ピボット選択	386
ガンマ関数	*31*, *32*, 229, 230, 232, 241, 257, 323, 429
ガンマ分布	28, 29, *32*, 258, 295
簡略 Boyer–Moore 法	327
木	34, 62, 207, 222, 315, 364
キー	141
機械エプシロン	34, *43*, 159, 243, 245, 322, 378
幾何分布	*35*, 295
騎士巡歴の問題	*36*, 216
基準変数	22
擬似乱数	295
基数	243, 293
基数ソート	293
基数の変換	*37*
木田祐司	180
基底	*37*, 243
奇妙なアトラクタ	30, 383
逆行列	24, *38*, 46, 123, 384, 422
逆三角関数	*17*, 42
逆写像ソート	*44*, 56, 142, 253
逆正弦	42
逆正接	42
逆双曲線関数	*45*
既約多項式	283
逆ポーランド記法	74
逆補間	259
逆余弦	42
共通鍵暗号	4
共通性	12
共通の要素	*46*
行ベクトル	*46*
共役複素数	234
行列	12, 38, *46*, 51, 81, 94, 95, 123, 184, 185, 203,
	306, 363, 371, 386, 412, 413
行列式	40, 386, 387
行列の積	*46*, *51*
行和ノルム	123
極座標法	135
虚数	234
クイックソート	56, 59, 78, 142, 153, 160, 164, 222,
	252, 253, 267
区間の包含関係	*58*
クヌース	→ Knuth
組合せの数	*60*, 326, 410, 421

索引　**437**

組合せの生成	*61*
組立除法	362
クラス NP	408
クラス P	408
グラフ	34, *62*, 129, 179, 199, 289
グラフィックス	30, 31, *63*, 91, 116, 197, 200, 201, 247, 249, 250, 330, 361, 375, 380, 383, 384, 400, 419, 420
グラフ理論	62
グレゴリオ暦	287
計算機エプシロン	34
係数行列	311
桁落ち	*71*, 87, 108, 135, 206, 235, 244, 254, 255, 323, 362, 422
原始根	72
原始多項式	283, 332, 397
懸垂線	159
弧	62
公開鍵暗号	4
降順	141
合成数	161
高速 Fourier 変換	→ FFT
後退代入	23, 354
後置記法	*74*, 82
合同	75
合同式	75, 139, 228, 341
合同法	→ 線形合同法
国際電信電話諮問委員会	332
コサイン	86
誤差関数	229
5 重対角な連立方程式	*77*
互除法	82
五数要約	*78*, 153
小銭の払い方	*79*, 252
コッホ	→ Koch
小町算	*80*, 216
固有値・固有ベクトル・対角化	12, *81*, 305, 371, 412
固有ベクトル	81
コラージュ定理	247
コンウェイ	→ Conway

■‥‥‥‥‥‥‥‥ **さ～そ** ‥‥‥‥‥‥‥‥■

再帰的下向き構文解析	74, *82*, 102
最上位ビット	*82*
最小公倍数	*82*
最小指数	243
最小値	78, 83
最小 2 乗法	22, 259
最大公約数	75, 82, *82*, 271, 310, 341
最大指数	243
最大周期列	397

最大値	78
最大値・最小値	*83*
最短路問題	*85*, 290
ザイデル	→ Seidel
サイン	86
三角関数	*86*, 235, 259, 322
三角関数による補間	*89*, 259, 345
三角関数表の作成	346
三角分布	*91*, 295
残差	22
3 次元グラフ	63, 68, 69, *91*
3 次スプライン補間	131
3 次方程式	*93*, 403
3 重対角化	*94*, 363, 412, 413
3 重対角な連立方程式	*77*, *96*
算術圧縮	*96*, 193, 367
3 乗根	301
算法	3
ジータ関数	→ Riemann のゼータ関数
シェルピンスキー	→ Sierpiński
式の評価	82, *102*
自己組織化探索	*104*, 188, 190
四捨五入	35, *106*
辞書式順序	10, *107*, 118, 120–122, 141, 166, 294
指数	243
指数関数	*107*, 110, 234
指数積分	229
指数分布	*109*, 295, 410, 429
自然対数	164
自然対数の底	33, *107*, *110*, 164, 180, 281, 309
下三角行列	40, 47, 51
実数	*110*
実対称行列	81
シフト JIS コード	*110*
四分位数	78
主因子法	13
重回帰分析	22
周期的境界条件	292
主成分分析	*113*
主値	42
シュテルマー	→ Störmer
樹木曲線	*116*
ジュリア	→ Julia
順位づけ	*116*
巡回冗長検査	331
巡回セールスマン問題	408
巡回路	408
順列	*117*
順列生成	*120*
上位桁あふれ	243
消去法	354
条件数	*123*
昇順	141
小数の循環節	*124*
常微分方程式	*125*

情報落ち	*128*, 203
常用対数	164
初期条件	125
初期値問題	125
人為変数	144
塵劫記	228, 373
シンプレックス法	144, 260
推移的閉包	*129*
スウィフト	→ Swift
数書九章	228
数値積分	*129*
スプライン補間	*131*, 259
スライド辞書法	387
スラック変数	144
正規化	243
正規直交基底	411
正規分布	23, 27–29, *135*, 187, 205, 212, 213, 229, 295, 426
正規方程式	22
正弦積分	*137*, 288
整数	*139*
整数の除算	*140*, 286
整数の積	*140*, 283
精度	243
成分（ベクトルの）	258
成分（行列の）	46
正方行列	47
整列	44, 46, 56, 111, 117, 118, *141*, 153, 154, 160, 199, 206, 207, 220, 222, 248, 253, 266, 267, 293, 418
ゼータ関数	→ Riemann のゼータ関数
積分指数関数	229
積分正弦関数	→ 正弦積分
積分余弦関数	→ 余弦積分
絶対値	234
節点	34, 62
接頭符号	364
説明変数	22
線	62
宣教師と人食い人	*142*, 216
漸近展開	138
線形回帰分析	22
線形計画法	22, *144*
線形合同法	*137*, *151*, 295, 397, 415, 429
線形探索	190
選択	78, *153*
選択ソート	141, *154*, 267
先頭移動法	104
素因数分解	*156*, 161
相加相乗平均	256
相関係数	13, *157*
双曲線関数	45, 126, *159*, 235
挿入記法	74

挿入ソート	57, 141, *160*, 253, 267, 293, 418
双方向リスト	299
ソーティング	141
疎行列	356
素数	72, 156, *161*, 283, 338
素数の Lucas テスト	*162*
孫子算経	228

■ ················· た～と ················· ■

体	283
第 1 種 Bessel 関数	323
対角化	81, 94
対角行列	47
対角成分	47
ダイクストラ	→ Dijkstra
台形則	129
対称行列	47
対数	*164*, 234, 295
第 2 種 Bessel 関数	324
多項式時間	408
多項式の計算	82, *165*
多項式補間	259, 310
縦形探索	62, *179*, 199, 224, 289, 290
多倍長演算	17, 110, 156, 165, *180*
多変量データ	12, 13, 23, 113, 114, *183*, 422
たらいまわし関数	*186*
単位円	187
単位球	187
単位球上のランダムな点	136, *187*, 295
単位分数	16
探索	34, 104, *188*, 190, 207–209, 216, 260
タンジェント	86
単純選択法	154
単純挿入法	160
単純連分数	308
単体	261
単体法	144
ダンツィヒ	→ Dantzig
単峰性	20, 350
チェックサム	2, *189*, 331, 333
チェックディジット	2, 369
置換の符号	*189*
置換法	104
逐次探索	104, 188, *190*, 206, 221
中央値	78
中華剰余定理	→ 中国剰余定理
中国剰余定理	228
中点則	129
頂点	34, 62
直角三角形の斜辺の長さ	*191*, 234
直交行列	81, 113
ツェータ関数	→ Riemann のゼータ関数

索引　**439**

ツェラー	→ Zeller
積み残し	128
徒然草	373
底	107, 164
ディガンマ関数	241
定数式	243
データ圧縮	96, *193*, 308, 363, 387, 388
適応型算術圧縮	98
テトラガンマ関数	241
テトロミノの箱詰め	*193*, 216, 292
テューキー	→ Tukey
点	62
天井	286
転置	47
等高線	68, *197*
動的 Huffman 法	364
動的計画法	54, *199*, 203
動的辞書法	387
トポロジカル・ソーティング	199
冨松・佐藤解	178
トライ	388
ドラゴンカーブ	*200*
トリガンマ関数	241
トロミノ	193
貪欲なアルゴリズム	16

■ ・・・・・・・・・・・・・・・・・ な〜の ・・・・・・・・・・・・・・・・・ ■

内積	50, *203*, 258
内挿	259
ナップザックの問題	199, 203
並べ替え	141
2 項係数	60, 326
2 項定理	60
2 項分布	*205*, 232, 295
2 次元の探索	188, *206*
2 次方程式	71, *206*
2 進木	207
2 の補数	139
2 分木	34, *207*, 208
2 分探索	*207*, 260
2 分探索木	34, 207, *208*, 217, 225, 315, 388
2 分法	*211*, 215
2 変量正規分布	*212*, 295
ニュートン	→ Newton
根	34
ネヴィル	→ Neville
根付き木	34
ノイマン	→ Neumann
ノード	34

ノルム	123, 258

■ ・・・・・・・・・・・・・・・・・ は〜ほ ・・・・・・・・・・・・・・・・・ ■

葉	34
倍精度	243
バイプロット	114
秤の問題	*214*
はさみうち法	211, *214*, 245
パスカル	→ Pascal
パズル・ゲーム	*216*
外れ値	22
八王妃の問題	406
ハッシュ関数	216
ハッシュ法	2, 189, *216*, 333, 392
ハノイの塔	216, *219*
ハフマン法	→ Huffman 法
バブルソート	141, *220*
半順序関係	199
番人	6, 46, 104, 105, 118, 161, 163, 190, 191, 194, 209, 210, 218, *221*, 280, 328, 358, 413
番兵	→ 番人
ビートン	→ Beaton
ヒープソート	142, *222*, 267
非決定的	408
左シフト演算	283
ビッグ・オー	409
ビットごとの排他的論理和	1, 3, 140, 189, *223*, 272, 283, 331, 397
ビット反転	346
一筆書き	216, *224*
微分方程式	125
ピボット選択	24, 96, 354, 356, 385
ひも付き 2 分木	*225*
百五減算	216, *228*
ビュフォンの針	280
標識	→ 番人
標準正規分布	135
標準偏差	157, 254
標本	274
ヒルベルト	→ Hilbert
ヒンジ	78
フィボナッチ	→ Fibonacci
フーリエ	→ Fourier
フォン・ノイマン	267
不完全ガンマ関数	28, 135, 136, *229*
不完全ベータ関数	205, 232, 258
復号	3
複素数	*234*, 256, 301, 352
覆面算	216, *239*
プサイ関数，ポリガンマ関数	*241*
節	34
浮動小数点数	34, 108, 110, 164, 215, 243

部分ピボット選択	386
フラクタル	380
フラクタルによる画像圧縮	247, *249*
フラクタル補間	249
プラット	→ Pratt
ブロック移動	250
分割数	79, 252
分割統治	56, 252
文芸的プログラミング	37
分子の有理化	71, 235
分布数えソート	44, 56, 142, *253*, 293, 294
分布関数	295
平均値	157
平均値・標準偏差	13, 157, 254
併合	266
平文	3
平方根	235, *256*, 301, 302
平方数	256
ベータ関数	232, 257
ベータ分布	*257*, 295
ヘキサガンマ関数	241
ベクトル	*258*
ベッセル	→ Bessel
辺	34, 62
偏角	234
変数	183
ペンタガンマ関数	241
ペントミノ	194, 292
変量	183
ホア	→ Hoare
ボイヤー	→ Boyer
ホーナー法	→ Horner 法
補外	259
補間	131, 249, *259*, 310, 326, 382, 402, 405
補間探索	*260*
母集団	274
ボックス	→ Box
ポッホハンマー	→ Pochhammer
ポリオミノ	194
ポリガンマ関数	241
ポリトープ法	260

■ ················· ま〜も ················· ■

マージ	*266*
マージソート	142, *267*
待ち行列	388
マチン	→ Machin
魔方陣	216, *268*
継子立（ままこだて）	373
マラー	→ Muller
マンデルブロート	→ Mandelbrot

右シフト演算	283
幹葉表示	*270*
水をはかる問題	216, *271*
密度関数	295
三山くずし	216, *272*
ムーア	→ Moore
∞ ノルム	123
無向グラフ	62
無作為抽出	274, 296
迷路	216, *276*
メディアン	78
メルセンヌ	→ Mersenne
メルセンヌ・ツイスタ	295
面積	*277*
文字列照合	188, *279*, 327, 378
文字列探索	279
モリス	→ Morris
モンテカルロ法	17, *280*, 296

■ ················· や〜よ ················· ■

ユークリッド	→ Euclid
有限体	140, 223, 283, 332, 397
有向木	34
有向グラフ	62, 129, 199
優先待ち行列	*285*, 364
床・天井	*286*
ユリウス暦	287
曜日	*287*
余弦積分	*288*
横形探索	62, 179, *289*
吉崎栄泰	193, 388
ヨセフス	→ Josephus

■ ················· ら〜ろ ················· ■

ライフ・ゲーム	216, *292*
ラグランジュ	→ Lagrange
ラゲール	→ Laguerre
ラジアン	86
ラディックス・ソート	56, 142, *293*
乱数	3, 17, 35, 91, 109, 116, 135, 136, 151, 187, 213, 258, 274–276, 281, *294*, 297, 305, 312, 331, 410, 415, 427, 429
乱数の改良法	296, *297*
ランダウ	→ Landau
ランダムな順列	295, *297*
ランレングス圧縮	308

リーマン	→ Riemann
離散 Fourier 変換	89, 345
リスト	104, 190, *299*, 315
リストを逆順にする	299
立方根	93, *301*
隣接行列	62, 129, 179, 199
リンド・パピルス	16
累乗	76, 235, *304*, 349
累乗分布	295, *305*
累乗法	81, 94, *305*
レギュラ・ファルシ法	214
列ベクトル	47
レンジ符号化	98
連長圧縮	193, *308*
連分数	42, 86, 108, 232, *308*, 310
連分数補間	259, *310*
連立 1 次方程式	77, 96, 123, *311*, 353, 355, 356, 384
ローレンツ	→ Lorentz, Lorenz
ロジスティック分布	295, *312*
ロジスティック方程式	29

■著者略歴
奥村 晴彦（おくむら はるひこ）
1951年生まれ　三重大学名誉教授
主な著書：『パソコンによるデータ解析入門』（技術評論社，1986年）
『コンピュータアルゴリズム事典』（技術評論社，1987年）
『C言語による最新アルゴリズム事典』（技術評論社，1991年）
『Javaによるアルゴリズム事典』（共著，技術評論社，2003年）
『LHAとZIP──圧縮アルゴリズム×プログラミング入門』（共著，ソフトバンク，2003年）
『Moodle入門──オープンソースで構築するeラーニングシステム』（共著，海文堂，2006年）
『高等学校　情報I』（共著，第一学習社，2021年～）
『Rで楽しむ統計』（共立出版，2016年）
『Rで楽しむベイズ統計入門』（技術評論社，2018年）
『[改訂第5版]基礎からわかる情報リテラシー』（共著，技術評論社，2023年）
『[改訂第9版]LaTeX美文書作成入門』（共著，技術評論社，2023年）
主な訳書：William H. Press他『Numerical Recipes in C日本語版』（共訳，技術評論社，1993年）
Luke Tierney『LISP-STAT』（共訳，共立出版，1996年）

本書サポート：
　　https://github.com/okumuralab/algo-c

技術評論社Webサイト：
　　https://book.gihyo.jp/
　　https://gihyo.jp/

カバーデザイン・イラスト ◆ 浅野ゆかり
本文デザイン・組版 ◆ 著者＋編集
編　　集 ◆ 須藤真己

[改訂新版]C言語による標準アルゴリズム事典

1991年 2月25日	初　版	第1刷発行
2018年 5月 8日	第2版	第1刷発行
2024年 4月 3日	第2版	第4刷発行

著　者　奥村晴彦
発行者　片岡　巌
発行所　株式会社技術評論社
　　　　東京都新宿区市谷左内町 21-13
　　　　電話　03-3513-6150 販売促進部
　　　　　　　03-3513-6166 書籍編集部
印刷／製本　日経印刷株式会社

定価はカバーに表示してあります

本書の一部または全部を著作権法の定める範囲を超え，無断で複写，複製，転載，テープ化，ファイルに落とすことを禁じます。

© 2018　奥村晴彦

ISBN978-4-7741-9690-9 C3055
Printed in Japan

【お願い】
■本書についての電話によるお問い合わせはご遠慮ください。質問等がございましたら，下記までFAXまたは封書でお送りくださいますようお願いいたします。

〒162-0846
東京都新宿区市谷左内町 21-13
株式会社技術評論社書籍編集部
FAX：03-3513-6184
「[改訂新版]C言語による標準アルゴリズム事典」係

なお，本書の範囲を超える事柄についてのお問い合わせには一切応じられませんので，あらかじめご了承ください。

造本には細心の注意を払っておりますが，万一，乱丁（ページの乱れ）や落丁（ページの抜け）がございましたら，小社販売促進部までお送りください。送料小社負担にてお取り替えいたします。